HANS SCHÄFER

Paradigmenwechsel oder eine neue Sicht auf die Welt

Leben hier und da draußen

PdW

Glücklich ist, wer den Dingen auf den Grund gehen kann.
Vergil

Paradigmenwechsel oder eine neue Sicht auf die Welt

Leben hier und da draußen

Hans Schäfer

Inhalt

Leben hier

Was eigentlich ist Leben? Wie ist Leben auf der Erde entstanden oder woher kommt es? Wie funktioniert Leben? Was ist Evolution? Wie arbeitet das menschliche Gehirn, Was ist Intelligenz und was verstehen wir unter künstlicher Intelligenz? Und schließlich: Falls Leben "da draußen" existiert, gibt es womöglich intelligente Wesen, von denen wir lernen könnten? Und wäre es unter bestimmten Bedingungen möglich, der uns bekannten Physik ein Schnippchen zu schlagen und auch mit Zivilisationen in großen Entfernungen zu kooperieren?

Lassen Sie uns gemeinsam all diesen Fragen nachgehen.

Um es vorwegzunehmen: Auf nicht wenige dieser Fragen werden wir keine uns völlig befriedigenden Antworten finden, weil es unser wissenschaftliche Erkenntnisstand noch nicht zulässt. Hinzu kommt, dass die Sicht auf viele Probleme nicht unwesentlich vom Weltbild des Betrachters abhängt, also subjektiv geprägt ist. Aber der interessierte Leser wird dennoch eine Fülle interessanter Fakten und neue Denkansätze finden.

Grundsätzliches

Am Anfang stand die Schöpfung. Gott hatte quasi in einem Akt das Universum und in seinem Zentrum die Erde mit all ihren Lebensformen erschaffen. Pflanzen und Tiere blieben seither unverändert, für alle Zeiten. Zweifel an dieser Geschichte gab es schon immer. Aber erst Charles Darwin (1809-1882) führte mit seinem 1859 erschienenen Hauptwerk "Über die Entstehung der Arten" den wissenschaftlichen Nachweis, dass Leben auf natürliche Weise entstanden ist, sich die Formenfülle in Wechselwirkung mit der Umwelt entwickelt hat, und diese sich weiter verändert. Die Evolutionsbiologie, die Wissenschaft von der allmählichen Entwicklung der Arten war geboren. Schon wenige Jahre später konnte Gregor Mendel (1822-1884) zeigen, dass Vererbung bestimmter Merkmale nach den nach ihm benannten Regeln erfolgt. Er gilt als der Vater der Genetik. 1935 schlug der Biophysiker Max Delbrück (1906-1981) zusammen mit zwei Kollegen vor, Gene als komplexe Atomverbände aufzufassen. Mit ihm begann die moderne Genetik. 1952 wies Hershey (1908-1997) mit dem sog. Blender-Experiment (Blender steht für das dabei benutzte Mixgerät) nach, dass die Gene nicht aus Proteinen, sondern aus Desoxyribonukleinsäure DNS (eng. DNA, wobei A für acid steht) bestehen. Heute wissen wir, dass die DNA das Trägermolekül für die genetischen Informationen in allen Lebewesen (außer einigen Klassen von Viren und anderen kleinen Pathogenen) ist. 1953 beschreiben Francis Crick und James Watson die Doppelhelix-Struktur der Erbsubstanz, die faktisch aus zwei verdrillten Ribonukleinsäuremolekülen (RNA) besteht.

Anfang der 80er Jahre des vorigen Jahrhunderts entwickelt der US-amerikanische Biochemiker Kary Mullis eine DNA-Kopiermaschine, die eine exponentielle Vervielfältigung von DNA-Sequenzen in vitro ermöglicht. Sie basiert auf der Polymerase-Kettenreaktion (englisch polymerase chain reaction, PCR) und schafft die technische Voraussetzung für den Siegeszug der Gentechnik (und den zuverlässigen Nachweis des Coronavirus SARS-CoV-2). Ende des vorigen Jahrhunderts gelang es, die Feinstruktur der menschlichen DNA zu decodieren. Die Gesamtheit der etwa 24.000 Gene, die das menschliche Genom ausmachen, war entschlüsselt. In den 90er Jahren des vorigen Jahrhunderts versuchte man erstmals, Gendefekte im menschlichen Genom (Erbkrankheiten) durch gentechnische Verfahren zu korrigieren. Therapeutische DNA wurde mit als Transportvehikel benutzten Viren (Genfähren) in die Zellen von Patienten mit Gendefekten eingebracht, in der Hoffnung, dass sich etwas davon an der richtigen Stelle in das Genom einbaut und die gewünschte Wirkung auslöst. Die Ergebnisse dieser Schrotflintenmethode waren frustrierend. Teilweise reagierte das Immunsystem der Patienten auf die eingeschleusten Viren so heftig, dass es sogar zu Todesfällen kam. Oder das Gen wurde so in das Genom eingebaut, dass die Zelle entartete und Krebs entstand. Die anfängliche Euphorie um Gentherapien legte sich sehr schnell und alle gentherapeutischen Versuche wurden eingestellt. Aber in den Laboren ging die Forschung intensiv weiter. Seit 2012 revolutioniert die zweite Generation der Gentherapie die Gentechnik. Das sogenannte CRISPR-CAS9-Verfahren, ein hochpräzises Instrument zur punktgenauen Veränderung des Erbgutes, ahmt den Abwehrmechanismus von Bakterien gegen Viren nach.

CRISPR steht dabei für **c**lustered, **r**egulary **i**nterspaced **p**alindromic **r**epeats und Cas (**CRISPR-as**sociated) für Proteine (auch als Endonuklease oder CAS-Enzyme bezeichnet), die an die CRISPR-Sequenz gekoppelt sind. Teile aus dem Erbgut von Viren (Spacersequenzen) werden zwischen palindromischen Wiederholungen in das Bakteriengenom als sich wiederholende Sequenzen eingefügt und durch ein Cas-Gen ergänzt, das seinerseits ein Enzym erzeugt, mit dem das Virengenom am Spacer zerschnitten wird. Derzeitig sind mehr als 40 CRISPR-Cas-Typen bzw. Cas-Familien bekannt.

Erwähnt sei, dass der oben genannte Abwehrmechanismus heute auch in modifizierter Form bei Säugetieren anzutreffen ist. So finden sich Enzyme, die Proteine an einer bestimmten Stelle zerschneiden, in unserem Blutplasma wieder und sind Bestandteil unserer unspezifischen Immunabwehr.

Mit Hilfe künstlich erzeugter RNA-Stücke (in der Regel besteht diese Leit-RNA aus ca. 20 Nukleotidbasen) können die CRISPR-assoziierte Proteine im Zellkern an genau definierte Stellen der DNA platziert werden, um sie dort aufzuschneiden. Die Zelle schließt üblicherweise diesen "Strangbruch". In einem zweiten Schritt kann aber auch zum Beispiel das entfernte krankhaft veränderte Gen durch ein gesundes ersetzt werden. DNA lässt sich darüber hinaus durch künstliche DNA-Elemente markieren, so dass die zeitliche Abfolge späterer Veränderungen der DNA exakt bestimmt werden kann. Diese molekularbiologische Methode nennt man daher Geno- oder Genome-Editing. Sollten damit bestimmte Gene in Populationen beschleunigt ausgebreitet werden, spricht man von Gene Drives.

So kann man beispielsweise durch Unfruchtbarmachung von Männchen eine Art ausrotten, was ganze Ökosysteme verändern kann. Eine Welle von Patentanmeldungen für verschiedene CRISPR-Verfahren und -Anwendungen ist im Rollen. Ein Durchbruch in der gezielten Veränderung von Erbgut scheint erreicht, zumal bei dem neuen Verfahren auf den umstrittenen Virentransport verzichtet werden kann. Man glaubt, präzise genetische Veränderungen, die an künftige Generationen vererbt werden, auch bei menschlichen Keimzellen erreichen zu können. Inzwischen wird diese Genschere als die wichtigste Entdeckung des neuen Jahrhunderts gehandelt, die möglicherweise sogar einen historischen Wendepunkt in der menschlichen Evolution darstellt. Im Frühjahr 2015 wandten sich daher namhafte US-amerikanische Genforscher an die Regierung und forderten gesetzliche Regelungen für die Anwendung solcher Keimbahntherapien. Heute fordern führende Biologen und Ethiker ein Moratorium bezüglich der Anwendung des Genome Editing auf menschliche Keimzellen, also der radikalsten Form von Genenhencement. Angesichts der knäulartigen Struktur der DNA mit einer Vielzahl von ist es noch ein weiter Weg zu gesichertem Wissen, um einen möglichen gesundheitlichen Nutzen und Risiken verantwortungsvoll abwägen zu können. So wurden bei Versuchen chinesischer Wissenschaftler mit Embryonen nur 28 der 86 ersetzten Gene aktiv, und das auch nicht bei allen Zellen. Noch problematischer ist jedoch, dass neben der gewünschten Genveränderung am Genom viele weitere Mutationen auftraten. So zeigten sich bei einer Versuchsserie mit Mäusen bei zwei Tieren 1.500 Einzelmutationen und ca. 100 größere Erbgutveränderungen.

Offensichtlich ist der Vererbungsmechanismus viel komplexer als bisher verstanden und gewünschte Veränderungen erfordern mehr als nur Manipulationen einzelner Gene des DNA-Moleküls. Wir tun also gut daran, unsere Euphorie, die mit der Entschlüsselung des menschlichen Genoms einsetzte und bei jedem neuen Verfahren zur Genmanipulation wieder aufflammt, zu zügeln. Auch CRISP-Cas ist nicht das perfekte Werkzeug, um Gendefekte zu korrigieren oder Pflanzen nach Maß zu züchten. Von einem unbegrenzten biologischen und medizinischen Fortschritt sind wir noch meilenweit entfernt. Erst in dem Maße, wie wir verstehen, was Leben eigentlich ist und wie es auf zellulärer Ebene und im menschlichen Gesamtorganismus funktioniert, eröffnen sich uns völlig neue Möglichkeiten. Man kann sich daher nur denjenigen Wissenschaftlern anschließen, die ein weltweites Moratorium für derartige gentechnische Anwendungen beim Menschen fordern. Und man kann nur begrüßen, dass Wissenschaftler entlassen werden, die wie der chinesische Biotechnologe He Jiankui 2018 bei Zwillingsschwestern mittels Keimbahntherapie ohne Kenntnis möglicher Nebenwirkungen ein Gen entfernte. Das von diesem Gen produzierte Protein gilt als Einfallstor für den Aids Virus.

Das Potential dieser Methode ist aber offensichtlich und die weitere Entwicklungsrichtung vorgezeichnet. Der Mensch greift mehr und mehr in den Prozess der biologischen Evolution ein, programmiert bestehendes Leben, einschließlich seiner selbst um, verändert Leben und ist auf dem Wege, neuartige Lebewesen zu erschaffen.

Japanische und Forscher anderer Länder arbeiten an Mensch-Tier-Wesen, züchten menschliche Organe in Tieren. Dazu werden die Gene tierischer Embryos manipuliert, beispielsweise in dem sie keine eigene Bauchspeicheldrüse haben. Dann werden menschliche Stammzellen (sogenannte iPS-Zellen, induzierte pluripotente Stammzellen) in die Tierembryonen eingepflanzt, so dass sich in den heranwachsenden Föten menschliche Bauchspeicheldrüsen bilden. Man hofft, so das Organspendeproblem grundsätzlich zu lösen. In diese Entwicklungsrichtung ist auch die 2022 erstmals erfolgte Implantation eines Schweineherzen einzuordnen.

Mit der synthetische Biologie ist ein neuer Wissenschaftszweig entstanden, der sich damit beschäftigt, Bestandteile des Lebens oder Leben selbst herzustellen. Mäusebabys werden durch künstliche Spermien erzeugt. Die daraus hervorgehenden Tiere sind nicht nur überlebensfähig sondern ihrerseits auch fruchtbar. Das Chromosom der Bäckerhefe wurde im Labor nachgebaut. Hefezellen, bei denen man das natürliche durch das künstliche Chromosom ersetzte, unterscheiden sich nicht von natürlichen Hefezellen.

Genetiker haben im Labor den kleinsten Gensatz zusammengefügt, der Leben hervorbringt. Das künstliche Bakterium, einfacher als alle bisher bekannten Lebewesen, frisst und vermehrt sich. "JCVJ Syn 3.0", so sein Name, basiert auf einer künstlich erzeugten Mini-DNA von nur 473 Genen. Zwei Jahrzehnte brauchen die Wissenschaftler, um mittels "Versuch und Irrtum" ein Mykobakterium mit der neuen DNA umzuprogrammieren. Leben ist also programmierbar. Aber trotz des enormen Aufwandes ist die Funktion dutzender Gene noch immer unbekannt. Wir verstehen also nach wie vor nicht, wie Leben funktioniert.

Leben

Was aber eigentlich ist Leben? Wie ist Leben auf der Erde entstanden oder woher kommt es? Wie funktioniert Leben? Was ist Evolution? Wie funktioniert das menschliche Gehirn, Was ist Intelligenz und was verstehen wir unter künstlicher Intelligenz? Schließlich: Was kann zum Zustand und dem Entwicklungsniveau der menschlichen Gesellschaft gesagt werden? Und letztlich: Gibt es Leben "da draußen" im Universum, und wenn ja, auf welchem Entwicklungsstand? Könnte sich womöglich die Entwicklung der Menschheit durch den Austausch von Informationen mit intelligenten Wesen beschleunigen? Lassen Sie uns gemeinsam versuchen, all diesen Fragen nachzugehen.

Beginnen wir mit der auf den ersten Blick einfach erscheinenden Frage nach dem Wesen von Leben. Was unterscheidet lebende Materie von unbelebter? Bei der Suche nach einer Antwort werden wir schnell feststellen, dass sich die Wissenschaft schon bei der grundsätzlichen Frage, was Leben eigentlich ausmacht, nicht einig ist.

Allgemeine Übereinstimmung besteht darin, dass Leben eine Form der Selbstorganisation der Natur[1], also Ergebnis von Wechselwirkungen zwischen ihren Bausteinen, zwischen Atomen und Molekülen ist, dass alle Elemente eines lebenden Organismus miteinander zusammenhängen und sich gegenseitig beeinflussen, dass Leben also eine hochkomplexe emergente Erscheinung der Natur ist und auf molekularer Ebene funktioniert.

Kennen wir die Moleküle, die einen Organismus ausmachen, und verstehen wir die Wechselwirkungen innerhalb dieser Moleküle und zwischen ihnen, verstehen wir, wie Leben funktioniert und können Leben erzeugen.

Der Begriff der Komplexität spielt im Zusammenhang mit lebender Materie eine fundamentale Rolle und wir werden ihm noch häufig begegnen. Lassen Sie uns daher etwas bei diesem Begriff verweilen. Oft wird an seiner Stelle von Kompliziertheit gesprochen. Beide Begriffe werden also nicht selten synonym verwendet. Das kann zu falschen Vorstellungen vom Aufbau lebender Materie führen. Komplexität ist eine qualitativ höhere Organisationsform eines Systems im Vergleich zu einem System, das "nur" kompliziert ist. Komplizierte Systeme lassen sich in Teilsysteme

---

[1] Naturvorgänge werden in der Regel durch Differentialgleichungen beschrieben. Sie lassen sich nur lösen, wenn die Ausgangsbedingungen bekannt sind. Ein Prozess führt zu neuen Ausgangsbedingungen, jetzt als Randbedingungen des folgenden Prozesses bezeichnet. Den Gesamtprozess bezeichnet man als Selbstorganisation.

zerlegen. Sind diese verstanden, ergibt sich das Verständnis für das Gesamtsystem als Summe der Teilsysteme. Bei komplexen Systemen ist das Ganze nicht mehr nur die Summe seiner Bestandteile, sondern eine Funktion seiner miteinander wechselwirkenden Elemente. Es ist ein sogenanntes emergentes System, ein System mit Eigenschaften, die sich nicht aus denen seiner Bestandteile ergeben bzw. herleiten lassen. Eine Stadt ist kompliziert, zu verstehen durch die Kenntnis einiger Stadtteile. Ein Stadtteil mehr oder weniger ändert aber nichts Grundsätzliches an einer Großstadt. Demgegenüber ist ein Auto, umso mehr ein Lebewesen ein komplexes System, nur zu verstehen in Kenntnis der Funktion aller Bestandteile und ihres Zusammenspiels. Ein Element mehr oder weniger kann das gesamte System grundlegend verändern. Oder anders formuliert: In einem komplexen System zieht eine Veränderung irgendwo eine Veränderung überall nach sich.

Mathematisch betrachtet ist die Kompliziertheit X eines Systems als Summe seiner Bestandteile folglich $X = \sum n_i$ von i = 1 bis n, während die Komplexität X hingegen eine Funktion seiner Bestandteile bildet $X = f(n_i)$ i = 1,2, ...n.

Wollen wir die Komplexität, den Komplexitätsgehalt verschiedener Systeme vergleichen, brauchen wir ein Maß, um sie zu quantifizieren. Als ein solches Maß gilt die logische Tiefe. Sie ist die Zeit, die ein Computerprogramm benötigt, um die Kolmogorow-Komplexität K zu berechnen. K wiederum ist als die Länge des kürzestmöglichen Programmes (der Algorithmus einer gegebenen Programmiersprache) definiert, um ein System zu beschreiben. (Übrigens ist das die theoretische Basis für die technische Anwendung der Datenkompression). Vereinfacht ausgedrückt ist also Komplexität proportional zur Rechenzeit, die ein vorgegebener Computer benötigt, um ein System vollständig zu beschreiben.

Je komplexer ein System, desto komplexer das Computerprogramm, umso länger braucht der Rechner für die Abarbeitung eines Algorithmus und die Ausgabe einer Lösung (wobei nach dem Gödelschen Unvollständigkeitssatz nicht bewiesen werden kann, dass es nicht noch einen kompakteren Algorithmus gibt). Dies ist auch einer der Gründe, warum die Computersimulation des menschlichen Gehirns, also der komplexesten Form von Materie die wir kennen, ungeachtet gewaltiger Anstrengungen, erst am Anfang steht.

Aber zurück zur konkreten Frage nach Leben.

Warum ist ein Stein immer tot und ein Samenkorn mal lebend und mal tot? Was unterscheidet eigentlich den menschlichen Organismus vor und nach dem Eintreten des Todes? Wo liegt also die Trennlinie zwischen Leben und Nichtleben, zwischen belebter und unbelebter Materie?

Leben ist an das Vorhandensein bestimmter Eigenschaften von Materie gebunden. In der Regel wird es definiert als die Fähigkeit zum Stoffwechsel (Metabolismus), zur Fortpflanzung und Vererbung (Selbstproduktion) und zur Informationsverarbeitung, zu zufälligen Veränderungen der genetischen Information (Mutabilität). Einige Wissenschaftler fügen noch als Merkmal die Kompartimentierung, also die räumliche Trennung von Biomolekülen, hinzu. Das alles sind Fähigkeiten von Zellen, wie wir sie auf der Erde kennen. Auf den ersten Blick ist diese Definition eindeutig. In der Praxis erweist sich aber eine Unterscheidung zwischen toter und lebender Materie nicht selten als schwierig. Denken Sie an ein Hühnerei. Wenn es nicht befruchtet wurde, ist es tot. Finden wir den so genannten Hahnentritt, ist Leben in ihm. Ist er vorhanden und wir haben ihn übersehen, erklären wir ein lebendes Ei für tot.

Auch können die vorstehenden Merkmale unterschiedlich interpretiert werden. Müssen alle gleichzeitig vorhanden sein? Oder gelten auch Ausnahmen? Trifft diese Definition auch auf Lebensformen zu, die sich auf anderen Himmelskörpern entwickelt haben könnten? Sprechen wir über lebende Zellen oder von lebenden Organismen? Wenn all diese Fähigkeiten zugleich vorhanden sein müssen, stellt sich die Frage, ob z.B. eine Frau lebt, die keine Kinder bekommen kann, oder ein Mann, der zeugungsunfähig ist? Beide können sich nicht fortpflanzen. Wenn menschliche Spermien und Eizellen auf Jahrzehnte eingefroren werden, ruht der Stoffwechsel. Sind sie dann in dieser Zeit keine lebende Materie? Das sind krankhafte Veränderungen oder Ausnahmen, werden Sie sagen. Aber wie verhält es sich mit den unfruchtbaren Arbeitsbienen, denen die Fähigkeit zur Fortpflanzung von Geburt an fehlt? Wenn Sie mal gestochen wurden, werden Sie sich noch gut daran erinnern, dass es Lebewesen sind.

Am anschaulichsten lassen sich die Schwierigkeiten bei der Definition von Leben anhand der Viren zeigen. Viren unterscheiden sich in zwei wesentlichen Merkmalen von der gerade beschriebenen lebenden Materie. Sie haben keinen eigenen Stoffwechsel und sie können sich nicht selbst replizieren. (Offen ist dabei, ob sie diese Eigenschaften nie entwickelt, oder sie im Laufe der Evolution verloren haben).

Es gibt daher wissenschaftliche Abhandlungen über lebende Materie, in denen das Wort "Viren" überhaupt nicht vorkommt.

Mehr noch: Das International Commitee an Taxonomy of Viruses beschloss im Jahre 2000 den Viren die Bezeichnung Lebewesen abzusprechen. Andere Quellen gehen davon aus, dass Viren keine "echten Lebewesen" seien. Sie stimmen mit mir sicherlich darin überein, dass ihre Einstufung als "unechte" Lebewesen uns keinen Schritt weiterbringen würde. Viren benötigen mangels eines eigenen Stoffwechsels einen Wirt, genauer gesagt eine Wirtszelle zur Vermehrung. Sie docken mit ihrer Eiweißhülle, präziser mit den Ausstülpungen auf ihrer Membran an diese an, schleusen ihre DNA bzw. RNA in sie ein und veranlassen damit die Wirtszelle, Kopien ihrer selbst herzustellen. Viren funktionieren also die Wirtszellen in Virusfabriken um. Durch Aufplatzen der Zellmembran (Lyse) oder Knospung (Exocytose) können so aus einem einzigen Virus hunderte neue entstehen und in der zweiten und dritten Generation bereits eine Lawine aus 10.000en neuen Viren bilden. Vom Körper gebildete Antikörper erkennen die Ausstülpungen der Virenmembran und versuchen sie mit Hilfe des Schlüssel-Schloss-Mechanismus zu neutralisieren. Faktisch handelt es sich dabei nicht um eine bewusste Bekämpfung der Viren, sondern um simple chemische Reaktionen zwischen Molekülen. Hin und wieder findet sich die Behauptung, Viren seien weiter nichts als eines von vielen Giften, nur dass es aus Proteinen und Nukleinsäure besteht. Das ist falsch. Bei für den menschlichen Organismus giftigen Stoffen, wie z.B. dem Atemgift Blausäure, reagiert ein eingeatmetes Blausäuremolekül im Blut mit dem Eisen-II-Komplex eines Hämoglobinmoleküls und blockiert damit dessen Sauerstofftransport zu den Organen. Es bedarf folglich Millionen von Blausäuremolekülen, um den Erstickungstod herbeizuführen.

Ein einziges Virus kann sich hingegen, wenn die Immunabwehr versagt, im Körper milliardenfach vermehren und zum Tode führen. Auch hier zeigt sich der grundsätzliche Unterschied zwischen unbelebter Materie und Viren. Einige Viren, wie zum Beispiel die Herpesviridae, haben die Fähigkeit zur Persistenz entwickelt. Darunter versteht man, dass sie in ihrer Wirtszelle lebenslang überdauern und jederzeit wieder aktiv werden können. Betrachten wir die Zelle als den elementaren Baustein von Leben, dann sind Viren kein Leben. Sie befinden sich auf dem Weg von nichtlebenden Kristallen und nichtlebenden organischen Verbindungen zu einzelligen Lebensformen. Beispielweise bestehen Tabakmosaikviren aus einer röhrenförmigen einsträngigen RNA mit ca. 6.400 Basen und ca. 2.100 identischen Hüllproteinen, wovon jedes wiederum aus mehr als 150 Aminosäuren zusammengesetzt ist. Alles in allem also eine hochkomplexe Materie. Diese Viren kristallisieren aus wässrigen Lösungen in stabförmigen

Kristallen aus und können so Jahrzehnte überdauern. Aber im Unterschied zu einem Kristall, der aus einer gesättigten Lösung Ionen aufnimmt und dadurch wächst, entnimmt ein Virus - im übertragenen Sinne - dem Zellmedium Ionen oder Moleküle und synthetisiert daraus Verbindungen, die in diesem Medium nicht vorkommen. In einem nächsten Schritt wird dann aus diesen Verbindungen eine exakte Kopie seiner selbst hergestellt. Als lebende Organismen verstanden, "essen" Viren also Substanzen aus der Umgebung, wachsen und vermehren sich. Was sie dabei von anderen Lebensformen unterscheidet, ist, dass sie eine Zelle als Wirt benötigen, keinen eigenen Stoffwechsel haben. Wir können diesen Vorgang aber auch anders schildern:

Kommt das Virus in Kontakt mit einer bestimmten Zelloberflächenstruktur, dockt das Virus nach dem Schlüssel-Schloss-Prinzip infolge der Wechselwirkung zwischen reaktiven Zentren auf seiner und der Zellenoberfläche an diese an. Durch diesen Vorgang ändert sich die Ladungsverteilung im Virus. Die RNA-Oberfläche im Zentrum des Virus und die ihr zugewandten Flächen der Proteine werden gleichnamig aufgeladen und stoßen sich ab. Die RNA wird so quasi in die Wirtszelle hineingeschossen. Hier modifiziert sie deren DNA und veranlasst damit die Zelle, Viren herzustellen. Aus unser subjektiven Sicht ist dieser Vorgang ein Angriff auf die Existenz der Zelle durch Blockierung der sie ausmachenden komplexen biochemischen Vorgänge. Aus objektiver Sicht ist es ein normaler physikalischer Vorgang, wie wir ihn in der unbelebten Materie kennen. Die unterschiedliche Wortwahl zur Erklärung ein und desselben Vorganges zeigt noch einmal, wie fließend der Übergang zwischen unbelebter und belebter Natur ist.

Aber Viren haben noch eine weitere Besonderheit, die sie von "normalen" Zellen unterscheidet: Sie haben keinen Reparaturapparat, um genetische Fehler, die bei der Vervielfältigung in der Wirtszelle auftreten, zu reparieren. In der Folge unterscheidet sich das Erbgut jeder Nachfolgegeneration mehr oder weniger von der Elterngeneration. Dies ist übrigens einer der Gründe, wenn nicht der Hauptgrund dafür, warum die Grippeimpfungen nicht immer wirksam sind. Und daraus ergibt sich auch bei einer sich weltweit ausbreitenden Virusinfektion wie der Corona-Pandemie die Notwendigkeit, die Bevölkerung aller Länder möglichst gleichzeitig durchzuimpfen, um das Entstehen immer neuer, möglicherweise auf aktuelle Impfstoffe nicht mehr reagierender Mutationen zu verhindern.[2]

Die Morphologie der Viren ist vielfältig. Oft haben sie die kubische Symmetrie eines Ikosaeders (20-Flächners), eine helikale Symmetrie aus identischen Proteinmolekülen oder Kugelform. Aber es gibt auch Viren stabförmiger und schlauchartiger Gestalt. Auch bei der Morphologie zeigt sich demnach der Übergangscharakter von unbelebter zur belebten Materie.

Die nachstehende Abbildung zeigt den prinzipiellen Aufbau eines Virus.

Viren werden in der Regel als kleine, einfache Strukturen mit nur wenigen Genen verstanden. Auch das stimmt nicht, wie wir bereits am Tabak-Virus gesehen haben.

---

[2] Es gibt vier Stämme des Grippeerregers: Influenca-AHN mit 16 H- und 9 N-Untertypen, Influenza-B-Victoria, Influenza-B- Yamagata und Influenca-C.
Bisher enthielt der klassische trivalente Grippeimpfstoff Vaccine (abgetötete Virenhüllen) eine B- und zwei A-Komponenten. Es wird schrittweise, von dem noch sehr teuren tetravalenten Vierfachserum abgelöst werden, das Vaccine aller vier Stämme enthält. Gearbeitet wird an einem prinzipiell neuen Universalimpfstoff, der dauerhaften Schutz vor allen Grippestämmen bieten soll und jährliche Auffrischungen überflüssig macht. Hiebei handelt es sich um so genannte RNA-Impfstoffe, in Lipid-Nanopartikel verpackte Virus- RNA-Stränge. Die Idee ist, dass Antikörper nicht wie bisher an die sich häufig verändernden Köpfe der viralen Proteine, sondern an deren sich über lange Zeiträume kaum verändernde Stiele andocken. Bei der Entwicklung von RNA-Impfstoffen gab es mit der praktischen Anwendung des von Biontech und Pfizer zur Eindämmung der COVID-19-Pandemie entwickelten Impfstoffs einen Durchbruch.

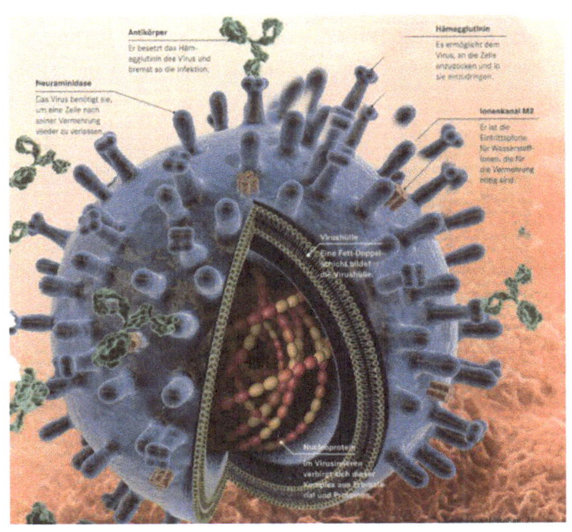

Abb. 1 Virus Prinzipieller Aufbau

Das größte bekannte, im Meer lebende Virus Cafeteria roenbergensis, kurz als CroV bezeichnet, befällt Geißeltierchen und wird seinerseits wiederum von dem kleineren Ma-Virus befallen, ist mit einem Genom von etwa 730.000 Basenpaaren sogar deutlich größer als viele einzellige Organismen. Wie Ernst Peter Fischer treffend formuliert: "Außerhalb von Zellen sind Phagen stets tot. (Als Bakteriophagen oder kurz Phagen bezeichnet man Viren, die Bakterien und Archaeen als Wirtszellen nutzen und sie dadurch zerstören.

Georgische Ärzte behandeln seit Jahrzehnten Kranke anstelle von Antibiotika mit solchen Viren.) Aber wie alle Viren sterben sie nicht". (Schrödingers Katze auf dem Mandelbrotbaum, Goldmann S. 248). Aber es wird noch interessanter. Tötet man Viren z.B. mit starker UV-Strahlung ab und bringt sie dann auf einen Bakterienrasen auf, tauschen diese toten Viren intaktgebliebene Teile aus und bilden wieder lebensfähige Phagen. In der Fachsprache bezeichnet man dies als Rekombination. Mit UV-Licht abgetötete

Viren lassen sich so durch Bestrahlung mit (energieärmerem) Tageslicht wieder zum Leben erwecken (Photoreaktivierung). Oder sollte ich mich mit dieser Formulierung nicht festlegen und von Inaktivierung und Aktivierung sprechen? Wahrscheinlich kommt Max Delbrück der Wirklichkeit am nächsten, wenn er feststellt: "Viren scheinen an der unsicheren Grenze zwischen Leben und Nichtleben zu liegen. Sie fügen sich nicht in die etablierten Kategorien zwischen Leben und Nichtleben ein". Viren sind also ein Grenzfall und ein Hinweis darauf, dass Leben im All vielfältiger sein kann als wir uns das vorstellen.

Ich möchte Sie nicht verwirren. Im Abschnitt künstliche Intelligenz werden wir sehen, wie Automaten immer menschlicher und Menschen immer mehr zu Automaten werden, wie Mensch-Maschinen-Hybride entstehen. Offensichtlich erweist sich der Begriff "lebender Organismus" immer unschärfer, je weiter wir in die Zukunft blicken.

Noch Mitte des vorigen Jahrhunderts war eine Herztransplantation eine Sensation. Heute ist bei todkranken Menschen der Austausch von Herzen, Nieren oder Lungen durch gesunde Organe Routine.

Wenn Ihnen in 10 oder 20 Jahren ein Bekannter begegnet und Ihnen sagt, dass ihm infolge eines schweren Unfalls ein künstliches Herz und eine künstliche Niere implantiert und sämtliche großen Gelenke durch künstliche Prothesen ersetzt wurden, werden Sie ihn bedauern, das Ganze aber als mehr oder weniger normal betrachten. Was doch die Medizin schon alles möglich macht, werden Sie denken. Blicken wir noch ein zwei Generationen weiter in die Zukunft. Sie treffen wieder einen verunfallten Bekannten. Beim Gespräch stellt sich heraus, dass nur noch sein Kopf zu retten war und auf einen Automaten implantiert wurde. In beiden Fällen haben wir einen lebenden Organismus mit implantierten nichtlebenden Teilen. Was haben wir aber, wenn auch Teile des Gehirns durch Implantate ersetzt werden?

Wenn wir Besuch von Außerirdischen bekommen oder ihnen irgendwo da draußen begegnen, kann es sein, dass wir nicht zu sagen wüssten, ob wir es mit Lebendigen zu tun haben oder nicht.

Entstehung von Leben

Sie werden sich erinnern: Im Band 1 "Universum ohne Urknall" haben wir verfolgt, wie sich Raum zu Materie verdichtete, wie dieser Verdichtungsprozess voranschritt und zur Entstehung von Sonnen führte, in denen sich durch Kernfusionen alle Elemente bis zum Eisen bildeten. Und schließlich, nachdem diese Sonnen ausgebrannt waren und in Sternenexplosionen, den Supernovaen, kollabierten, die übrigen chemischen Elemente entstanden, die wir heute kennen. Gravitative Konzentrationsprozesse dieser Materie führten zur Bildung neuer Sterne und sie umgebender Planetensysteme.

In der habitablen Zone unserer Sonne entstand unser Heimatplanet, die Erde. Wir werden versuchen nachzuvollziehen, wie auf dieser Erde vor etwa 4 bis 3,5 Milliarden Jahren aus unbelebter Materie Leben entstand, wie der Übergang von der chemischen zur biologischen Evolution erfolgte, wie in einem schrittweisen Prozess aus Elementen einfache Moleküle, aus diesen dann immer kompliziertere Biomoleküle wie die Aminosäuren und die DNA und schließlich die Zelle als kleinste Einheit des Lebens entstanden, wie sich in der Folge Einzeller zu Mehrzellern organisierten, sich dabei Organe bildeten, und letztlich die Evolution des Nervensystems bei den Tieren zum Gehirn und dessen Entwicklung wiederum zur menschlichen Gesellschaft führte.

Bevor wir uns mit den einzelnen Aspekten von Leben befassen, sollten wir eine Antwort auf die grundsätzliche Frage versuchen, wie Leben überhaupt entstehen konnte, widerspricht doch die Entwicklung von lebender Materie auf den ersten Blick den uns bekannten physikalischen Gesetzen. Soweit wir wissen, streben in unserem Materieuniversum alle Systeme einen Gleichgewichtszustand an. In thermodynamischen Systemen ist das gleichbedeutend mit einem Zustand höchstmöglicher Entropie. Der Zeitpfeil in der unbelebten Natur zeigt also in der Regel in Richtung wachsender Entropie. Die Entstehung lebender Materie mit ihrer hohen Komplexität aber ist ein Prozess von einem Zustand hoher zu einem Zustand geringerer Entropie. Aus zufällig verteilten Molekülen entsteht ein hochorganisiertes System. Der Zeitpfeil erscheint bei der lebenden Materie damit dem allgemeinen Zeitpfeil entgegengesetzt gerichtet.

Warum ist das so? Warum kommt es zur Selbstorganisation der Natur, zur Entstehung lebender Materie, wenn es doch einfacher erscheint, immer dem Zeitpfeil in Richtung wachsender Entropie, in Richtung Gleichgewichtszustand zu folgen? Die Antwort lautet: Weil der lokale Energieüberschuss eine Art Druck auf die Materie ausübt, der sie in Richtung zunehmender Ordnung zwingt, der demzufolge Prozesse in Richtung sinkender Entropie treibt.

Leben entsteht also, wenn die Rahmenbedingungen über lange Zeiträume ein Gleichgewicht nicht zulassen, wenn sich durch lokalen Energieüberschuss offene Systeme bilden, deren Zustandsgrößen durch die Zuführung und den Abfluss von Energie zwar zeitlich konstant (stationär) bleiben (Fließgleichgewicht), bei denen sich aber kein thermodynamisches Gleichgewicht einstellen kann.

Mit anderen Worten: Energiezufuhr, die ein System im gleichgewichtsfernen Zustand hält, übt einen Zwang zur Selbstorganisation aus. Dies führt übrigens bereits bei unbelebter Materie zur Bildung von Kristallen mit hoher räumlicher Ordnung, zur Bildung fast aller festen Körper vom Stein bis zu unserem Planeten als Ganzes.

Wenn ein Überschuss an Energie ausreichend lange besteht, dann muss sich der Ordnungsgrad der Materie weiter erhöhen, dann muss eine Materieform entstehen, die sich auf höherer Ebene selbst organisiert und selbst reproduziert, dann muss also Leben entstehen und sich entwickeln, sofern die lokalen Umweltbedingungen (vor allem das Vorhandensein von Wasser als Lösungs- und Transportmittel und eine Temperatur unterhalb der Denaturierungstemperatur) es erlauben.

Die Entstehung von lebender Materie ist folglich kein Zufall, sondern Ergebnis objektiv wirkender Naturgesetze. Dies gilt für die Erde wie auch für alle habitablen kosmischen Körper.

Die unter Kosmologen verbreitete Sicht auf Leben als Inseln der Ordnung in einem riesigen Ozean von Chaos trifft also nicht den Kern, da die Naturgesetze uneingeschränkt auch für die lebende Materie gelten. Ein Aspekt erscheint mir noch erwähnenswert: Nur der Mensch ist als niederentropisches System in der Lage, Systeme und Zustände zu erzeugen, die in der Natur ohne sein Zutun nicht von selbst entstehen würden.

Wie wir sehen, ist Leben auf ständige Energiezufuhr angewiesen. Gibt es keinen Energieüberschuss, wird also dem lebenden Organismus keine Nahrung zugeführt, kann das System seinen Gleichgewichtszustand erreichen. Seine Entropie erhöht sich, indem es zu unbelebter Materie wird, der Organismus stirbt. Wenn ein Organismus stirbt, zerfallen die Proteine und die Aminosäuremoleküle beginnen, stetig ihre Händigkeit zu ändern. Die Aminosäuregemische werden racemisch, es entstehen also 1:1 Gemische beider Enantiomere.

Je nach Aminosäure kann dieser Prozess mehrere Jahrzehnte bis zu Millionen von Jahren dauern. Dieser Racemisationsprozess dient in der Archäologie daher zur Datierung sehr alter Funde.

Damit wären wir bei einem weiteren Phänomen, das mit Leben verbunden ist: Lebentragende Moleküle sind fast ausschließlich optisch linksdrehend. Zu erwarten wäre, dass sich bei Lebewesen etwa gleich viele links- und rechtsdrehende Varianten finden ließen.

Unter optischer Aktivität versteht man die Eigenschaft bestimmter Substanzen, die Polarisationsrichtung von Licht nach rechts oder nach links zu drehen. Rechtsdrehende oder linksdrehende Eigenschaften werden dabei durch das Vorsetzen der lateinischen Worte dextr- (rechts-) oder laevo (links-) vor den Namen oder einfach d- oder l- benannt.

Immer dann, wenn in einem Molekül die Atome unregelmäßig angeordnet sind, entsteht eine Struktur, die ihrem Spiegelbild nicht superponierbar ist. Solche Moleküle existieren dann in sogenannten enantiomorphen, spiegelbildlichen Strukturen.

Bei Kohlenstoffverbindungen geschieht das immer dann, wenn alle vier an ein zentrales Kohlenstoffatom gebundenen Strukturen (Radikale), verschieden sind. Man spricht dann von einem asymmetrischen Kohlenstoffatom. Jede Verbindung, die aus asymmetrischen Molekülen besteht, hat eine rechts- und eine linksdrehende Form. In razemischen Gemischen sind links- und rechtsdrehende Moleküle gleich oft vorhanden. Die Polarisationsebenen von Licht werden dadurch nicht gedreht. Die meisten in Lebewesen vorkommenden organischen Substanzen sind im Unterschied zu anorganischen Substanzen optisch aktiv.

Louis Pasteur (1822-1895) schlussfolgerte übrigens daraus, dass es in Lebewesen Substanzen mit asymmetrischen Molekülen geben muss und sah darin die Trennlinie zwischen der Chemie toter und der Chemie lebender Materie.

Warum stellen also alle Organismen ihre Proteine nur oder fast immer aus l-Aminosäuren her? Wie das evolutionär entstanden sein kann, ist nach wie vor strittig.

Bekannt ist, dass asymmetrische Wirkursachen unter enantiomorphen Molekülen eine Auswahl treffen. Anders gesagt,
asymmetrische Verbindungen können ihrerseits razemischen
Gemischen ihre Asymmetrie aufprägen.

Eine allgemein akzeptierte Theorie versucht damit zu erklären,
wie einige wenige asymmetrische Moleküle in der Frühgeschichte
des Lebens imstande waren, ihre I-Orientierung zufällig allen
heute in Lebewesen vorkommenden Molekülen aufzuprägen, also einen Auswahlmechanismus in Gang zu setzen, der heute
noch wirkt. Das klingt wenig überzeugend, setzt es doch voraus,
dass alles Leben zu einem bestimmten Zeitpunkt und an einem
einzigen Ort entstanden ist.

Mein Erklärungsansatz ist Ihnen sicherlich noch in Erinnerung. Er
ist im Band 1 über die Entstehung und die Struktur des Universums nachzulesen und geht davon aus, dass die linksdrehende
Raumkrümmung aus energetischen Gründen zur Selektion der
linksdrehenden Aminosäuren geführt hat.

Wenden wir uns nunmehr dem konkreten Prozess der Entstehung von Leben auf der Erde zu.

Bis Anfang des 19. Jahrhunderts ging man davon aus, dass es
Stoffe der unbelebten Natur und solche der belebten Natur gibt.
Als Friedrich Wöhler (1800-1882) 1828 entdeckte, dass die
Summenformeln von Harnstoff, also einem Stoff der belebten Natur, der in der Niere entsteht, und von Ammoniumcyanat, einem
Stoff der unbelebten Natur, identisch waren und es ihm gelang,
aus diesem Harnstoff herzustellen, wurde klar, dass zwischen
Stoffen der belebten und der unbelebten Natur kein grundsätzlicher Unterschied besteht. (Wöhler gilt deshalb als Begründer der
organischen Chemie). Was aus heutiger Sicht ziemlich trivial
klingt, führte damals zu einer regelrechten Hysterie. Man glaubte,
in nicht allzu ferner Zukunft einen Menschen im Labor erzeugen
zu können. Selbst Goethe ließ sich von der Hysterie anstecken

und führte in die Handlung des Faust II einen künstlich erschaffenen Menschen, den Homunkulus, ein.

Seitdem sind fast 200 Jahre vergangen, und es ist trotz immenser Anstrengungen noch nicht gelungen, lebende Materie zu erzeugen.

Im Jahre 1953 glaubte man an einen Durchbruch, als sich in dem berühmten Miller Experiment Biomoleküle gebildet hatten. Mittlerweile wissen wir, dass dieses Experiment nicht als Modell für die Entstehung von Leben herhalten kann.

Heute verfügen wir über eine Vielzahl von Informationen, die Hypothesen über die Entstehung von Leben auf der Erde erlauben. Einerseits könnte man sagen, dass die Entstehung von Leben in seinen Grundzügen verstanden ist, andererseits bewegen wir uns immer noch am Rande von Spekulationen. Bis jetzt weiß niemand, wie auf der Erde der qualitative Sprung von unbelebter zur lebenden Materie erfolgte. Die verschiedensten Ansatzpunkte lassen sich in zwei theoretischen Gebäuden zusammenfassen. Erstens in Theorien von der Entstehung des Lebens auf der Erde. Und zweitens in Theorien vom extraterrestrischen Ursprung des Lebens.

Obwohl heute die meisten Biochemiker den extraterrestrischen Ansatz ablehnen, sind einige Fakten, auf die sich diese Theorie stützt, doch so bemerkenswert, dass es lohnt, kurz auf sie einzugehen. Immerhin schätzt man, dass noch heute mehrere hundert Tonnen extraterrestrisches Material täglich auf die Erde fallen. Am 28. September 1969 explodierte ein Meteor nahe der australischen Stadt Murchison. Als man ein Stück davon fand, das es bis zur Erdoberfläche geschafft hatte, (kleinere Teile verglühen als Sternschnuppen) stellte man fest, dass es sich um einen Meteoriten vom Typ Kohlenstoff-Chondrit handelte. Das sind Meteoriten, die reich an Kohlenstoffverbindungen sind. Bei der chemischen Analyse fand man eine Vielzahl von Aminosäuren. Dieser

Befund wurde durch später gefundene Chondrite bestätigt, in denen weitere wichtige Bausteine von Leben wie Methan, diverse Zucker, proteinogene Aminosäuren und Nukleinbasen wie Adenin nachgewiesen wurden. Meteorite sind deshalb so interessant, weil sie aus dem Asteroidengürtel zwischen Mars und Jupiter stammen und nach derzeitigem Wissensstand das älteste Material unseres Sonnensystems enthalten, das zusammen mit der Erde vor etwa 4,5 Milliarden Jahren entstanden ist.

Die Rosetta-Mission bestätigte die Befunde, indem auf dem Kometen 67P/Tschurjumow-Gerassimenko die Aminosäure Glycin und eine Vielzahl Stickstoff und Phosphor enthaltende Verbindungen gefunden wurden. Radioastronomen fanden im interstellaren Raum neben Aminosäuren auch Methanol und Methanal (Formaldehyd), beides Oxydationsstufen von Methan. Auch Blausäure konnte nachgewiesen werden.

Diese Fakten sind nicht von der Hand zu weisen und sprechen für die These, dass Leben bei günstigen Bedingungen überall im Universum entstehen kann oder entstanden sein könnte. Immerhin handelt es sich ja um Biomoleküle, also um Bausteine des Lebens. Der Streit, ob es sich bei einigen Proben um kristalline Strukturen oder Versteinerungen mikroskopisch kleiner pflanzlicher Lebensformen handelt, hält an. Aber zweifelsfrei konnten einfachste Formen von Leben nicht nachgewiesen werden. Auch das Argument, Leben könnte die kosmische Strahlung im Weltall oder die Hitze beim Eintritt der Meteoriten in die Erdatmosphäre nicht überstehen, wird mit dem Gegenargument, es könnte ja alle Unbilden der Reise im Inneren größerer Materiebrocken überstanden haben, zu entkräften versucht. Aber bei nüchterner Betrachtung spricht alles, was wir bisher in Erfahrung gebracht haben, für unbelebte Materie, die uns da von "da draußen" erreicht. Und selbst wenn sich die Ansicht bestätigen sollte, dass Leben die Erde erreichen kann, wir also in einem kosmischen Körper extraterrestrisches Leben finden sollten, würde dies nicht unsere grundsätzliche Frage nach der Entstehung von Leben aus unbelebter Materie beantworten. Im Gegenteil, unsere Aufmerksamkeit (und materielle Mittel) würden von der Kernfrage, der Entschlüsselung der Naturgesetze, die zu Leben führen, abgelenkt, und erneut Raum für Schöpfungstheorien geschaffen.

Die Suche nach der Entstehung von Leben auf der Erde ist neben der Zellforschung und anderen Disziplinen einer der Wege, um Leben zu verstehen und letztlich lebende Materie erschaffen zu können.

Kommen wir damit zu einigen Theorien von der Entstehung des Lebens auf der Erde.

Auch hier gibt es zwei grundsätzlich verschiedene Denkansätze; die Entstehung erster Lebensformen an der Erdoberfläche oder ihre Herausbildung in den Tiefen der Ozeane. Für beide Annahmen gibt es Für und Wider. Ich möchte hier nur auf einen Aspekt hinweisen, der aus meiner Sicht bislang zu wenig Beachtung findet. Ein Prozess der Entwicklung von Leben an der Erdoberfläche wäre durch intensive Strahlung, stark reaktiven chemischen Substanzen und einem häufigen Wechsel der Umweltbedingungen begleitet worden. Sich bildende Biomoleküle wären also einem starken evolutionären Druck ausgesetzt gewesen, der einerseits die Entwicklung zu Leben und dann zu neuen Lebensformen beschleunigt, aber auch, wenn die Veränderungen zu schnell erfolgten, verhindert haben kann. Ein entgegengesetztes Bild finden wir in den Tiefen der Ozeane. Hier fehlt praktisch energiereiche Strahlung aus dem Kosmos und von der Sonne. Die wenigen von Black Smokern ausströmenden chemischen Substanzen schaffen ein über lange Zeiträume nahezu konstantes chemisches Milieu, und die Umweltbedingungen insgesamt verändern sich in der Zeit kaum. Der evolutionäre Druck sowohl auf chemische als auch auf biologische Prozesse wäre folglich gering gewesen. Das kann die Entstehung von Leben begünstigt, aber auch verhindert haben.

Um eine Vorstellung von der Entstehung von Leben zu bekommen, begeben wir uns in das ostafrikanische Grabensystem.

Hier treffen wir auf starke geologische Aktivität, Vulkanismus, hydrothermale Quellen mit großen Mengen an gelösten vulkanischen Gasen und Mineralen, Lavafelder, Verwerfungen, extreme Erdspannungen, hydrothermale Spalte, Senken, in denen sich Seen mit hohen Konzentrationen der von Regenwasser aus Vulkanasche- und Lavafeldern ausgewaschenen Salze gebildet haben. Ein Cocktail, eine "Ursuppe", die alles enthält, was Leben entstehen lassen könnte. Andere Modelle favorisieren Tonmineralien, die dafür bekannt sind, an ihrer Oberfläche und in ihrem porösen Inneren chemische Reaktionen katalysieren zu können. Auch Schichtsilikate sind ein möglicher Kandidat, der im Evolutionsmechanismus eine prominente Rolle gespielt haben könnte. Und schließlich gibt es eine große Forschergemeinschaft, die das Mineral Pyrit (FeS_2), das einen wesentlichen Bestandteil des die Schwarzen Raucher umgebenden porösen Gesteins bildet, als "Reaktor" bei der Entstehung von Leben betrachten.

Viele potenziell mögliche Wege führen also von der mineralischen Welt zu lebender Materie.

Am plausibelsten erscheint mir die Theorie von der "Ursuppe". Zugegebenermaßen klingt dieser Begriff nicht gerade wissenschaftlich. Aber er trifft genau den Kern. Eine Suppe besteht aus Wasser und den darin gelösten Bestandteilen. In der Sprache der Chemie ist Wasser das Lösungsmittel, in dem die gewünschten Reaktionen ablaufen können. Wie das Wasser auf die Erde kam oder auf ihr entstand, ist noch umstritten.

Die meisten Forscher favorisieren eisige Kometen und Asteroiden, die auf der Erde aufschlugen, als Wasserquelle. Andere sehen Prozesse im Erdmantel, wo bei hohem Druck und hoher Temperatur Quarz (Siliziumdioxid) mit Wasserstoff zu Wasser reagiert haben könnte, als den Ursprung des Wassers. Aber das soll uns hier nicht weiter interessieren.

Für unsere Überlegungen ist entscheidend, dass Wasser ein exzellentes Lösungsmittel für eine Fülle von Stoffen ist. Obwohl elektrisch neutral, werden durch die Dipolnatur der Wassermoleküle auch alle elektrisch geladenen Teilchen, wie die positiven und negativen Ionen von Salzen, aber auch von geladenen Proteinmolekülen gelöst.[3]
Darüber hinaus kann es auch alle Strukturen lösen, die zwar elektrisch neutral sind, die aber wie es selbst Wasserstoff-Brücken (kurz H-Brücken) bilden können. Diese "wasserliebenden " Stoffe werden als hydrophile Substanzen bezeichnet. Ihre Gegenspieler sind hydrophobe Substanzen, wie z.B. die Fette, aber auch wasserunlösliche Proteine. Wasser ist somit das ideale Medium, um einerseits dynamische biochemische Prozess wie z.B. den Stoffwechsel zu tragen, und andererseits lebende Strukturen von der Umwelt abgrenzen zu können.

In uns fließt Blut als hydrophile Lösung lebenserhaltender Substanzen (entspricht das Verhältnis von Elektrolyten zur Flüssigkeit dem des Blutes, spricht man von einer isotonischen Flüssigkeit). Zugleich sind unsere Adern mit hydrophoben Epithelzellen ausgekleidet und unser Körper ist von einer Haut aus eben diesen hydrophoben Proteinen bedeckt, s.d. wir uns im Regen oder beim Baden nicht in Wasser auflösen.

Die nachstehende Grafik zeigt den prinzipiellen Aufbau polarer Moleküle.

---

[3] Durch Ladungsverschiebungen in Atomgruppen entstehen elektrische Dipolmomente. Im Wasser ist die negative Ladung zum Sauerstoffatom hin verschoben. Ein Teil der Wassermoleküle dissoziiert deshalb immer in OH- und H+ Ionen. Polare Substanzen lösen sich nur in polaren Lösungsmitteln, unpolare nur in unpolaren. Folglich bilden sich immer nur polare oder unpolare Mischungen.

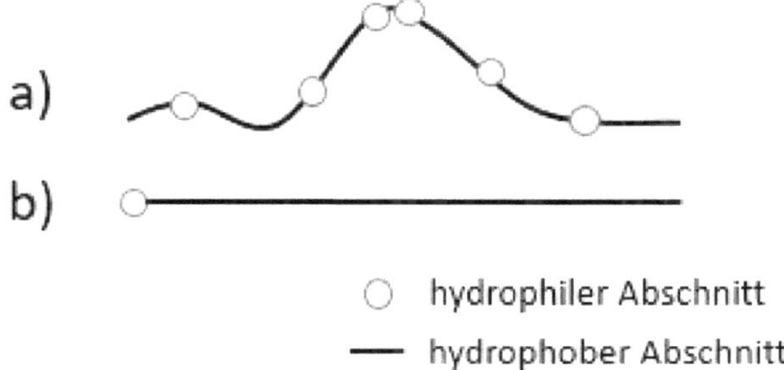

Abb. 2 Moleküle mit wasserlöslichen und wasserunlöslichen Strukturen

    a) Hydrophobes Molekül mit mehreren hydrophilen Abschnitten.

    b) Molekül mit jeweils einem hydrophilen und einem hydrophoben Abschnitt.

Neben den herausragenden Eigenschaften als Lösungsmittel hat Wasser auch besondere physikalische Eigenschaften. Es ist nicht komprimierbar und das Temperaturintervall zwischen Schmelz- und Siedepunkt liegt bei etwa 100°C (absolut reines Wasser gefriert übrigens nicht bei 0°C, sondern bei minus 38°C und siedet bei Normaldruck bei etwa 110°C). Da Eis leichter als Wasser ist, kann Leben auch unterhalb einer Eisschicht existieren und so auch längere Kälteperioden überdauern, was bei anderen Lösungsmitteln, deren feste Phase immer schwerer als die flüssige Form ist, auszuschließen wäre.

Nachdem wir das Wasser der "Ursuppe" etwas näher betrachtet haben, können wir uns nunmehr ihren anderen Bestandteilen zuwenden.

Seit den 20er Jahren des vorigen Jahrhunderts ging man davon aus, dass sich nach Abkühlung der Erdoberfläche eine Uratmosphäre (auch primordiale oder 1. Atmosphäre genannt) aus den reduzierenden Gasen Wasserstoff, Methan und Ammoniak gebildet hatte. Aus diesem Gasgemisch und Wasserdampf sollten sich dann unter dem Einfluss von gewittrigen Entladungen Biomoleküle gebildet haben. Die Bestätigung dieser Überlegungen erbrachte 1953 das bereits erwähnte berühmte Miller-Experiment, mit dem diese Bedingungen im Labor simuliert wurden. Wie erhofft, fand man die am häufigsten in Lebewesen vorkommenden Aminosäuren Glycin, Alanin, Asparaginsäure und Glutaminsäure. In der Rückstellprobe, die nach dem Tode Millers untersucht wurde, kamen weitere Aminosäuren hinzu. Darüber hinaus konnten in beiden Proben Harnstoff und verschiedene Carbonsäuren nachgewiesen werden. Das Experiment wurde weltweit in 100en Variationen einer reduzierenden und später, als sich die Auffassung von einer schwach oxidierenden Atmosphäre mit dem Hauptbestandteil Kohlendioxid (CO_2) durchgesetzt hatte, mit anderen Zusammensetzungen, in Anwesenheit von Eisen und anderen Elementen sowie mit unterschiedlicher Dauer wiederholt. Trotz Unterschieden in den Ergebnissen und in der Ausbeute einzelner Substanzen war die Erkenntnis eindeutig: In der Uratmosphäre der Erde müssen sich proteinogene Verbindungen, einfache Bauelemente von Leben gebildet und anschließend im Urozean angereichert haben. Dazu kamen auch Biomoleküle aus dem All.

Aber wie ging es dann weiter? Selbst bei diesem Befund gibt es zwei prinzipielle Möglichkeiten, wie Leben entstanden sein kann: entweder als zufälliges Ereignis oder als gesetzmäßiges Ergebnis des Wirkens bekannter physikalischer und chemischer Naturgesetze. Einige Wissenschaftler halten ein zufälliges Zusammenwirken von Biomolekülen für möglich. Ihrer Auffassung nach könnte Leben auf der Erde vor dreieinhalb bis vier Milliarden Jahren mit der zufälligen, spontanen Bildung einer Urzelle, eines "Uradams" begonnen und sich dann evolutionär weiterentwickelt haben. Es wäre also so, als wenn Sie eine Kiste mit sämtlichen Teilen eines Autos füllen, sie kräftig durchschütteln und dann vor einem fertigen Auto ständen. Aber so entsteht kein Auto. Auch wenn Sie es tausendmal oder eine Billion mal versuchen. Das Ergebnis wird immer negativ sein. Hinzu käme, dass der mit faktisch Null Wahrscheinlichkeit entstehenden Urzelle eine ganze Kette von unwahrscheinlichen Zufällen folgen müsste, damit diese Zelle tausende von Jahren überlebt und sich weiter entwickeln könnte. Mit anderen Worten: Die zufällige Entstehung von Leben auf der Erde ist auszuschließen. Es sei denn, man unterstellt einen göttlichen Schöpfungsakt. Aber selbst dieser ergäbe nur Sinn, wenn auch der folgende Differenzierungsprozess in Millionen von Arten von einer göttlichen Hand gesteuert würde. Unzählige Beweise sagen uns aber, dass es sich hier um gesetzmäßige Ergebnisse evolutionärer Entwicklungen handelt.

Folglich müssen wir uns schon der Mühe unterziehen, das Leben auf der Erde auf der Grundlage der uns bekannten Gesetze der Physik und der Chemie entstehen zu lassen.

Was wir wissen, ist, dass das uns vertraute Leben auf der Basis einiger weniger chemischer Elemente existiert und dass aus diesen Elementen wiederum einige wenige Grundbausteine entstanden sind, aus denen die schier unbegrenzte Vielfalt lebenausmachender Moleküle hervorgeht.

Die belebte Natur ist also aus wenigen Elementen, aus wenigen präbiotischen Molekülen, und aus wenigen Biomolekülen hervorgegangen. Dabei sind diejenigen Biomoleküle, die sich am häufigsten auf der Erde gebildet haben, auch die häufigsten Bausteine von Leben. Aus dieser Handvoll immer wiederkehrender Strukturen besteht noch heute die riesige Palette von Biomolekülen, vom kleinsten Peptid über riesige Proteine bis hin zu den meterlangen Genomen, die zusammen lebende Organismen bilden. Das Prinzip, das der Entstehung von Leben und dem Leben selbst zugrunde liegt, ist offensichtlich: Energieersparnis durch Einfachheit und Realisierung einer Art Baukastensystem.

Stellen Sie sich diesen Molekülcocktail in der "Ursuppe" vor. Eine Fülle unterschiedlichster chemischer Reaktionen ist möglich, der Prozess der Herausbildung von Nukleinsäuren daher nur einer unter vielen. Aber er unterschied sich von allen anderen dadurch, dass eine Struktur entstand, die quasi über ein Erinnerungsvermögen verfügte und somit Informationen speicherte. Eine solche Eigenschaft können auch andere Moleküle, wie z.B. Zellulose (eine Zuckerform) besitzen.

Was aber diese Moleküle auszeichnete, waren zwei Eigenschaften, die andere Moleküle in dieser Kombination nicht haben. Das sind sowohl Stabilität als auch Flexibilität. Einerseits sind Nukleinsäure-Moleküle gegenüber Veränderungen des Milieus stabil. Sie zerfallen nicht, wenn sich das Medium von neutral in sauer oder basisch ändert. Andererseits machen sich Reagenten sehr wohl in ihrer Struktur bemerkbar. Was aber nicht weniger wichtig ist, diese Strukturen können sich replizieren.

Aber der Reihe nach

Leben basiert im Wesentlichen auf den Nukleinsäuren DNA und RNA sowie auf einer unüberschaubaren Zahl von Proteinen und anderen Biomolekülen. Zu klären ist folglich die Entstehung dieser Biomoleküle. Ich bin mir natürlich darüber im Klaren, dass es angesichts unzähliger Faktoren wie vorhandene Moleküle, Temperatur, pH-Wert des Lösungsmittels und vieles mehr eine Fülle denkbarer Wege zu diesen Molekülen und damit zu lebender Materie gab. Dennoch erscheint es mir möglich, alle denkbaren Prozesse auf einige wenige wahrscheinliche Reaktionen zu reduzieren und den Weg der Entstehung der nichtlebenden Grundbausteine des Lebens und schließlich der Bildung von lebender Materie zu skizzieren. Kürzlich wurden etwa 400 biochemische Reaktionen gefunden, die quasi den Basisstoffwechsel heutiger Zellen abbilden. All diese Reaktionen basieren auf wenigen Ausgangsstoffen, nämlich Wasserstoff, Kohlenstoffdioxid, Ammoniak, Schwefelwasserstoff und Phosphate. (Frontiers in Microbiology 10.3389/fmicb.2021.793664, 2021)

Lassen sie uns also gemeinsam versuchen, Schritt für Schritt von den atomaren Grundbausteinen über die Grundbausteine der DNA und ihre Funktionsweise, die Proteine, Vitamine, und Fette und schließlich den Übergang zur Zellbildung die Frage zu beantworten, wie aus nichtlebender lebende Materie entstanden sein könnte.

Atomare Grundbausteine

Wie bereits gesagt, reichte eine Handvoll atomarer Grundbausteine aus, um die unvorstellbare Vielfalt von Leben hervorzubringen.

Konkret handelt es sich um den Wasserstoff und die Nichtmetalle Kohlenstoff, Stickstoff, Sauerstoff, Phosphor und Schwefel. Wie die nachstehende Grafik zeigt, sind diese Elemente mit Ausnahme des Wasserstoffs im Periodensystem der Elemente aufgrund ihrer ähnlichen Reaktionsfähigkeiten in unmittelbarer Nachbarschaft zu finden. Diese Elemente sind es also, die die einfachen prä-biotischen Moleküle bilden, aus denen dann die Biomoleküle und letztlich die Nukleinsäuren und die Proteine als Grundbausteine des Lebens entstehen.

Es stellt sich natürlich die Frage, warum gerade diese Elemente die Ur-Bausteine für Leben sind, oder anders gefragt, welche Eigenschaften sie gegenüber den anderen Elementen auszeichnen?

Abb. 3 Periodensystem der Elemente

Es ist ihre extrem große Variabilität in den chemischen Reaktionen. So können sie in Verbindungen relativ stabil, also reaktionsträge, und gleichzeitig bei bestimmten Konstellationen sehr reaktionsfreudig sein. Und sie haben die Eigenschaft, miteinander eine unüberschaubare Zahl großer Kettenmoleküle, riesige räumliche polymere Strukturen mit den unterschiedlichsten chemischen Eigenschaften bilden zu können. Was sie außerdem auszeichnet, ist, dass sie auf der Erdoberfläche relativ häufig vorkommen und deshalb unter den unterschiedlichsten lokalen Bedingungen für chemische Reaktionen zur Verfügung stehen.

Aus all diesen Elementen ragt der Kohlenstoff in seiner Bedeutung noch heraus.

Er ist der Grundbaustein für Leben auf der Erde, spielt aufgrund seiner Eigenschaften die zentrale Rolle in der Chemie des Lebens. Er ist in jedem Molekül zu finden. Das Körpergewebe aller

auf der Erde vorkommenden Lebewesen besteht aus Sterioiso-
meren des Kohlenstoffs. Manche Biochemiker gehen soweit, das
Leben selbst als eine komplexe Eigenschaft von Kohlenstoffverbindungen zu definieren (Unsere gespiegelte Welt, Martin Gard-
ner, Ullstein, S. 127).

Kohlenstoff ist ein chemisch außerordentlich flexibles Element.
Kohlenstoffatome können untereinander stabile Ketten großer
Länge, Ringe und Schleifen formen, Doppel- und Dreifachbin-
dungen eingehen.

Kohlenstoffmoleküle bilden Isomere, indem sie die gleiche Anzahl
und Art von Atomen unterschiedlich im Raum anordnen und so
verschiedene topologische Eigenschaften hervorbringen.

Die frühe Erdatmosphäre bildete mit ihren hohen Anteilen von
Wasserstoff und Kohlenmonoxid eine Art Synthesegas. Beispielhaft seien hier nur Oxydationsstufen von Kohlenstoff-Wasser-
stoff-Ketten dargestellt, die sich unter diesen Bedingungen herausbilden mussten und die uns im Prozess der Entstehung lebender Materie immer wieder begegnen werden:

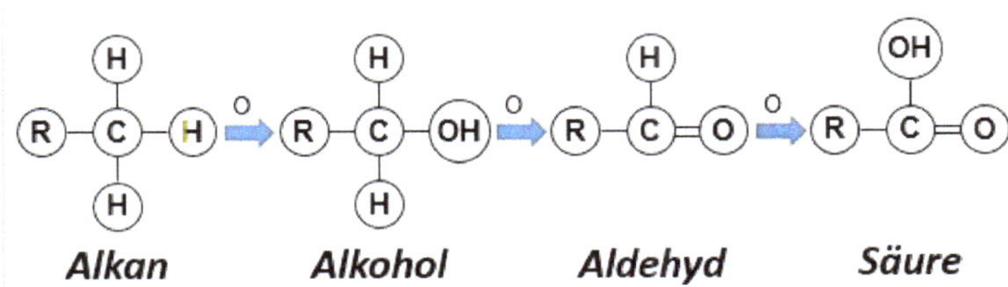

Abb. 4 Oxydationsstufen

Nur wenige Metalle wie Natrium (Na), Kalium (K), Calcium (Ca),
Magnesium (Mg), Eisen (Fe), Nickel (Ni), Molybdän (Mo), Kupfer
(Cu), Zink (Zn) und das Selen (Se) als Halbmetall kommen bei
lebender Materie als Spurenelemente vor, sind lebensnotwendig.
Eisen und das Nichtmetall Schwefel (S) spielen eine zentrale Rol-

le im Stoffwechselprozess vieler archaischer Bakterien (Eisen-Schwefel-Bakterien). Hunderte Eisen-Nickel-, Eisen-Schwefel- und Eisen-Molybdän-Schwefel- Proteine wirken bei der Enzymkatalyse mit.

Diese Elemente sind also unverzichtbar für Leben. Sie dürften daher auch bei der Entstehung von Leben eine essenzielle Rolle gespielt haben.

Struktur und Funktionsweise der DNA

Anschaulich lassen sich das Prinzip der Einfachheit und der "modularen Konstruktion", also einer Art von Baukastensystem, am Riesenmolekül der DNA zeigen, das in Ausprägung unterschiedlicher Genome den Bauplan sämtlicher uns bekannter Lebewesen verkörpert. Betrachten wir daher zunächst die Struktur der DNA, bevor wir uns dann ausführlich mit der Entstehung ihrer Strukturelemente und ihrer Funktionsweise beschäftigen.

Die Grundstruktur der DNA wird von sogenannten Nukleotiden gebildet. Alle Nukleotide bestehen aus einem Phosphatrest, einem Zuckermolekül und einer der vier stickstoffhaltigen Basen Adenin (A), Guanin (G), Thymin (T) und Cytosin (C). Die allgemeine Struktur der Nukleotide sieht dabei folgendermaßen aus:

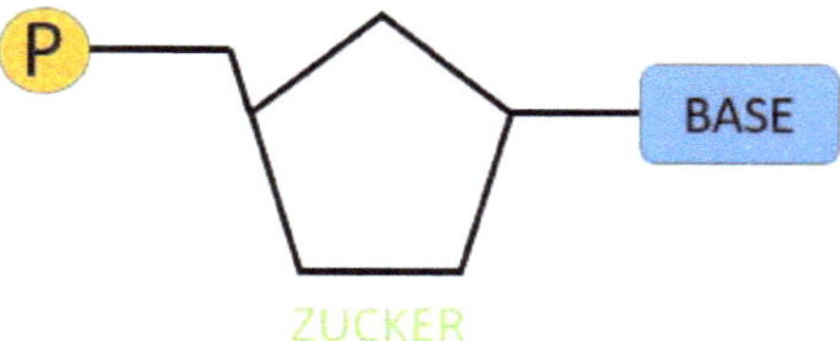

Abb. 5 Nukleotid

Die DNA ihrerseits setzt sich aus einer mehr oder weniger langen Abfolge von diesen Nukleotiden zusammen. Sie ähnelt damit einem Polymer, einem aus kleineren Molekülen zusammengesetzten Riesenmolekül.

Nur wiederholen sich hier nicht wie bei diesem immer die gleichen Einheiten. Wie wir noch sehen werden, codiert die Abfolge der vier verschiedenen Nukleotide in einem Strang von Millionen von Nukleotiden alle Informationen, die für die Entstehung, das Wachstum und die Vermehrung lebender Organismen erforderlich sind.

Die folgende Grafik zeigt den prinzipiellen Aufbau der DNA:

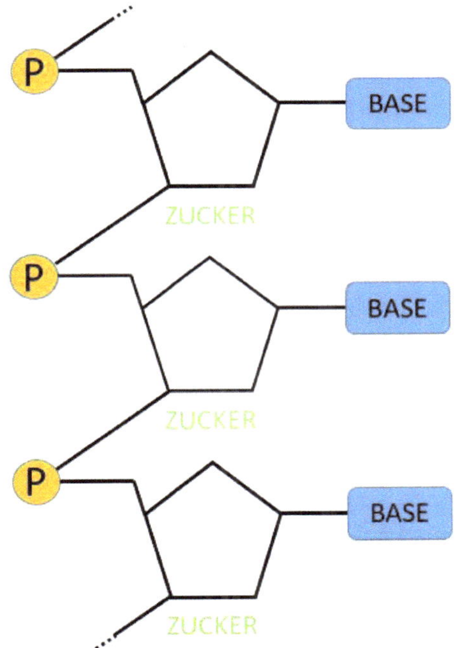

Abb. 6 Teilbereich DNA

Das Phosphatmolekül

Phosphor (P) ist Bestandteil allen Lebens und wie die Nervenkampfstoffe und das Ackergift Glyphosat zeigen, in bestimmten chemischen Verbindungen physiologisch hoch wirksam.

Der Körper eines Erwachsenen enthält etwa 800 bis 1.000 Gramm Phosphor. Der Großteil davon befindet sich in den Knochen. In der Natur kommt P nur in gebundener Form, meist in Gestalt von Phosphaten vor. Die bekanntesten Mineralien sind die Apatite und die Phosphorite. Phosphoratome liegen in der Regel in 3-wertiger Form vor. Sie können sich untereinander verbinden und bilden so unterschiedliche Modifikationen wie schwarzen Phosphor, roten Phosphor und weißen Phosphor. Durch seine polymere Struktur ist der schwarze Phosphor am reaktionsträgsten, während der weiße Phosphor, bei dem 4 dreiwertige Phosphoratome untereinander verbunden sind, am reaktionsfreudigsten ist.

Durch Erosionsprozesse werden Phosphate an Tonmineralien gebunden und gelangen so ins Meer. Phosphor verfügt über ein breites Spektrum möglicher Reaktionen. Durch seine starke Affinität zu Sauerstoff bildet Phosphor stabile P-O-Verbindungen. Je nach Vorhandensein von Sauerstoff verbrennt er zu Phosphortrioxid P_2O_3 (P_4O_6), Phosphortetroxid P_2O_4 oder Phosphorpentoxid P_2O_5 (P_4O_{10}). Dabei entstehen kovalente Bindungen zwischen Phosphoratomen, Ketten oder zyklische Strukturen von P-O-P-Bindungen. Durch Reaktion mit Wasser bilden diese Oxyde Ortho-, Di-, Tri- und Methaphosphorsäuren mit den 3, 4 oder 5fach negativ geladenen Anionen ihrer Ortho-. Di-, Tri- und Metha-Phosphate. Phosphate sind die Salze und die Ester dieser Säuren. In wässriger Lösung zerfallen sie in Anionen und Kationen. Uns interessiert hier der Phosphatrest der Orthophosphorsäure H_3PO_4, also das dreifach negativ geladene Anion des Monophosphats PO_4^{3-}. Das nachstehende Schema zeigt seine Struktur:

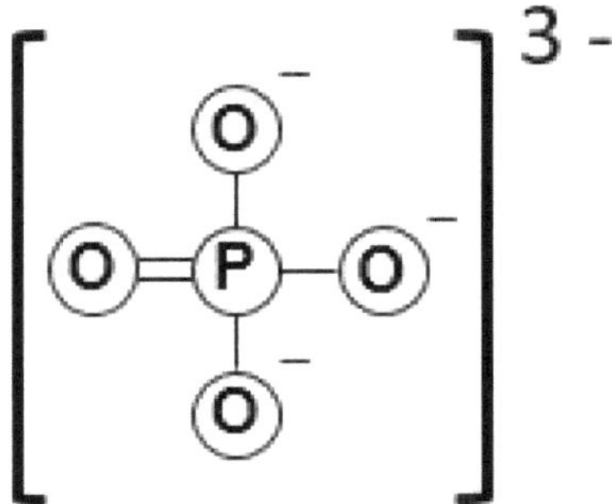

Abb. 7 Monophosphatanion

Dieses Molekül ist einer der drei fundamentalen Bestandteile der DNA.

Das Zuckermolekül

Als Zucker (Monosaccharide und Polysaccharide) werden im allgemeinen Kohlenhydrate, präziser gesagt, Kohlenstoff-Sterioisomere einseitiger Orientierung bezeichnet. Sie bestehen nur aus drei Elementen, nämlich Kohlenstoff (C), Wasserstoff (H) und Sauerstoff (O). In ihren unterschiedlichen Ausprägungsformen machen sie nicht nur den größten Teil der Biomasse, sondern neben Proteinen und Fetten auch einen unverzichtbaren Teil unserer Nahrung aus. Die Monosaccharide wie Tafelzucker, Rohzucker, Traubenzucker (Dextrose) und Fruktose sind die Hauptenergielieferanten unseres Organismus und sofort verfügbar für die Bildung von Adenosintriphosphat (ATP), der "Energiewährung" für alle biologischen Prozesse. So gewinnen die Mitochondrien in unseren Zellen aus dem Abbau eines Moleküls Traubenzucker 34 Moleküle ATP. Dazu später mehr. Mehr als die Hälfte der Kohlenhydrate, die wir zu uns nehmen, macht das Polysaccarid Stärke aus. Ihre Zerlegung durch das Enzym Amylase beginnt bereits im Speichel. Die Magensäure stoppt die Stärkeverdauung.

Im Dünndarm übernimmt dann ein weiteres Enzym, die Maltase, die Aufspaltung in freie Glukose, die dann von den Bürstensaumzellen sofort resorbiert wird. Das Gleichgewicht zwischen Glukoseverbrauch und Nachlieferung und damit eine annähernde Konstanz des Blutzuckerspiegels wird durch das Insulin gewährleistet. Wenn wir mit einer Mahlzeit Glukose zu uns nehmen, dockt dieses Hormon an Rezeptoren in Leber- Muskel- und Fettzellen an und setzt damit eine Signalkaskade in Gang, die die Zwischenlagerung der Nahrungsglukose als Glykogen bewirkt. Bei Bedarf wird es wieder ins Blut abgegeben. Ist dieser Mechanismus wie bei der Zuckerkrankheit gestört, kommt es zu schädlichen Wechselwirkungen zwischen den reaktionsfreudigen Glukosemolekülen und verschiedenen Proteinen in den Gefäßwänden. Die Proteine können ihre Aufgaben nicht mehr erfüllen. Die Folge sind Schäden an den Organen.

Zu den Polysacchariden gehören neben der Stärke die Cellulose und ein naher Verwandter der Cellulose, das Chitin. Beide dienen der Strukturbildung lebender Organismen. Zusammen mit anderen Kohlenhydraten, für die der menschliche Organismus keine Verdauungsenzyme produziert, kommen sie auch in unserer Nahrung als Ballaststoffe vor.

Bei den Zuckermolekülen in der DNA bzw. RNA handelt es sich um ein sehr einfaches Monosaccharid, die Desoxyribose. Die Desoxyribose ist eine Pentose aus 5 Kohlenstoffatomen, die in wässriger Lösung in zwei Formen vorliegt, als Kettenmolekül und als zyklisches Molekül mit einer O-Brücke.

Zwischen beiden Formen bildet sich - wie in nachstehender Abbildung gezeigt - in wässriger Lösung ein Gleichgewicht heraus, das deutlich zugunsten des zyklischen Moleküls verschoben ist.

Dies bestimmt auch die Darstellungsform des Zuckers in den Nukleotidmolekülen.

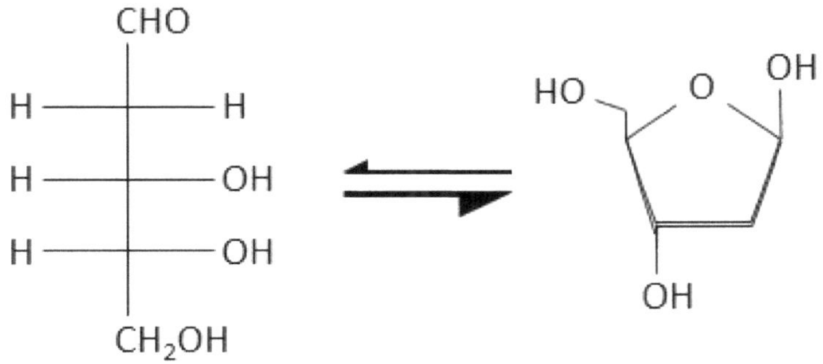

Abb. 8 Desoxyribose

Die Nukleinbasen

Jedes Nukleotid enthält eine der vier stickstoffhaltigen Basen A-denin (A), Guanin (G), Thymin (T) und Cytosin (C). Bei der RNA ist Thymin durch Uranil ersetzt, ein Thyminmolekül, bei dem eine Methylgruppe ($-CH_3$) durch ein H-Atom substituiert ist. Die Pyrimidine C,T,U bestehen aus einem, Purine A, G aus zwei Ringen. Als Basen werden diese Verbindungen bezeichnet, weil sie an den Stickstoffatomen protoniert werden können und daher in wässriger Lösung leicht basisch reagieren. Jeweils zwei dieser Basen bilden im Doppelmolekül der DNA ein Paar. A bildet über zwei Wasserstoffbrücken mit T (U in der RNA) ein Paar. C und G sind über drei H-Brücken miteinander verbunden. Kennt man folglich die Base eines Nukleotids, ist auch die Base des angela-gerten Nukleotids bekannt. Zur Veranschaulichung sei hier die Struktur der Nukleinbase Adenin gezeigt:

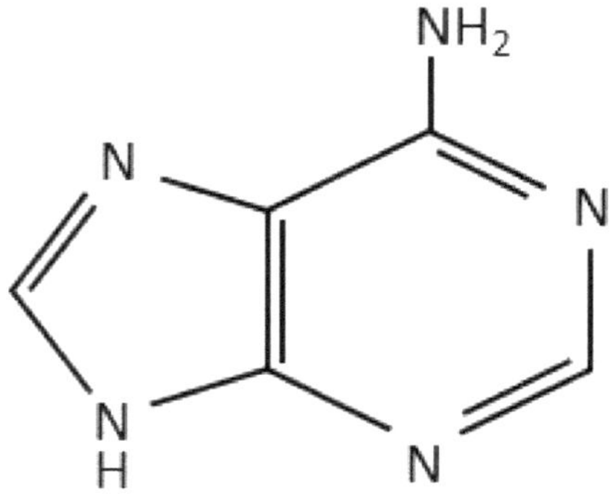

Abb. 9 Adenin

Adenin hat die Summenformel $C_5H_5N_5$, ist folglich ein Pentamer des Cyanwasserstoffs (Blausäure). Es entsteht also durch die Zusammenlagerung von fünf Blausäuremolekülen. 5 HCN $\rightarrow$ $C_5H_5N_5$. Blausäure ihrerseits kann sich durch unterschiedliche Reaktionen bilden. Eine Möglichkeit ist die Reaktion von Ammoniak mit Methan in Anwesenheit eines Katalysators wie Platin. Ein Vorgang also, der in der Uratmosphäre mit hoher Wahrscheinlichkeit stattgefunden hat.

Nukleotidbildung

Wir wir sehen, lässt sich die Entstehung der drei Bestandteile der Nukleotide aus einfachen Ausgangsstoffen leicht nachvollziehen. Haben sie sich erst einmal gebildet, dürfte die Entstehung der vier Nukleotide nur noch eine Frage der Zeit und der konkreten Umweltbedingungen gewesen sein. Beispielhaft wird hier die Zusammensetzung des Nukleotids Adenosinmonophosphat gezeigt.

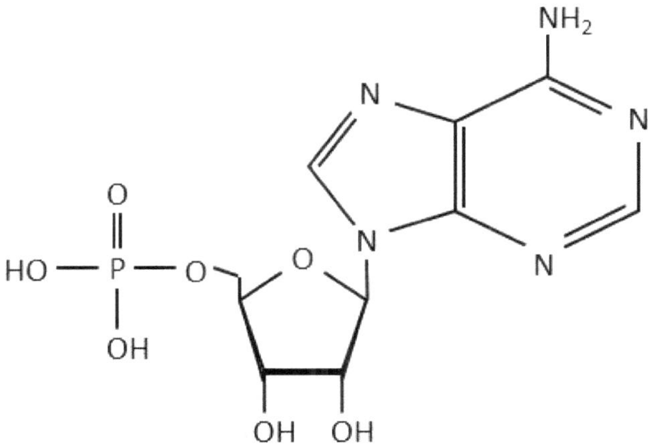

Abb. 10 Adenosinmonophosphat

Ein Derivat dieses Nukleotids, das Adenosintriphosphat (ATP),
spielt eine zentrale Rolle im Energiehaushalt aller Lebewesen. Es
dient als zellulärer Energieträger, als universelle, jederzeit nutz-
bare "Energiewährung". Die Energie ist in den Bindungen der drei
Phosphoratome in chemischer Form gespeichert. Wird Energie
benötigt, sorgen hochspezifische Enzyme dafür, dass sich diese
Bindungen lösen (sie werden hydrolytisch gespalten), ein
exothermer Prozess, bei dem bis zu 64,6 kJ/mol frei werden, die
für die Aufrechterhaltung der erforderlichen Körpertemperatur, für
endothermische chemische Prozesse in der Zelle oder für mechanische Arbeit (Muskelkontraktionen) zur Verfügung stehen.
Mit der Nahrung wird dem Körper neue Energie durch Kohlenhydrate, Fette oder Proteine zugeführt. Sie wird verwendet, um
über verschiedene Prozesse die "Energiewährung" Triphosphat
neu zu bilden.

Das ATP ist ein weiteres Beispiel dafür, wie in der Natur unterschiedliche Aufgaben mit im Prinzip gleichen, wie in der Abbil-

dung gezeigt in ihrer Struktur nur leicht modifizierten Molekülen, realisiert werden.

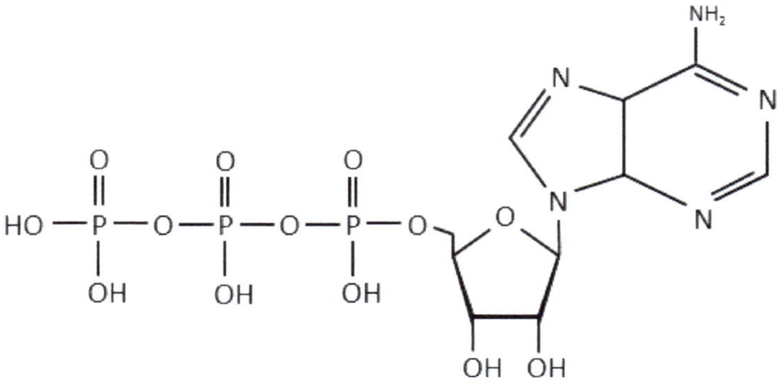

Abb. 11 Adenosintriphosphat

Nukleinsäuren

Kommt es zur Veresterung von jeweils einem PO_4^{3-} - Molekül mit zwei Zuckermolekülen, beginnt sich ein RNA-Molekül zu bilden. Die Phosphatreste bilden dabei Brücken zwischen jeweils zwei Zuckermolekülen und tragen somit die polymere Struktur der RNA.

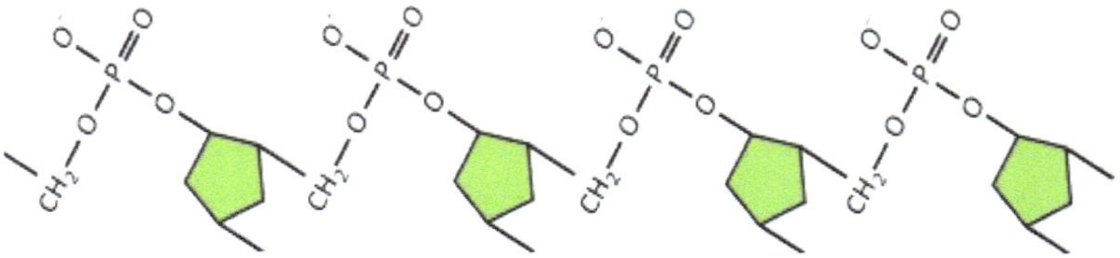

Abb. 12 Beginn der RNA-Strangbildung

In einer Folgereaktion lagern sich die verschiedenen Nukleinbasen an die Zuckermoleküle an. Es entstehen RNA-Stränge, die sich nach Länge und Abfolge der vier Basen unterscheiden.

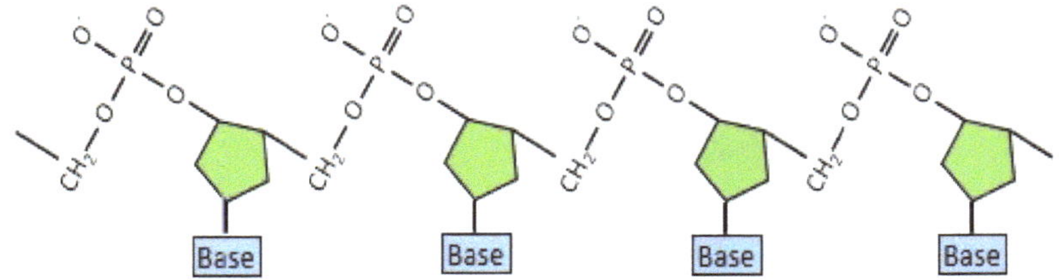

Abb. 13 RNA-Strang

Verdrillen sich zwei RNA-Moleküle in bestimmter Weise ist ein DNA-Strang entstanden.

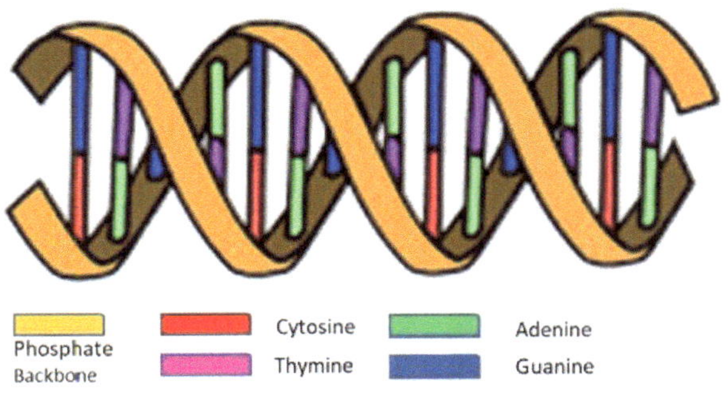

Abb. 14 DNA

Betrachtet man die Struktur der DNA genauer, so erweist sie sich als ein über Wasserstoff-Brücken verbundenes Doppelmolekül, jeweils bestehend aus komplementären Ketten von Nukleotiden.

Die Bindung zwischen Thymin und Adenin über zwei H-Brücken ist dabei schwächer als die zwischen Guanin und Cytosin über drei H-Brücken.

Die Abbildung zeigt eine angenommenen DNA-Sequenz aus fünf
Nukleotiden.

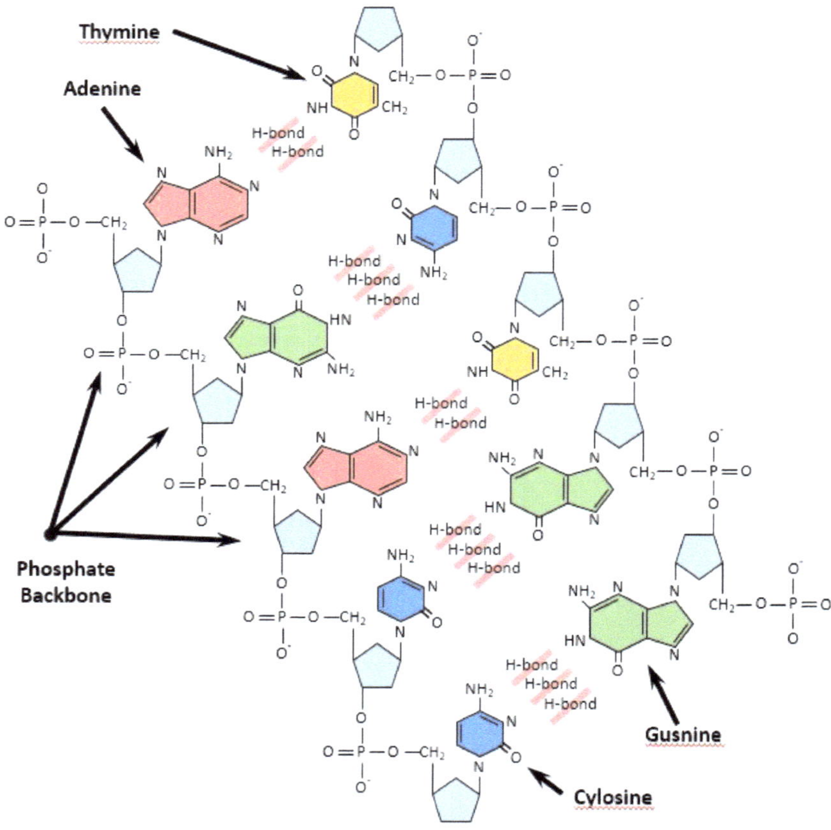

Abb. 15 Eine DNA-Sequenz

Drei aufeinander folgende Basen, so genannte Tripletts oder Codons codieren für eine bestimmte Aminosäure, aus denen sich
dann wiederum die Proteine bilden.

Bei vier unterschiedliche Basen sind das $4^3 = 64$ mögliche
Triplets, die aber, wie wir gleich sehen werden, nur 20 Aminosäu-

ren codieren.[4] Dennoch ergibt sich daraus eine schier unbegrenzte Anzahl möglicher Proteine.

Die Gesamtheit der Codons, die für ein Protein stehen, wird als Gen bezeichnet. Ein Gen kann dabei einige dutzend bis zu einigen Millionen Codons lang sein. Die DNA wird so vergleichbar mit einem Buch, das wir zur Herstellung von Proteinen lesen können. Verändern wir Buchstaben oder ganze Sätze in diesem Buch, bewegen wir uns im Bereich der Gentechnik. In der Datenbank des menschlichen Genoms, das sich aus ca. 3 Milliarden Nukleotiden und etwa 25.000 Genen zusammensetzt, sind die Namen und die Position aller Sequenzen aufgelistet. Mehr und mehr wird dieser Katalog durch die Funktionen der einzelnen proteinbildenden Gene und der so genannten jung-Abschnitte vervollständigt. Hier stehen wir aber noch am Anfang.

Aminosäuren

Aminosäuren sind organische Verbindungen mit mindestens einer Carboxygruppe -COOH und einer Aminogruppe(-NH$_2$. Innerhalb einer theoretisch fast unbegrenzten Vielzahl von Aminosäuren interessieren hier nur die 20 (einige Quellen sprechen von 23) proteinogenen Aminosäuren, also jene, aus denen alle Proteine der lebenden Organismen gebildet werden. Zusammen mit den Nukleinsäuren bilden diese wenigen Aminosäuren also die Grundbausteine des Lebens. Alle proteinogenen Aminosäuren sind alpha-Säuren, das heißt, eine NH$_2$-Gruppe ist der -COOH-Gruppe benachbart. Alle Aminosäuren sind optisch aktiv. Zu Proteinen werden nur die linksdrehenden Varianten zusammengesetzt, obwohl es auch die rechtsdrehenden Enantiomere gibt. Je

---

[4] Einige Tripletts codieren die gleichen Aminosäuren. Drei sind "Stoppcodons", die dem Proteinsynthesemechanismus das Signal zur Beendigung der Anfügung weiterer Aminosäuren und zur Freisetzung des hergestellten Proteins geben.
Die sieben Tripel ATC CGT GGA GAG CGG GCT und TAA stehen z.B am Ende der Synthese des Proteins Histon H3.2 Die ersten sechs Tripel werden in die Aminosäuren IRGERA übersetzt. TAA ist eines der drei Stoppcodons und beendet die Synthese

nach Struktur und Medium können sie basisch, sauer, hydrophob, hydrophil oder neutral reagieren und damit eine Fülle von Bindungen eingehen. In neutraler Lösung liegen Aminosäuren als Zwitterionen vor. Sie reagieren sowohl als Säuren wie auch als Basen und werden daher auch als "innere Salze" bezeichnet.

Verallgemeinert lässt sich die Struktur eines Säureions folgendermaßen darstellen:

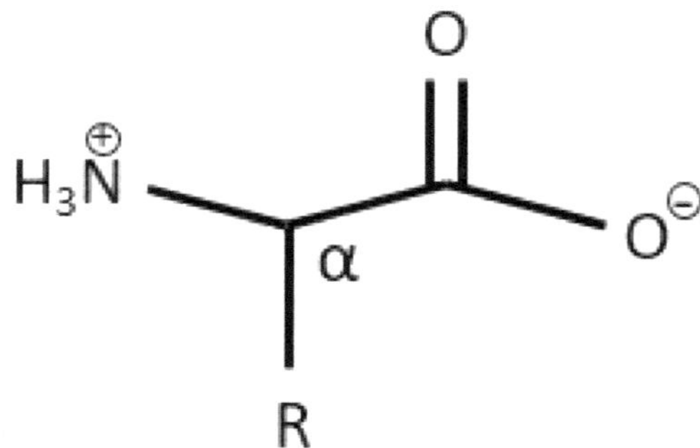

Abb. 16 Aminosäure

Die Aminogruppe ist also protoniert (ein Wasserstoffion ist angelagert) und wirkt als Säure (Protonendonator). Die Carboxygruppe ist deprotoniert und reagiert als Base. In sauren Lösungen werden Aminosäuren zu Kationen (positiv geladenen Ionen) und in basischen Lösungen zu Anionen (negativ geladenen Ionen). Das R steht für die unterschiedlichsten Seitenketten.

Aminosäuren entstehen in mehrstufigen Reaktionen aus Gemischen von Aldehyden, Ammoniak und Blausäure in saurer Lösung. In einigen Fällen spielt noch Schwefelwasserstoff (H_2S) eine Rolle. Nach Entstehung der ersten Enzyme dürften sich die verschiedenen Aminosäuren in einer Abfolge mehrerer Reaktionen katalytisch gebildet haben.

Nachstehend ist die Struktur des L-Alanins als der einfachsten Aminosäure dargestellt. Bei ihr steht das Radikal R für eine Methylgruppe -CH₃. Mit 9% ist sie die in Proteinen am meisten vertretene Aminosäure.

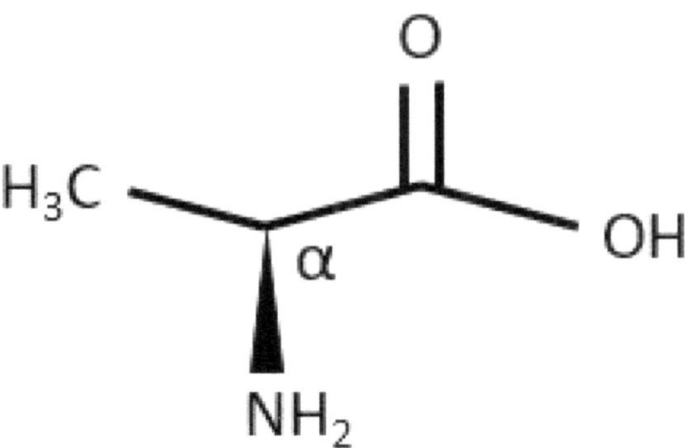

Abb. 17 Aminosäure

Proteine

Wie schon ihr Name besagt, der sich aus dem griechischen "Proteios" - das Erste, ableitet, sind Proteine Träger des Lebens. Sie sind die kompliziertesten, größten und zahlreichsten Sterio-Isomere des Kohlenstoffs. Neben dem Kohlenstoff finden wir nur noch die Elemente H,O,N und S. Ihrerseits sind die Proteine aus Ketten von Aminosäuren zusammengesetzt. Jedes Protein besteht aus einer bestimmten Sequenz von bis zu 20 verschiedenen Aminosäuren. Anzahl und Platz der einzelnen Säuren bestimmen die Form und damit auch die Funktion jedes dieser Proteine. Schon bei einem Protein von nur 100 Aminosäuren, die größten Moleküle bestehen aus über 1 Million Atomen, gibt es $20^{100} = 10^{130}$ denkbare Zusammensetzungen und damit eine faktisch unbegrenzte strukturelle Vielfalt. Sie steigert sich noch, wenn man berücksichtigt, dass sich bei jedem Protein Bereiche verdrillen, falten, winden oder verknäulen, und dass sie kleinere Moleküle einlagern können. Die geschätzten 200.000-300.000 Proteine des menschlichen Körpers erscheinen so als bescheidene Beschränkung der Natur auf relativ wenige Makromoleküle.

Proteine haben wie eben gezeigt dreidimensionale Strukturen. Ihre konkrete Form ist ausschlaggebend für ihre biologische Aktivität. Ihre konkrete Funktion im Organismus ergibt sich aus der Wechselwirkung mit Partnermolekülen. Wenn beispielsweise ein Molekül eine Einbuchtung hat, in die ein anderes Molekül oder ein Teil davon exakt hineinpasst, kommt es zur Wechselwirkung. Man spricht vom Schlüssel-Schloss-Mechanismus.

Proteine machen fast alles im Körper. Sie katalysieren chemische Reaktionen, unterstützen die Faltung der DNA, transportieren Botschaften zu bestimmten Organen, bringen Sauerstoff ins Blut und organisieren die mechanischen Strukturen von Zellen. Nach ihren konkreten Aufgaben können sie bestimmten Gruppen zugeordnet werden.

Als Strukturproteine bestimmen sie den spezifischen Aufbau von Zellen und die Gestalt der vier Gewebegrundarten Muskel-, Nerven-, Binde-, und Deckgewebe (Epithel). Auf der Körperoberfläche bilden Keratine die Barriere zur Umwelt, auch Haare und Nägel sind Keratine. Als Rezeptoren sind sie Grundlage unserer fünf Sinne. In allen Schleimhäuten dienen sie als Immungloboline genannte Schutzproteine der Infektabwehr. Im Innern des Körpers verbinden sie als Kollagene Bindegewebe und grenzen gleichzeitig ab. Auf den Zellmembranen bilden sie Signalrezeptoren und in den Membranen regulierbare Kanäle. In den Zellen finden sich Motor-Proteine, die den Transport von Stoffen übernehmen. Es gibt faktisch keinen Prozess, an dem nicht Proteine beteiligt sind. Eine besondere Rolle spielen die Enzyme.

Enzyme - der alte Begriff lautet Fermente - sind an der Endung "ase"-, zu erkennen. Der erste Teil des Namens erklärt dabei die konkrete Reaktion, die sie katalysieren. Als Biokatalysatoren steuern Enzyme die meisten biochemischen Reaktionen, vom Stoffwechselprozess bis hin zur Replikation (DNA-Polymerase) und der Transkription (RNA-Polymerase) der Erbinformationen.

Als DNA-Polymerase steuern sie die Bildung des DNA-Polymers, als Cholinesterase die Hydrolyse (Aufspaltung durch Wasser) der Estergruppe im Cholinmolekül, oder als ATPasen, gewinnen sie aus dem ATP-Molekül Energie für molekulare Prozesse. Allein in einer Zelle können über tausend verschiedene Enzyme aktiv sein. Neben Enzymen, die ausschließlich aus Proteinen bestehen, gibt es auch solche, in die darüber hinaus ein so genannter Co-Faktor, in der Regel ist das ein Metallkomplex, eingebettet ist. Am Rande sei nur erwähnt, dass bei der industriellen Herstellung von Brötchen bis zu 20 gentechnisch erzeugte Enzyme zum Einsatz kommen.

Als Hormone (meist niedermolekulare Peptide) sind Proteine Botenstoffe, die in der Regel über das Blut zu ihren Zielorten kommen, dort an spezifische zelluläre Hormonrezeptoren andocken und so beispielweise den Zuckerstoffwechsel, das Knochenwachstum, oder den Blutdruck (die Anpassung an Angst und Stress) regulieren. In den Zellen dienen sie der Verarbeitung empfangener Signale. Die meisten der über 150 bekannten Hormone entstehen in hormonbildenden Zellen von spezialisierten Drüsen aus Aminosäuren oder aus Cholesterin, letztere werden deshalb auch Steroide genannt. Diese Hormone werden in den Drüsen auch gespeichert und durch einen spezifischen Stimulus freigesetzt. So dominiert in andauernden Stresssituationen das Kortisol unseren Stoffwechsel und unser Verhalten. Bei physischer und psychischer Belastung bewirkt es vor allem den Zufluss von Glucose ins Blut und stellt damit anstelle des blitzschnell wirkenden Adrenalins die Energie für die Muskeln und das Gehirn für einen längeren Zeitraum bereit.

Ist der Blutzuckerspiegel zu hoch, schüttet die Bauchspeicheldrü-
se Insulin aus, das den Blutzuckerspiegel senkt sowie Leber und
Muskelzellen anregt, Zucker in Form von Glykogen einzulagern.
Aber auch andere Organe wie das Gehirn, die Haut, oder die Ge-
schlechtsorgane sowie Haut- und Fettgewebe können auf der
Basis von Fettsäuren Hormone herstellen. Dirigiert wird das Hor-
monorchester von der Hypophyse. Sie spielt damit nicht nur eine
Schlüsselrolle im Energiemanagement, sondern auch für unsere
Gefühlswelt.

Dazu später mehr.

Als Antikörper der sogenannten humoralen, das heißt körperflüs-
sigkeitsbasierten Immunabwehr des Körpers werden Hormone in
Reaktion auf bestimmte Stoffe, den sogenannten Antigenen, gebildet und können Allergien und Entzündungen auslösen. Sie
werden in verschiedene Klassen, die Immunoglobuline (veraltet
Gammaglobuline) unterteilt.

Letztlich sind Proteine ein energiereicher Bestandteil unserer
Nahrung. Von der Bauchspeicheldrüse produzierte Enzyme wie
Trypsin, Chymotrypsin und andere Enzyme übernehmen dann
die direkte Abspaltung bestimmter Aminosäuresequenzen, die
dann durch die Darmzellen hindurch ins Blut übergehen. Der
Aufschluss von Proteinen durch Enzyme kann dabei bisweilen bis
zu fünf Mal energieaufwendiger sein als der von Fetten.

Betrachten wir nunmehr den Mechanismus der Proteinsynthese.

Im Prinzip kann das gesamte DNA-Doppelmolekül zeitweilig wie
ein Reißverschluss aufgetrennt werden und dann als Vorlage für
RNA-Moleküle dienen. In der Praxis funktioniert das so: Wenn eine Zelle das Signal zur Herstellung eines bestimmten Proteins
gibt, kopiert ein spezielles, RNS-Polymerase genanntes Protein,
einen Abschnitt der DNA zu einem RNA-Strang um. Die genetischen Informationen der DNA werden somit in eine komplemen-

täre Boten-RNA (mRNA) umgeschrieben, ein Vorgang, den man als Transkription bezeichnet. Die mRNA bewegt sich dann aus dem Zellkern über das Zellplasma zu chemischen Fabriken aus Proteinknäulen, den Ribosomen, wo ein hochkomplexer chemischer Mechanismus dafür sorgt, dass vom gesamten mRNA-Molekül nur dasjenige Gen aktiviert wird, das für die Herstellung des erforderlichen Proteins benötigt und somit die Informationen der mRNA in eine Kette von Aminosäuren übersetzt wird (Translation). Dabei liefern Transfer-RNAs (tRNAs) die jeweils passenden Aminosäuren an. Beide Vorgänge werden mit dem Begriff Expression zusammengefasst.

Expression

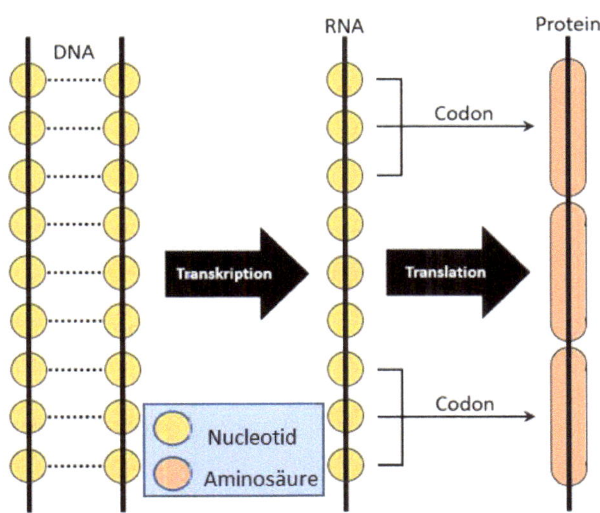

Abb. 18 Proteinsynthese

Jahrzehntelange Versuche dutzender von Arbeitsgruppen, den Übergang von der chemischen zur biologischen Evolution auf der Basis obigen Schemas im Labor nachzuvollziehen, also Leben auf diesem Wege zu erzeugen, sind bisher gescheitert. Vor diesem Hintergrund fragt daher Wolfgang Thiemann (Katharina Al-Shamery (Hrsg.), Moleküle aus dem All Wiley-VCH Verlag, S. 28), woher wir die Gewissheit nehmen, dass die erste Biochemie aus den gleichen Grundelementen aufgebaut war, wie wir sie heute kennen? Er setzt sich dann mit alternativen Biochemien für die Entstehung von Leben auf der Erde auseinander. So geht die Cairns-Smith-Hypothese davon aus, dass unter den extremen Bedingungen der frühen Erde Schichtsilicate ein Art Zwischenstadium zwischen chemischer und biologischer Evolution bildeten, dass sie also eine Rolle spielten, die dann später die Nukleinsäuren übernahmen. Einige Silicate haben in der Tat höchst variable Eigenschaften, wie die Fähigkeit zur Bildung hochkomplexer Strukturen, die durchaus denen von Proteinen ähneln. Ein weiterer Ansatz besagt, dass in der Frühzeit Peptidnukleinsäuren (PNA) die Brückenfunktion zwischen den vier Purinbasen erfüllt haben könnten, dass also diese Nukleotide nicht wie bei DNA und RNA über Phosphat-Ribose-Brücken, sondern über Peptideinheiten verbunden waren. Auch Zellulosemoleküle (Polysaccharide) als Speicher für Informationen werden diskutiert.

Wären diese oder weitere "Ursuppenchemien" denkbar?

Thiemanns Antwort auf diese Frage lautet: " Im Laufe der 4,7 Milliarden Jahre langen Erdgeschichte haben sich immer weniger, immer bessere Biochemien herauskristallisiert. Die meisten von ihnen wurden als nicht erfolgreich ausgemerzt und verschwanden wieder. Heute blieb allein die am besten angepasste Biochemie auf Protein- und Nukleinsäure-Basis übrig, die wir in unserer Beschränktheit als einzige erleben, mangels anderer Modelle, die wir auf der Erde nicht (mehr) finden". Ich denke, dem kann man zustimmen. Aber ich kann mir nicht vorstellen, dass die Evolution zu lebender Materie über eine siliciumbasierte, über PNA- oder ähnlichen Chemien erfolgt sein könnte, wäre doch der Übergang zur den heutigen nukleinsäurebasierten Strukturen mit einem enormen zusätzlichen Energieaufwand für den Umbau der Moleküle verbunden. Diese Chemien, wenn es sie denn gab, gehören deshalb mit Sicherheit zu denjenigen Prozessen, die im Bereich der unbelebten Materie "steckengeblieben" sind.

Man kann einwenden, dass die Laborversuche nur Stunden, Tage oder Wochen dauerten. Bei den beschriebenen Prozessen, die letztlich zur Entstehung von Leben führten, nehmen wir aber eine Dauer von bis zu 500 Millionen Jahren an! Schon ein Zeitraum von 50 Jahren kann bei gleichem Versuchsansatz unterschiedliche Ergebnisse zeitigen. So fand man in der Rückstellprobe des 1953 durchgeführten Miller-Experiments, als man sie nach seinem Tode (er starb 2007) untersuchte, weitere Biomoleküle, Substanzen, die also erst nach der Erstanalyse entstanden waren.

Das alles ist richtig. Aber die Natur selbst zeigt uns mit der Expression wie Leben entsteht.
Nur: Das beantwortet noch nicht die Frage, wie sich der Expressionsmechanismus selbst herausgebildet hat! Der Vorgang zur Erzeugung von Leben läuft heute von der DNA über die RNA zur Bildung von Proteinen, oder in der obigen Abbildung von links nach rechts. Das setzt voraus, dass der DNA- bzw. der RNA-Strang "weiß", welche Codons wie angeordnet sein müssen, damit schließlich nicht nur ein, sondern ein ganz bestimmtes Protein entsteht, die Gene als Abfolge von Codons also für bestimmte Proteine codieren. Darüber hinaus bleibt offen, warum bei insgesamt 20 zu codierende Aminosäuren 64 unterschiedliche Triplets, also dreimal mehr als eigentlich nötig, vorhanden sind und mehrere unterschiedliche Triplets die gleichen Säuren bilden.

Die grundsätzliche Frage nach der Entstehung von Leben mündet demnach in die Frage nach der Entstehung des Expressionsmechanismus.

Aus meiner Sicht, dürfte der Entstehungsprozess der Grundbausteine des Lebens nicht in der Reihenfolge DNA $\rightarrow$ RNA $\rightarrow$ Aminosäuren $\rightarrow$ Proteine, sondern - wie in der folgenden Abbildung gezeigt - genau umgekehrt, also von den Aminosäuren über die RNA zu den DNA verlaufen sein dürfte.

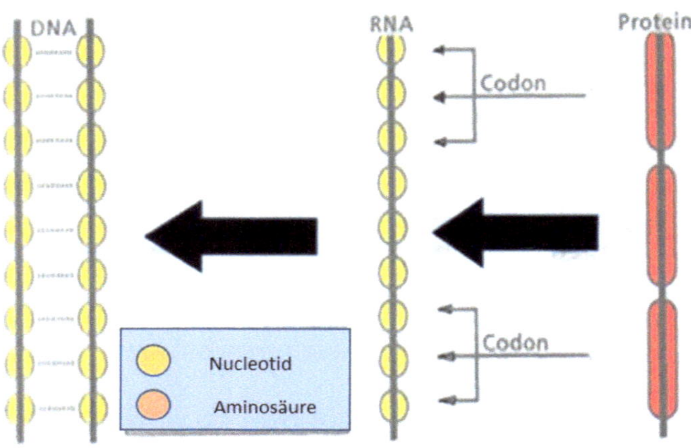

Abb. 19 Der umgekehrte Prozess

Zuerst haben sich also zufällige Aminosäureketten gebildet, die dann zum Entstehen komplementärer RNA- und in einem weiteren Schritt zu komplementären DNA-Molekülen führten. Die dabei entstandenen Proteine waren quasi nur eine Begleiterscheinung, um nicht zu sagen ein Nebenprodukt dieser ersten Reaktionen. Zufällig entstanden so in der "Ursuppe" gleichzeitig Gemenge unterschiedlichster Proteine und Gemenge ihre Aminosäurenabfolge codierender RNA- und DNA-Moleküle.

Versuchen wir, uns die Situation in der Ursuppe vorzustellen, nachdem sich bereits Aminosäuren und die Bestandteile der vier Nukleotide, also Phosphatreste, die Desoxyribose und die Nukleinbasen A, C, T, G, möglicherweise sogar die Nukleotide selbst gebildet haben. Zwischen den Nukleotidbasen und den aktiven Gruppen der Aminosäuren kommt es jetzt zur Herausbildung von

H-Brücken, Das ist gleichbedeutend mit der Anlagerung von jeweils zwei oder drei dieser Nukleotide an eine Aminosäure. Dabei bestimmt die Säure die Sequenz, d. h. die Reihenfolge und die Art der Basen und damit auch die der Nukleotide.

In einem Milieu, das Wasser entzieht, kommt es zur Abspaltung von Wassermolekülen sowohl auf der Säureseite wie auch am Phosphatrest des Nukleotids. Auf der einen Seite beginnt damit der Prozess der Proteinbildung, auf der anderen entsteht eine Nukleotidkette, quasi eine Mini-RNA. Ein sich wiederholender "Sortierungsvorgang" setzt ein. Es entsteht ein Aminosäurestrang und gleichzeitig ein RNA-Strang, dessen Basentripletts die Abfolge der Aminosäuren kodieren. Diese größer gewordenen Einheiten können wiederum zufällig miteinander reagieren, so dass immer längere Proteinstränge entstehen, die ihre Entsprechung in der Struktur wachsender RNA-Stränge haben.

Die nachstehende Abbildung soll diesen Prozess verdeutlichen

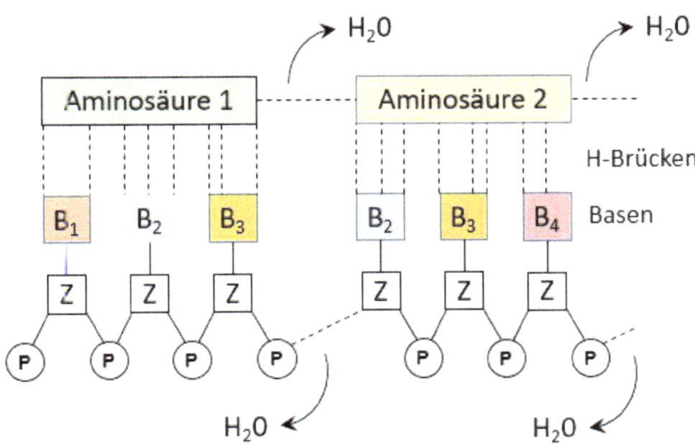

Abb. 20 Korrespondierende Protein- und RNA-Stränge

Bei bestimmten Ph-Werten lösen sich die H-Brücken zwischen Proteinen und RNA-Strängen. Die RNA-Stränge ihrerseits reagieren mit Nukleotiden. Über H-Brücken bildet sich ein relativ träge reagierendes, stabiles Doppelmolekül, die DNA.

In den als Gene bezeichneten Abschnitten sind nun die Informationen über die Abfolge der Aminosäuren und damit über die von ihnen zu bildenden Proteine dauerhaft codiert. So wird auch verständlich, warum bei insgesamt 20 Aminosäuren und $4^3 = 64$ möglichen unterschiedliche Triplets, einige Tripletts mehrere Säuren codieren, die gleiche Säure also durch verschiedene Codons gebildet werden kann. Es erklärt auch, warum die Gene auf der DNA zufällig verteilt sind und der überwiegende Teil der Genome bei allen Lebewesen aus nichtcodierenden Abschnitten, so genannter junk DNA (beim Menschen sind es ca. 95% des Genoms) besteht. Wie wir heute wissen, ist die DNA um Histonproteine gewickelt und viele dieser DNA-Abschnitte sind so mit bestimmten Genen benachbart und damit quasi mit anderen Funktionen "belegt" wie die Transkription unterschiedlicher RNA, die nicht wie mRNAs und tRNAs an der Proteinsynthese beteiligt sind, aber andere lebenswichtige Aufgaben erfüllen. MikroRNAs (mRNAs) können sich an mRNAs anlagern und so die Synthese bestimmter Proteine verhindern. Andere kurze RNAs, die so genannten small interfering RNA (siRNA) unterbinden die Proteinsynthese, indem sie mRNAs in Stücke schneiden, ein Prozess, der als RNA-Interferenz (RNAi) bezeichnet wird, und von dessen Nachahmung sich die Wissenschaft die Entwicklung RNA-basierter Medikamente zum Ausschalten bisher therapeutisch unangreifbarer Proteine erhofft. So könnte die Produktion von Proteinen, die bei der Vermehrung von patogenen Viren oder Krebszellen eine zentrale Rolle spielen, blockiert werden.

Auch andere DNA-Abschnitte schienen überflüssig zu sein. So finden sich selbst in den Genen einige nichtcodierende Sequenzem (Promotor-Regionen und Introns), deren Bedeutung aber ebenfalls immer mehr entschlüsselt wird.

Es wäre auch verwunderlich, wenn sich lebende Materie über Millionen von Jahren den Luxus erlauben würde, Energie für unnötige, funktionslose Strukturen zu verschwenden. All dies erinnert uns daran, dass die DNA im Allgemeinen und die jedes Lebewesens im Besonderen kein Optimierungsprodukt nach menschlichen Maßstäben, sondern Ergebnis zufälliger, dabei natürlich den Gesetzen von Physik und Chemie unterliegender Prozesse ist. Es sollte daher nicht verwundern, dass die Genome vieler Pflanzen und Tiere länger sind und mehr Informationen speichern als das menschliche Genom. Als Beispiel sei das Genom der Zwiebel (allium cepa) mit seiner fünffachen Länge des menschlichen Genoms genannt.

Wenn der Denkansatz von der anfänglich von rechts nach links ablaufenden Expression richtig ist, sollte sich dieser Mechanismus -zumindest in Teilen- noch heute in lebenden Organismen finden. Und in der Tat wandern in den Ribosomen Signale von Proteinen, die ersetzt werden müssen, in Richtung sie codierender Gene auf der DNA, worauf diese, und nur diese aktiviert werden und die Neuproduktion in die Wege leiten. Ein weiteres Beispiel bilden die Retroviren, deren RNA mittels eines Enzyms, der reversen Transkriptase, erst in ein DNA-Molekül umgeschrieben werden muss um dann in das Genom der Wirtszelle eingebaut werden zu können. Ein Vorgang, der deshalb als reverse Transkription bezeichnet wird.

Im Prozess der chemischen Evolution sind somit drei Typen von Biomolekülen, drei molekulare Grundbausteine, entstanden, die die Grundlage für den Übergang zur belebten Materie und damit zur biologischen Evolution bilden:

- Die unterschiedlichsten Proteine, die Zellen und Organismen Struktur und Gestalt geben und in der Biochemie des Lebens zahllose Aufgaben erfüllen.

- Die RNA-Modifikationen als chemisch weniger stabile Einzelstränge, die relativ schnell wieder zerfallen, später dann aber im Zellplasma gerade deshalb nicht nur eine Art Dienstbotenmoleküle bilden, die Informationen überbringen und Nachschub koordinieren, sondern als universelle Regler das Verhalten von DNA und Proteinen kontrollieren, ihre Aktivität steigern oder reduzieren, einzelne Gene an- und abschalten. [5]

- Und schließlich die DNA als chemisch stabile Doppelhelix und dauerhafter Speicher für Erbinformationen.

Aber das alles reicht noch nicht. Weitere molekulare Grundbausteine wie Kohlenhydrate, Vitamine und Fette mussten in der "Ursuppe" vorhanden sein, um Leben entstehen zu lassen und es zu erhalten. Die Bildung von Kohlenhydraten haben wir bereits im Zusammenhang mit dem Zuckermolekül der Nukleotide diskutiert. Beschäftigen wir uns nunmehr mit den Vitaminen und Fetten.

Vitamine

Wie zentral auch diese Komponenten für lebende Organismen sind, möchte ich am Beispiel des Vitamins A verdeutlichen. Der Sehsinn beruht darauf, dass Proteine in den Lichtrezeptoren unserer Augen elektromagnetische Strahlen in elektrische Impulse verwandeln. Dazu wären die Proteine alleine nicht in der Lage. Aber in Kombination mit Vitamin A, mit dem sie eine feste Struktur bilden, funktioniert das. Das zunächst gewinkelte Vitamin-Molekül wird durch die Energie der einfallenden Photonen ge-

---

[5] Dem Argument, dass die RNA-Stränge viel zu unbeständig waren, also zu schnell zerfallen wären, um die stabileren DNA- Moleküle bilden zu können, kann entgegengehalten werden, dass möglicherweise die Proteinmoleküle die RNA-Stücke bis zur DNA-Bildung stabilisiert haben. In diesem Zusammenhang sei an den Tabakmosaik-Virus erinnert, bei dem ein Knäuel von Proteinen in seinem Inneren einen RNA-Strang bindet, und dass, wenn es zu keinen Wechselwirkungen mit einer Zelloberfläche kommt, über Jahrzehnte.

streckt. Wie ein Kippschalter streckt es dadurch auch die Struktur des Proteins, das sich durch die ganze Membran der Rezeptorzelle erstreckt. So gelangt der Lichtreiz in das Zellinnere und wird hier zu einem elektrischen Signal, das das Gehirn als Licht interpretiert. Unterschiedliche Proteine mit unterschiedlichen Eigenfrequenzen bilden Rot-, Grün- und Blaurezeptoren, die zusammen ein farbiges Bild erzeugen. Ein Mangel an Vitamin A führt zur Nachtblindheit, das völlige Fehlen macht blind.

Der Begriff Vitamine (vita für Leben und amin für stickstoffhaltig) vereint 13 relativ komplizierte organische Verbindungen, wobei etliche, entgegen der ursprünglichen Annahme, kein Stickstoffatom enthalten. Einige Vitamine lösen sich in Wasser, andere nur in Fett. Wie wir gesehen haben, führt ein Mangel von Vitamin A zur Nachtblindheit. Aber Vitamin A fungiert nicht nur als Sehpigment. Fehlt es, werden bestimmte Gene nicht mehr an- bzw abgeschaltet. Es kommt zu Wachstums- und Schleimhautschäden. Pflanzlicher Vorstoff ist das Provitamin Beta-Carotin, reichlich vorhanden in tierischer Nahrung wie Leber, Milch und Eiern. Gespeichert wird es in der Leber.

Eisbärleber wird durch eine extrem hohe Konzentration von Vitamin A sogar giftig.
Vitamine werden vom Körper nur in sehr kleinen Mengen benötigt. Aber sie sind für den Organismus absolut unverzichtbar. Einige können wir nicht, oder zumindest nicht bedarfsdeckend selbst bilden. Sie müssen daher über pflanzliche und tierische Produkte aufgenommen werden. So ist die Folsäure (auch bekannt als Vitamin B9) lebenswichtig. Sie spielt als Lieferant von Methylgruppen eine wichtige Rolle bei der Synthese von DNS-Bausteinen sowie bei sich häufig teilenden Zellen und ist daher besonders in der Schwangerschaft unverzichtbar. Folsäure wird aber von eukaryotischen Zellen, also auch vom menschlichen Organismus nicht erzeugt. Bakterien hingegen stellen Folsäure selbst her, die sie für die DNA-Produktion benötigen. Diesen Umstand macht man sich zunutze, um ihre Folsäureproduktion durch

die Gabe von Sulfonamiden zu blockieren. Die Bakterien können sich dadurch nicht vermehren und dadurch bakterielle Erkrankungen leichter geheilt werden. Als Coenzyme spielen Vitamine eine wichtige Rolle in enzymatischen Prozessen. Etliche sind an der Regulation der Genexpression beteiligt. Andere, wie die leicht oxidierbare Askorbinsäure schützen vor oxidativen Schäden. Wichtiger als die Wirkung als Antioxidans ist jedoch ihre Funktion als Co-Faktor verschiedener Enzyme. Einige davon sind Enzyme der Kollagensynthese. Deshalb ist Vitamin C unentbehrlich für die Bildung von Knochen und Bindegewebe, darunter dem Zahnfleisch.

Der Bedarf an Vitaminen hängt von vielen Faktoren wie Alter und Stress ab, zudem variiert er auch von Mensch zu Mensch.

Unterversorgung führt zu Mangelerscheinungen wie Skorbut, noch bis ins 18. Jahrhundert die häufigste Todesursache auf Seereisen. Aber auch übermäßige Zufuhr kann der Gesundheit schaden. Da die Askorbinsäure zu den relativ einfach aufgebauten Vitaminen zählt, sei ihre Molekülstruktur hier bespielhaft dargestellt.

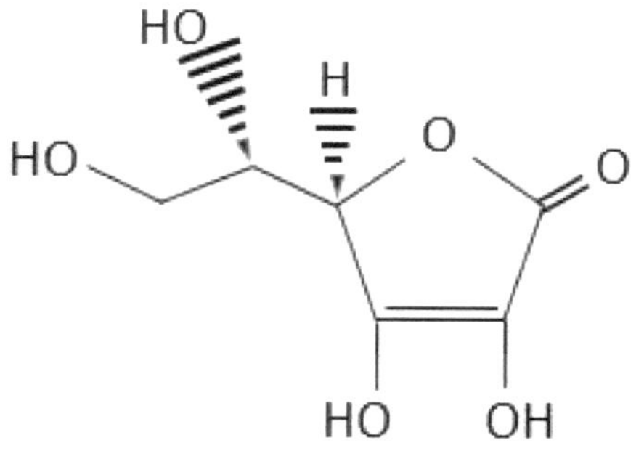

Abb. 21 Ascorbinsäure (Vitamin C)

Das für unsere Gesundheit so wichtige Vitamin D (eigentlich ein Prohormon) wird in unserer Haut aus Cholesterin durch UV-B-Licht gebildet. Ist der Vitamin-D-Spiegel zu niedrig, begünstigt das Krankheiten wie Depressionen und Osteoporose. Neueste Untersuchungen zeigen, dass starker Vitamin D-Mangel auch das Risiko, an Demenz oder Alzheimer zu erkranken, drastisch erhöht.

Wenn wir über Vitamine sprechen, kommen wir nicht um einige Bemerkungen zur veganen Lebensweise umhin. Vor dem Hintergrund der weltweiten Massentierhaltung - allein in Deutschland werden jährlich fast 60 Millionen Schweine geschlachtet und Tag für Tag 10.000 Rinder getötet - ist dieser aktuelle Ernährungstrend nachvollziehbar. In Deutschland lebt etwa jeder 11. vegetarisch und jeder 100ste vegan.

Vegan leben heißt, sich ausschließlich auf pflanzlicher Basis zu ernähren. Auf Fleisch, Fisch, Eier, auch auf Milchprodukte und sogar auf Honig wird verzichtet. Vegan ist damit eine nicht natürliche Lebensweise. Dennoch kann man mit veganer Ernährung auch auf Dauer die Empfehlung der Deutschen Gesellschaft für Ernährung (DGE) erfüllen, den Energiebedarf zu 15% durch Proteine, zu 25% durch Fett und zu 60% durch Kohlenhydrate zu decken. Zumindest entdeckt man dadurch die Vielfalt pflanzlicher Lebensmittel und eine kreative Küche. Das Problem liegt im Wort "kann". Zum Beispiel ist die Aufnahme von Eisen, das sich vor allem in Fleisch und Fisch findet, lebenswichtig. Da auf tierische Nahrung verzichtet wird, müssen größere Mengen an besonders eisenhaltigen pflanzlichen Lebensmitteln wie Hirse und Kürbiskerne zu sich genommen werden, um einen Eisenmangel zu verhindern. Dennoch kann es gerade bei jungen Frauen zu einem zeitweiligen Eisenmangel kommen.

Noch kritischer verhält es sich mit dem Vitamin B12, das als Bestandteil von Enzymen an der Blutbildung, an der Regeneration von Nervenzellen und von Schleimhäuten sowie am Abbau von

Fettsäuren beteiligt ist. Für B12 gibt es keine pflanzliche Quelle. Es muss also über (künstlich erzeugte) Nahrungsergänzungsmittel aufgenommen werden. Der Körper speichert zwar B12 für längere Zeit. Das muss aber nicht unbedingt ein Vorteil sein, zeigt sich dadurch eine B12-Unterversorgung gegebenenfalls erst nach Jahren. Vegane Produkte, Imitate von Fleischprodukten wie Würstchen, von Käse und Milchalternativen enthalten oft nicht nur viel Fett und viel Salz, sondern darüber hinaus einen ganzen chemischen Cocktail von Zusatzstoffen, um den Geschmack tierischer Produkte zu erreichen. Auf jeden Fall lässt sich unter dem Label "vegan" viel Geld verdienen.

Die Nahrungsmittelindustrie gewährt uns einen Ausblick auf Kunstnahrung der Zukunft. Angesichts dieser Probleme, man kann auch von Gefahren sprechen, raten die meisten Ernährungsexperten von einer veganen Ernährung zumindest bei Kindern, schwangeren Frauen und älteren Menschen ab.

Fette

Fette (Lipide) sind ein unverzichtbarer Grundbaustein lebender Organismen. Neben der Energiegewinnung sind sie Ausgangsstoff für den Aufbau von Zellmembranen und von Gewebshormonen. Die Hülle von Viren wird aus einer Fett-Doppelschicht gebildet. Aber auch die Zellwände, also die Zellmembranen aller tierischen Lebewesen bestehen bis zu 50% aus dieser fettigen Doppelschicht. Fette (und fette Öle) sind allesamt Ester des dreiwertigen Alkohols Glycerin (1,2,3-Propantriol) mit Fettsäuren. Alle pflanzlichen und tierischen Fette bzw. Öle sind Modifikationen dieses Triglycerids. Sie unterscheiden sich nur durch die Art der Fettsäuren.

Ihren prinzipiellen Aufbau zeigt die folgende Abbildung:

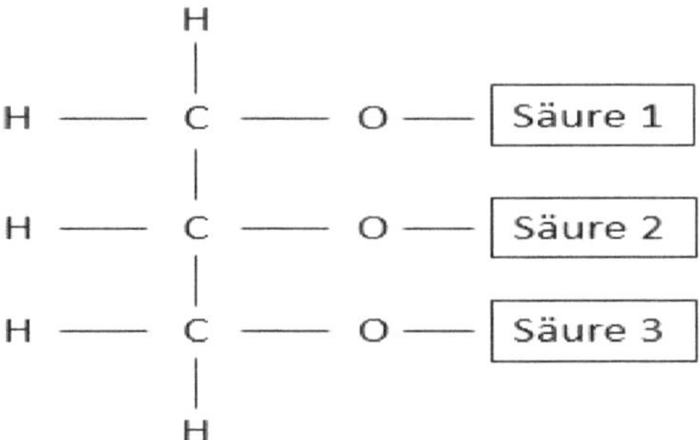

Abb. 22 Triglyceride

Glycerin finden wir bei unseren Autos als Kühlerflüssigkeit oder als Frostschutzmittel in der Waschanlage. Als Lebensmittelzusatzstoff verbirgt es sich hinter dem Kürzel E422.

Wie wir bereits wissen, entsteht bei der Oxydatione von Kohlenwasserstoffen s.d. sich an einem Ende des Moleküls eine Hydroxylgruppe -COOH bildet, eine Monocarbonsäure. Da diese Säuren durch Veresterung mit Glycerin Fette bzw. Öle bilden, werden sie auch Fettsäuren genannt. Die Kohlenstoffatome, üblicherweise sind es 13 bis 18, sind bei den Fettsäuren in der Regel durch Einfachbindungen miteinander verbunden. An bestimmten Stellen kann es aber auch zu Doppelbindungen kommen. Im ersten Fall spricht man von gesättigten, im zweiten von ungesättigten Fetten wie zum Beispiel der Fischtran. Bei Doppelbindungen können zwei strukturell unterschiedliche Formen auftreten, die cis-Form mit gekrümmten Molekülen und die trans-Form, bei der die Fettsäuren gestreckt bleiben. Die wohl bekanntesten ungesättigten Säuren sind die Omega -3-Fettsäuren. Omega ist der letzte Buchstabe des griechischen Alphabets. Bei den Säuren wird mit diesem Buchstaben das von der funktionalen Gruppe -COOH am weitesten entfernte (das letzte) Kohlenstoffatom bezeichnet. Von da ab werden die Bildungen nummeriert.

So sieht die Struktur der Omega-3-Oktansäure zum Beispiel wie folgt aus:

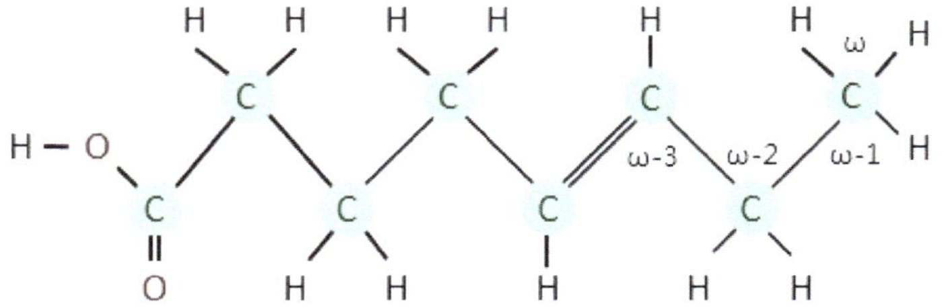

Abb. 23 Omega, das letzte C-Atom in der Kette

Gibt es mehrere Doppelbindungen zwischen den Kohlenstoffatomen, spricht man von mehrfach ungesättigten Fettsäuren wie z.B. einer Omega-3-6-9-Säure.

Für die Energiegewinnung ist es belanglos, in welcher Form wir Fett zu uns nehmen. Besteht kein akuter Energiebedarf, wird es als weißes oder braunes Fettgewebe gespeichert. Wenn Muskeln Energie benötigen, werden in den weißen Fettdepots Fettsäuren mobilisiert und über das Blut zu den Zellen gebracht. Hier wird die im Fett gespeicherte Energie in ATP verwandelt und so die mechanische Arbeit der Muskeln ermöglicht. Anders verhält es sich mit dem braunen Fett, das seine Farbe durch eisenhaltige Proteine in den Mitochondrien erhält. Hier wird die Energie nicht in ATP umgewandelt, sondern als Wärme freigesetzt. Gleich nach der Geburt ist das wichtig, um uns vor möglicher Unterkühlung zu bewahren. Beim Erwachsenen basiert der Kälteschutz auf einem anderen Mechanismus, und die Depots von braunem Fett bilden sich bis auf wenige Reste zurück. Von den frühen Menschenaffen stammt eine Mutation, die es unserem Körper ermöglicht, besonders mit Hilfe von Fruchtzucker leicht Fett anzusetzen. Früher half das, Hungerzeiten zu überstehen. In den heutigen Überflussgesellschaften erweist sich diese Eigenschaft als fatal.

Für die Pharmaindustrie ist daher das braune Fettgewebe von großem Interesse, könnte doch durch seine zielgerichtete Aktivierung bei Übergewichtigen überflüssige Fettreserven abgebaut werden. Wir sollten uns aber nicht auf die Pharmaindustrie verlassen. Besser ist natürlich körperliche Betätigung. Sie verbraucht ATP und damit Energie. Darüber hinaus veranlasst sie die Muskelzellen, das Hormon Irisin zu produzieren, das sich als Botenstoff mit dem Blutstrom im Körper verteilt und braune Fettzellen anregt, Wärme zu produzieren (Thermogenese).

Nicht egal, welches Fett wir zu uns nehmen, ist es, wenn der Organismus Fett zur Produktion von Hormonen oder für die Zellmembranen benötigt. Dann können trans-Fettsäuren zu gesundheitlichen Problemen führen. Sie entstehen bei der Umwandlung von Pflanzenölen zu streichfähigen Fetten durch einen chemischen Prozess, der als "Härtung" bezeichnet wird.

Aber auch beim Braten und der Herstellung von Pommes frites entstehen durch Hydrierung der Doppelbindungen Transfette. Sie sind Bestandteil vieler Fertiggerichte und müssen auf Verpackungen vermerkt werden. Das Verbot künstlicher Transfette, wie es die WHO seit Jahren fordert, ist aber bisher am Widerstand der Lebensmittelkonzerne gescheitert.
An dieser Stelle möchte ich einige Anmerkungen zum Cholesterin einfügen, das wohl neben den Fettsäuren, den Triglyceriden und den Phospholipiden wichtigste Lipid. Cholesterin, auch als Cholesterol bezeichnet, ist ein lebenswichtiges Fett, das nicht nur für den menschlichen Körper absolut unverzichtbar ist. Die Zellwände aller tierischen Körperzellen bestehen bis zu 50% aus Cholesterin.

Unser Gehirn und unsere äußere Hautschicht bestehen überwiegend aus diesem Fett. Darüber hinaus entstehen aus Cholesterin die Stresshormone, die weiblichen und männlichen Sexualhormone und das Vitamin D, das für die Knochengesundheit wichtig ist. Ein nicht geringer Teil wird auch für die Gallensäureproduktion in unserer größten Drüse, der Leber verwendet. Ohne Cholesterin würde unser Eiweiß- und Fettstoffwechsel nicht funktionieren, würden Wasser- und Elektrolythaushalt zusammenbrechen. Cholesterin kann durch die Nahrung zugeführt werden, aber die Leber kann es auch selbst produzieren. Wir sind daher auf eine Zufuhr mit der Nahrung (ca. 30%) nicht angewiesen. Die Leber managt den Cholesterinhaushalt (Im Gehirn existiert ein eigenständiges System). Da Cholesterin im Blut nicht löslich ist, wird ein spezielles Transportsystem benötigt, damit es an seine Bestimmungsorte gelangen kann. In der Leber wird daher das Cholesterin mit Proteinen zu Lipoproteinen verpackt und gelangt so über den Blutkreislauf als LDL (low density lipoprotein, also Lipoprotein geringer Dichte) zu den Organen, wo es über Kanäle in den Zellmembranen aufgenommen wird. Nicht benötigtes Fett kehrt dann als HDL (high density lipoprotein) zur Leber zurück. Das Problem: Unser Organismus kann Cholesterin weder abbauen noch ausscheiden. Offensichtlich haben wir Jahrtausende gesünder gelebt, s. d. in der Evolution des Menschen für einen solchen Mechanismus keine Notwendigkeit bestand. Alles, was nicht verbraucht oder gespeichert werden kann, wird als LDL, irreführend als schlechtes Cholesterin bezeichnet, im Blut geparkt. Hier kann es bei sehr hohen Konzentrationen an den Gefäßwänden ausflocken und "Arterienverkalkungen" begünstigen. Mit dem Alter nimmt der Cholesterinspiegel deutlich zu.

Jeder Mensch hat einen genetisch bedingten individuellen Cholesterinspiegel, der durch die Art der Nahrung kaum zu beeinflussen ist. Liegt dieser Spiegel extrem über dem von der Pharmaindustrie initiierten (niedrigen) Richtwert (Cholesterinsenker sind weltweit mit über 30 Milliarden $ pro Jahr das umsatzstärkste Medikament, der weltweite Umsatz mit Lasern liegt zum Vergleich bei 10 Milliarden US-Dollar), oder hat es einen Hirn- oder Herzinfarkt gegeben, ist die Gabe von Statinen zu Senkung des

LDL-Spiegels angesagt. Bisher konnte aber keine einzige Studie die Hypothese belegen, dass Cholesterin zu koronaren Herzkrankheiten und Arteriosklerose führt. Im Jahre 2004 war im British Medical Journal nachfolgende Grafik zu finden:

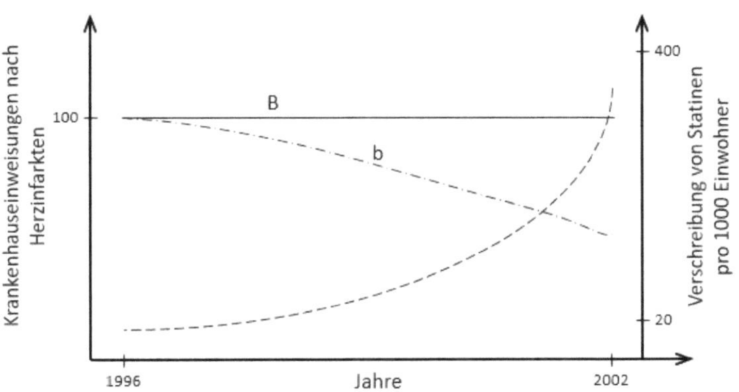

Abb. 24 Statinverschreibungen und Infarktgeschehen

Die obere Kurve a zeigt die Infarktfälle in englischen Krankenhäusern (1996 = 100%). Sie verharrt im gesamten betrachteten Zeitraum in etwa bei diesen 100%. Die untere Kurve steht für die rasante Zunahme der Verordnung von Statinen. Hätten sie die ihnen zugeschriebene Wirkung gehabt, hätte die Zahl der Infarktfälle wie die Kurve b verdeutlicht, sinken müssen.

Seit vielen Jahren ist bekannt, dass Blutfettsenker bei den meisten Menschen eher schaden als nützen und bei hohem Energiebedarf des Körpers, wie z.B. nach Operationen und bei Dauerstress sogar lebensgefährdend sein können. So kann es nicht verwundern, dass dicke Menschen solche Situationen besser überstehen als schlanke. Wundern würde es mich auch nicht, wenn sich herausstellen würde, dass Depressionen und Demenz sich nicht zuletzt auch als Nebenwirkungen von Statinen darstellen.

Wie bereits gesagt, sind Fette neben den Kohlenhydraten und den Proteinen ein wichtiger Energieträger in unserer Nahrung. Während die Verdauung der Kohlenhydrate schon im Mund beginnt, und die Eiweißverdauung im Magen startet, müssen die Fette erst in den Darm gelangen, um dort von einem speziellen, in der Bauchspeicheldrüse gebildeten Enzym, der Lipase, aufgespalten zu werden. Die dazu zuvor erforderliche Zerkleinerung der Fette geschieht durch Gallensäuren, die in der Leber aus Cholesterin gebildet werden. Diese Säuren vereinen in ihrem Molekül hydrophile und hydrophobe Eigenschaften und können so eine wässrige Fettemulsion bilden, an der die Lipase angreifen kann. Die Fettspaltprodukte, freie Fettsäuren und Glycerin, das noch eine Fettsäure trägt, lagern sich dann mit weiteren Gallensäuremolekülen zu kugligen, also zu Gebilden mit einer geringstmöglichen Oberfläche zusammen. Bei diesen Mizellen genannten Strukturen befinden sich alle wasserabweisenden Molekülteile im Innern. Die wasserfreundlichen ragen nach außen. Diese Mizellen lagern aber auch andere fettlösliche Substanzen wie Cholesterin und die Vitamine A, D, E und F ein, so dass alle nicht wasserlöslichen Substanzen durch die Darmzellen aufgenommen werden können.

Es wird vermutet, dass diesem Mechanismus eine Schlüsselrolle bei der Entstehung von Zellen und damit von Leben zukommt. Ich komme darauf gleich noch einmal zu sprechen. Viele Mizellen können übrigens höhere Ordnungszustände, die sogenannten Flüssigkristalle, bilden.
Die folgende Abbildung zeigt die Struktur einer Mizelle, die unterschiedliche hydrophobe Moleküle umschließt:

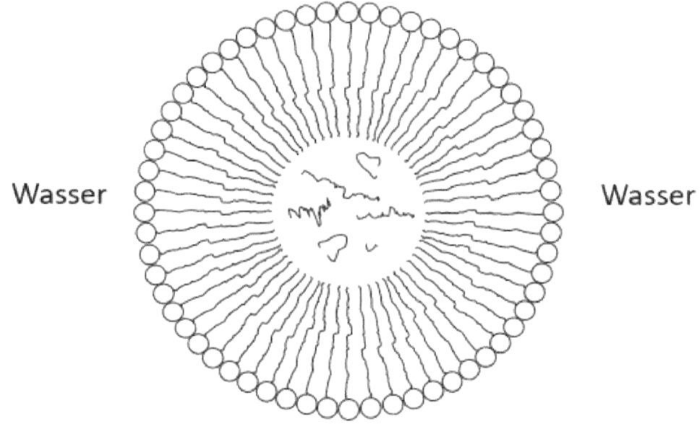

Abb. 25 Mizelle in wässriger Umgebung

Übrigens: Bei der Entwicklung von mRNA-Impfstoffen gegen das Covid-19-Virus (und in der Perspektive auch gegen Krebs) werden den Mizellen sehr ähnliche Lipidmoleküle benutzt, um die sich in ihrem Inneren befindliche Boten-mRNA in die Zellen einzuschleusen. Im Unterschied zur einfachen Mizelle bestehen diese Nanopartikel, die die mNRA umhüllen, nicht nur aus einer, sondern aus vier Sorten von Lipidmolekülen. Wenn man so will, wird also bei der Entwicklung der mRNA-Impfstoffe ein bescheidener evolutionärer Schritt auf dem Wege zur Entstehung einer Zelle nachvollzogen.

Eine enge chemische Verwandtschaft besteht zwischen Fetten und Seifen. Bringt man eine Fettsäure mit Natronlauge in Kontakt, entsteht an einem Ende des Moleküls die stark polare Struktur eines Salzes, das in Wasser leicht löslich ist. Der lange Rest der Kette ist unpolar und damit imstande, sich leicht in unpolare ölige Substanzen einzufügen. Eine Seife mit ihrer hydrophil/hydrophoben Eigenschaft ist entstanden.

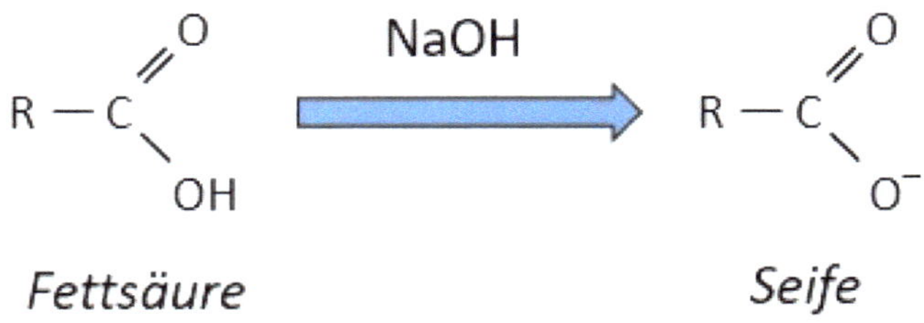

$$R-C\overset{\displaystyle O}{\underset{\displaystyle OH}{}} \quad \xrightarrow{\text{NaOH}} \quad R-C\overset{\displaystyle O}{\underset{\displaystyle O^-}{}}$$

Fettsäure   *Seife*

Abb. 26 Fette und Seifen

Heute werden Seifen durch Aufspaltung (Verseifung) von Fetten mit Natronlauge oder durch spezielle Enzyme (Esterasen) gewonnen. Neben den Seifen entsteht Glycerin.

In einer wässrigen Lösung verschiedener organischer Moleküle kommt es in Anwesenheit von Seifen zu einem spontanen Prozess der Bildung von Mizellen. Dabei kann es in ihrem Inneren zu Wechselwirkungen zwischen verschiedenartigen hydrophoben Molekülen kommen. Wir beobachten einen Vorgang, der auf einer viel fundamentaleren Ebene als bei der Gallensäure zur Mizellenbildung führt und wahrscheinlich einen der zentralen Mechanismen beim Übergang von unbelebter zu belebter Materie, bei der Entstehung von Leben bildete.

Kommen wir nun nach diesem längeren Exkurs über die fundamentalen Grundbausteine des Lebens wieder zur "Ursuppe" zurück.

Die Zellbildung beginnt

Stellen wir uns wieder diese "Suppe" mit ihren chaotischen Wechselwirkungen verschiedenster Moleküle vor.

Nach Millionen von Jahren hat sich in bestimmten, durch die Umweltbedingungen privilegierten Regionen ein Cocktail von Phosphaten, Zuckern, Nukleinbasen, Aminosäuren, einfacheren Molekülen und von Ionen angesammelt. Auch unterschiedlichste wasserunlösliche Proteine sind entstanden, die als gallertartige Klumpen im Wasser schweben oder auf den Boden gesunken sind. Irgendwann entstehen lokale Umweltbedingungen, die zur Bildung von Phospholipiden und anderen seifenähnlichen Molekülen führen. Sie umgeben die hydrophoben Proteinklumpen als Haut und isolieren sie von dem sie umgebenden polaren wässrigen Medium und den darin ablaufenden chemischen Reaktionen. Ein Gebilde ist entstanden, das aus einem Kern, umgeben von einer Art Protomembran besteht, wie wir dies bereits bei der Mizellenbildung gesehen haben. Auf dieses Gebilde wirken die kosmische Strahlung, das umgebende chemische Medium, schwankende Temperaturen, mechanische Einflüsse wie Wellen oder Erderschütterungen, und elektrische Phänomene.

Unter dem Einfluss dieser Faktoren verändern sich sowohl die im Innern befindlichen Molekülen und die Reaktionen zwischen ihnen, aber auch der Aufbau der Hülle.

Nehmen wir dieses Gebilde als Ausgangspunkt für weitere Überlegungen.

Im Innern dieses Gebildes befinden sich unterschiedlichste Moleküle. Manche sind zwar insgesamt hydrophob, haben aber auch kleinere hydrophile Zentren wie zum Beispiel eingeschlossene hydrophile Metallkomplexe.

Durch die damit verbundene unterschiedliche Verteilung elektrischer Ladungen und Konzentrationsgradienten in den Molekülen werden anziehende und abstoßende Kräfte hervorgerufen, die das Verhalten dieser Moleküle in der Lösung und zueinander bestimmen. Die wirkenden elektrischen Kräfte setzen also chemische Prozesse in Gang, die zu neuen Substanzen führen und ordnen damit das Gemisch verschiedener Moleküle in bestimmter Weise. Freiwerdenden kleinen hydrophilen Ionen ist es - wie wir gleich sehen werden- möglich, das Gebilde zu verlassen. Größere Moleküle mit hydrophilen Gruppen können die hydrophobe Hülle nicht überwinden. Mechanische Einflüsse zerstören die Gebilde oder formen sie um. Neue Strukturen, die aber den gleichen Mechanismen folgen, treten an ihre Stelle. In ihrem Innern entstehen neuartige Biomoleküle. Der Prozess der Bildung immer komplexerer Strukturen, relativ stabiler Polymere in Gestalt von Proteinen und mit ihnen kompatibler Nukleinsäurestränge wird immer weiter vorangetrieben. Kompatibel bedeutet, dass die Strukturen der Proteine in den Strängen von RNA-Molekülen und über diese in den chemisch trägeren und damit stabileren DNA-Molekülen faktisch abgespeichert werden. Mit der DNA entsteht ein Molekül, das quasi über ein Erinnerungsvermögen verfügt, das Informationen speichert. Aus der Fülle von Prozessen, bildet sich ein Schlüsselprozess heraus, der anderen Prozessen immer wieder die gleiche Richtung gibt. Aus dem Chaos der Bildung unterschiedlichster Moleküle, ihrer erneuten Auflösung und dem Entstehen neuer Verbindungen erwächst Schritt für Schritt Ordnung, bilden sich dauerhaft immer komplexere Moleküle.

Vermutlich reagieren die ersten kurzkettigen Proteine mit Ionen wie z.B. von Eisen und Schwefel und bilden verschiedene Enzyme. Biokatalysatoren sind entstanden, deren Wirksamkeit die von mineralischen Katalysatoren um Größenordnungen übertrifft, und die weitere Reaktionen ermöglichen oder stark beschleunigen. Eine Art Initialzündung findet statt und die Bausteine des Lebens, wie wir sie heute kennen, entstehen.

Die Hülle wird aus einer Doppelschicht von Phospholipiden gebildet, einer Trennschicht zwischen dem Inneren und dem Außen des Gebildes, bei dem der hydrophobe Anteil nach innen und der hydrophile Anteil nach außen zeigt. Die äußere Oberfläche befindet sich in einer wässrigen Lösung aus Ionen und verschiedenen Molekülen, örtlich und zeitlich variierender Konzentrationen.

Unter dem Einfluss dieses Mediums und der anderen oben genannten Faktoren kommt es in der Phospholipid-Schicht zum
Einbau einer wachsenden Zahl fremder Moleküle, genauer gesagt kleinerer Proteine. Es bilden sich Poren aus Tunnelprotei-
nen, die Ionen in beiden Richtungen passieren können, und von
ventilartigen Proteinen, die Ionen und Moleküle nur in eine Richtung durchlassen. Des weiteren werden Proteine eingebaut, die
mit ihren reaktiven Zentren als Ausstülpungen auf der Hülle sitzen oder ins Innere des Gebildes zeigen. Allmählich bildet sich so
aus einer umhüllenden Doppelschicht aus seifenähnlichen Molekülen eine Biomembran mit einer wachsenden Zahl multifunktio-
naler Proteine heraus. Ihren prinzipiellen Aufbau zeigt die nachstehende Grafik:

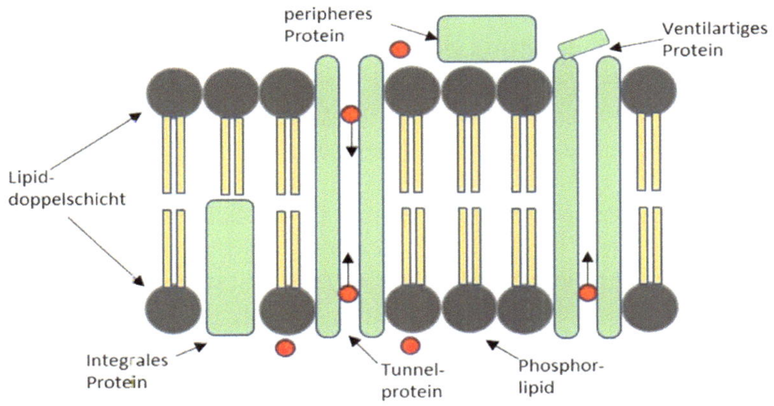

Abb. 27 Biomembran

Durch diese Membran kommt es zu selektiven Transportvorgän-
gen von Ionen, Atomen und Molekülen zwischen den beiden
Kompartimenten, zwischen denen sich die Membran befindet, also zu Stoffbewegungen in das Gebilde hinein und aus dem Gebilde heraus.

Infolge von Diffusionsprozessen als Folge der Eigenbewegungen von Teilchen bewegen sich Stoffe aus Bereichen hoher zu Bereichen niedriger Konzentration. Durch Osmose, ein einseitig gerichteter Diffusionsvorgang durch eine selektiv permeable Membran, diffundieren z.B. Wassermolekülen in das Zentrum und verringern den Konzentrationsgrad dort vorhandener Lösungen. In den Poren kommt es zu Kapillareffeken unterschiedlicher Stärke, durch die Wassermoleküle und mit ihnen Ionen faktisch in diese dünnen Röhren gesaugt werden. Darüber hinaus erzeugen häufige tektonische Vorgänge in der Erdkruste elektrische Phänomene, die die Membran zeitweilig für größere Moleküle durchgängig macht. Im Unterschied zu einfachen Lipidvesikeln ist eine Struktur entstanden, die durch eine Potentialdifferenz zwischen innen und außen, das so genannte Transmembranpotential verfügt.

Es wird von Ionenpumpen aktiv aufrechterhalten und hat einen Betrag von einigen hundertstel Volt. Kann diese Struktur diesen Ionen- und Molekülgradienten zwischen "innen" und "außen" nicht mehr aufrechterhalten, geht sie zu Grunde.[6]

Aus der mizellenähnlichen Struktur hat sich etwas gebildet, das Stoffe aus der "Ursuppe" aufnimmt, im Innern daraus größere Moleküle zusammenfügt und dadurch wächst, frei werdende Reaktionsprodukte in die Umgebung abgibt, und das sich von Zeit zu Zeit, wenn die Ausdehnungskräfte die Oberflächenspannung übersteigen, teilt. Unter der Fülle von Strukturen haben sich einige wenige herausgebildet, bei denen dieser Prozess immer auf die gleiche Art und Weise stattfindet, bei denen aus einer Struktur zwei gleiche neue Strukturen entstehen. Ist dieser Punkt erreicht, ist eine Struktur entstanden, die die Kriterien von Leben erfüllt.

---

[6] Heute ist die Elektroporation eine gängige Methode, um Zellmembranen zeitweilig durchgängig zu machen und Ionen, Farbstoffe und DNA einzuschleusen. Dazu werden die Zellen vereinfacht ausgedrückt zwischen zwei Platten eines Kondensators gebracht, dessen elektrisches Feld in der Zellmembran Bereiche öffnet, durch die Substanzen aus dem umgebenden Medium durch osmotische Effekte in das Zellinnere wandern können. Es liegt nahe zu vermuten, dass auf der frühen Erde tektonische Vorgänge elektrische Phänomene bewirkten, die zu vergleichbaren Prozessen führten.

ein sich selbst organisierendes, von der Umwelt abgegrenztes Stoffsystem, das Stoffe und Energie mit der Umwelt austauscht, sich vervielfältigt und auf Einflüsse der Umwelt reagiert. Der Prototyp einer lebenden Zelle, eine Art Urzelle, eine Protozelle und damit die Grundstruktur aller lebenden Organismen hat sich herausgebildet. Die Schwelle von der unbelebten Natur zu lebender Materie ist überschritten.

Die biologische Evolution treibt die Entwicklung dieser Protozelle weiter voran. Die Membran wird immer komplexer in Aufbau und Funktionalität. Durch Einstülpungen der Membran kann die Zelle Substanzen aus dem umgebenden Medium aufnehmen. Das können Moleküle, feste Bestandteile, aber auch andere kleinere Zellen sein. Nach der noch vor wenigen Jahren allgemein akzeptierten Drei-Domänen-Hypothese entstand Leben in drei Formen, den Archaeen (Urbakterien), den Bakterien und den Eukaryoten.

Prokaryoten sind dabei Organismen mit Zellen ohne echten Zellkern wie bei Bakterien und Archaeen, bei denen die DNA frei im Zellplasma liegt. Eukaryotische Zellen, Zellen mit echtem Zellkern, kennen wir von allen Pflanzen, Pilzen und Tieren.

In jüngster Zeit wurden in der Tiefsee völlig neue Archaeenarten entdeckt. Nach ihrer Fundstelle in der Nähe von "Lokis Castle", einer Gruppe hydrothermaler Schlote, erhielten sie den Namen Lokiarchaeen. Ihre Analyse zeigte, dass sie viele Gene für die Synthese spezieller Proteine besitzen, die bisher für eukaryotenspezifisch gehalten wurden. Dazu zählen Aktine, eukaryotische Strukturproteine, die die Grundlage verschiedener zellulärer Prozesse wie z.B. den Stofftransport innerhalb der Zelle und ihre Teilung bilden. Die neue Hypothese lautet nun, dass sich Leben in zwei Formen herausgebildet hat, den Bakterien sowie einer gemeinsamen Urform von Archaeen und Eukaryoten.

Mit dem Auftauchen der Bakterien setzt übrigens auch die Entwicklung der Viren ein. Als Schmarotzer vermehren sie sich mit Hilfe der Bakterien.

Neben der neuen "Zwei Formen - These" behauptet sich noch die ursprüngliche Vorstellung, wonach Eukaryoten mit großer Wahrscheinlichkeit aus der Verschmelzung von Bakterien und Archaeen hervorgegangen sind. Auf jeden Fall gilt auch heute noch die Aufnahme anderer Zellen, Phagozytose genannt, besonders der Einbau von Bakterien-DNA, als "lateralen Gentransfer (LGT) bezeichnet, als Schlüsselprozess der Entstehung der Mitochondrien. Man nimmt an, dass so das Alphaproteobakterium zum Mitochondrium aller eukaryotischen Lebewesen wurde, eine These, mit der auch erklärt wird, warum Mitochondrien über eigene DNA verfügen.

Kürzlich haben Wissenschaftler im hohen Norden Likiarcheen entdeckt, die sich auf Grund des extrem geringen Angebots an Nährstoffen sehr langsam vermehren. Schätzungen gehen davon aus, dass sich die Einzeller möglicherweise nur alle 10 Jahre teilen. Das bringt einen weiteren Faktor ins Spiel, der für die anfängliche Evolution von Leben grundlegende Bedeutung gehabt haben könnte. Wie wir noch sehen werden, kommt es bei normaler Generationsfolge zu relativ wenigen Mutationen und damit in der Regel zu geringen Merkmalsveränderungen in der Folgegeneration.

Ein völlig anderes Bild sollte sich ergeben, wenn zwischen den Zellteilungen viele Jahre liegen. Mutationen könnten sich so anhäufen und zu neuartigen Zellen der nächsten Generation führen. Leben würde sich so nicht in kleinen Schritten, sondern in Sprüngen entwickelt haben.

Beschäftigen wir uns eingehender mit der eukaryotischen Zelle, um dann auch einige Aspekte von Bakterien zu diskutieren.

Leben braucht Zehntausende verschiedener, auf eine ganz bestimmte Aufgabe spezialisierte Arten solcher Zellen, wie Muskel-, Nerven-, Glia-, Bindegewebs- oder Filamentzellen, Diese Zelle ist somit der Grundbaustein aller Mehrzeller, aller Pflanzen und Tiere, einschließlich des menschlichen Organismus.

Die nachstehende Abbildung zeigt den grundsätzlichen Aufbau einer eukaryctischen Zelle:

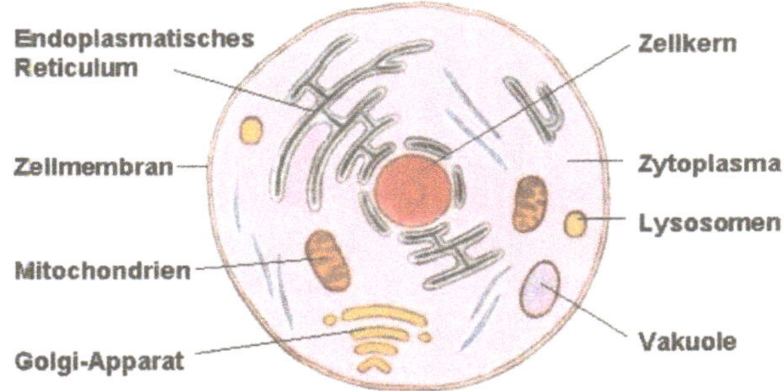

Abb. 28 Zelle mit Zellkern

Im Zellkern befindet sich in Gestalt der Chromosomen das Genom und damit der Speicher der Erbinformationen. Das Zytoplasma umgibt die Zellorganellen und ist der Ort der Stoffwechselreaktionen. Die Lysosomen sind Zentren des Abbau- und Recyclingsystems der Zellen.

Hierhin werden in kleine Bläschen (Phagophore) verpackt, unbrauchbar gewordene organische Bestandteile oder eingedrungene Erreger transportiert und durch einen Enzymcocktail zerlegt. Der Vorgang wird als Autophagie, was soviel wie sich selbst essen bedeutet, bezeichnet. Die Lysosome sind auch Signalgeber für die Apoptose, der Selbstvernichtung der Zelle. In den Vakuolen werden Reservestoffe und Exkrete gespeichert.

Der Golgi-Apparat, auch als Dictyosom bezeichnet, ist die "Post" der Zelle. Hier werden Substanzen für Prozesse innerhalb der Zelle, aber auch für den Transport in andere Zellen in Form winziger, als Vesikel bezeichneter Bläschen verpackt. In dieser Form laden sie dann ihre chemische Fracht, wie zum Beispiel Insulinmoleküle, an speziellen Andockproteinen ab. Untersuchungen an einfachen Organismen zeigen, dass dieses zelluläre Transportsystem schon sehr früh in der Evolution entstanden ist und sich seitdem kaum verändert hat. Dabei basiert es auf nur 23 Genen.

Die Mitochondrien sind die Kraftwerke der Zelle. Ketten von Enzymen transportieren Elektronen und werden so zu Orten der Zellatmung. Die Zellmembran dient der Abgrenzung vom und dem Stoffaustausch mit dem umgebenden Medium, darunter dem Informationsaustausch mit den Nachbarzellen. Das endoplastische Reticulum ist der Ort der Proteinsynthese.

Das klingt alles relativ überschaubar. Aber die Realität ist weitaus komplexer. In Wirklichkeit ähneln Zellen vollautomatisierten Fabriken.

Zehntausende von chemischen Abläufen müssen koordiniert ineinandergreifen, damit aus diesem prinzipiellen Modell eine lebende Zelle wird. Enzyme gewährleisten, dass benötigte Proteine immer zeitgenau in genügender Anzahl hergestellt werden. Transportmechanismen sorgen dafür, dass die richtigen Moleküle zum richtigen Zeitpunkt an die richtigen Orte gelangen und so ein reibungsloses Funktionieren des Stoffwechsels garantieren. Schon allein die Zellmembran ist ein Wunderwerk aus tausenden Ausstülpungen, Einschlüssen und Kanälen. Spezielle Proteinanordnungen in den Membranen, so genannte Halbkanäle, können an Gap-Junctions einer Nachbarzelle andocken und so Verbindungskanäle zwischen zwei Zellen schaffen. In die Membran eingebaute Ringe aus sechs Proteinen gehören zu einem Transportsystem von in die Membran eingebauten Kanälen (Transmembranproteine), das Protonen gegen ein elektrisches Potential aus der Zelle pumpt und so einen pH-Gradienten bewirkt, der eine Vielzahl von Prozessen erst möglich macht. Ein Schlüsselprozess ist dabei die Umwandlung von Adenosindiphosphat (ADP) in den universellen Energieträger Adenosintriphosphat (ATP). Integrine (bestimmte Eiweiße auf der Membranoberfläche) sind bedeutsam für die Signalübertragung zwischen Zellen. So docken z.B. von Primärtumoren ausgesandte Exosome an solchen Integrinkombinationen auf bestimmten Organen an und bilden so den Ausgangspunkt für die Ansiedlung von Krebsmetastasen.

Dies alles vermittelt einen Eindruck davon, warum es bisher der Wissenschaft trotz intensivster Bemühungen nicht gelungen ist, eine lebende Zelle herzustellen.

Aber selbst wenn sie dazu in der Lage sein wird, dürfte es noch ein weiter Weg sein bis zur Schaffung eines Organs und schließlich eines komplexen, aus Billionen miteinander agierender Zellen bestehenden Organismus.

Ein hochkomplexes Netzwerk biochemischer Reaktionen versorgt unsere Körperzellen mit Baustoffen und Energie. Mit dem Computermodell "Recon 2" arbeitet ein internationales Forscherteam daran, den gesamten menschlichen Stoffwechsel- das so genannte Metabolom - immer besser nachzubilden und zu simulieren, so dass sich in der Perspektive das Verhalten von Zellen präzise vorhersagen lässt.

Das Projekt ist eine wahre Herkulesaufgabe, erfordert sie doch, sämtliche Stoffwechselreaktionen, deren Zwischenprodukte (Metabolite) und die genauen Eigenschaften der Proteine, die diese Reaktionen katalysieren, zu kennen. Derzeitig berücksichtigt es knapp 10% der proteincodierenden Gene des menschlichen Genoms.

Bakterien

Der Begriff Bakterien ist negativ besetzt. Bakterien sind Krankmacher und Ursache für Infektionskrankheiten wie Lungenentzündung (Pneumonie) oder Cholera, die unbehandelt zum Tode führen können. Das ist aber nur ein winziger Teil der Wahrheit. Bakterien sind bereits hochkomplexe Lebewesen. Ein einziges Bakterium besteht aus etwa 26 Millionen Molekülen, darunter Proteine, von denen sich einige aus mehr als 100.000 Atomen zusammensetzen. Ohne Bakterien hätte auf der Erde kein entwickeltes Leben, wie wir es heute kennen, entstehen können.

Nach allem, was wir derzeitig wissen[7], breiteten sich vor etwa 2,5 Mrd. Jahren in den Weltozeanen riesige Teppiche aus Cyanobakterien aus. Mit ihnen wurde erstmalig in der Natur ein komplexes System biochemischer Reaktionen in Gang gesetzt, das wir Photosynthese nennen, und das später auch von den Pflanzen übernommen wurde.
Diese Bakterien nutzten die Energie des Sonnenlichts, um aus Wasser und Kohlendioxid Zucker für ihre Ernährung herzustellen. Dabei entstand als Nebenprodukt Sauerstoff. Er gelangte in die Atmosphäre, reicherte sich dort über 100e von Millionen Jahren an, und wurde die Grundlage für die Stoffwechselprozesse fast aller danach entstandenen Lebewesen. Diese Periode wird auch als erste große Oxygenierung der Erde bezeichnet.

Cyanobakterien, diese Urtypen aus der Frühzeit der Evolution, existieren übrigens noch heute. Aquarianern sind sie bestens als überaus lästige Blaualgenteppiche bekannt.

Aber Bakterien haben nicht nur entwickeltes Leben auf unserem Planeten erst möglich gemacht. Sie sind auch heute noch eine entscheidende Voraussetzung dafür, dass höher entwickelte Ar-

---

[7] Eisenoxid findet sich in Erdschichten bis zu einem Alter von etwa 2,5 Milliarden Jahren. Daraus wird geschlussfolgert, dass zu diesem Zeitpunkt erstmals Sauerstoff in die Atmosphäre gelangte.

ten wie die Säugetiere überhaupt existieren können. Dies trifft nicht zuletzt auch auf den Menschen zu. Auf unserer Haut und unseren Schleimhäuten leben zehnmal mehr Mikroorganismen, kurz Mikroben, als wir selbst Zellen haben. Hierbei handelt es sich um Viren, Pilze und Bakterien.

Einige Wissenschaftler sehen die Darmflora als eigenständigen Organismus, für den der US-Amerikaner Joshua Lederberg 1958 den Begriff "Mikrobiom" prägte. Am weitesten sind derzeitig die Bakterien erforscht. Schätzungen gehen von 1.000 bis 2.000 Bakterienarten aus, die zusammen 1 bis 2 Kilogramm unseres Körpergewichts ausmachen. Sie schützen uns, indem sie als gutartige Symbionten ihren Lebensraum gegen artenfremde Eindringlinge verteidigen. Die Viren bilden dabei ein eigenes Virobiom, das vorwiegend aus Phagen besteht und so maßgeblichen Einfluss auf das übrige Mikrobiom aus Pilzen und Bakterien ausübt, für die Balance aller Komponenten sorgen.

Aber diese Schutzfunktion ist längst nicht alles.

Bakterien unterstützen die Verdauung und fördern das allgemeine Wohlbefinden. Sie wandeln Präbiotika in Nährstoffe um, stellen Vitamine her und unterstützen das Immunsystems des Darmes. Bacterioidesarten zerlegen sogar noch im Dickdarm einen Teil der Ballaststoffe, tragen so zu einer gesunden Darmschleimhaut bei. Versuche an Mäusen legen nahe, dass die Zusammensetzung der Bakterienstämme Einfluss darauf hat, wie das Immunsystem auf Tumorerkrankungen reagiert. Einige dieser Bakterienstämme hemmen vermutlich die Vermehrung potentieller Krebszellen. Demgegenüber gibt es Hinweise darauf, dass Darmbakterien auch Stoffe abgeben könnten, die zur Entstehung von Diabetes oder Asthma beitragen. Fest steht, dass die Ernährung großen Einfluss auf die Zusammensetzung der Darmflora hat. In diesem Zusammenhang zeigen übrigens Untersuchungen, dass auch genveränderter Mais zu Veränderungen der Darmflora führt.

Japanische Wissenschaftler wollen diesen Zusammenhang nutzen, und hoffen die Leistungsfähigkeit von Spitzensportlern weiter steigern zu können, indem sie für jeden Athleten individuelle ideale Darmflora schaffen. Die Grenzen zum Doping verschwimmen immer mehr. Auch Tiere wissen um diesen Zusammenhang. Einige füttern ihre Jungen hin und wieder mit dem eigenen Kot, um ihre Darmflora zu übertragen und die Umstellung auf feste Nahrung zu erleichtern. Andere fressen bei Beschwerden den Kot anderer Tiere ihrer Art. Die Humanmedizin hat davon gelernt. Schon im 4. Jahrhundert wurde die Heilwirkung menschlicher Exkremente beschrieben. Bei Darmerkrankungen mit schwerem Durchfall, Fieberschüben und äußerst schmerzhaften Entzündungen versucht man, die Erreger (wie etwa das Bakterium Clostridium difficile) durch Antibiotika zu beseitigen. Gelingt das nicht, kann Stuhl, meist der des Lebenspartners, in den Zwölffingerdarm eingebracht werden. Früher nannte man das Stuhltransfer. Heute wird man mit der Mikrobiom-Transplantations-Methode behandelt. Der Volksmund ist bei Ekeltherapie geblieben. Die Heilungsraten liegen bei 90%. Wer sich schon jahrelang mit Darmproblemen herumquält, sollte an diese Möglichkeit denken.

Normalerweise starten wir ins Leben mit der Übertragung gesundheitsfördernder Mikroorganismen. Bei einer normalen Geburt wird die in der Scheide der Mutter angesiedelte Bakterienflora quasi wie eine schützende Schicht auf das Neugeborene übertragen. Bei Kaiserschnitten ist dieser natürliche Mechanismus unterbrochen. Die Starthilfe der Mutter fehlt und die Kinder kommen mit einer keimfreien Haut zur Welt.

Es sollte daher nicht verwundern, dass bei diesen Kindern Allergien deutlich gehäufter auftreten als bei Normalgeborenen.

Studien zeigen, dass sich die Darmflora Normalgewichtiger und Übergewichtiger unterscheidet. Wir alle kennen die Begriffe, guter oder schlechter Futterverwerter. Es erscheint logisch, dass neben genetischen Faktoren (Die Darmlänge verschiedener Bevölkerungsgruppen unterscheidet sich z.T. beträchtlich. So haben einige in Russland lebende Ethnien einen fast 60 cm längeren Dickdarm als manche Gruppen in Polen) hierbei auch die Darmflora eine wichtige Rolle spielen kann. Bekannt ist, dass Firmicutis-Arten, sie sind einer der beiden vorherrschenden Bakterienstämme, eine ganze Reihe von Nahrungsmitteln besonders gut aufschließen können. Es ist deshalb sicherlich kein Zufall, dass sich überdurchschnittlich viele dieser Bakterien bei Menschen mit Übergewicht finden. Forscher entnahmen Enterobacter cloacae B29 aus dem Kot fettleibiger Menschen und übertrugen es auf sterile Mäuse. Als diese dann fettreiches Futter erhielten, wurden sie dick. Weitere Forschungen werden zeigen, ob hier ein Ansatzpunkt für die Behandlung von Adipositas besteht, und ob mit Hilfe von Präbiotika Wachstum oder Aktivität bestimmter Bakterien gesteuert werden kann.

Wie wichtig die Darmbakterien für uns sind, zeigt die Wirkung von Breitbandbiotika, durch die nicht nur die krankmachenden Erreger bekämpft, sondern auch die übrige Darmflora in Mitleidenschaft gezogen wird. Salopp gesagt, werden nach einer Biotikabehandlung auch bei den Darmbakterien "die Karten neu gemischt".

Es muss sich erst wieder ein Gleichgewicht zwischen hunderten von Mikrobenarten einstellen, ein Prozess, der längere Zeit dauern kann und sich nicht selten durch Schmerzen im Unterbauch und Blähungen bemerkbar macht. Wer gern in südliche Länder reist und dort im Meer baden geht, sieht sich möglicherweise mit den gleichen Symptomen konfrontiert. Die beim Schwimmen in den Darm gelangten fremden Bakterien müssen erst wieder verdrängt werden. Aus den USA ist ein Fall bekannt, wo die Darmbakterien durch eine Antibiotikabehandlung so nachhaltig geschädigt wurden, dass sich in dem entstandenen Freiraum ein Hefepilz entwickeln konnte, der Zucker zu Alkohol vergärte. Der Betroffene hatte ständig einen Blutalkoholspiegel von 3 Promille und war nicht mehr arbeitsfähig. Das Problem konnte erst durch die Ansiedlung neuer Bakterien gelöst werden.

Im Jahre 2008 wurde das Human Microbiome Project gegründet, in dessen Rahmen etwa 80 Institute daran arbeiten, den Genpool aller auf und in uns lebenden Mikroorganismen zu erforschen. Dabei hatte bereits im Jahre 1919 der Geheime Hofrat Schottelins an der Freiburger Universität die fundamentale Bedeutung der Darmflora gezeigt. Als er steril aus dem Ei geschlüpfte Küken mit sterilisierten Getreidekörnern fütterte, verkümmerten diese. Bei Beimengung von Hühnerkot setzte eine normale Entwicklung ein. Auch dieses Beispiel zeigt, wie in der Wissenschaft fundamentale Erkenntnisse für Generationen in Vergessenheit geraten können.

Aber noch einmal zurück zur "Ursuppe."

Stellen wir uns vor, dass Milliarden von Einzellern riesige schleimige Matten bilden. Aber nicht alle dieser Einzeller sind identisch. Durch Mutationen gibt es Variationen. Einige Mutanten können sich in dem Zellhaufen durch Verdrängung der Nachbarn besser als Einzeller behaupten. Bei anderen erweist sich die Wechselwirkung mit Nachbarzellen als günstig für die Überlebensfähigkeit. Damit setzt ein Prozess ein, der mit dem Zusammenschluss von Einzellern zu Zellhaufen beginnt. Einzeller kennen nur äußere Reize. Sie nehmen Nahrung unmittelbar aus der Umwelt auf und geben nicht benötigte Stoffwechselprodukte an diese ab. Bei einem kugligen oder anders geformten dreidimensionalen Zellhaufen empfangen aber die innen befindlichen Einzeller nur noch innere Signale von den Nachbarzellen. Es entsteht die evolutionäre Notwendigkeit, die Zustände der Zellen über mehr und mehr chemische Signale zu koordinieren, die inneren Zellen über Kanäle mit Nahrung und Sauerstoff zu versorgen sowie Abfallprodukte nach außen zu entsorgen. Eine wachsende Arbeitsteilung und zunehmende Spezialisierung der Zellen ist die Folge, die schließlich zu Mehrzellern führt.[8]

Aus den Einzellern mit ihren Organellen haben sich Mehr- oder Vielzeller mit verschiedenen Zelltypen entwickeln, die jeweils spezifische Aufgaben zu erfüllen haben. Aus Zellen werden Gewebe, aus Geweben Organe. Ein anschauliches Beispiel für die Entwicklung zu Mehrzellern sind die Portugiesischen Galeeren (Physalia physalis). Sie sind Nesseltiere und jagen als Kolonie voneinander abhängiger Polypen. Jeder der Fangarme ist ein eigenständiges Tier und zuständig für die Erlegung von Beutetieren, die durch Giftinjektionen gelähmt oder getötet werden. Andere Polypen sind für die Verdauung und wieder andere für die Fortpflanzung zuständig. Trennt man diesen Verbund, erweisen sich die Einzeltiere nicht mehr als lebensfähig.

Angemerkt sei, dass es noch einen anderen Weg zu Mehrzellern gegeben haben sollte: den des Gentransfers. Die Meeresschnecke Elysia chlorotica zeigt uns, wie das geht. Als junges Weichtier frisst sie eine bestimmte Alge, die Photosynthese betreibt. Im Erwachsenenalter betreibt sie selbst Photosynthese und kann monatelang allein von Wasser, Kohlendioxid und Sonnenlicht leben. Forscher haben herausgefunden, dass die Schnecke dazu mehrere Algen-Gene fest in ihr Genom integriert hat.

Wie wir sehen, haben sich aus allen Einzellern nicht zwangsweise Mehrzeller gebildet. Mehrzeller entstanden als weitere evolutionäre Entwicklungslinie neben den Einzellern. Milliarden von Jahren verbrachten diese im Meer.

---

[8] Wissenschaftler haben Bäckerhefe (Saccharomyces cerevisiae) im Reagenzglas zur Turboevolution angeregt und demonstriert, dass der Sprung vom Ein- zum Mehrzeller schon in etwa zwei Monaten möglich ist. Dazu haben sie durch Knospung entstehende größere Hefebrocken immer wieder abgetrennt und in neue Nährlösung verbracht. Nach 350 Hefegenerationen blieben Mutter- und Tochterzellen verbunden, und einige 100 Generationen später zeigten sich in den Zellhaufen erste Anzeichen von Arbeitsteilung.

Vor 550 Millionen Jahren hatte sich Kalziumkarbonat im Meer gebildet und die ersten Mehrzeller begannen, Kalzium in spezialisierten Zellen anzureichern und schließlich daraus Skelette zu formen. Vor etwa 480 Millionen Jahren begannen sie, als Pflanzen und Tiere das Land zu erobern.

Ein Aspekt der Mehrzellerbildung sei noch erwähnt, da er später bei der Behandlung der inneren Uhr des menschlichen Gehirns das Verständnis erleichtert. Vielzeller, also Bakterien, Pflanzen und Tiere hätten sich nicht entwickeln können, wenn die Prozesse in den einzelnen Zellen nicht miteinander koordiniert ablaufen würden. Deshalb hat sich im Verlaufe der Evolution ein biologischer Rhythmus herausgebildet, der an die Dauer eines Erdentages gekoppelt ist. Konkret sieht das so aus, dass es in jeder Zelle einen identischen molekularen Zyklus gibt, der mit der Produktion eines PER genannten Proteins beginnt. Ist eine bestimmte Proteinkonzentration erreicht, wird ein weiteres Ablesen des entsprechenden (**Per**iode)-Genes blockiert und der Prozess stoppt. Hat der Abbau des Proteins eine bestimmte Grenze erreicht, läuft seine Produktion wieder an. Der Prozess ist so getaktet, dass zwischen Stopp und Neustart etwa 24 Stunden liegen. Die zellulären Uhren programmieren damit die Organismen auf die zyklischen Veränderungen der Umwelt. Sie sind folglich mehr als Reaktionsmechanismen und erlauben Veränderungen gewissermaßen "vorherzusehen". Schon bei primitiven Vielzellern entstand die Notwendigkeit der zentralen Koordinierung der einzelnen "Zelluhren". Je besser das funktionierte, je besser damit der Organismus auf den Tagesrhythmus eingestellt war, desto größer waren die Überlebensvorteile.

Mit der Höherentwicklung der Vielzeller wurden die Synchronisationsprozesse immer komplexer. Zuerst entstehen spezialisierte Proteinknäuel, dann Zellstrukturen, und schließlich synchronisiert bei höher entwickelten Tieren, also auch beim Menschen, ein zentraler Taktgeber Billionen dieser biochemischen Zelluhren.

Biologische Evolution

Seit der vom Sokrates Schüler Platon (428-348 v.Ch.) begründeten ältesten Philosophenschule Griechenlands wurden alle Lebensformen auf einen einzigen göttlichen Schöpfungsakt zurückgeführt. Für diese Philosophen war daher die Unveränderlichkeit der Arten ein Gesetz der Natur und fester Bestandteil ihres Weltbildes. Daran gab es schon bei den vorsokratischen Philosophen Zweifel. Anfang des 19. Jahrhunderts vertrat der französische Botaniker und Zoologe Jean-Baptiste Lamarck (1744-1828) die Auffassung, dass sich die Arten durch die Vererbung von Anpassungen, die die Elterngenerationen während ihres Lebens erfahren, umwandeln. Er wurde heftig angefeindet und konnte seine Hypothese nicht beweisen. 1858 formulierte der britische Naturforscher Alfred Russel Wallace (1823- 1913) schon vor Darwin das Prinzip der natürlichen Selektion. Bis zu seinem Tode war es daher üblich, die Idee der natürlichen Selektion als "Darwin-Wallace-Theorie" zu bezeichnen. Er erkannte die wissenschaftliche Leistung Darwins vorbehaltlos an, und er war es auch, der den Begriff "Darwinismus" prägte. Heute ist Wallace, ein Universalgelehrter, der in seinen 22 Büchern die unterschiedlichsten Probleme behandelte, zu Unrecht fast in Vergessenheit geraten.

Charles Robert Darwin (1809-1882) musste sich daher mit der Veröffentlichung seiner umfangreichen wissenschaftlichen Studien beeilen. Die ersten fünf seiner sich ergänzenden sechs Theorien publizierte er 1859, die Theorie der sexuellen Selektion folgte 1871.

Im einzelnen umfasste sein wissenschaftliches Gebäude:

1. Die Theorie von der Evolution der Arten. Sie ging davon aus, dass sich die Arten in der Zeit verändern. Wie wir gesehen haben, hatte bereits Lamarck vor Darwin ähnliche Ansichten vertreten. Darwin konnte jedoch diese These mit einer Vielzahl von Fakten belegen.

2. Die Theorie der gemeinsamen Abstammung aller Arten. Danach sind alle Arten durch Differenzierung aus einem gemeinsamen Vorfahren entstanden.

3. Die Theorie der fortschreitenden Divergenz der Arten. Hier begründet Darwin, wie im Verlaufe der Zeit bei den Arten die phänotypischen Änderungen kumulieren und sich dadurch mehr und mehr voneinander unterscheiden.

4. Die Theorie des Gradualismus, die besagt, dass sich die Arten nicht sprunghaft, sondern in kleinen, allmählichen Schritten verändern.

5. Die Theorie der natürlichen Selektion, wonach die natürliche Auslese den Hauptmechanismus der Evolution bildet. Und schließlich

6. Die Theorie der sexuellen Selektion. Sie untersucht die intersexuelle Partnerwahl und die intrasexuelle Konkurrenz.

Kern des Darwinschen Gebäudes war die Theorie der natürlichen Selektion als Hauptmechanismus der Evolution. Aber wie wir sehen, war der Darwinismus mehr als eine Selektionstheorie.

Darwin wurde zum Begründer der modernen Evolutionstheorie. Sie revolutionierte nicht nur die Biologie und wurde zu ihrem zentralen Ordnungsprinzip, sondern erschütterte zugleich auch das bis dahin geltende kirchliche Dogma von der Entstehung des Lebens auf der Erde. Die Evolutionstheorie bietet ein umfassenderes Erklärungsmodell für die Vielfalt des Lebens, als alle Schöpfungsmythen zusammen. Dennoch ist der teleologische Gottesbeweis noch heute unter Teleologen wie den Kreationisten, zu denen sich ein Großteil der US-Bevölkerung bekennt, und die sich weigern, die Evolutionstheorie anzuerkennen, beliebt. Teleologie ist eine Lehre, nach der sich Handlungen und Entwicklungsprozesse grundsätzlich an Zwecken orientieren und durchgängig zweckmäßig ablaufen. Die Vorstellung, dass alles einen Sinn haben muss, ist offensichtlich tief in unserem Denken verwurzelt.

Der Begriff Evolution stand für "Wandel im Laufe der Zeit". Von Darwin wurde er erst mit der Neuauflage seines Hauptwerkes in dem Sinne verwendet, wie wir ihn heute kennen.

Gregor Mendels (1822-1884) publizierte im Jahre 1866 seine sogenannten Mendelschen Regeln und wurde damit zum Urvater der Genetik, der Wissenschaft von der Vererbung. Er hatte erkannt, dass Vermehrung von Merkmalen im Wesentlichen nach bestimmtem Regeln erfolgt, es aber hin und wieder zu Ausnahmen kommt. Vermehrung vollzieht sich also weder völlig vorhersehbar noch völlig zufällig. Seinen Regeln zufolge wird jedes Merkmal in einer befruchteten Eizelle durch zwei Elemente bestimmt, die frei und unabhängig kombinierbar sind.

Anders gesagt, Vererbung erfolgte in Bausteinen, durch teilchenartige Elemente, die sich bei der Vermehrung mehr oder weniger zufällig mischen. Mendel nannte sie Erbelemente. Der dänische Biologe Johannsen führte im Jahre 1909 dafür den Begriff der Gene ein. Berühmt wurde Mendels Aussage, wonach man zwar nicht sagen kann, "dass zwei Organismen, die in einer vererbbaren Eigenschaft übereinstimmen, die gleichen Gene haben". Zutreffend sei jedoch, "dass zwei Organismen, die sich in einer vererbbaren Eigenschaft unterscheiden, sich auch in einem Gen unterscheiden".

Darwins Vorgänger Jean-Baptiste Lamarck hatte postuliert, dass Organismen Eigenschaften vererben können, die sie während ihres Lebens erworben haben. Mit der Entwicklung der Epigenetik fand er eine späte Bestätigung. Bis in die 80er Jahre des vorigen Jahrhunderts galt in der klassischen Genetik das zentrale Dogma, dass alle genetischen Informationen in der Basenabfolge der DNA gespeichert und damit die bei der Geburt vererbten Eigenschaften unveränderbar sind. Die ganze Evolution wurde daher nur unter dem Aspekt der DNA-Evolution betrachtet. Heute wissen wir, dass die Basenabfolge keinesfalls all das beinhaltet, was eine Art ausmacht. Bekannt war schon lange, dass jede Körperzelle in Gestalt der Chromosomen eine vollständige Kopie des gesamten Erbguts enthält, davon aber immer nur ein Teil der Gene abgelesen und in Proteine übersetzt wird. In jedem Zelltyp wie beispielweise Hautzellen, Nervenzellen oder Leberzellen werden also nur die für die spezifischen Aufgaben der Zelle erforderliche Teile des Genoms abgelesen. Die anderen Gene sind abgeschaltet.

Besonders Untersuchungen an eineiigen Zwillingen, also genetisch identischen Organismen, und von Verhaltensauffälligkeiten, die durch schwere Traumata ausgelöst wurden, und auch in folgenden Generationen zutage traten, zeigten jedoch, dass die Ablesehäufigkeit der einzelnen Gene auch von Umweltfaktoren abhängt und sich damit die Flexibilität des Erbgutes deutlich erhöht. Umwelteinflüsse führen dazu, dass durch Anheften oder Ablösen kleiner chemischer Moleküle Gene an- oder abgeschaltet werden können. Je nach aktivem Molekül spricht man von Methylierung, Azetylierung oder Phosphorylierung. Bisher sind drei solcher Mechanismen bekannt, die die Ablesemaschinerie der Gene beeinflussen: In den Chromosomen ist die DNA um Proteine gepackt, die sie bis zu 50000-fach verdichten. Die dreidimensionale Struktur dieser Histone genannten Verpackung kann sich so ändern, dass bestimmte Gene für den Ablesevorgang nicht mehr zugänglich sind. Der zweite Mechanismus betrifft die DNA selbst, wo bestimmte Basen blockiert werden können. Und schließlich können sich MikroRNAs an TransportRNAs heften und so die Produktion bestimmter Proteine blockieren (RNA Interferenz, kurz RNAi).

In der Regel gilt, wenn Bereiche der DNA mit mehr als üblich Methylgruppen versehen sind, ist das ein Hinweis darauf, dass diese nicht mehr in RNA und Proteine übersetzt werden. Seit kurzem weiß man, dass auch der umgekehrte Zusammenhang gilt, dass also epigenetische Mechanismen auch durch das vermehrte Anschalten von Genen ausgelöst werden können. Im Mausexperiment konnte gezeigt werden, dass, wenn Tiere lernen, einen bestimmten Geruch zu fürchten, auch die nachfolgenden Generationen Angst davor haben.

Untersuchungen zeigten dann, dass in den Gehirnen jene Rezeptoren, mit denen die Mäuse den Geruch wahrnahmen, überrepräsentiert waren. Die DNA-Analyse ergab dann, dass in dem zuständigen Gen weniger Methylgruppen als üblich vorhanden waren, und es daher öfter abgelesen wurde. Ohne dass sich die Basenfolge im Genom ändert, können so durch Umwelteinflüsse erworbene Eigenschaften an Tochterzellen weitergegeben, bei Pflanzen dauerhaft, bei Säugetieren bis in die dritte Generation vererbt werden.

Folglich existiert eine zweite Ebene biologischer Kodierung von Informationen.

Bei Bienen verhindert eine spezielle Zusammensetzung der aus Pollen und Honig bestehenden Ernährung von Arbeitsbienen, dass aus ihnen Königinnen werden. Die Ernährung führt zur temporären Modifikation des Erbgutes und schaltet die Transkription bestimmter Gene aus. Übertragen auf den Menschen folgert daraus, dass was und wie wir uns ernähren, erheblichen Einfluss auf unsere Gesundheit und unser Lebensalter haben. Darüber hinaus ist es ein weiterer Hinweis auf das komplexe Wechselspiel von genetischen Anlagen, sozialer Umwelt und Verhalten. In diesem Zusammenhang sei nur erwähnt, dass Schwangere und stillende Mütter ihre Babys auf ihre Essgewohnheiten konditionieren. Je vielseitiger diese sind, desto offener werden ihre Kinder später für kulinarische Erlebnisse sein. In Studien konnte ein enger Zusammenhang zwischen in Hungerperioden geborenen Kindern und deren erhöhtes Risiko für die Entwicklung von Fettleibigkeit als Erwachsene nachgewiesen werden.

Wie bei anderen stressinduzierten Krankheiten sorgt hier die epigenetische Regulierung offensichtlich für die Ansammlung größerer Fettreserven, um zeitweiligen Nahrungsmangel besser überleben zu können. Allerdings schwächt sich auch hier die neu erworbene Eigenschaft von Generation zu Generation ab. Epigenetische Veränderungen sind folglich im Unterschied zu Mutationen reversibel.

Die Darwinschen Evolutionstheorien, die Mendelschen Vererbungsregeln und die Epigenetik bilden eine solide theoretische Grundlage, um sich näher mit einigen grundsätzlichen Aspekten der biologischen Evolution zu befassen.

Grundsätzliches

Durch Umwelteinflüsse kommt es zu Mutationen, zufälligen, ungerichteten Veränderungen der Erbsubstanz. Bei den etwa drei Millionen Basenpaaren unseres Genoms kommt es so täglich zu zehntausenden Defekten. Lebende Organismen haben daher ein vielschichtiges Reparatursystem entwickelt, um Fehler wieder zu korrigieren. Ein Mechanismus besteht darin, dass ein Protein namens p53 (also ein Protein mit einer Molekülmasse von 53 kDa) bei einem Defekt den Zellzyklus stoppt. Bei mehr als der Hälfte der menschlichen Tumore ist p53 mutiert, so dass ein ganzes Arsenal von Reparaturenzymen nicht zum Einsatz kommen kann, darunter auch die Einleitung einer Apoptose für nicht reparierbare Zellen. Durch die so genannte Basenexzissionsreparatur schneidet ein Enzym einzelne beschädigte Basen aus dem DNA-Molekül, andere Enzyme (Tumorsuppressor-Proteine) fügen die korrekte Base wieder ein.

Durch die Nukleotidexzissionsreparatur werden gleich ganze defekte DNA-Abschnitte ersetzt. Und schließlich gibt es noch Enzyme, die Fehler beim Kopieren der DNA beseitigen. Dennoch werden durch diesen Reparaturmechanismus bei weitem nicht alle Mutationen beseitigt und so bei der geschlechtlichen Vermehrung die in den Keimzellen mutierten Gene beider Geschlechter an die nächste Generation vererbt. Bei der ungeschlechtlichen Vermehrung sind es nur mutierte Gene der Mutter. Die zufällig mutierten Gene führen zu Veränderungen in der Zusammensetzung und Struktur der produzierten Proteine und damit zu zufällig veränderten Eigenschaften der Organismen.

In der Regel sind diese Veränderungen punktuell in den Genen und haben nur minimale Auswirkungen. Beispielweise wirkt sich der mutationsbedingte Austausch einer von hunderttausenden Aminosäuren nur geringfügig auf die Funktionsweise des Proteinmoleküls aus. Aber es kann auch durch eine Häufung von Mutationen in einem Gen oder durch die Mutation ganzer Chromosomen bei einem oder mehreren Schlüsselproteinen zu gravierenden Veränderungen kommen. So führt eine einzige Punkt-Mutation im Lamin-A-Gen, die DANN-Base Cytosin wird zu Thymin verändert, zur Hutchinson-Gelford-Progerie. Kinder verwandeln sich in Greise und werden selten älter als 14 Jahre. Diese zufälligen Veränderungen manifestieren sich in einer neuen Generation von Organismen mit zufällig veränderten Eigenschaften, die sich wiederum unter den konkreten Umweltbedingungen wie Nahrungsangebot, Fressfeinde und klimatische Faktoren positiv oder negativ auf die Reproduktionsrate auswirken.

Wir haben es folglich weder mit Reaktionen der Organismen auf veränderte Umweltbedingungen noch mit raffinierten evolutionären Strategien zu tun. Die Natur ist kein bewusst handelnder Akteur.

Die Evolution ist das Ergebnis der Wechselwirkungen von zufälligen Mutationen mit zufällig bestehenden Umweltbedingungen, ein Wechselspiel von statistisch erfassbaren Wahrscheinlichkeiten und dem Determinismus von Naturgesetzen. Beides führt zu Genvariationen, zu neuen Lebensformen, die an die nächste Generation weitergegeben werden und deren Schicksal wiederum durch Wechselwirkungen mit der Umwelt bestimmt wird. Je besser der Anpassungsgrad, desto größer die Reproduktiosrate. Diesen Prozess bezeichnen wir als Selektion. Arsen ist ein starkes Gift, das zu schweren Leber- und Nierenschäden, zu Diabetis und Herzkranzgefäß-Erkrankungen führt. Durch das Andendorf San Antonio de los Cobres fließt ein Fluss, dessen Arsengehalt den von der WHO festgesetzten Arsengrenzwert um das 80fache übersteigt. Würden wir dieses Wasser trinken, wäre eine schwere Vergiftung die Folge. Die Dorfbewohner haben sich aber genetisch an diese ständige Giftbelastung angepasst. Diejenigen, die unempfindlicher reagiert haben, haben sich stärker vermehrt. Modellhaft könnte man die Dorfbevölkerung nach dem Empfindlichkeitsgrad in zwei Dörfer aufteilen. Dann würde das eine Dorf weiter wachsen und das andere langsam aussterben. Evolutionsbiologen bezeichnen den relativen Fortpflanzungserfolg im Vergleich zu anderen Mitgliedern einer Population als Fitness. In diesem Sinne bedeutet "survival of the fittest", dass der Angepassteste und der mit den meisten Nachkommen überlebt.

Je günstiger die Lebensbedingungen, desto geringer ist der Selektionsdruck und umso höher ist die Anzahl von Arten, also Spezies einer geschlechtlichen Fortpflanzungsgemeinschaft oder bei nichtgeschlechtlicher Vermehrung mit charakteristischen genetischen Übereinstimmungen.

Der weitaus überwiegende Teil der Mutationen ist von Nachteil. Sie erschweren das Leben, und es entstehen Selektionskräfte, die neue Formen wieder ausmerzen, weil sie sich unter gegebenen Bedingungen nicht behaupten können. Eine Pflanze treibt zu früh aus und erfriert. Ein Tier wird zum Albino und verliert seine Tarnung. Diese Organismen überleben nicht lange. Ihre besonderen Eigenschaften werden nicht zu artspezifischen Merkmalen. Verleiht eine solche zufällige Mutation dem Nachkommen hingegen eine oder mehrere Eigenschaften, die ihm in seiner konkreten Umwelt gegenüber den Artgenossen einen Überlebensvorteil verschaffen, führt die natürliche Auslese dazu, dass diese Eigenschaften vorrangig an die nächste Generation weitergegeben werden. Sie setzen sich damit je nach Geschwindigkeit der Populationsfolgen mehr oder weniger schnell durch. Die gleiche Pflanzenmutante, die heute zu früh austreibt, kann bei weiterer Erderwärmung die Art erhalten, der Albinomutant in schneereicheren und längeren Wintern Überlebensvorteile haben.

Aus dem Gesagten folgt, dass nachteilige oder vorteilhafte Mutationen relative Begriffe sind, und ihre evolutionäre Wirkung sowohl vom Zeitpunkt ihres Auftretens als auch von der Größe der betreffenden Population abhängt.

Aus Darwinscher Sicht sind es folglich nicht die Arten, die sich anpassen, sondern Populationen, also Gruppen von Lebewesen, die als Lebensgemeinschaften zusammengehören, die eigene Existenz sichern und für Nachkommen sorgen. "Die Organismen kämpfen eigentlich nicht um das Überleben, sondern um bestmögliche Bedingungen für die Fortpflanzung. Sich nicht fortpflanzen ist dasselbe wie unterzugehen. Wer keine Nachkommen hinterlässt, hat unter dem Gesichtspunkt der Evolution nicht existiert", schreiben Hynek Burda und Sabine Begall. (Evolution, Springer Spektrum, S. 9 ff). Selbstredend trifft diese Aussage für die kulturelle Evolution des Menschen nur bedingt zu, kann doch ein Mensch erheblichen Einfluss auf seine Umgebung und damit auf die nächste Generation ausüben, unabhängig davon, ob er sich selbst reproduziert oder nicht.

Fassen wir zusammen:

Die biologische Evolution findet auf vielen Ebenen statt. Auf der Ebene von Gruppen, von Arten wie auch auf der Ebene von Individuen und auf zellulärer Ebene. Immer ist sie das Ergebnis eines zufälligen und ungerichteten Prozesses, der von zufälligen Veränderungen der Erbsubstanz getragen wird und nicht auf ein Ziel hin erfolgt. Im Zufall liegt die gewaltige Schöpferkraft der Natur. Wenn sich bei einem lebenden Organismus ein oder mehrere neue Merkmale (Grundmuster) etabliert haben, setzt das ein, was Biologen "adaptive Radiation" nennen.

Eine wenig spezialisierte Art fächert sich durch Anpassungen an spezielle Umweltbedingungen in stärker spezialisierte Arten auf.

Jeder Organismus entwickelt dabei nur solche Fähigkeiten, die zum Überleben im konkreten Lebensraum erforderlich sind. Jeder Organismus hat demzufolge eine artenspezifische Wahrnehmung der Umwelt, die mehr oder weniger Aspekte der Realität erfasst. Dies trifft auch auf den Menschen zu. Eine weitere Ebene der Anpassung an Umweltbedingungen bilden individuelle Merkmale und Eigenschaften von Individuen der gleichen Art. Für den russischen Evolutionsbiologen Theodosius Dobzhansky (1900-1975) ergab "nichts in der Biologie einen Sinn, es sei denn, man betrachtet es im Lichte der Evolution".

Das Tempo evolutionärer Veränderungen

Tiere und Pflanzen erwerben neue Eigenschaften, andere bilden sich zurück oder gehen ganz verloren. Neue Arten entstehen, andere sterben aus. Das alles geschieht mit einem bestimmten Tempo. Die Wissenschaft spricht von Evolutionsgeschwindigkeit oder Evolutionsrate. Es gibt mehrere Ansatzpunkte, um eine solche für alle Lebewesen gültige Kennziffer zu finden und damit Prozesse innerhalb von Arten und zwischen ihnen quantitativ vergleichbar zu machen. So hat man für die Veränderung eines Merkmals um den Faktor e (e = 2,781) in einer Million Jahren die Einheit "Darwin" eingeführt. Als präziseste Messung der Evolutionsgeschwindigkeit gilt die Gesamtheit der genetischen Veränderungen (Nukleotidsequenzen) innerhalb einer Entwicklungslinie in einer bestimmten Zeit. Man bestimmt quasi eine molekulare Evolutionsrate. Bisher ist es jedoch nicht gelungen, eine Methode für die Bestimmung einer allgemeingültigen und zugleich aussagekräftigen Kennziffer zu finden.

Das kann nicht verwundern, können doch Veränderungen in einem Genom sehr unterschiedliche Auswirkungen auf den Organismus haben. Wie gesagt, wirken sich einzelne Mutationen in einem Gen meist kaum aus, die Funktion des produzierten Proteins wird nicht oder nur geringfügig verändert. Selbst mehrere Mutationen müssen sich nicht bemerkbar machen. Demgegenüber kann, wie wir gesehen haben, eine einzige Mutation gravierende Auswirkungen auf den gesamtem Organismus haben. Lange ging man davon aus, dass für die Vergrößerung des menschlichen Gehirns eine komplizierte genetische Dynamik verantwortlich war. Neueste Forschungsergebnisse legen jedoch nahe, dass vor nur 1,5 Millionen Jahren eine punktuelle Mutation im Gen ARHGAP11B, infolge derer nur ein einziges Basenpaar ausgetauscht wurde, einer Initialzündung für das Hirnwachstum gleichkam. Ein weiterer Faktor ist, dass am Zustandekommen von Eigenschaften oder Merkmalen in der Regel mehrere Gene beteiligt sind. Bekanntlich fielen der Pest zwischen den Jahren 1347 und 1352 in Europa etwa 25 Millionen Menschen zum Opfer. (Die Bevölkerung reduzierte sich dadurch von 73 Millionen (1300) auf 41 Millionen (1400)). Ursache waren zwei Mutationen im Genom des relativ harmlosen Darmbakteriums Yersinia pseudotuberculosis, die es zum hochgefährlichen Pesterreger Yersinia pestis werden ließen.

Die Wertigkeit von Mutationen innerhalb eines Gens und zwischen Genen ein und desselben Genoms ist also schwer zu fassen, geschweige denn zwischen Genomen verschiedener Arten.

Ich konzentriere mich daher auf grundsätzliche Überlegungen zu den Evolutionsgeschwindigkeiten verschiedener Arten. An den flachen Sandküsten tropischer Meere leben verschiedene Pfeilschwanzkrebsarten. Wie Funde belegen, sind es lebende Fossilien, die je nach Art in den zurückliegenden 440 bis 150 Millionen Jahren ihren Körperbau faktisch nicht verändert haben. (Eine britische Studie am Urzeitkrebs Triops cancriformis zeigt jedoch, dass sich hinter der weitgehend gleichgebliebenen Morphologie deutliche genetische Veränderungen verbergen.) Auch einige Borstenwürmerarten (Polychaeta) existieren seit etwa 500 Millionen Jahren in nahezu unveränderter Form. Eine Säugetierart scheint in etwa drei bis vier Millionen Jahre zu bestehen, bis aus ihr eine neue Art hervorgeht. Die mit den ersten Homininen einsetzende Artenfolge brachte bereits nach sieben bis acht Millionen Jahren den Homo sapiens, den modernen Menschen hervor. Im ostafrikanischen Victoriasee leben heute etwa 500 Buntbarscharten. Da er das letzte Mal vor rund 17.300 Jahren trockengefallen ist, muss demnach durchschnittlich alle 30 Jahre eine neue Art hinzugekommen sein.

Das sind gewaltige Unterschiede in den Evolutionsgeschwindigkeiten und der Entstehung neuer Arten. Wie ist zu erklären, dass die Evolution auf der einen Seite stetig, quasi gemächlich verlaufen kann, minimale Veränderungen über Millionen von Jahren anhäufen, manchmal faktisch sogar zum Stehen kommt, und sich andererseits zeitweilig sprunghafte Entwicklungen vollziehen und sich mit hoher Dynamik neue Arten entwickeln? Offensichtlich wirken hier zwei Schlüsselfaktoren: Erstens die Mutationsrate, und zweitens die Veränderungsgeschwindigkeit der Umweltbedingungen.

Mathematiker würden sagen, die Evolutionsrate ist das Produkt aus den Funktionen von Mutations- und Umweltveränderungsraten. Als Mutationsrate bezeichnet man im Allgemeinen die Anzahl von Mutationsereignissen pro Organismus und Generation. Bei Bakterien wird von etwa 10-6 Mutationen pro Gen und Generation ausgegangen. Für den Menschen und andere höhere Organismen werden Werte zwischen 5 und 50 Mutationen pro eine Million Gene und Generation genannt. Das wäre dann in etwa eine Größenordnung weniger als bei den Bakterien. Die Zahlenangaben unterstellen konstante Mutationsraten. Dies trifft jedoch nur zu, wenn für alle Arten die Lebensbedingungen des Menschen unterstellt werden, was wiederum der außerordentlichen Vielfalt von realen Umweltbedingungen nicht gerecht wird. Das aber führt zu falschen Schlussfolgerungen. Erinnern wir uns: Mutationen werden im Wesentlichen ausgelöst durch energiereiche ionisierende Strahlen wie kosmische Strahlung, radioaktive Strahlung und elektromagnetische Röntgen- bzw. ultraviolette Strahlen. Diese Energiequanten wechselwirken mit kleinen Molekülen wie den Genbuchstaben, zerstören deren Struktur und ändern somit auch die Funktionalität von Makromolekülen wie den DNAs und RNAs, also des Erbgutes. Auch Umweltgifte können eine Rolle spielen.

Im Oberflächenbereich der Erde ist die kosmische Strahlung Hauptverursacher von Mutationen. Bei ihr handelt es sich um Schauer hochenergetischer Teilchen, die die Erde aus dem Kosmos erreichen.

Einige Teilchen haben dabei gewaltige Energien von 10^{20} eV (Beim LHC, dem weltgrößten Beschleuniger am CERN beträgt die maximale Kollisionsenergie 10^{13} eV). Die Erdatmosphäre wirkt wie ein Schutzschild. Indem die kosmische Strahlung mit ihr wechselwirkt, wird sie deutlich abgeschwächt. Ihre Wirkung auf der Erdoberfläche ist aber immer noch erheblich und Auslöser von Mutationen. Ist diese Strahlung an der Erdoberfläche bereits stark abgeschwächt, so wird sie durch Wasser relativ schnell absorbiert. In größeren Meerestiefen ist sie nicht mehr nachweisbar. Dies trifft auch auf andere Strahlungen zu, so dass ab einer Tiefe von 800 Metern völlige Dunkelheit herrscht und in der Tiefsee kaum noch mutationsauslösende Faktoren wirken. Der Neutrinostrom mit seinen extrem seltenen Wechselwirkungen mit Materieteilchen kann vernachlässigt werden. In der Tiefsee ist somit die Mutationsrate nahe Null.

Heftige Klimaschwankungen, Naturkatastrophen oder andere abrupte Veränderungen von lokalen oder globalen Umweltbedingungen haben seit der Entstehung von Leben schon immer zu mehr oder weniger starken Selektionskräften geführt. Seit der industriellen Revolution bewirkt der Mensch in einem rasant wachsendem Tempo Umweltveränderungen, die ihrerseits auf das Ökosystem der Erde steuernde natürliche Regelkreise einwirken. Natürliche und menschengemachte Faktoren zusammen verändern die Umwelt lebender Organismen. In der Zeit betrachtet ergibt sich daraus eine für jeden Lebensraum spezifische Umweltveränderungsrate. Ist sie zu groß, erfolgen also Umweltveränderungen zu schnell, gehen die in einem solchen Biotop lebenden Arten unter.

Dabei ist es heutzutage weniger die Natur als vielmehr der Mensch, der durch Infrastrukturbauten, Flussbegradigungen, Ausweitung landwirtschaftlicher Nutzflächen und Pestizideinsatz in die Umwelt eingreift und so die Lebensgrundlagen einer wachsenden Zahl von Arten zerstört.

Erfolgen Umweltveränderungen in einem verträglichen Tempo, sind also die Selektionskräfte moderater, können die Arten auf die neuen Umweltbedingungen reagieren, indem sich Mutanten, deren Eigenschaften besser den neuen Bedingungen entsprechen, durchsetzen, sich neue Arten bilden. Dies geschieht umso schneller, je kleiner Populationen sind. Hier ist der Selektionsdruck auf jedes einzelne Individuum größer. Positive Mutationen verfestigen sich folglich schneller und treiben somit auch die Bildung neuer Arten voran. Seit langem war bekannt, dass die Entstehung neue Arten stimuliert wird, wenn Populationen der gleichen Art räumlich voneinander isoliert werden und keine Gene mehr austauschen können. Neuere Forschungen zeigen, dass auch der spezielle Lebensraum eines Teils einer Population wie eine Insel wirken kann, die nicht mehr verlassen wird, wenn das Nachbarhabitat völlig anders gestaltet ist. So bildete sich in den Kraterseen Nikaraguas und Ostafrikas auf engstem Raum eine Vielfalt verschiedener Cichlidenarten. Nachdem sich für eine Art eine günstige ökologische Nische gebildet hat, verringert sich die Evolutionsrate wieder. In einem dynamischen Prozess stellt sich also ein neues Gleichgewicht zwischen konstant bleibender Mutationsrate und Herausbildung neuer Merkmale ein.

Virginie Millien von der McGill-Universität in Montreal konnte den Zusammenhang empirisch belegen. Sie zeigte, dass sich Säugetierpopulationen, von denen ein Teil Inseln besiedelte, sehr unterschiedlich entwickelten.

Bei den Inselbewohnern stieg die Evolutionsrate in den ersten 20.000 Jahren nach der Trennung deutlich an, um sich nach 45.000 denen der Festlandarten wieder anzugleichen.

Bei evolutionären Veränderungen handelt es sich in der Regel um lokale oder regionale Erscheinungen. Aber in der geologisch sehr kurzen Zeitspanne vor etwa 542 bis 488 Millionen Jahren kamen höchstwahrscheinlich mehrere Ereignisse zusammen und führten zu einer dramatischen Umwälzung der Umweltbedingungen.

Eine allgemeine Erwärmung ließ Gletscher schmelzen und der Meeresspiegel erhöhte sich. Zugleich verstärkte sich die ozeanische Zirkulation. Globale Meeresströmungen und tiefe Umwälzungen der Ozeane waren die Folge. Durch Erosion und Sandstürme gelangten riesige Mengen an Phosphaten, anderen Nährstoffen und Siliciumdioxid in die Meere. Die Sauerstoffkonzentration in der Atmosphäre stieg dramatisch. Diese günstigen klimatischen Bedingungen, ein Überangebot an mineralischer Nahrung und ein sich damit entwickelnder Überfluss an Einzellern und einfachen Mehrzellern führten zur exponentiellen Entwicklung neuer Arten. So erschien in dieser geologisch kurzen Zeitspanne von nur 54 Millionen Jahren die überwiegende Mehrheit der heutigen Tierstämme mit Millionen neuer Tierarten. Man spricht daher von der "kambrischen Explosion."

In der Folgezeit haben sich die Umweltbedingungen in den oberflächennahen Schichten der Weltmeere wie auf der gesamten Erdoberfläche ständig verändert. Anders war es in der Tiefsee. Mit wachsender Tiefe machten sich hier Eiszeiten, andere Klimaveränderungen, Vulkanausbrüche und Meteoriteneinschläge immer weniger bemerkbar.

Die natürlichen Umweltbedingungen wie Nahrungsangebot, Fressfeinde, Wassertemperatur und Lichtverhältnisse, um nur einige zu nennen, änderten sich nicht oder kaum, und die Tiefseebewohner konnten sich optimal an diese Bedingungen anpassen. Mutanten wurden immer wieder ausgesondert, die Herausbildung neuer Merkmale tendierte mehr und mehr gegen Null. Erinnern wir uns, dass hier auch die Mutationsrate gegen Null tendierte. Die Evolution kam faktisch zum Erliegen. Der Biotop Tiefsee wurde so seit hunderten Millionen Jahren quasi konserviert. Das ist der Zustand, den wir heute antreffen. Weder verändern sich die Arten, noch bilden sich neue. Alle Prozesse sind stark verlangsamt. Vor etwa 30 Jahren haben Meeresforscher vor der ecuadorianischen Pazifikküste Streifen in den Meeresboden geeggt, um die Langzeitwirkungen von Störungen zu untersuchen. Als man diese Streifen kürzlich kontrollierte, fand man sie unverändert vor. Viele Spezies werden erst mit 50 Jahren fortpflanzungsfähig, leben dafür aber hunderte Jahre, andere zeigen Riesenwachstum. Deshalb finden wir hier Leben vor, das in der Regel schon in der "kambrischen Explosion" entstanden ist. Ein Tauchgang in die Tiefe kommt somit einer Reise in die Erdgeschichte gleich. Hundertausende Arten harren dort ihrer Entdeckung. Nicht auszuschließen, dass wir dabei auch noch auf sagenumwobene "Monster" treffen. Die Tiefsee ist aber weit mehr als ein Museum besonderer Art. Sie ist auch von enormer Bedeutung für das Ökosystem der Erde. In Ablagerungen sind riesige Mengen von Kohlendioxid und Methan gebunden, wird nur ein Teil davon freigesetzt, würde das zu einer abrupten globalen Temperaturerhöhung führen. Eine solche Gefahr zeichnet sich am Horizont ab. Rohstofflager auf und im Boden der Tiefsee wecken wirtschaftliche Begehrlichkeiten.

Konzessionen für Probeschürfungen sind bereits vergeben. Riesige Hobel sollen bald Manganknollen vom Meeresboden aufsaugen. Man darf sich nicht vorstellen, welche Schäden angerichtet würden, wenn dabei entstehende Sedimentwolken riesige Flächen bedecken, oder was die ökologischen Folgen einer einzigen geplatzten Hydraulikleitung wären. Bleibt zu hoffen, dass es der Weltgemeinschaft gelingt, alle Akteure zur Einhaltung strikter Regeln zu verpflichten, damit es nicht zu einer globalen Katastrophe kommen kann.

Zusammenfassend lässt sich sagen: Die Evolutionsdynamik ist Ausdruck und Folge eines Ungleichgewichts zwischen den Merkmalen von lebenden Organismen und den Umweltbedingungen, unter denen sie sich reproduzieren. Je größer dieses Ungleichgewicht, desto stärker die evolutionären Triebkräfte, die in Richtung des Ausgleiches dieses Ungleichgewichts wirken. Ist das Ungleichgewicht zu groß, stirbt der lebende Organismus, ansonsten stellt sich mehr oder weniger schnell ein Gleichgewicht zwischen den Merkmalen des lebenden Organismus und den Umweltbedingungen ein. Ist ein Gleichgewicht erreicht, kommt die evolutionäre Entwicklung zum Erliegen. Es gilt die einfache Formel: Keine Veränderung der Umweltbedingungen - keine Evolution. Evolutionsgeschwindigkeit bzw. Evolutionsrate sind folglich eine artenspezifische, dynamische, vom untersuchten Zeitraum abhängige Größe.

Einige Wissenschaftler vertreten die Auffassung, dass die biologische Evolution des Menschen in der modernen Gesellschaft zum Stillstand gekommen sei. Sie begründen dies mit den günstigen Lebensbedingungen, die sich der Mensch geschaffen hat.

Nahrung, Kleidung und Behausung seien in der Regel in ausreichendem Maße vorhanden, so dass ein Überleben für alle gesichert ist. Wer sich für Politik interessiert und die Entwicklungen in der Welt verfolgt, weiß, dass das Gegenteil der Fall ist. Mehr als die Hälfte der Menschheit kämpft um das tägliche Überleben. Die Folgen der Corona-Pandemie treffen vor allem die Geringverdiener. Es wirken also sehr wohl gesellschaftliche Selektionskräfte, die erheblichen Einfluss auf die Reproduktionsrate von Menschengruppen ausüben. Hinzu kommt, dass mit der Entwicklung der menschlichen Gesellschaft ständig neue Herausforderungen an die soziale Intelligenz, also die Fähigkeit entstehen, sich im komplexen Netz sozialer Beziehungen zurechtzufinden. Diese Herausforderungen wiederum führen ihrerseits zur Herausbildung neuer Merkmale, da der Fortpflanzungserfolg nicht zuletzt von der sozialen Kompetenz abhängt. Neue Merkmale sind aber ihrerseits nur Ausdruck neu entstandener Hirnstrukturen und damit letztlich von Modifizierungen des menschlichen Genoms. Die kulturelle Evolution der Menschheit treibt aber auch in deutlich sichtbarer Weise die biologische Evolution voran: Wir werden immer größer. Der Umgang mit Antibiotika und der wachsende Gebrauch genveränderter Lebensmittel haben Einfluss auf die Bakterienflora, die auf und in uns lebt. Damit wird ein beschleunigter Veränderungsprozess unseres Verdauungssystems in Gang gesetzt. Hier sei nur nochmals an den Nachweis von Darmfloraveränderungen durch genmanipulierten Mais erinnert. Gentechnisch basierte Medikamente greifen in das Immunsystem ein, neue Krankheiten erfordern neue genetisch manifestierte Antworten.

Die ständig wachsende Mobilität der Menschen resultiert in globalen Bewegungen, verbunden mit der Durchmischung der Genpoole von bisher relativ isoliert lebenden Menschengruppen. In der Folge werden sich vermehrt gesündere, geistig bewegliche Nachkommen entwickeln. Diese Vorhersage stützt sich auf Beobachtungen im ostafrikanischen Raum, wo indisches, arabisches, afrikanisches und europäisches Erbgut verschmolzen sind. All das führt zu weiteren Veränderungen des menschlichen Organismus. Manchmal geht das bemerkenswert schnell. So zeigen Gehirnscans, dass bei den meisten jungen Leuten die Hirnregion, die für die Motorik der Daumen zuständig ist, sich gegenüber älteren Menschen deutlich vergrößert hat. Ursache ist der ständige Gebrauch von Smartphons, während ältere Menschen sie eher selten und "nur" zum Telefonieren nutzen. Sollte die

Daumensteuerung elektronischer Geräte für eine längere Zeitspanne beibehalten werden, ergibt sich die spannende Frage, wann sich dieser epigenetische Vorgang genetisch bemerkbar macht.

Krone der Schöpfung Mensch

Der Blick auf die Welt durch die menschliche Brille muss zu falschen Bildern führen. Das betrifft die unbelebte wie auch die belebte Natur. So machen wir uns Menschen zum Bezugssystem für den Entwicklungsstand von Leben. Da wir lernen mussten, dass uns andere Tiere in einer Vielzahl von Fähigkeiten überlegen sind, fixieren wir das Bezugssystem an unserem Gehirn, erklären unsere kognitiven Fähigkeiten und damit den Komplexitätsgrad lebender Materie zum Maßstab für Entwicklung. So werden wir zur Krone der Schöpfung. Das kann man machen.

Aber diese enge Herangehensweise an das, was wir Evolution nennen, versperrt nicht selten den Blick für grundsätzlichere Zusammenhänge. So wird ausgeblendet, dass der Mensch mit seinen mehr oder weniger ausgeprägten Fähigkeiten auch nur ein zufälliges Produkt evolutionärer Entwicklung ist, und, wie wir im nachstehenden Abschnitt noch näher betrachten werden, kognitive Fähigkeiten nur eine von vielen möglichen Eigenschaften sind, um in einer gegebenen Umwelt zu überleben. Am Rande sei nur erwähnt, dass, wie der Physiker Stephen Hawking einmal bemerkte, "die Menschheit keine gute Bilanz an intelligentem Verhalten aufzuweisen hat." Unter objektivem Blickwinkel besteht beispielsweise kein grundsätzlicher Unterschied zwischen der Anpassung des Menschen an seine globale Umwelt durch die Entwicklung eines äußerst leistungsfähigen Gehirns und der Anpassung des Wales an seinen Lebensraum durch die Herausbildung einer immensen Fettschicht. Ohne seine kognitiven Fähigkeiten wäre die Verbreitung des Menschen auf wenige günstige Lebensräume beschränkt geblieben. Ohne ihre dicke Speckschicht könnten einige Walarten nicht in einem breiten Temperaturbereich leben, der ihnen erlaubt, sich in den arktischen Regionen Fett anzufressen und ihre Nachkommen in den warmen Gewässern der Karibik zu gebären und in den ersten Wochen aufzuziehen. Der Wurm braucht in seiner Umwelt andere Fähigkeiten als der Mensch. Er muss nicht blitzschnell auf Veränderungen reagieren und bei einer Vielzahl von Möglichkeiten sich für die zweckmäßigste Handlungsoption entscheiden können. Warum sollte er also kognitive Fähigkeiten entwickeln und Energie für ein dazu erforderliches Gehirn verbrauchen?

Was Menschen grundsätzlich von anderen Tieren unterscheidet, sind nicht seine kognitiven Fähigkeiten, sondern der Drang, mehr Dinge als er für sein Überleben braucht. Im Band IV werde ich die Konsequenzen dieser Eigenschaft ausführlich behandeln.

Würde man andere als die kognitiven Fähigkeiten zum Maßstab machen, sähe das Bild ganz anders aus und andere Tiere wären uns nicht selten partiell weit überlegen. Dies betrifft Körperkraft, Schnelligkeit, Ausdauer, Widerstandsfähigkeit und die Leistung der Sinnesorgane. Letztere erfassen bei einer Reihe von Tierarten Umweltsignale, die sich unserer Wahrnehmung entziehen. So registrieren Haie und Rochen elektrische Felder. Zugvögel verbringen verschiedene Jahreszeiten in unterschiedlichen Regionen und orientieren sich bei ihren Flügen vorrangig am Magnetfeld der Erde. Delphine und Fledermäuse hören Ultraschall. Das Sehvermögen der Rentiere reicht in den ultravioletten und in den infraroten Bereich. Elefanten und Eulen verständigen sich mit Infraschall. Insekten registrieren schwache Vibrationen. Die meisten Säugetiere kommen im Auge mit zwei Farbrezeptoren aus. Der Mensch und einige Primaten besitzen drei (für rotes, grünes und blaues Licht). Schmetterlinge haben bis zu sechs unterschiedliche Fotorezeptoren. Die in Korallenriffen zu findenden Fangschreckenkrebse übertreffen mit 12 verschiedenen Farbsensoren alles. Die Augen von Greifvögeln sehen nicht nur 4-5mal schärfer als die des Menschen. Sie registrieren auch noch Licht im nahen ultravioletten und infraroten Bereich. Zudem erfassen sie ein Panoramabild von 340° (Mensch 175°.). Bienenaugen sehen die Welt in einem Takt von 330 Bildern pro Sekunde. Dem menschlichen Auge mit seinem Takt von 25 Bildern pro Sekunde eröffnet sich die Bienenwelt nur über Highspeed Cameras. Haie riechen 1.000mal besser als der Mensch. Hunde und Füchse leben in einer Geruchswelt. Sie riechen 400mal besser als wir Menschen und haben hochspezialisierte Riechzellen, die eine Handvoll Moleküle erkennen können. Sie hören Frequenzen von bis zu 65 kHz (Mensch 20 KHz) Auch Katzen verfügen über diesen erweiterten Hörbereich und leben quasi in einer Geräuschwelt. Dank ihrer extrem beweglichen Ohren haben sie ein ausgezeichnetes Richtungshören, und ihr Hörvermögen ist in etwa 40mal besser als das menschliche. Elefanten riechen Wasser. Mit ihren Rüsseln graben sie an Stellen, wo wir nur ausgetrocknete Erde wahrnehmen Löcher, um an Grundwasser zu kommen. Ameisen besitzen ein hochentwickeltes chemisches Kommunikationssystem und verständigen sich mit bis zu 20 chemischen Substanzen, die sie unterschiedlich kombinieren können. Tiere betreiben Selbstmedikation und behandeln sich selbst, wenn sie krank werden oder Schmerzen leiden. Primaten kennen ganze Waldapotheken. Wenn sie Verdauungsprobleme haben, fressen Schimpansen Pflanzen, die auch die menschlichen Waldbewohner als Medizin verwenden, oder Tonerde von Termitenhügeln. Sie nutzen dabei die antibiotischen Beimengungen, die wiederum von den Termiten zur Abwehr von Bakterien erzeugt wurden. Bei Befall durch Darmparasiten reinigen sie ihren Darm, indem sie unzerkaute pelzige Blätter einer bestimmten Pflanze zu sich nehmen. Afrikanische Elefanten fressen bei Verdauungsproblemen Beeren eines bestimmten Strauches. Die Aufzählung ließe sich beliebig fortsetzen.

Wie diese wenigen Beispiele verdeutlichen, kann es beim Vergleich von Mensch und Tier nicht um Alles oder Nichts, sondern nur um mehr oder weniger gehen, nicht um besser oder schlechter, um höher oder niedriger, sondern um spezifische Anpassungen an die Erfordernisse der Umwelt.

Selbst bei den kognitiven Fähigkeiten, gibt es keine prinzipiellen, sondern nur graduelle Unterschiede zwischen dem Menschen und anderen Tierarten. Zumindest in ihren Grundzügen sind bei Tieren solche Fähigkeiten wie Kooperationssinn, Hilfsbereitschaft, Empathie und Vorausplanung zu erkennen. Rabenvögel haben ein ausgezeichnetes Langzeitgedächtnis, benutzen Werkzeuge, können Absichten des anderen erkennen und sich gegenseitig betrügen. Spielt man ihnen aufgezeichnete Laute vor, können sie sich noch nach Jahren daran erinnern, ob diese von sympathischen oder unsympathischen Verwandten stammen. Einige Säuger sind zu höchsten Geistesleistungen befähigt. Beispielsweise bilden Wale, Delphine, Wölfe hochkomplexe soziale Gruppen, entwickeln Gefühle wie Schmerz, Freude, Neid, Spielen bei Wohlbefinden, suchen Zärtlichkeit, haben Sprachen entwickelt, mit denen sie sich untereinander verständigen, auch zeigen sie Ansätze zu abstraktem Denken. Oktopusse verfügen über ein hochentwickeltes Nervensystem und lernen sehr schnell. Ist ein Fluchtweg oder der Weg zum Futter einmal gefunden, verlaufen weitere Experimente ohne Fehlversuche. Sperrt man sie in Gefäße mit unterschiedlich großen Löchern ein, testen sie jedes einzelne mit ihren Fangarmen. Dabei zeigt sich, dass sie ein Gefühl für das kleinstmögliche Ausmaß ihres Körpers haben. Sind die Löcher kleiner als die starre Knochenplatte zwischen ihren Augen, stellen sie jegliche weiteren Fluchtversuche ein. Japanmakaken haben im zentraljapanischen Jigokundani gelernt, sich im Winter in den dortigen heißen Quellen zu wärmen.

In Hütchen-Spiel-Experimenten mit zwei Affen konnte gezeigt werden, dass zumindest Affen bestimmter Arten verstehen, über welche Informationen ihr Gegenüber verfügt und über welche nicht, ein Beleg dafür, dass auch im Gehirn von Affen Spiegelneuronen vorhanden sein sollten. Durchschnittlich soll ein im Berufsleben stehender Erwachsener bis zu 150mal am Tag lügen. Ohne diese Schwindeleien im Alltag wäre ein kulturvolles Miteinander kaum möglich. Aber auch Tiere schwindeln. So haben es einige Paviane gelernt, Warnrufe auszustoßen, um Artgenossen von einer entdeckten Futterquelle wegzulocken. Einige Affenarten können mit Einzelsymbolen einfache Sätze bilden, beherrschen also bereits eine Art Proto-Syntax. In menschlicher Obhut aufgewachsene Primaten können die Gebärdensprache erlernen. Berühmt wurde in diesem Zusammenhang die Schimpansin Washoe. Als sie eine Melone wollte, erfand sie den Begriff "Trink-Frucht". Alex, der wohl berühmteste Papagei der Welt, kannte ein Vokabular von mehr als 100 Begriffen und konnte es seinem Sinn nach nutzen. Er kannte Farben, wusste Größen zu unterscheiden und konnte verschiedene Gegenstände einer bestimmten Farbe zuordnen. Bei einigen Tieren sind die Formen der Verständigung untereinander höchst komplex. Dabei zeigt sich, dass unsere Sprache mit ihrer Grammatik und Syntax nur eine von vielen möglichen Formen von Kommunikation bildet. Delfine kennen die Lautsignaturen der Mitglieder ihrer Gruppe und rufen sich beim "Namen". Sie verständigen sich mit etwa 200 Lauten und es wird vermutet, dass dies nicht mit Begriffen, sondern durch die Übermittlung dreidimensionaler Ultraschallbilder geschieht.

Elefanten verständigen sich über Infraschall und Bodenvibrationen über dutzende von Kilometern und nutzen dabei ein umfangreiches Vokabular spezifischer Bedeutung.

Es gibt folglich kein biologisch basiertes Alleinstellungsmerkmal der menschlichen Sprachfähigkeit. Unterschiede zwischen der menschlichen Sprache und tierischen Kommunikationsarten ergeben sich hauptsächlich aus der größeren Gedächtniskapazität des Menschen. Daraus folgt, dass Sprachkomplexität ein quantitatives Phänomen darstellt und nicht Ergebnis eines evolutionären Sprunges, der Bildung von nur Menschen eigenen Sprachgenen. Tiere fühlen, agieren und reagieren. Die meisten sind sich ihrer selbst nicht bewusst. Aber einige Tierarten erlangen die höchste Stufe kognitiver Fähigkeiten. Sie sind sich ihrer selbst bewusst, haben ein Ich-Bewusstsein und können sich sogar in andere Artgenossen hineindenken. Menschenaffen, Wale, Delfine, einige Rabenvogelarten erkennen im Experiment, das als

Spiegel-Selbsterkennung in die Geschichte der Verhaltensforschung eingegangen ist, sich selbst, erkennen z.B. einen Fleck an einer ihnen ohne Spiegel nicht einsehbaren Körperstelle als "ihren Fleck" und versuchen ihn zu beseitigen. Diese Tiere können lernen, auf Leckerbissen zu warten, wenn ihnen ein weniger attraktives Futter angeboten wird. Sie haben also auch ein Zeitbewußtsein, ein Jetztselbst und ein Zukunftsselbst.

Dass kognitive Leistungen von Tieren in speziellen Bereichen sogar die des Menschen übersteigen können, zeigt das Beispiel der Schimpansin Ayumu.

Ayumu ist im Jahre 2.000 geboren und wohl die Klügste einer Gruppe von 14 Schimpansen, die in drei Generationen im japanischen Primat Research Institute of Kyoto University leben. Berühmt wurde sie durch ein Experiment, bei dem sie bis heute ungeschlagen ist. Ungeschlagen heißt, dass Studenten nicht annähernd ihre Ergebnisse erreichen. Ayumu wurde trainiert, die Ziffern 1 bis 9 in aufsteigender Reihenfolge anzutippen. Über einen Zufallsgenerator werden diese Ziffern auf einem Bildschirm verteilt für eine bestimmte Zeit eingeblendet und dann durch undurchsichtige Vierecke überdeckt. Ayumu muss nun bei Eins beginnend auf diese Vierecke tippen. Endet sie bei Neun in der richtigen Reihenfolge, erhält sie in der Regel eine Belohnung. Diese Aufgabe bewältigt Ayumu in einer atemberaubenden Geschwindigkeit. Aber nicht nur das. Anfangs wurden die Ziffern nach 2-3 Sekunden abgedeckt. Dann verkürzte man die Zeit zur Einprägung der Ziffernpositionen immer weiter bis schließlich 60 Millisekunden erreicht waren, ein Zeitintervall, das für das menschliche Auge nicht mehr wahrnehmbar ist. Ayumu konnte das nicht stören! Das Experiment zeigt, dass Schimpansen über ein ausgezeichnetes Kurzzeitgedächtnis verfügen und ihre visuelle Wahrnehmung der menschlichen weit überlegen ist. Um das zu illustrieren stellen Sie sich vor, Sie stehen auf einem Bahnsteig und ein ICE rast mit über 100 km/h vorbei. Bestenfalls würden Sie Wagen unterscheiden. Ayumu hingegen könnte in jedes einzelne

Abteilfenster blicken und uns anschließend erzählen, was sich dort ereignet hat. Kritiker könnten einwenden, dass es sich bei Ayumu um eine Ausnahmeerscheinung handelt und andere Schimpansen diese Ergebnisse nicht erreichen. Das ist richtig, ändert aber nichts an dem Gesagten. Auch die kognitiven Fähigkeiten des Menschen sind breit gestreut.

Die Sicht auf den Menschen als vermeintliche Krone der Schöpfung und der damit verbundene Glaube an die Einzigartigkeit des Menschen hat immer wieder zu Enttäuschungen geführt

Erst rückte Kopernikus die Menschheit aus dem Zentrum des Universums. Dann zeigte Darwin, dass wir kein Produkt der Schöpfung, sondern nicht mehr, aber auch nicht weniger als ein Tier mit hochentwickelten kognitiven Fähigkeiten sind. Noch im vorigen Jahrhundert stand für die Wissenschaft zweifelsfrei fest, dass nur der Mensch zur Herstellung und zum Gebrauch von Werkzeugen befähigt ist. Das erwies sich ebenfalls als Irrtum. Tiere nutzen sogar verschiedene Werkzeuge für verschiedene Arbeitsgänge. Lange galt Lügen als typische menschliche Fähigkeit. Heute wissen wir, dass auch Tiere vortrefflich lügen können. In den letzten Jahrzehnten wurden das menschliche Genom und die Genome einer ständig wachsenden Zahl von Tier- und Pflanzenarten entschlüsselt. Die Ergebnisse waren für viele eine herbe Enttäuschung. Auch hier fanden sich keinerlei Beweise für eine biologische Überlegenheit des Menschen. Im Gegenteil, die Anzahl der Gene erwies sich bei den meisten Arten höher als beim Menschen. Beispielhaft sei nur der Weizen genannt, bei dem sich etwa 95.000 Gene auf sechs Chromosomensätze verteilen, während es beim Menschen "nur" etwa 25.000 Gene auf zwei Chromosomensätzen sind. Als Maß für die DNA-Gesamtmenge in einem haploiden, also einfachen Chromosomensatz gilt die Anzahl der Basenpaare (bp) bzw. der Chromatin- oder C-Wert.
Beim Menschen liegt der C-Wert des Genoms bei 3,0 Piktogramm. Der Äthiopische Lungenfisch (Protopterus aethiopicus) bringt es auf 132,8 und die Einbeere Paris japonica gar auf 152,2

Piktogramm. Also auch hier findet sich kein Beweis für Überlegenheit. Zumindest wissen wir nun, dass die Anzahl von Genen oder die DNA-Menge pro Zelle nichts über die Komplexität eines lebenden Organismus aussagt. Heute zeigt sich mehr und mehr, dass auch die menschliche Sprache kein Alleinstellungsmerkmal der Evolution ist. Denjenigen, die aus den herausragenden kognitiven Fähigkeiten des Menschen eine Sonderstellung in der Evolution von Leben herleiten, werden weitere Enttäuschungen nicht erspart bleiben. Was ich damit meine, möchte ich an folgendem Beispiel verdeutlichen.

An der Westküste Irlands leben in einigen Buchten so genannte Solitärdelphine. Das sind Tiere, die sich von ihren Gruppen getrennt haben und ständig, oder für einige Jahre alleine leben. Diese Delphine suchen Kontakt zu anderen Tieren, darunter auch zum Menschen, und offenbaren dabei erstaunliche Eigenschaften. Zwischen einem Delphinmännchen und einer Delphinforscherin hat sich ein enger Kontakt entwickelt. Wenn ihm danach ist, pflückt er Blasentang, bringt ihn der Forscherin und fordert sie durch Gesten auf, ihn damit abzureiben, eine Art Hautpeeling wird gewünscht. Manchmal bringt er nur ein Stück Blasentang, unter Delphinen an Zeichen für Sympathie und Bestandteil des Paarungsrituals. In einem Fischerort ist ein Delphin zur Attraktion geworden. Jeden Tag fahren Boote mit Touristen zum Delphinwatching in die Meeresbucht. Der Delphin scheint darauf zu warten.

Er nähert sich den Booten, umschwimmt sie oder taucht unter ihnen durch, schnellt aus dem Wasser und zeigt seine Saltokünste. Hat er genug, zieht er wieder gemächlich seiner Wege. Das Bemerkenswerte: All diese Delphine wurden und werden nicht gefüttert. Sie suchen und genießen soziale Kontakte mit dem Menschen! Es ist höchste Zeit, uns an unsere Vorfahren zu erinnern. In ihren Felsbildern können wir bewundern, wie sie Tiere, die sie jagen mussten, um zu überleben, göttlich verehrten. Wir betreiben Massentierhaltung. Dabei ist es mit artengerechter

Tierhaltung möglich, auch den Nutztieren mit Respekt zu begegnen und ihnen ihre Würde zu lassen.

Der Mythos von der ständigen Höherentwicklung

Zweifellos entstand Im Verlaufe der Evolution aus einfachsten Lebensformen eine riesige Mannigfaltigkeit von Leben, darunter Lebewesen mit hochkomplexen Gehirnen und großer kongnitiver Leistungsfähigkeit. Oft wird das als Automatismus zur Entwicklung immer komplexerer Lebensformen falsch verstanden. Aber nicht irgendein Zwang zu höherer Komplexität ist der Motor von Veränderungen. Es sind einzig und allein die konkreten Herausforderungen im Biotop eines Lebewesens. Die kognitiven Fähigkeiten von Arten, ihr Vermögen, kausale Zusammenhänge zu erkennen und zweckmäßig zu handeln, sind in ihrem Lebensraum eine Notwenigkeit, um zu überleben. Solange die Umweltbedingungen wie Nahrungsangebot, Fressfeinde, klimatische Verhältnisse kaum kognitive Fähigkeiten verlangen, können sich solche auch nicht herausbilden oder weiterentwickeln, weil Mutanten mit entsprechenden Eigenschaften immer wieder ausgesondert werden.

Bei solchen Spezies kommt die Entwicklung eines Nervensystems auf einer sehr einfachen Stufe zum Stillstand. Evolution optimiert demzufolge nach Umweltanpassung und nicht nach Kriterien wie kognitive Fähigkeiten oder Komplexität. Kognitive Fähigkeiten sind also kein Sonderstellungsmerkmal in der evolutionären Entwicklung. Evolution führt auch nicht zu ständiger Höherentwicklung. Aus Einzellern haben sich Mehrzeller gebildet. Wie wir wissen, heißt das aber nicht, dass sich alle Einzeller zu Mehrzellern zusammengeschlossen haben. Die Säugetiere bilden eine Klasse der Wirbeltiere und sind aus einer Reptiliengruppe hervorgegangen. Dennoch existieren nach wie vor etwa 10.000 Reptilienarten, wohingegen bei den Säugetieren "nur" knapp 6.000 Arten bekannt sind. Die weit verbreitete Auffassung, wonach der biologische Evolutionsprozess in Richtung einer dem

Leben innewohnenden Tendenz zur Komplexitätssteigerung erfolgt, steht also im Widerspruch zu den empirischen Befunden. Komplexität ist kein Selbstzweck. Sie ist immer Ergebnis von Selektion unter gegebenen Umweltbedingungen. Jeder Organismus entwickelt nur solche Eigenschaften, die zum Überleben erforderlich sind. Jeder Organismus hat demzufolge eine artspezifische Wahrnehmung der Umwelt, die mehr oder weniger Aspekte der Realität erfasst. Dazu gehört auch der Mensch, dem beispielweise viele Phänomene der Natur wie der größte Teil des elektromagnetischen Spektrums oder Ultraschall verborgen bleiben. In diesem Sinne ist Komplexität nichts anderes als eines von vielen unter Auslesedruck entstandenen Merkmalen.

Es kann daher nicht verwundern, dass sich der Komplexitätsgrad bei Arten sogar im Laufe ihres Lebens wieder verringern kann, indem sie auf erworbene Fähigkeiten verzichten und die entsprechenden Organe aus Gründen der Energieersparnis zeitweilig oder dauerhaft zurückbilden. Sie werden erstaunt sein, dass auch der Mensch dazu gehört. Bei Kreativitätsmessungen wurden 98% fünfjähriger Kinder als "hochgradig kreativ" eingestuft. Als dieselben Kinder 10 Jahre alt waren, erreichten nur noch 30% dieses Prädikat. Nach weiteren 5 Jahren waren es noch 12%. Und bei 25jährigen Erwachsenen konnten nur noch 2% in die Kategorie der hochgradig Kreativen eingestuft werden. Unser Bildungswesen (Umwelt) sagt offenbar unserem Gehirn, dass Kreativität keine für das Überleben erforderliche Eigenschaft ist. Ein weiteres Beispiel: Wir werden alle mit einem absoluten Gehör geboren. Dies ist die Fähigkeit, die Höhe eines Tones zu erkennen, ohne dafür Referenztöne zu benötigen. Aber bei den meisten Menschen verkümmert diese Fähigkeit sehr schnell, weil sie einen hohen Energieaufwand erfordert, während ihr Nutzen im Alltagsleben gering ist. Nur durch beständiges Training (Blindgeborene, Musiker, Autisten, tonale Sprachen) kann sie erhalten werden. Auch hier bildet sich eine bereits vorhandene kognitive Fähigkeit wieder zurück. Sie werden geltend machen, dass dies Beispiele für epigenetische Mechanismen sind. In beiden Fällen kommt es zu keinen Veränderungen in der Basenfolge im Genom. Nur bestimmte Gene werden abgeschaltet. Das ist zweifellos richtig. Aber warum soll ein Organismus Fähigkeiten von Generation zu Generation mit entsprechendem Energieaufwand vorhalten, wenn sie nicht benötigt werden?

Wenn sich also unsere Lernmethodik nicht bald ändert, sollten sich kommende Generationen nicht darüber wundern, wenn die "Kreativitätsgene" verkümmert sind. Aber es gibt natürlich auch Beweise für einen genetisch bedingten Rückbau kognitiver Fähigkeiten. Als Beleg dafür, dass die Evolution keinesfalls immer und überall Organismen mit immer höherer Komplexität hervorbringt, sondern einzig und allein Überleben bei minimalem Energieverbrauch zählt, können die Seescheiden (Ascidiae) gelten. Diese Gattung ist mit etwa 2000 Spezies die artenreichste Gruppe der Manteltiere. Als eine der erfolgreichsten Tiergruppen überhaupt ist sie in den Weltmeeren weit verbreitet. Im Larvenstadium haben die Seescheiden eine Gehirnanlage, die es ihnen ermöglicht, sich in der Umgebung zu orientieren und effektiv zu bewegen, um sich an einem optimalen Standort festzusetzen. Ist dies geschehen, werden beim erwachsenen sessilen Tier diese Fähigkeiten nicht mehr benötigt. Die Hirnanlage bildet sich zu einem Nervenknäuel (Ganglion) zurück. Vereinfacht wird gesagt, die Seescheiden verdauen ihr eigenes Gehirn, wenn sie es nicht mehr benötigen. Hinweise darauf, dass es zu einer Neubildung des Gehirns kommen kann, wenn sie durch mechanische Einflüssen, von der Unterlage entfernt werden, bilden ein zusätzliches Indiz für den Zusammenhang von Umwelterfordernis und Richtung evolutionärer Entwicklungen. Biologen der Universität Lausanne konnten zeigen, dass Fruchtfliegenmännchen verlernen können, sich nur mit empfangsbereiten Weibchen zu paaren. 100 Generationen lang konnten sich Männchen ohne die Anwesenheit von Konkurrenten paaren. Danach brachte man sie in eine Gruppe aus empfangsbereiten und nicht empfangsbereiten Weibchen. Die Männchen machten kaum noch einen Unterschied zwischen beiden. Die Umweltbedingungen hatten sogar eine angeborene Fähigkeit zurück entwickelt. Als weiteres Beispiel, dieses mal aus dem Pflanzenreich, kann die in Madagaskar heimische, bis zu 80 cm hoch werdende Kalanchoe daigremontiana dienen. Die Kalanchoe hat die geschlechtliche Vermehrung wieder aufgegeben. Ihre Samen sind steril und keimen nicht mehr aus. Sie hat unter den gegebenen Umweltbedingungen einen effektiveren Weg gefunden, sich zu vermehren. An ihren Blatträndern knospen Dutzende Klone, die zu Boden fallen und dort nach gewisser Zeit neue, genetisch identische Pflanzen bilden. Aus einer höher entwickelten Samenfabrik ist wieder eine einfachere Klonfabrik geworden.

Die Rückbildung des Komplexitätsgrades ist nicht auf die biologische Evolution beschränkt. Sie kann auch immer wieder bei der kulturellen Evolution der menschlichen Gesellschaft beobachtet werden.

Nach allem, was wir derzeitig wissen, brach die Inkakultur zusammen, weil Hungersnöte die Ohnmächtigkeit der Eliten zeigte und zentralstaatliche Macht zusammenbrach. Die Stadtbevölkerung konnte nicht mehr mit Lebensmitteln versorgt werden. Die Aufgabe der Städte war die Folge. Die Gesellschaft fiel auf Überlebensgemeinschaften dörflicher Struktur zurück. Vergleichbare Entwicklungen vollziehen sich in der Gegenwart in solchen Ländern wie Somalia, Libyen, Syrien, Irak und Afghanistan, wo im Ergebnis eines konfliktreichen historischen Prozesses entstandene staatliche Zentralmacht durch äußere Einmischung zerstört wurde oder wird, und die Gesellschaften mehr oder weniger auf Stammesstrukturen zurückfallen.

Vielfalt

In der Regel gibt es nicht nur einen Weg zur Lösung eines bestimmten Problems. Wenn wir uns mit Freunden in der Stadt zum Kinobesuch verabreden, hängt es von der Witterung, den aktuellen Fahrplänen des öffentlichen Verkehrs, vom Geldbeutel und von der Zeit, die wir für den Weg zum Kino aufwenden möchten, ab, welche Variante wir wählen. Nicht anders ist es in der Natur. Von allen theoretisch möglichen Lösungsmöglichkeiten eines Problems wird sich unter gegebenen Bedingungen eine praktisch durchsetzen. Dabei erinnert uns beispielsweise unser Wurmfortsatz (Appendix vermiformis) manchmal daran, dass dies nicht für alle Zeiten die optimalste Lösung sein muss. Auch Evolution kennt folglich nicht nur eine einzige Lösung für ein Problem. Das Einzige, was zählt, ist die Anpassung an konkrete Umwelterfordernisse bei möglichst geringem Energieverbrauch.

Die Life-History-Theory - ich werden im Abschnitt Alter nochmals auf sie zu sprechen kommen - geht davon aus, dass jedem einzelnen Lebewesen von der Geburt bis zu seinem Tode ein festliegender Energievorrat, eine Gesamtenergie zur Verfügung steht, die unterschiedlich genutzt, aber nicht überschritten werden kann. Vereinfacht gesagt, kann sich eine Fähigkeit immer nur auf Kosten einer anderen ausprägen. Die folgenden Beispiele sollen das verdeutlichen.

Um das knappe Nahrungsangebot in der kalten Jahreszeit zu überleben, gibt es für Vögel zwei grundsätzlich verschiedene Möglichkeiten.

Sie können ihre Kreativität und Flexibilität bei der Nahrungssuche steigern, um im Winter genügend Nahrung zu finden, oder sie müssen aus dem nahrungsarmen Gebiet fliehen.

Wie wir wissen, sind in der Natur beide Möglichkeiten verwirklicht. Wissenschaftliche Untersuchungen haben nun gezeigt, dass Standvögel eine höhere relative Hirnmasse haben als Zugvögel (hier ist nur der für die Raumorientierung zuständige Hippocampus gegenüber den Standvögeln vergrößert). Auf der einen Seite werden also die Energieressourcen für die Vergrößerung des Gehirns eingesetzt, was den Nachteil hat, dass damit ein ständig höherer Energieverbrauch verbunden ist, auch wenn in der nahrungsreichen Jahreszeit dafür keine Notwendigkeit besteht. Auf der anderen Seite müssen jedes Jahr zwei strapaziöse Langzeitflüge überstanden werden, aber der Dauer-Energieverbrauch des Gehirns ist dafür geringer. Beide Möglichkeiten haben offenbar eine ausgeglichene Energiebilanz. Die Zu- oder Abnahme von Hirnmasse ist dabei kein Kriterium für Entwicklung, wie wir das als Menschen interpretieren, sondern schlicht eine von vielen Möglichkeiten des Energieeinsatzes.

Von vielen Tieren ist bekannt, dass sie, vor allem als Jungtiere, mehr oder weniger intensiv spielen. Dieses Verhalten zeigen nicht nur unsere Haustiere, sondern, um nur einige Arten zu nennen, auch Affen, Tintenfische, Rabenvögel und sogar Krokodile. Dass sie dabei lernen, soziale Beziehungen aufzubauen, sich in der Hierarchie der Gruppe einzuordnen, Beutetiere zu erlegen, sich zu orientieren u.a. mehr ist seit langem bekannt. Aber Spielen kostet Energie.

Feldbeobachtungen von Makaken zeigten nun ("Science Advances DOI 10.1126/sciadv.1500451), dass diejenigen Tiere, die sich bei Raufereien hervortaten, zwar am meisten und am schnellsten lernten. Aber für ihren erhöhten Energieverbrauch zahlten sie einen hohen Preis: Sie wuchsen langsamer als ihre weniger spielwütigen Artgenossen und konnten diesen Rückstand oftmals nicht mehr wettmachen. Die Energie für das exzessive Spielen wird anderswo, nämlich beim Körperwachstum eingespart. Diese Tiere zeugen in der Tendenz weniger Nachkommen, zeigen sich aber in kritischen Situationen cleverer und überleben sie häufiger als ihre spielfaulen Artgenossen. Welche Variante des Energieeinsatzes effektiver ist, wird von Generation zu Generation neu entschieden. Andere Befunde bestätigen diesen Zusammenhang: Bei Leistungssportlern finden sich häufig geschwächte Immunsysteme. Umgekehrt hat sich herausgestellt, dass Pflanzen und Tiere schlechter wachsen, wenn sie ihre Immunabwehr aufrüsten. Wer mit Tieren lebt, weiß, dass jedes seine Persönlichkeit und spezifische Eigenarten auszeichnen. Der ängstliche, scheue Vogel hat einen evolutionären Vorteil bei einem üppigen Nahrungsangebot. Er wird immer satt und seltener von der Katze gefressen. Beim Draufgängertyp ist es genau umgekehrt. Er wird öfter von der Katze gefressen, hat aber bei Futtermangel größere Überlebenschancen. Verallgemeinernd lässt sich also sagen, dass erst "das Fahren auf mehreren Gleisen" den Bestand einer Art sichert.

Allein die Umweltbedingungen entscheiden, welche von mehreren möglichen Alternativen sich als optimal erweist.

Dies führt unter unterschiedlichen Umweltbedingungen nicht selten zu unterschiedlichen Lösungen für ein und dasselbe Problem und bringt einen schier unerschöpflichen Variantenreichtum von Arten, der Funktionsweise von Organen als auch bei den grundlegenden Merkmalen für Leben wie beispielsweise der Art und Weise der Vermehrung hervor. Nach derzeitigen Schätzungen gibt es weltweit etwa 10 Millionen Arten.

Dabei ist Leben in einem breiten Bereich von Bedingungen möglich: Verschiedene Bakterienarten existieren hunderte Meter unter dem Meeresboden und nutzen als Energiequelle Wasserstoff, um Kohlendioxid in Biomasse umzuwandeln. Vielzellige Kleinstlebewesen wie Bärtierchen (Tardigraola) mit über 900 Arten haben keine Lunge und kein Herz. Die Sauerstoffversorgung erfolgt durch Gasaustausch über die Haut. Sie finden sich in 6000 m Höhe, in Gletschern, auf dem Ozeanboden in 5000 m Tiefe und in 100 °C heißen Quellen. Bei Wassermangel schrumpfen sie zu kleinen Tönnchen und können je nach Art bis zu einigen Jahren in diesem "Anhydrobiose " genannten Zustand ohne Stoffwechsel verbleiben, bis sie wieder durch einen einzigen Wassertropfen aus diesem 'Scheintod" erweckt werden. Einige Lurch- und Reptilienarten erstarren im Winter zu Eis. Ihr Stoffwechsel kommt dabei völlig zum Erliegen. Das größte bisher weltweit bekannte Insekt, das sich einfrieren lässt, ist die Heuschrecke Hemideina maori aus der Weta-Familie. In der Namibwüste werden nicht selten Temperaturen von über 50°C erreicht. Dennoch leben dort neben verschiedenen Insektenarten Löffelhunde, Zwergpuffottern und Namigeckos. Werden wir nach der Farbe von Blut gefragt, lautet die Antwort sicherlich "rot". Aber Blut ist nicht Blut. Bei Säugetieren bildet Hämoglobin mit Eisen einen Komplex, der Sauerstoff bindet und das Blut rot färbt. Bei vielen Krebsen und Spinnen transportieren dagegen kupferhaltige Proteine, sogenannte Hämocyanine, den Sauerstoff. Ihr Blut wird dadurch blau. Ringelwürmer haben hingegen gelbgrünes Blut. Hier wird der Sauerstoff zwar auch von Eisen transportiert, das aber nicht durch Hämoglobin, sondern von einem anderen Protein gebunden ist.

Viele Planktonorganismen sind sowohl Tiere als auch Pflanzen. Mixothropisches Plankton jagt Lebewesen, nutzt aber auch das Sonnenlicht. Planktonorganismen interagieren symbiotisch oder parasitär. Manche Einzeller haben Symbioten, die Fotosynthese betreiben. Noch anschaulicher lässt sich der Variantenreichtum der Natur am Beispiel der Vermehrung zeigen. Die meisten Tiere und Pflanzen vermehren sich sexuell. (vertikaler Gentransfer). Daneben gibt es ein breites Spektrum asexueller Vermehrungsvarianten (horizontaler Gentransfer) und diverse Mischformen. Der Vorteil sexueller Fortpflanzung besteht darin, dass in jeder Generation genetisch variable Individuen entstehen, also in der fortwährenden Erzeugung neuer genetischer Kombinationen bei den Nachkommen (u.a. die Modifikation der Immunsysteme), was die Anpassung an veränderte Umweltbedingungen sowie die Abwehr von Parasiten und von Infektionskrankheiten erleichtert. Die Genausstattung eines Kindes ist das Zufallsprodukt aus über 70 Billionen von den Eltern eingebrachter Kombinationsmöglichkeiten (2^{23} x 2^{23}). Soweit wir heute wissen, brauchen wir ungefähr 2.000 Erbfaktoren, also etwa ein Zehntel des Genoms, um zu überleben.

Nachteilig bei der sexuellen Vermehrung ist ein erheblicher Energieaufwand, vor allem durch die Balzrituale. Dieser ist bei der asexuellen Fortpflanzung deutlich geringer. Aber sie ist nur klonal. Alle Nachkommen sind genetisch identisch und damit gleichermaßen anfällig für Umweltveränderungen. Hinzu kommt, dass hier Mutationen des Erbguts die einzige Quelle für Anpassungen an die Umwelt bilden, was zur Folge hat, dass sie nur relativ träge erfolgen können. 98% der Tiere kriechen aus Eiern. Nur ein Bruchteil der Tierwelt gehört zu den Säugetieren. Quer durch alle Arten hat die Evolution eine Fülle, aus menschlicher Sicht ungewöhnlicher, Fortpflanzungsmethoden hervorgebracht.

Mäuse werden schon nach wenigen Wochen, Meeresschildkröten aber erst mit etwa 30 Jahren geschlechtsreif. Elefanten haben eine Tragzeit von 22 Monaten. Um die Aufzucht der wenigen Nachkommen kümmern sie sich aber jahrelang mit großem Aufwand. Korallenpolypen, die sich durch Knospung vermehren, bilden hingegen Gemeinschaften, die Jahr für Jahr unzählige Nachkommen gleichzeitig in die Umwelt entlassen, wodurch immer nur ein Teil Fressfeinden zum Opfer fallen kann. Bei den Fischen kennen wir neben der normalen Eiablage Lebendgebärende und lebendgebärende Maulbrüter, die die Jungfische bei Gefahr im Maul aufnehmen. Bei Seepferdchen, sie gehören ebenfalls zu den Fischen, spritzen die Weibchen die Eier in eine Bauchtasche des Männchens, wo sie befruchtet und die geschlüpften Jungtiere aufgezogen werden.

Diskusfische entwickeln nach dem Schlüpfen der Jungen eine schleimige Hautschicht, von der sich die Jungtiere ernähren.

Die auch in Deutschland heimische Kreuzotter, brütet die befruchteten Eier im eigenen Körper aus und gebärt dadurch lebende Nachkommen. Kängurus haben unter normalen Bedingungen ein Junges. Aber eine zweite befruchtete Eizelle wird quasi in Reserve gehalten. Ist das Nahrungsangebot besonders gut, wird nach einigen Wochen ein zweites Junges nachgeboren. Beide Jungen haben dann eine eigene Zitze mit Milch unterschiedlicher Zusammensetzung. Das mit Affen verwandte Schnabeltier ist ein eilegendes Säugetier. Nachdem die Jungtiere geschlüpft sind, tritt aus Hautporen des Muttertiers Milch aus, die von den noch schnabellosen Jungen aufgenommen wird. Die Geburtshelferkröte übernimmt an Land das Gelege des Weibchens und wickelt es um die Hinterbeine. Erst nach 30 bis 50 Tagen kehrt sie in das Wasser zurück, wo sich dann die Kaulquappen entwickeln. Wie die meisten Schneckenarten sind auch die Tigerschnegel Zwitter. Sie tauschen über verschlungene Penisse Samenpakete aus. Auch Meeresschnecken der Siphopteron-Arten besitzen sowohl weibliche als auch männliche Sexuallorgane. Bei der Vereinigung stechen sie sich mit einer Art Stachel gegenseitig in den Kopf und injizieren sich eine Substanz, die die Lust auf weitere Paarungen reduziert. Ein flügelloses Blattlausweibchen gebärt den ganzen Sommer über nur lebende weibliche Klone seiner selbst, die ihrerseits bereits vor der Geburt die nächste weibliche Generation in sich tragen. Erst im Herbst werden geflügelte Weibchen und Männchen geboren, die zu anderen Futterquellen fliegen und sich dort paaren können. So wird der Genpool aufgefrischt. Die Eier überwintern. Aus ihnen schlüpfen im Frühjahr wieder nur Weibchen.

In Brasilien lebt eine Staublausgattung namens Neotrogla. Die Weibchen haben einen penisartigen Fortsatz, mit dem sie in die Männchen eindringen und dort in einer vaginaähnlichen Tasche das Sperma aufnehmen und damit ihre Eier befruchten. Der nicht benötigte Teil der Samenflüssigkeit wird verdaut. Seescheiden sind simultane Hermaphroditen. Auch die ungeschlechtliche Vermehrung durch Knospenbildung ist weit verbreitet. Bei Jungferngeckos gibt es Populationen, die nur aus Weibchen bestehen. Ihre Nachkommen sind Klone. Daneben gibt es Populationen, bei denen Männchen vorkommen und sich geschlechtlich vermehren. In Australien leben fleischfressende Breitfuß-Beutelmäuse (Antechinus), deren Bestand gefährdet scheint, weil neben eingeschleppten Wildkatzen und Klimawandel auch noch das extreme Sexualverhalten der Männchen hinzukommt. In bis zu 14 Stunden andauernden Sexritualen erschöpfen sie sich derartig, dass sie in der Regel sterben. Von Schildkröten und Krokodilen ist bekannt, dass, ob ein männliches oder ein weibliches Tier zur Welt kommt, von der Temperatur im Gelege abhängt. Für die nordamerikanische Zierschildkröte Chrysemys picta würde das bedeuten, dass schon ab eine um 1,1 Grad Celsius höhere Durchschnittstemperatur nur noch Weibchen schlüpfen und damit die Art aussterben würde. Viele Pflanzen vermehren sich sowohl geschlechtlich über Samenbildung als auch vegetativ über Tochterpflanzen und Ableger. Je nach Standort überwiegt dann die eine oder andere Fortpflanzungsmethode. Pflanzen können sich demnach durchaus fortbewegen, wenn auch deutlich langsamer als Tiere. Bei ungünstigem Standort eröffnet eine vermehrte Samenbildung die Chance, für diesen Standort besser geeignete Nachkommen hervorzubringen oder/und durch Samenverbreitung einen optimaleren Standort zu erschließen.

Ein passender Standort führt hingegen zu einer üppigen vegetativen Vermehrung auf Kosten von Blütenbildung. Dies macht sich übrigens der Mensch zunutze, indem er beispielsweise bei der Anzucht von Orchideen diese zeitweilig durch Wassermangel und niedrige Temperaturen unter Stress setzt und damit eine vermehrte Blütenproduktion initiiert. Offensichtlich gibt es auch beim Menschen einen Zusammenhang zwischen Umweltbedingungen und Vermehrung. Es ist allgemein bekannt, dass Menschen, die unter schlechten Bedingungen leben, viele Kinder haben, und dass die Geburtenrate mit der Verbesserung der Lebensbedingungen sinkt.

Auch beim Menschen finden wir viele Spielarten der Sexualität. Dies betrifft sowohl die Formen und die Größe äußerer Geschlechtsmerkmale als auch die sexuellen Neigungen. Bis zur sechsten Schwangerschaftswoche verfügen alle Menschen über die Anlagen für beide Geschlechter. Erst dann kommt es in der Regel zur Bildung von Eierstöcken oder Hoden. Aber in nicht wenigen Fällen können sich trotz eines männlichen XY-Chromosomensatzes weibliche und bei XX-Chromosomenpaaren männnliche Merkmale herausbilden. Bei Säugetieren haben Eizellen und Spermien halbe Chromosomensätze. Dabei tragen die Eizellen stets ein X-Chromosom, wo hingegen sich bei Spermien sowohl ein X- als auch ein Y-Chromosom befinden kann. Das Geschlecht wird durch diese beiden Chromosomenarten festgelegt. Weibchen besitzen nach der Paarung in jedem Zellkern zwei X-Chromosomen, also ein eigenes und ein vom männlichen Partner stammendes. Männchen haben ein X- und ein Y-Chromosom. Bei Weibchen wird in jeder Zelle eines der beiden X-Chromosomen abgeschaltet.

Ob es das mütterliche oder väterliche ist, bestimmt der Zufall, so dass in einem Teil der Zellen nur das mütterliche und im anderen Teil nur das väterliche X-Chromosom aktiv ist. Dadurch kommen die von einem mutierten X-Gen verursachten Krankheiten bei Frauen nicht zum Ausbruch oder haben einen deutlich milderen Verlauf als bei Männern.

Wie gesagt können sich trotz eines männlichen XY-Chromosomensatzes weibliche und bei XX-Chromosomenpaaren männliche Merkmale herausbilden.

Darüber hinaus kommen jedes Jahr tausende Kinder zur Welt, die sich nach ihren äußeren Geschlechtsmerkmalen nicht eindeutig einem Geschlecht zuordnen lassen, oder beides zugleich sind, Mann und Frau. Es ist noch nicht lange her, dass solche Kinder früh operiert und das Geschlecht damit faktisch zwangsweise festgelegt wurde. Heute wartet man ab, und lässt solche Menschen selbst entscheiden, in welchem Körper sie leben wollen. Wie wir bereits bei der Tierwelt gesehen haben, gibt es weder eine streng festgelegte Dualität der Geschlechter noch eine genormte Geschlechtsidentität. So hat die südafrikanische Athletin Caster Semenya einen drei Mal so hohen Testosteronwert wie 99% aller Frauen. Es kann daher nicht verwundern, dass es keinen Parameter zur Geschlechtsbestimmung gibt. Daraus folgt, dass wir es auch beim Menschen im sexuellen Bereich mit genetischer Vielfalt und nicht mit krankhaften Abweichungen zu tun haben.

Gemeinhin werden drei Formen sexueller Orientierung unterschieden: Hetero-, Homo- und Bisexualität. Dazwischen gibt es eine schier unerschöpfliche Vielfalt von Mischformen, und die Übergänge sind fließend.

Untersuchungen zeigen, dass im Verlaufe eines Lebens hetero- wie auch homosexuelle Aktivitäten gleichzeitig oder zeitlich verschoben vorkommen können. Etwa 10% der Menschen sind homosexuell veranlagt, leben also als Lesben oder Schwule. Dieser Prozentsatz ist nach allem, was wir wissen, relativ konstant. Aus Sicht der Evolution spricht das dafür, dass bei eingeschlechtlichen Eltern aufwachsende Kinder zumindest keine Überlebensnachteile haben. Hier handelt es sich offensichtlich um eine genetische Variation, die sich genauso wie bei Mehrlingsgeburten unter bestimmten Bedingungen als vorteilhaft erweisen kann.

Der sexuelle Akt ist wohl das intensivste Zusammenkommen der Geschlechter. Und auch hier gibt es unzählige Spielarten. In der Regel gehört der Wunsch nach Sex zu unseren mächtigsten Bedürfnissen. Aber bei der Häufigkeit treten gewaltige Unterschiede auf. Dies betrifft nicht nur Jung und Alt, sondern alle Altersgruppen. Nicht wenige Paare pflegen von Anbeginn ihrer Beziehung eine asexuelle Lebensweise. Sie fühlen sich zum anderen Geschlecht hingezogen, sind aber glücklich ohne Sex. Manche gehen so weit, Asexualität als vierte Form sexueller Orientierung zu sehen. Im Prozess der Vermehrung ist die sexuelle Vereinigung eben nur einer (wenn auch der entscheidende) von mehreren Faktoren, die erst in ihrer Gesamtheit zum Erfolg führen.

Die Evolution des Nervensystems

Schon bei den ersten Einzellern gab es sensomotorische Korrelationen, die einfache zweckmäßige Reaktionen auf Umweltreize wie Licht oder Temperatur der Umgebung ermöglichten.

Hier also beginnt bereits der evolutionäre Prozess, der über die Erweiterung des Spektrums sensomotorischer Möglichkeiten durch die Bildung von Nervenzellen letztlich zum hochkomplexen Gehirn des Menschen und zum bewussten Denken führt. Dabei ist - wie die nachstehende Abbildung verdeutlichen soll - das Grundprinzip der Reizverarbeitung immer gleichgeblieben: Ein Umweltreiz wird von einer spezialisierten Sinneszelle oder Rezeptor in ein elektrisches Signal umgewandelt, das über eine Nervenzelle als Erregungsleitung zu einer Empfängerzelle übertragen wird. Die Informationsübertragung erfolgt also zwischen dem sensorischen Input und dem das Verhalten steuernden Output. An den Schnittstellen zwischen den beiden Zellen sorgen - wie unten gezeigt -Synapsen dafür, dass die Reizübertragung nur in eine Richtung erfolgen kann. So ruft beispielsweise ein Lichtquant in einer lichtempfindlichen Zelle einen elektrischen Puls hervor, der mittels einer Nervenzelle an einen Muskel übertragen wird und dessen Kontraktion bewirken kann.

Weniger bekannt ist, dass der Mechanismus in der Natur auch in umgekehrter Richtung zur Anwendung kommt. So wird bei Leuchtkäfern und Tiefseebewohnern in Leuchtzellen bzw. Leuchtorganen Luziferin durch eine Luziferase oxidiert und dabei Licht in die Umwelt abgestrahlt (Biolumineszenz).

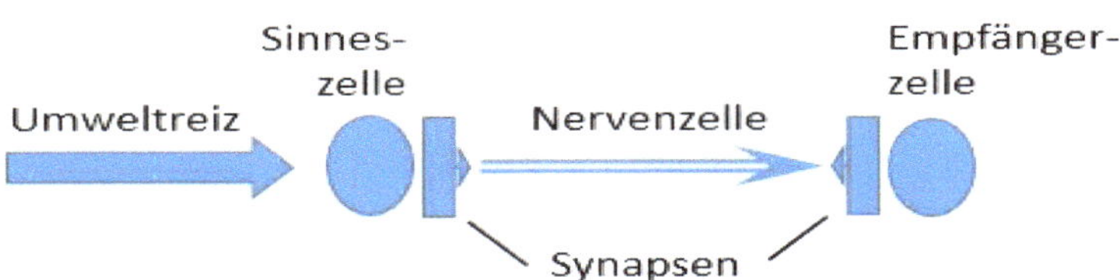

Abb. 29 Reizverarbeitung

Wir hatten gesehen, dass sich im Verlaufe der Evolution aus den Einzellern mit ihren Organellen Mehr- oder Vielzeller mit verschiedenen Zelltypen entwickeln, die jeweils spezifische Aufgaben zu erfüllen haben. Aus Zellen werden Gewebe, aus Geweben Organe.

So bildet sich auch ein Netz von Nervenzellen, ein neuronales Netz, das den gesamten Organismus oder Teile von ihm durchzieht und Reize als elektrische oder chemische Signale an alle Zellen übermittelt. Das Nervensystem als Schaltstelle zwischen den aus der dynamischen Umwelt eingehenden Informationen und zweckmäßigen Körperreaktionen ist entstanden. Dieses Netzwerk reagiert noch 1:1 auf die Reize der Umwelt. Das Verhalten folgt genetisch festgelegten Programmen, also vererbten Mustern. Wir sprechen von angeborenen Reflexen, also unwillkürlichen, raschen Reaktionen auf einen bestimmten Reiz. Bei höheren Organismen entwickeln sich daraus Instinkte, oder wie man früher sagte, Urtriebe wie Atmung, Hunger- und Durstgefühl, Rangordnungsverhalten, der Sexualtrieb und der Überlebenstrieb. Zusammen steuern sie die Grundbedürfnisse der Organismen.

Das Modell eines derartigen Mechanismus zeigt die nachstehende Abbildung.

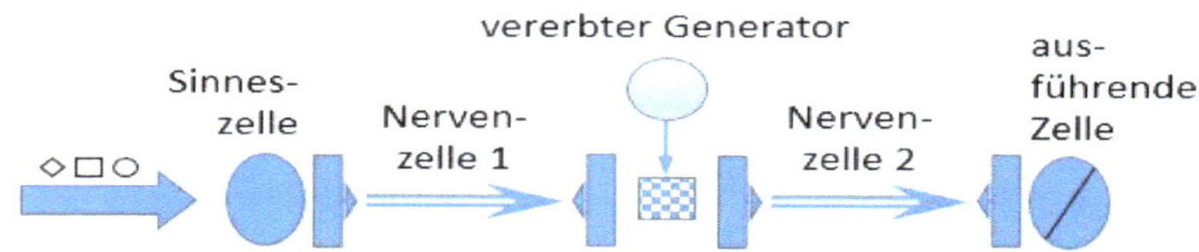

Abb. 30 Angeborene Reflexe

Aus der Umwelt können die Informationen □, ○, ◊ auf die Sinnes-zelle treffen. Von hier erreichen sie über die Nervenzelle 1 ein neuronales Netz, indem von einem hypothetischen vererbten Generator pulsartig ein inneres Bild □ erzeugt wird. Der Generator schwingt im Gleichklang mit den Pulsen der Sinneszelle. Das von den Informationen ○, ◊ im neuronalen Netz erzeugt Schwellenpotential reicht nicht aus, um ein Aktionspotential, eine schlagartige Veränderung der elektrischen Spannung der Zellmembran der Nervenzelle, auszulösen. Nur, wenn die Information □ eintrifft, kommt es durch Resonanz zur deutlichen Erhöhung des Schwellenpotentials. Die Nervenzellen im neuronalen Netz feuern. Die Erregung wird über die Nervenzelle 2 an die ausführende Zelle weitergeleitet. Der Generator wirkt damit faktisch als Informationsfilter. Beispielhaft heißt dies: Ein Büffel sieht in seiner Umgebung die Tiere ○, ◊. Er reagiert nicht. Taucht hingegen ein Löwe □ auf, wird ein Signal Ø an den Fluchtapparat ausgelöst.

Nehmen wir den gleichen Mechanismus. Nur soll jetzt bei ◊ ein Angriffssignal Θ ausgelöst werden.

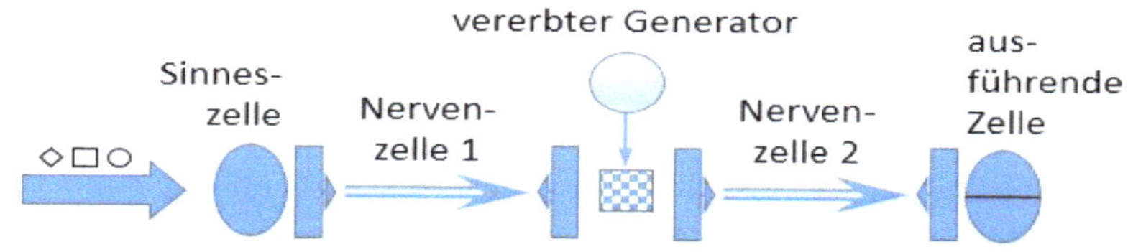

Abb. 31 Angeborene Reflexe

Die evolutionäre Entwicklung geht weiter. Bei einigen Organismen verknüpfen sich Nervenzellen zu einem Nervenzentrum. Es entsteht der Prototyp eines Gehirns, das weitaus komplexer auf Reize aus der Umwelt reagieren kann.

Die Leistungssteigerung beruht dabei auf zwei Faktoren: Der Erhöhung der Anzahl der Nervenzellen im Gehirn und der Erhöhung ihres Verknüpfungsgrades. Aber eine neue Qualität entsteht erst durch eine andere Entwicklung: Bei einigen Arten bilden sich spezielle Zellen heraus, die Umweltinformationen speichern können. Schritt für Schritt entsteht ein Gedächtnis und damit die Voraussetzung dafür, Informationen zu gewichten und auf gleiche Umweltreize in unterschiedlichen Situationen unterschiedlich zu reagieren. Je mehr und je länger mentale Bilder gespeichert werden können, um so größer ist die Denkfähigkeit. Denken beginnt also mit der Erzeugung eines mentalen Bildes von der Beute oder vom Fressfeind und dessen Speicherung. Zuerst erfolgt die Speicherung nur kurzzeitig. Versteckt sich die Beute hinter einem Busch, verschwindet sie schnell aus dem Gedächtnis, ist als Beute verloren. Durch Auslese verlängert sich die Speicherdauer und damit die Überlebensfähigkeit. Das Bild der Beute bleibt bewusst, „steht vor Augen", auch wenn sie sich versteckt hat. Die Suche nach ihr ist eine Form von Denken.

Wichtig ist dabei, dass die abgespeicherten Muster sowohl den sensorischen Input als auch den emotionalen Zustand bei der Speicherung repräsentieren. Ich werde darauf später nochmals ausführlicher zu sprechen kommen.

Die Informationsverarbeitung sieht dann wir folgt aus:

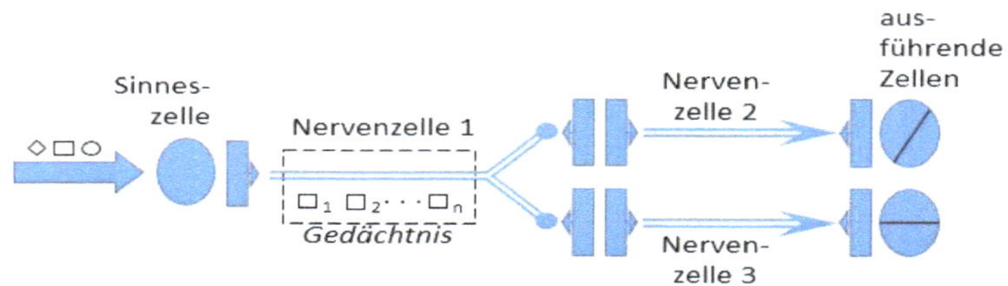

Abb. 32 Informationsspeicherung und Handlungsoptionen

Der Speicher um Nervenzelle 1 verändert das eingehende Signal □ je nach Speicherinhalt, also je nach abgespeicherter subjektiver (!) Lebenserfahrung, $\square_1$, $\square_2$, $\square_n$, wodurch sich zwei Handlungsoptionen eröffnen: Ø oder Ө, Flucht oder Verteidigung. (Aus Vereinfachungsgründen wird die Option Verharren vernachlässigt.) Der Speicher wirkt folglich als Weiche zwischen verschiedenen synaptischen Neuronenverknüpfungen. (Hier als Nervenzellen 2,3 bezeichnet.) Eine neue Art von Tieren ist entstanden, die zwar immer noch reflexgesteuert und unbewusst reagiert, aber dies bereits auf der Basis von angeborenen und erworbenen Reflexen. Die ersten kognitiven Fähigkeiten haben sich herausgebildet. Die Erfordernisse der konkreten Umwelt bestimmen die weitere Entwicklung, die Kapazität des Speichers, also des Gedächtnisses und dieses wiederum das Denkvermögen. Ein Lernprozess hat begonnen, der schließlich zu bewusstem Denken führt, zur Fähigkeit, Entwicklungen vorherzusehen, und die Folgen eigenen Handels immer genauer abzuschätzen.

Am Anfang standen angeborene Reflexe. In der nächsten Stufe wurden diese durch erworbene Reflexe ergänzt. Mit der Weiterentwicklung des Gedächtnisses wuchs die Fähigkeit, mentale Bilder und damit individuelle Lebenserfahrungen abzuspeichern, Es entstand ein Unterbewusstsein. Solche Tiere reagierten auf der Basis angeborener und erworbener Reflexe und durch unbewusste Entscheidungen. Sie hörten auf, instinktgesteuerte Automaten zu sein, die nach simplen Reiz-Reaktions-Schemata reagierten. Schließlich bildete sich bei einigen Arten ein Bewusstsein heraus, das es erlaubte, über Handlungsoptionen nachzudenken.

Für die Reaktion auf konkrete Umweltherausforderungen stand damit die gesamte Palette von Möglichkeiten, vom angeborenen Reflex bis zur bewussten Entscheidung zur Verfügung. Aus dem Gesagten folgt, dass in dem Maße, wie sich ein erworbenes Gedächtnis herausbildet, auch Bewusstsein entsteht. Auch zeigt sich, dass es hinsichtlich der Informationsverarbeitung im menschlichen Gehirn gegenüber der übrigen Tierwelt nur einen graduellen aber keinen prinzipiellen Unterschied geben kann.

Als Bestandteil dieses Prozesses entwickelt sich aus wahrgenommenen taktilen Körperreizen die Wahrnehmung von Körperlichkeit und in einigen wenigen Fällen aus Körperempfindungen ein gefühltes Ich, ein Ich-Bewusstsein.

Ein Tier, das nicht nur reflexartig vor jedem Fressfeind flieht, sondern durch Erfahrung gelernt (im Gedächtnis gespeichert) hat, dass junge oder schwache Feinde durch Verteidigung oder gar Angriff zu besiegen sind, hat einen Überlebensvorteil.

Die natürliche Selektion wird daher solche Eigenschaften dort, wo sie das Überleben begünstigen, verstärken. Am Ende einer solchen Entwicklung steht das Gehirn des Menschen, durch eine zufällige Mutation doppelt so groß wie das Gehirn der höheren Affen zum hochkomplexen Denkorgan geworden.

Überwiegend sind aber die Umweltbedingungen dergestalt, dass Denkvermögen nicht oder nur in sehr begrenztem Maße benötigt wird. Die meisten Tierarten entwickeln daher kein Gedächtnis und können nicht denken.

Aber nicht wenige Tierarten denken. Wirbeltiere wie z.B. Fische können bereits auf gleiche Umweltreize in unterschiedlichen Situationen unterschiedlich reagieren und entwickeln so Persönlichkeiten. Grundlage dafür bildet ein Gehirn, das sich in drei Bereiche mit jeweils spezifischen Aufgaben unterteilt:

- Der Hirnstamm mit dem Übergang zum Rückenmark regelt elementare Körperfunktionen wie Wärme, Wasser- und Energiehaushalt sowie Herzschlag und Atmung

- Das Kleinhirn koordiniert Bewegungen und gewährleistet das Gleichgewicht des Körpers und

- Das Vorderhirn verarbeitet die von den Sinnesorganen eingehenden Impulse, gleicht sie mit gespeicherten Informationen ab, verknüpft sie miteinander, fügt sie zu einem differenzierten Bild der Umwelt zusammen und entscheidet über zweckmäßige Handlungen.

Stammesgeschichtlich verläuft also die Entwicklung vom Reptiliengehirn, dem limbischen System (dem alten Säugergehirn) zum Neokortex (dem neuen Säugergehirn).

Vor allem das Vorderhirn entwickelt sich dort, wo es um Gedächtniskapazität, komplexe Verarbeitung von Sinnesinformationen, schnellen Abgleich neuer Eindrücke mit gespeicherten Erinnerungen und schnelles Reagieren auf Umweltveränderungen geht. Im Hippocampus, eine der zentralen Schaltstationen des limbischen Systems, entwickelt sich aus einer Licht-, Wärme oder Geruchsgradienten basierten Bewegungsteuerung das hochkomplexe Navigationssystem von höheren Tieren.

Einige der Säuger werden geistig immer flexibler, können Situationen blitzschnell erfassen und zweckmäßig reagieren. Der Mensch ist eines dieser Tiere. Bei ihm sind das Gehirn und die darauf basierende Fähigkeit, die Natur nach seinen Bedürfnissen zu nutzen und sie umzugestalten von allen Lebewesen am weitesten entwickelt. Was ihn von allen anderen höheren Tieren dabei prinzipiell unterschied und ihn als einzige Art befähigte, sich an die Spitze der Nahrungskette zu stellen und den gesamten Erdball zu erobern, werden wir im Band IV diskutieren. Nach allem, was wir bisher wissen, betrat die Gattung Mensch vor etwa 2,5 Millionen Jahren im östlichen und südlichen Afrika die Bühne der Welt. In der Wiege der Menschheit hatten sich aus den affenähnlichen Frühformen der Erectusartigen, der aufrechtgehenden Vorfahren des Menschen durch eine Verdopplung des Hirnvolumens bewirkende Mutation die Hominiden, der Mensch und die Menschenaffengattungen entwickelt. Mit immer neuen Knochenfunden verändern sich die Theorien der Paläoantropologen über die weitere Evolution des Menschen vom Homo erectus über die Entstehung des Homo sapiens vor 350.000 Jahren bis zum Auftauchen des anatomisch modernen Menschen vor etwa 50.000 Jahren.

Lange Zeit als sicher geltende Erkenntnisse stehen erneut auf dem Prüfstand. Darunter die Anzahl der Linien im Stammbaum des Menschen. Homo rudolfensis, der erste der Gattung Mensch, Homo egaster, früher als Homo habilis bezeichnet, unsere Vorläuferart Homo erectus und unsere Art, der Homo sapiens, der moderne Mensch. Welchem Fossil der Rang des ersten Vertreters der Gattung Mensch zukommt, ist noch strittig. 2015 wurden in einer Höhle in Südafrika Überreste einer womöglich weiteren Menschenart gefunden. Nach dem Fundort, die Höhle heißt "Rising Star", was in der Regionalsprache "Nadeli" heißt, erhielt sie die Bezeichnung Homo nadeli. Eine gründliche wissenschaftliche Prüfung der Funde steht aber noch aus. Der frühe Mensch lebte als Jäger und Sammler in tierreichen Landstrichen, organisierte sich in Stammesverbänden und entwickelte erste Kulte, fertigten Kultgegenstände und Schmuck an, kannten erste Begräbnisrituale.

Mittels der Y-Chromosomen und der mitochondrialen Genome, sie werden ausschließlich väterlicher- bzw. mütterlicherseits vererbt und erhalten so das jeweilige genetische Muster, lassen sich heute die prähistorischen Wanderungsbewegungen der Menschen nachvollziehen. Am Rande sei nur erwähnt, dass diese Wanderungsbewegungen auch durch Stammbäume der großen Mythenfamilien gestützt werden. Vor etwa 1,8 Millionen Jahren verließ Homo erectus Afrika. Dies geschah vermutlich nicht aus Nahrungsmangel, sondern infolge eines Prozesses, den wir bereits aus der Tierwelt kennen und der zu einer kontinuierlichen territorialen Ausdehnung der Populationen führt. Die Elterngenerationen beanspruchen die angestammten (nahrungssicheren) Reviere.

Die neuen Generationen müssen sich in der Nachbarschaft eine eigene Existenzgrundlage suchen. [9] Sie folgen fruchtbaren Flussläufen und Küstenstreifen, bevölkern so immer größere Landstriche. Homo erectus folgte wahrscheinlich dem Niltal, besiedelte dann die fruchtbare Levante und zog von dort in die drei Himmelsrichtungen ins heutige Europa, in den Norden, nach Asien und von dort nach Australien. Dort ist er noch vor 40.000 Jahren nachweisbar. Vor etwa 100.000-70.000 Jahren bildete unsere Art, der Homo sapiens, seine ersten Spuren finden sich bereits vor 300.000 Jahren, die zweite Migrationswelle und vermischte sich mit dem Homo erectus. Es mag Naturereignisse wie Dürren, Überschwemmungen und Vulkanausbrüche oder gar lokale Klimaverschlechterungen gegeben haben, die diese Migration beeinflussten. Insgesamt gesehen konnten diese lokalen Faktoren die Ausbreitung des modernen Menschen über faktisch die gesamte Erdoberfläche nicht aufhalten. Folglich sind sich alle Menschen genetisch sehr ähnlich. Europäer, Araber, Schwarzafrikaner, Japaner oder Aborigines unterscheiden sich zwar genetisch in einigen Dutzend bis zu wenigen Tausend Positionen ihrer Genome, aber so etwas wie eine "schwarze Rasse" und eine "weiße Rasse" gibt es nicht.

---

[9] Heute geht es um Lebensraum in einem anderen Sinne: Bereits besetzte Wissensgebiete zwingen die Menschen, ihre Forschungen auf weniger bekannte Forschungsgebiete auszudehnen. Es geht also auch hier nicht um Abenteuerlust oder sogenannte Neugiergene, sondern um den materiellen Zwang zur Sicherung des Lebensunterhalts.

Die genetischen Unterschiede innerhalb der jeweiligen Populationen sind weit größer als zwischen ihnen.

Nach dem Ende der letzten Kaltzeit vor etwa 12.000-10.000 Jahren erfolgt der nächste qualitative Sprung in der Entwicklung der Menschheit, es entstanden Ackerbauern und Viehzüchter. Der Mensch begann die Prototypen von Weizen, Gerste, Linsen und anderen Feldfrüchten anzubauen und Tiere zu züchten. Erstmalig werden Überschüsse erwirtschaftet. Es entstehen die ersten Märkte und mit dem Handel setzt ein Prozess der Arbeitsteilung und damit der Produktivitätssteigerung ein, der lokal beginnt, sich im Verlaufe der Menschheitsentwicklung auf Regionen ausbreitet und in der heutigen globalisierten Welt schließlich die ganze Erde umfasst. Die biologische Evolution des Menschen wird mehr und mehr von der kulturellen Evolution der Menschheit überlagert. Dazu später mehr.

Das menschliche Gehirn

Unser Gehirn ist wohl die komplexeste Materie, die wir kennen. Hier ist der Sitz unserer kognitiven, unserer geistigen Fähigkeiten. Milliarden von Nervenzellen, von denen jede mit tausenden anderen Neuronen verbunden sein kann, ergeben ein unerschöpfliches Reservoir an neuronalen Strukturen, die unser unwillkürliches und willkürliches Verhalten lenken, unser Erinnerungs-, unser Denk-, unser Vorstellungs- und Lernvermögen steuern. Erst das Gehirn macht uns zu dem bewussten Wesen Mensch und repräsentiert das, was wir unter Persönlichkeit verstehen. Wenn jemand stirbt sagen wir, er hat den Geist aufgegeben, oder, der Geist hat ihn verlassen. Man stirbt also, wenn das Gehirn aufhört zu arbeiten.

Aber was ist eigentlich dieses Mysterium, dieses erst in Ansätzen verstandene Phänomen? Wie funktioniert dieses Schlüsselorgan des menschlichen Organismus, auf das ein Viertel unseres Energiebedarfs entfällt, das schon in der 24. Schwangerschaftswoche vor allen anderen Organen ausgereift ist, und das bei Hungersnöten nur um 1% leichter wird, während der übrige Körper bis zu 40% an Gewicht verliert? Unter den Begriffen Seele oder Geist subsumiert sich, wie wir die Welt und uns selbst erleben, unser Bewusstsein, unser Selbst- oder Ich-Bewusstsein, unser Ego, unsere Intentionen, Motive, Wünsche, Absichten und Pläne, kurz, die Gründe für unser Handeln. Bleiben wir bei dem Begriff Geist. Was aber ist eigentlich der Geist? Ist es das, was unsere Gedanken, Bilder, Visionen und Vorstellungen formt, oder sind es diese selbst? Sind folglich Geist und Bewusstseinsinhalte synonym?

Kann man Geist in Materie übersetzen? Ist Geist also ein physikalisches Phänomen? Oder ist Geist eine Welt für sich?

Man kann diese Frage von grundsätzlich verschiedenen Standpunkten aus beantworten, eine materialistische, oder eine idealistische Position vertreten. Für letztere stehen der französische Philosoph, Mathematiker und Naturwissenschaftler Descartes (1596-1650) und der Universalgelehrte Gottfried Wilhelm Leibniz (1646-1716), die Geist und Materie scharf voneinander trennten. Für sie waren Geist und Materie zwei verschiedene, aber miteinander wechselwirkende Substanzen. Beide waren von der eigenständigen Existenz immaterieller "seelischer Einheiten" überzeugt. Leibniz nannte sie "Monaden". Gott war die oberste Monade und als einzige körperlos.

Descartes war es, der den Begriff des Selbstbewusstseins in die Philosophie einführte. Von ihm stammt der berühmten Satz "Ich denke, also bin ich".

Auch heute vertreten einige Hirnforscher den Standpunkt, dass Geist nicht auf Physik zu reduzieren ist, dass es zur Erklärung der kognitiven Phänomene über die physikalischen Ursachen hinaus noch eines Momentes des geistigen Einsatzes, eines Momentes der Freiheit bedarf, wobei, geht man der Sache auf den Grund, unter Freiheit hier nicht die heiß diskutierte Willensfreiheit, sondern die Abwesenheit von Physik verstanden wird.

Wie die idealistische Position begründet wird, auf welchen Argumenten sie beruht, soll hier an drei Beispielen skizziert werden.

Der Philosoph Thomas Nagel, Professor für Philosophie und Recht an der New York University, geht davon aus, dass der evolutionäre Materialismus unfähig ist, Bewusstsein, Vernunft und Wertvorstellungen auf physikalische oder chemische Prozesse zurückzuführen (Geist und Kosmos, Suhrkamp, 2013.) Ohne auf die Argumente von Kreationisten zurückzugreifen favorisiert er ein Modell, wonach die Selbstorganisation der Materie an bestimmten Zwecken orientiert ist, und das Universum grundsätzlich dazu neigt, Leben und Geist zu erzeugen, wobei - und das ist der entscheidende Punkt - aus seiner Sicht "Biologie keine rein physikalische Wissenschaft sein kann".

Für Nagel und Gleichgesinnte ist demnach Materie selbst beseelt, Geist und Bewusstsein eine grundlegende intrinsische Eigenschaft von Materie, die graduell auftritt und sich als Phänomen jeglicher physikalischer Erklärung entzieht. Hannah Monyer und Martin Gessmann stellen in ihrem Buch "Das geniale Gedächtnis" (Knaus, 2015, S.219 ff) die Frage, Freiheit oder Determinismus und kommen zu dem Ergebnis, weder das Eine noch das Andere. Beide sind ihrer Auffassung nach selbst "bestenfalls nur Effekte und Ergebnisse von Netzwerkaktivitäten in unserem Gehirn". Für die Autoren ist angesichts der enormen Komplexität von Netzwerken im Gehirn das rein kausale Erklärungsmodell des menschlichen Geistes - nach dem Vorbild eines komplizierten Uhrwerks - "der Fülle unserer neuen Einsichten nicht mehr gewachsen". Und sie schlussfolgern: "Die mit ihnen verbundene Weltanschauung sollte als Deutung der Vorgänge in unserem Gehirn eigentlich längst ausgedient haben". Wenn ich diese Aussage richtig verstehe, dann basieren also die Vorgänge in unserem Gehirn auf Netzwerkaktivitäten, die weder physikalisch noch nichtphysikalisch hinreichend zu erklären sind. Wie funktionieren sie dann, stellt sich mir die Frage? Diese Position erscheint mir also wenig hilfreich. Sie bringt die Hirnforschung nicht einen Schritt voran. Richtig ist, dass wir die komplexen emergenten Prozesse in unserem Gehirn erst in Ansätzen verstehen. Aber: Wir befinden uns auf der Leiter der Erkenntnis. Schauen wir zurück, so ist es noch nicht lange her, dass Geister und Götter zur Erklärung der Phänomene der Natur herhalten mussten. Vor uns liegt noch vieles im Nebel. Und wenn das Weltall nicht endlich ist, was aus meiner Sicht wahrscheinlich ist, wird uns dieser Erkenntnisprozess in alle Ewigkeit begleiten.

Unsere Zeit, unsere Gegenwart, ist nur ein winziger Augenblick auf dem Zeitstrahl der Geschichte. Es ist eine allgemein bekannte Erfahrung, dass immer, wenn wir ein grundlegendes Verständnis für ein Phänomen entwickelt haben, bald die Erkenntnis folgt, dass wir gerade mal einen Aspekt des Problems zu durchschauen beginnen. Dazu gehören auch und nicht zuletzt die physikalischen Abläufe, die der Funktionsweise unseres Gehirns, der, wie gesagt komplexesten Materie, die wir kennen, zugrunde liegen.

Mit anderen Worten: Es ist völlig normal, dass wir Phänomene der Natur (noch) nicht verstehen. Das ging unseren Vorfahren so, und denen, die nach uns kommen, wird es auch nicht besser ergehen. Deshalb aber bewährte Gesetze, wie das Kausalprinzip oder den Determinismus aufzugeben, kann nicht die Lösung sein. Martin Gessmann ist Philosoph, und ich kann mich des Eindrucks nicht erwehren, dass hier der Versuch unternommen wird, in unserem Kopf eine philosophische Scheinwelt zu errichten, etwas zwischen Glauben und physikalischer Realität. Die Philosophin und Physikerin Brigitte Falkenberg wählt den gleichen Ausgangspunkt wie die vorstehenden Autoren. Sie schreibt: "Und manche Vorstellungen des mechanistischen Zeitalters, die in der Physik längst überwunden sind, verstellen uns den Blick darauf, was die Hirnforschung tatsächlich erklären kann und was uns ihre Ergebnisse denn nun lehren. ("Mythos Determinismis" ‚Spektrum,

2012, S VIII ff). Auch sie bemängelt den bisher erreichten Erkenntnisstand. Die Hirnforschung könne "die Behauptung, das neuronale Geschehen determiniere unsere Bewusstseinsinhalte letztlich nicht begründen. Das Gefüge ihrer Puzzlesteine bleibe fragmentarisch. Die analytisch-synthetische Methoden der Hirnforschung hätten ihre Grenzen.

Sie arbeite mit Modellen, die idealisieren und mit Forschungsinstrumenten, von denen gegenwärtig niemand weiß, wie gut sie der Wirklichkeit von Gehirn und Geist gerecht werden. Die gegenwärtige kognitive Wissenschaft befände sich auf dem Stand des Atomismus zu Newtons Zeit".
Dem kann man im Grundsatz zustimmen. Aber treffen diese Argumente nicht auf jegliche Forschung zu? Idealisieren nicht alle mathematischen Modelle, indem sie isolierte Systeme definieren, die es in der Natur gar nicht gibt? Können wir sicher sein, dass das Standardmodell der Teilchenphysik und das Urknallmodell die Wirklichkeit auch nur annähernd widergeben? Die aufgezeigten Widersprüche und die von mir vorgestellten alternativen Modelle sprechen eher vom Gegenteil. Nach einer grundsätzlichen Kritik des Kausalbegriffes ("Es gibt keinen eindeutigen Kausalbegriff. Wie können dann Ursachen naturwissenschaftlicher Phänomene eindeutig definiert werden?"), und in dem Bedauern, dass der physikalische Zeitpfeil bis heute unverstanden ist, finden wir das Kernargument für den Titel des Buches: F. akzeptiert, dass es eine Vielzahl von Befunden der Hirnwissenschaft gibt, deren Ursachen im Sinne von Wirkursachen eindeutig als neuronale Vorgänge zu definieren sind, und die auf objektiven Phänomenen der Physik oder der Chemie beruhen. Das aber sei nur die eine Seite der Medaille, macht sie geltend. Neben diesen objektiven Faktoren gäbe es noch subjektive, im Gehirn selbst verankerte geistige Phänomene, wie unseren Willen oder unsere Gründe (Intentionen, Motive, Wünsche, Absichten und Pläne) für absichtsvolles Handeln. Das kognitive Geschehen ergäbe sich aber aus beidem.

Ergo müsse auch der Beweis erbracht (nicht nur behauptet) werden, dass auch mentale Phänomene physikalisch verursacht werden, also ebenfalls auf neuronalen Mechanismen beruhen. Dieser Beweis stände aber noch aus. Das ist zweifelsfrei richtig. Hier soll nur angemerkt werden, dass genetische Defekte, Drogen oder Hirnschädigungen kognitive Fähigkeiten beeinträchtigen, ja den Geist und die gesamte Persönlichkeit eines Menschen verändern können. Das alles sind physikalische Ursachen, und wir verstehen immer besser, welche Mechanismen hier wirken. Wenn Veränderungen des Geistes physikalisch bedingt sind, liegt es nahe anzunehmen, dass auch der Geist selbst ein physikalisches Phänomen ist. Aber F. macht wenig Hoffnung, dass es der Hirnforschung je gelingen dürfte, diesen heuristischen Ansatz zu beweisen. "Wie soll das gelingen, fragt sie, wenn der physikalische Zeitpfeil bis heute rätselhaft bleibt?" An anderer Stelle, wo es um das subjektive Zeiterleben geht, schreibt sie: "Unser Bewusstsein und das Erleben der Gegenwart hängen eng zusammen. Doch beide bleiben rätselhaft. Ganz zu schweigen von einer Erklärung, wie das Gehirn es schafft, das Erleben der Gegenwart in eine einheitliche Zeitvorstellung zu integrieren, die darüber hinaus Vergangenheit und Zukunft umfasst. Unser subjektives Zeiterleben von den neuronalen Grundlagen her zu erklären ist also Zukunftsmusik", und - jetzt folgt die aus meiner Sicht entscheidende Aussage - "wenn es denn überhaupt je gelingen kann." Das Kredo lautet demnach: Geist und Bewusstsein fügen sich eben nicht in das Naturgeschehen ein. Sie übersteigen es. Wie und warum wird wahrscheinlich ewig rätselhaft bleiben.

Für einen Naturwissenschaftler wäre eine solche Aussage gleichbedeutend mit der Kapitulation vor einem konkret zu lösenden Problem. Für eine Philosophin ist es eine Kapitulation schlechthin. Philosophie heißt Liebe zur Weisheit. Aus meiner Sicht bestand und besteht ihre Aufgabe darin, allgemeine Vorstellungen vom Funktionieren der Natur und des Menschen als Bestandteil dieser Natur zu entwickeln, den Weg zur Beschreibung dieser Vorstellungen mit objektiven, nachprüfbaren Gesetzen der Naturwissenschaften und der Gesellschaftswissenschaften zu bahnen. Hier geschieht das Gegenteil. Wenn dies das Verständnis von Rolle und Aufgabe der Philosophie in der modernen Welt ist, kann es nicht verwundern, wenn sich Simon Blackburn als einer der angesehensten Philosophen unserer Zeit in seinem Buch " Philosophie, Die großen Fragen " über die geringe Wertschätzung der Philosophie beklagt. Wörtlich schreibt er: "Die Euphorie, die mit der Entschlüsselung des menschlichen Genoms eingesetzt hat, sowie die damit verbundenen glänzenden Aussichten auf unbegrenzten biologischen und medizinischen Fortschritt, haben eine Atmosphäre geschaffen, in der Geisteswissenschaften wie die Philosophie an den defensiven Rand geraten sind. Insoweit wir Philosophen versuchen, die menschliche Existenz zu deuten und zu verstehen, müssen wir fragen, ob die Philosophie damit nicht pensionsreif ist, überholt und ersetzt von der unaufhaltsamen Gewalt der stetig fortschreitenden Naturwissenschaften?" (ebenda, Spektrum, S. 7).

In den letzten Jahren hat sich in den Kognitionswissenschaften ungeachtet nach wie vor bestehender unterschiedlicher Denkansätze und Theorien mehr und mehr die materialistische Sicht durchgesetzt.

Materialisten sehen unser Verhalten als eine Abfolge von Ursache-Wirkungs-Mechanismen kausal determiniert. Für sie ist unsere subjektive Innenwelt, sind unsere Bewusstseinsinhalte, sind all unsere absichtsvollen Handlungen, unsere Gedanken, Bilder, Empfindungen, Erinnerungen, Visionen und Vorstellungen durch neuronale Mechanismen in unserem Gehirn vollständig bestimmt. Die geistigen Phänomene haben also ausschließlich physikalische Ursachen.

Im Manifest der Hirnforscher aus dem Jahre 2004 heißt es dazu: "Wir haben herausgefunden, dass im menschlichen Gehirn neuronale Prozesse und bewusst erlebte geistig-psychische Zustände aufs Engste miteinander zusammenhängen und unbewusste Prozesse bewussten in bestimmter Weise vorausgehen" ."Geist und Bewusstsein fügen sich in das Naturgeschehen ein und übersteigen es nicht. .Sie haben sich in der Evolution der Nervensysteme allmählich herausgebildet."

Mit anderen Worten: Der Geist ist auf das Gehirn zurückzuführen, das Gehirn biologisch zu erklären. Biologie beruht auf Chemie und Chemie auf physikalischen Vorgängen. Das neuronale Netzwerk unseres Gehirns basiert auf Chemie und Physik. Hier entstehen Muster durch elektrochemischer Erregungsprozesse, die ihrerseits die materielle Basis unserer Gefühle und Gedanken bilden.

Wenden wir uns dem Geist konkret zu. Untersuchen wir, wie er arbeitet, wie also Gedächtnis, Unterbewusstsein und Bewusstsein funktionieren.

Dabei werden wir auch die heiß diskutierte Frage untersuchen, ob wir über einen freien Willen verfügen oder nicht. Ich bin mir wohl bewusst, dass einige meiner Überlegungen mehr oder weniger hypothetischen Charakter haben und Kritiker einige Gedankengänge als Spekulationen abtun können. Dennoch erscheint mir meine heuristische Herangehensweise wesentlich produktiver als die vorstehend skizzierte Art philosophischen Umgangs mit der Problematik. In der Physik bewahrheitet sich eine Theorie durch richtige Vorhersagen.

Mein Modell vom Geist würde sich als richtig erweisen, wenn eine Maschine, die auf den nachfolgend dargestellten Mechanismen beruht, diesen Geist, also kognitive Leistungen hervorbringt. Einigkeit dürfte über das nachstehende "behavioristische Weltbild" bestehen.

Abb. 33 Prinzip Reizverarbeitung

Der Reizpfeil steht für alles, was aus der Umwelt und von unserem Körper auf den Geist einwirkt, also für den Informationsinput. Der zweite Pfeil steht für das, was unser Körper an Reaktionen, an Output zeigt.

Zwischen beiden Pfeilen agiert der Geist, den wir untersuchen wollen, wo wir herausfinden wollen, welche Beziehungen zwischen Geist und Körper bestehen, wie und in welcher Weise Vergangenheit und Gegenwart Zukunft beeinflusst. Die materielle Grundlage des Geistes bildet das Gehirn. Es ist Träger aller geistigen Prozesse. Auch darüber dürfte Einigkeit bestehen. Verstehen wir folglich, wie das Gehirn funktioniert, wissen wir auch, wie es all das, was wir unter Geist verstehen, hervorbringt.

Anatomie des Gehirns

Das menschliche Gehirn hat ein Gewicht von etwa 1,2 bis 1,4 Kilogramm und macht damit ca. zwei Prozent des Körpergewichts aus. Sein Volumen schwankt in etwa zwischen 1,1 und 1,3 Litern. Es ist nachvollziehbar, dass sich die Gehirnforschung zunächst der einfacheren Frage zuwandte, nämlich zu klären, wie das Gehirn aufgebaut ist und wo die geistigen Phänomene entstehen, um schließlich zu klären, wie unsere geistigen also unsere kognitiven Funktionen im Gehirn verankert sind. Am Anfang der Hirnforschung standen die Obduktion Verstorbener, Untersuchungen von Traumata, beides mehr und mehr ergänzt durch Tierversuche. Heute kann sich die Hirnforschung vor allem auf bildgebende Verfahren stützen, die es möglich machen, dem Gehirn "bei der Arbeit zuzusehen", d.h. lokale neuronale Prozesse in Echtzeit sichtbar zu machen. Eine Hypothese geht dabei davon aus, dass alle neuronalen Aktivitätsmuster, man bezeichnet sie als Attraktoren, für bestimmte Gedanken, Erinnerungen oder Entscheidungen stehen. Für einige Muster konnte das gezeigt werden.

Die neuronale Aktivität kann direkt oder indirekt gemessen werden. Mit den direkten Verfahren wie der Elektroenzephalographie (EEG) werden Hirnströme, von denen diese Aktivität begleitet wird, mit Elektroden am Kortex oder im Gehirn gemessen. die Magnetoenzephalogie (MEG) registriert die dabei entstehenden Magnetfelder. Indirekte Verfahren messen erhöhte Stoffwechselprozesse in aktiven Neuronen, wie den erhöhten Sauerstoff- oder Zuckerverbrauch. Zu diesen Verfahren gehören die Positronen-Emissions-Tomographie (PET) und die Magnet-Resonanz-Tomographie (MRT), auch als Kernspin-Tomographie bezeichnet. Während bei den direkten Verfahren die zeitliche Auflösung sehr gut ist, ist die räumliche Auflösung schlecht. Bei den indirekten Verfahren ist es umgekehrt. Dennoch umfasst auch hier ein Pixel immer noch etwa eine halbe Million von Nervenzellen. Die Entwicklung geht daher zu Geräten, die beide Verfahren bei weiter verbessertem Auflösevermögen kombinieren.

Bei der Beurteilung der ablaufenden Prozesse wurde bisher nicht berücksichtigt, dass all diese Verfahren nur Prozesse sichtbar machen, die mit elektrischen bzw. magnetischen Potentialen oder der Aussendung elektromagnetischer Signale verbunden sind. Rein chemische oder auf der physikalischen Mikroebene wie Resonanzen zwischen Molekülen, also "still" ablaufende Prozesse können mit ihnen nicht erfasst werden. Das hat dazu geführt, dass für die kognitiven Phänomene ausschließlich das neuronale Netzwerk verantwortlich gemacht und andere mögliche Prozesse vernachlässigt wurden. Ich werde auf diese Problematik im Zusammenhang mit der weißen Substanz nochmals zu sprechen kommen.

Im Verlaufe der Evolution haben sich verschiedene Teile des Gehirns herausgebildet, die unterschiedliche Aufgaben erfüllen. Die Wirbelsäule bildet dabei eine Art Symmetrieachse unseres Körpers und teilt ihn in eine linke und in eine rechte Seite. Diese Teilung findet sich auch in unserem Gehirn. Dabei steuert jede der beiden Hemisphären die Bewegungen der Gliedmaßen auf der jeweils gegenüberliegenden Körperseite. Beide Gehirnhälften werden durch ein Nervenband, das Corpus callasum, miteinander verbunden. Kommt es zu Störungen dieser Verbindung, z.B. durch einen Tumor oder zu Störungen innerhalb der Gehirnhälften wie bei einem Schlaganfall, führt das in der Regel zu starken motorischen und kognitiven Beeinträchtigungen.

Das nachstehende Schema gibt einen Überblick über den prinzipiellen Aufbau des menschlichen Gehirns.

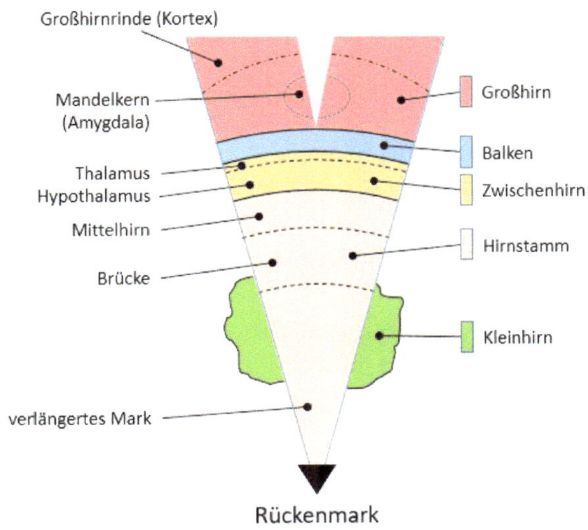

Abb. 34 Menschliches Gehirn (vereinfachte Darstellung)

- Das Großhirn verarbeitet die von den Sinnesorganen eingehenden Impulse, gleicht sie mit gespeicherten Informationen ab, verknüpft sie miteinander, fügt sie zu einem differenzierten Bild der Umwelt zusammen und entscheidet über zweckmäßige Handlungen.

- Der Balken oder Corpus callosum bildet die Verbindung zwischen den beiden Hälften des Großhirns und dient dem Informationsaustausch und der Koordination zwischen beiden Hemisphären

- Das Zwischenhirn enthält Thalamus und Hypothalamus und gilt als Umschaltstation für Informationen, die von anderen Hirnteilen zur Großhirnrinde gelangen. Hier ist auch die hormonelle Steuerung zu finden.

- Der Hirnstamm, der entwicklungsgeschichtlich älteste und überlebenswichtige Teil des Gehirns, umfasst Mittelhirn, Brücke und verlängertes Mark. Hier werden Herzschlag und Atmung, Wachheit, Aufmerksamkeit und Verdauung kontrolliert und reguliert.

- Das Kleinhirn koordiniert Bewegungen und Gewährleistet das Gleichgewicht des Körpers

- Die Brücke (Pons) mit verschiedenen Brückenkernen, bildet eine Art Umschaltstationen zwischen Arealen im Kortex des Großhirns mit solchen des Kleinhirns.

- Das Mittelhirn, Teil des Hirnstamms, gelegen zwischen Brücke und Zwischenhirn, ist Ort wichtiger Leitungsbahnen, die über das Zwischenhirn zum Großhirn führen.

- Das limbische System, bestehend aus einer Gruppe über das Großhirn verteilter Regionen, das vor allem für Triebverhalten, das Gefühlserleben und die Verknüpfung von Emotionen und Motiven zu Handlungen zuständig ist.

- Thalamus und Hypothalamus sind Teile des limbischen Systems. Ihnen wird eine wichtige Rolle bei der Entstehung von Bewusstsein zugeschrieben. Die sensorischen Informationen erreichen den Kortex vor allem über den Thalamus, das "Tor zum Bewusstsein".

- Der Mandelkern oder Amygdala ist eine entwicklungsgeschichtlich alte Hirnregion und gehört ebenfalls zu den wichtigsten Schaltstellen des limbischen Systems, zuständig für die Mobilisierung des Organismus in Stresssituationen und dem Bewusstsein nicht zugänglich. Er wird daher auch vereinfachend als "Alarmglocke" oder "Angstzentrum" bezeichnet.

- Die Hippocampi (ein Hippocampus je Hemisphäre), eine der evolutionär ältesten kortikalen Strukturen des Gehirns, zentrale Schaltstelle des limbischen Systems und ein wichtiger Organisator des Gedächtnisses. Beide Hippokampi gehören zu den ersten Regionen, in denen sich die Alzheimerkrankheit zeigt. Auf die mögliche zentrale Rolle bei allen Denkprozessen komme ich noch zu sprechen.

- Die Großhirnrinde oder Kortex ist je nach Region 2 bis 5 mm stark. Neben den Nervenzellen befinden sich im Kortex auch eine Vielzahl von Gliazellen. Strukturen wie Hirnstamm, Brücke und Hippokampus sind schon bei Reptilien und anderen primitiven Wirbeltieren ausgebildet und steuern grundlegende Funktionen wie Atmung, Hunger und Schlaf, das limbische System steuert unsere Gefühle.

In spezialisierten Bereichen der Großhirnrinde erfolgt die Verarbeitung spezieller Aufgaben wie Sprechen oder die Ausführung einer bestimmten Bewegung, wobei die meisten Areale jedoch für mehrere Aufgaben zuständig sind. (multisensorisches Gehirn) Einige erfüllen zugleich sensorische und kognitive Aufgaben. An den Denkleistungen sind folglich immer eine Vielzahl vernetzter Areale beteiligt. Die so entstehenden neuronalen Muster können mit Hilfe bildgebender Verfahren beobachtet werden, so dass eine Art Kartierung der Gehirnareale nach Funktionen entstanden ist. Wir wissen also immer besser, welche motorischen, sensorischen und kognitiven Funktionen mit der Aktivität welcher Gehirnareale korrelieren.

Im Rahmen des 2010 gestarteten "Human Connectome Project" konnte der Atlas solcher Areale von 83 auf heute über 300 Areale erweitert werden. So werden visuelle Signale der Augen als unserem wichtigsten Sinnesorgan in einem im Hinterkopf liegenden Hirnbereich, der Sehrinde, zu Bildern verarbeitet und ohne den Gyrus fusiformis, eine Hirnregion in der Nähe der Ohren, könnten wir keine Gesichter erkennen. Ein anderes Areal in der äußeren Schicht des Gehirns befähigt uns, die Mimik anderer Menschen und damit ihren Gemütszustand zu deuten. Die taktilen Signale gelangen in einen speziellen Bereich der Großhirnrinde, dem somatosensorischen Kortex. In der Hörrinde in Nähe der Ohren werden akustische Signale in empfundene Töne verwandelt.

Die Sprachverarbeitung erfolgt im Gehirn im wesentlichen in zwei Arealen, einem Zentrum der Sprachproduktion (dem Broca-Areal im hinteren, unteren Teil des linken Stirnlappens (Gyrus frontalis inferior) und einem für Spracherkennung (dem Wernicke-Areal im mittleren bis hinteren, oberen Teil des Schläfenlappens) Tonfall, Aussprache und Bedeutung eines Wortes werden in verschiedenen Arealen abgelegt (Daher fällt es besonders schwer, sich Namen zu merken, also ein Wort ohne eigentlichen Sinn mit einer bestimmten Person zu assoziieren.) Die relativ kleine Riechrinde, auch olfaktorischer Kortex genannt, lässt uns Düfte bewusst werden. Der Frontallappen ist für die rationale Bewertung von Situationen zuständig. Das Subfornikalorgan im Zwischenhirn ist an der Steuerung des Salz- und Wasserhaushalts des Körpers beteilig und steuert auch unser Durstgefühl. Die Arbeitsteilung in unserem Gehirn endet aber nicht bei den für bestimmte Aufgaben spezialisierten Arealen, sondern setzt sich bei den Neuronen fort. Motoneurone kontrollieren die Aktivität von Muskelfasern. Spiegelneurone werden aktiv, unabhängig davon, ob wir selbst etwas tun, uns diese Tätigkeit nur vorstellen, oder sie bei anderen beobachten. Die neuronalen Aktivitätsmuster gleichen sich beim Betrachten eines Vorgangs oder bei eigenem Handeln. Orts-, Gitter-, Kopfrichtungs-, Grenz- und Geschwindigkeitszellen, zusammengefasst als Orientierungszellen bezeichnet, sorgen dafür, dass wir uns in einer Umgebung orientieren können. Im Verbund produzieren diese Zellen eine Art neuronales Navigationssystem, eine dynamische neuronal kodierte Karte der Umgebung, die der aktuellen Orientierung dient und gleichzeitig im Gedächtnis mehr oder weniger lange abgespeichert wird.

Die jeweils aktuelle Position wird hier berechnet, indem die Ortszellen die Signale der anderen Zelltypen integrieren, so fortlaufend die Bewegungsrichtung und Geschwindigkeit bezüglich eines Ausgangspunktes registrieren. und eine Orientierung im Umfeld ermöglichen. Im Tierversuch konnte der Zusammenhang zwischen dem Feuern dieser Zellen und dem Weg, den ein Tier anschließend nimmt, gezeigt, der Weg also vorhergesagt werden. Sitz der Ortszellen ist eine Region im Hippocampus namens CA1.

Zusammenfassend lässt sich feststellen, dass es im Gehirn für bestimmte Aufgaben spezialisierte Neurone und spezialisierte neuronale Areale gibt. Wie wir noch sehen werden, betrifft dies auch die Glia und die Leitungsbahnen.

Das neuronale Gewebe ist hochgradig vernetzt und ständig im Umbau. Unser Gehirn ist so lebenslang veränderbar, ausbaubar und anpassungsfähig. Man spricht von Neuroplastizität.

Forscher konnten im Experiment mit genetisch identischen Mäusen zeigen, dass persönliche Umwelterfahrungen mit einer "adulten Neurogenese" korrelieren. Umwelterfahrungen führen auch zur Neubildung von Nervenzellen. Sie ist zwar deutlich geringer als die embryonale und findet auch nur im Riechkolben und in der Eingangsstation des Hippocampus (Gyrus dentatus)) statt, trägt jedoch zur Individualisierung des Gehirns bei.

Die kortikale Landkarte jedes Menschen ist demzufolge einzigartig und ändert sich mit dem Alter.

Bei unserer Geburt wiegt das Gehirn in etwa 350 Gramm. Nach 6 Monaten hat sich das Gewicht verdoppelt. Am Ende des dritten Lebensjahres ist eine weitere Verdopplung erfolgt.

Bis zum Wachstumsende im Alter von etwa 20 Jahren wächst das Gehirn nur noch marginal. Fast alle Nervenzellen waren schon bei der Geburt vorhanden. Sie sind in den ersten Lebensjahren nur gewaltig gewachsen und haben ein neuronales Netzwerk gebildet, das der Erfahrungswelt der Kleinkinder entspricht. Allein diese wenigen Zahlen zeigen, wie grundlegend wir für unser ganzes Leben in den ersten Jahren, in der Zeit vom Einsetzen erster Anzeichen für Bewusstsein in der 22. Schwangerschaftswoche bis zum 4. Lebensjahr geprägt werden. Was in dieser frühen Phase des Lebens von der Familie und der Gesellschaft in unsere Kinder an Zeit, Liebe. Fürsorge investiert wird, was sie in diesem Zeitabschnitt lernen und erfahren, prägt die neuronalen Strukturen und damit das Fühlen, Denken und Handeln, bestimmt daher maßgeblich ihren weiteren Lebensweg.

In Abhängigkeit von der Beanspruchung können die einzelnen Areale wachsen oder schrumpfen. So sind die für die Steuerung der Daumen zuständigen Areale bei jungen Menschen wegen der exzessiven Handynutzung gegenüber Älteren vergrößert, während bei permanentem negativen Stress für rationales Denken zuständige Bereiche sich verkleinern können. Der normale

Mensch erkennt bis zu 30 Gerüche, Parfümeure hingegen bis zu 2.000 verschiedene Aromen. Dementsprechend gibt es Veränderungen der Riechrinde. Klavierfestivals für Pianisten ohne Gehör zeigen, dass sogar bei Ausfall eines Sinnesorgans Hervorragendes geleistet werden kann. Bei Verletzungen können Ersatzstrukturen für betroffene Areale gebildet werden. Kognitive Bereiche sind dabei nicht so plastisch wie motorische, entwickeln sich weniger und langsamer. Am schnellsten verlieren die Hirnzentren für Emotionen und Motivationen, also die Elemente des limbischen Systems, ihre neuronale Flexibilität. Noch mit über 20 Jahren können von Geburt an blinde Menschen nach einer Operation wieder sehen lernen. Anfangs sind für sie verschiedene Merkmale desselben Objektes getrennte Dinge. Beispielhaft erkennen sie einen Würfel nicht wieder, wenn sie ihn in die Hand nehmen. Auch die intermodale Organisation, d.h. der Austausch des Sehsinns mit anderen Sinnen, muss neu erlernt werden. Umgekehrt dauert es einige Wochen, bis ein zuvor gefühlter Gegenstand mit den Augen wiedererkannt wird. Zwei unter Hirnforschern bekannte Beispiele, die für die enorme Plastizität des Gehirns stehen, sollen nicht unerwähnt bleiben: Bei der Untersuchung eines jungen Mädels stellte man zufällig fest, dass eine Hälfte des Gehirns fehlte. Es zeigte jedoch keinerlei kognitiven Auffälligkeiten. Das halbe Gehirn hatte folglich die üblicherweise über das gesamte Gehirn verteilten Aufgaben übernommen. Bei einem Unfall eines Gleisarbeiters drang eine Eisenstange unterhalb eines Auges in den Kopf ein, durchbohrte eine Hirnhälfte und trat an der Schädeldecke wieder aus. Der Mann überlebte den Unfall und wurde wieder arbeitsfähig. Nach einiger Zeit kam es aber zu Persönlichkeitsveränderungen.

Arbeitsweise des Gehirns

Die derzeitigen Vorstellungen von der Arbeitsweise des Gehirns gehen davon aus, dass ein Netzwerk aus etwa 100 Milliarden Nervenzellen, den Neuronen besteht.

(Eine neu entwickelte Zählmethode, basierend auf der Verflüssigung der Hirnsubstanz und Einfärbung der Zellkerne ergab eine Größenordnung von etwa 20 Milliarden Zellen). Diese Neuronen werden als die alleinigen fundamentalen Bausteine des Gehirns und materielle Träger des Geistes gesehen. Jedes Neuron verfügt mit durchschnittlich etwa 10.000 unterschiedlichster synaptischer Verbindungsvarianten - es können aber auch bis zu einer Größenordnung von 500.000 Synapsen werden - über eine unvorstellbar große Zahl von Verbindungsmöglichkeiten, (Die Gesamtzahl der Synapsen im menschlichen Gehirn wird auf 100 Billionen, also 10^{14} geschätzt).

Mit ihnen werden sowohl die Informationenspeicherung als auch die Denkvorgänge erklärt.

Jedes Neuron bildet im Durchschnitt etwa 10.000 fadenartige Fortsätze, sogenannte Dendrite aus, über die die Nervenzelle Informationen erhält. Aber nur ein Fortsatz, das Axon, leitet Erregungen über Synapsen an andere Zellen weiter. Bei menschlichen Neuronen können diese Axone eine Länge von bis zu 1,2 Metern erreichen. Die Zellmembranen haben ein elektrisches Ruhepotential. Beim Eingang von Signalen über die Dendriten erhöht sich dieses Potential bis ein für jedes Neuron spezifisches Schwellenpotential erreicht wird. Wird dieses überschritten, kommt es zu einer zeitweiligen charakteristischen Abweichung des Membranpotentials, einer elektrischen Erregung entlang der Axonmembranen. Sie wird als Aktionspotential bezeichnet und kann als "Feuern" der Neurone detektiert werden. Die Aktionspotentiale eines Neurons sind immer gleich.

Die Stärke der eingehenden Signale wird durch die Frequenz der Aktionspotentiale wiedergegeben. Feuert ein Neuron, wird nach 2-3,5 ms, der sogenannten Refraktärzeit oder -phase, wieder das Ruhepotential erreicht. Erst dann kann das Neuron wieder feuern, maximal also 500 mal pro Sekunde. Kurz vor willkürlichen Bewegungen bzw. dem bewusstem Erleben von Handlungen treten in bestimmten Arealen der Großhirnrinde elektrisch messbare Phänomene auf, die als Bereitschaftspotentiale bezeichnet und als Ausdruck von Aktivierungsprozessen verstanden werden. Gliazellen in Gestalt von Myelinscheiden bilden ein eigenes Leitungssystem, auf das ich noch ausführlich zu sprechen komme.

Die nachfolgende Abbildung zeigt eine vereinfachte schematische Darstellung eines Neurons.

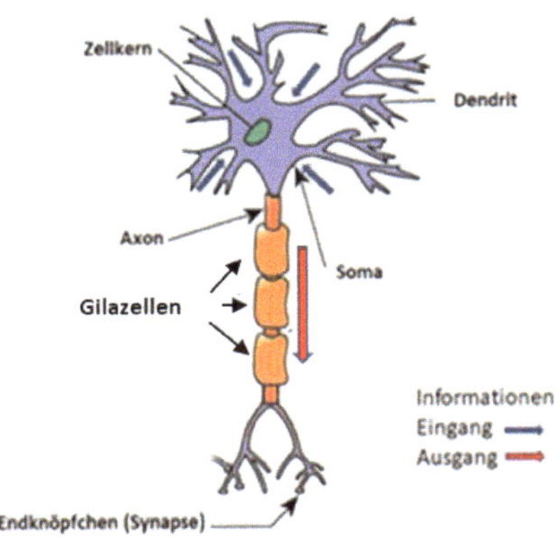

Abb. 35 Neuron und Liastrukturen

Bildgebende Verfahren zeigen, dass Denken und Fühlen immer mit neuronaler Aktivität einhergeht. Auf eingehende sensorische Reize oder bestimmte Denkvorgänge folgen charakteristische Reaktionsmuster. Bei der Interpretation dieser Vorgänge gab und gibt es nach wie vor unterschiedliche Positionen. Dennoch lassen sich zwei allgemein akzeptierte Grundannahmen formulieren:

Erstens, und hier stimmen alle Positionen überein, dass die Neuronen zugleich als Rechen- und als Speichereinheiten dienen, und Zweitens, dass die Informationsverarbeitung entweder in Modulen erfolgt, die auf bestimmte kognitive Leistungen spezialisiert, die kognitiven Merkmale also lokal verankert sind, oder aber dass diese Merkmale sich nicht in Zentren lokalisieren lassen und erst durch Netzwerke von miteinander interagierenden Hirnregionen entstehen. Was-Pfade zur Objektidentifikation und Wo-Pfade für die Objektverortung erlauben dabei z.B. auditive und visuelle Informationen zu einem Gesamtbild zu verarbeiten.

Unstrittig ist folglich, dass die Abläufe im Gehirn auf hierarchisch strukturierten, miteinander parallel wechselwirkenden neuronalen Netzwerken beruhen, wobei offenbleibt, ob das Gehirn in seiner Gesamtheit oder einzelne spezialisierte Regionen die kognitiven Leistungen hervorbringen. Die Ursache-Wirkungs-Zusammenhänge sind dabei so komplex, dass sie erst in Ansätzen verstanden werden. Weiterreichende Gehirnmodellierungen im Rahmen von Großprojekten nach dem Vorbild des Humangenomprojektes sollen hier mehr Klarheit bringen.

2013 startete ein milliardenschweres Großprojekt der Europäischen Union, um das menschliche Gehirn als Computermodell nachzubilden. In einem Zeitraum von 10 Jahren sollte ein künstliches Gehirn aus 86 Milliarden Neurone und 100 Billionen Synapsen mathematisch erfasst und damit Bewusstseinszustände abgebildet werden können. Nach heftiger Kritik an der unrealistischen Zielstellung und der Fehlorganisation des Human Brain Project (HBP) genannten Vorhabens erfolgte eine grundlegende Neuausrichtung der wissenschaftlichen Schwerpunkte, wobei die US-amerikanische BRAIN-Initiative (Brain Research through Advancing Innovative Neurotechnologies) als Vorbild diente. Auch hier stehen Forschungsgelder in Milliardenhöhe zur Verfügung. Der Schwerpunkt des interdisziplinären Programms liegt jedoch auf der Entwicklung neuer Arbeitstechniken, die es ermöglichen sollen, die Gehirnaktivitäten besser zu beobachten und zu stimulieren, also erst einmal die Arbeitsweise des Gehirns zu verstehen.

Anders gesagt, es geht um die Entwicklung von Techniken, die einen direkten Zugang zum Geist, zur Physik der Denkprozesse und der Emotionen ermöglichen. Zu bezweifeln ist, ob angesichts der unüberschaubaren Anzahl möglicher Netzarchitekturen mit riesigen Spielräumen für Struktur, Verschaltung und der Lernregeln, Simulationen, die auf Ausprobieren beruhen, zum Erfolgt führen dürften.

Der Hirnforscher Prof. Lutz Jäncke lehrt an der Universität Zürich Neuropsychologie. In dem Buch "Ist das Gehirn vernünftig?" (Huber, 2015, S. 281 ff.) fasst er das derzeitige Verständnis von der Arbeitsweise des Gehirns in nachstehender Entscheidungskette zusammen:

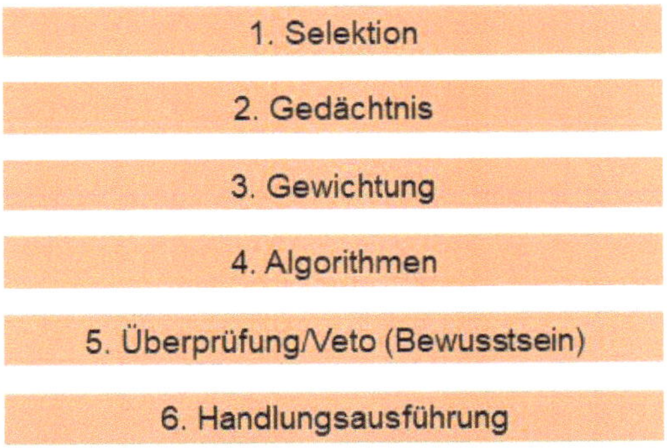

1. Selektion

2. Gedächtnis

3. Gewichtung

4. Algorithmen

5. Überprüfung/Veto (Bewusstsein)

6. Handlungsausführung

Abb. 36 Angenommene Arbeitsweise des Gehirns

Im ersten Schritt erfolgt die Fokussierung und Selektion bei der Informationsaufnahme. Wesentliches wird von Unwesentlichem getrennt und überflüssige Informationen entsorgt. Wie das geschehen, welcher Mechanismus hier wirken könnte, sei nicht bekannt. Dann werden die aufgenommenen Informationen in das Gedächtnis aufgenommen, mit dem bereits gespeicherten Informationen abgeglichen (neu oder bereits bekannt) und bestimmten Kategorien zugeordnet. Die Informationen werden so zu interpretierten, gewichteten Informationen. Dann erfolgt die Auswahl eines Algorithmus, mit dem die aus dem Gedächtnis gewonnenen Informationen den nachfolgenden Entscheidungsprozessen zugeführt werden. Ein letzter Überprüfungsprozess (Veto) mündet schließlich ein in die Handlungsausführung.

Das derzeitige Verständnis der Neurowissenschaften von der Arbeitsweise des Gehirns beruht folglich auf der Grundannahme, wonach Schaltkreise und Programme des Gehirns zusammen Sitz und Ursprung aller kognitiven Phänomene sind, dass das Gehirn Berechnungen auf der Basis von mathematischen Algorithmen, also von zielführenden Rechenvorschriften durchführt. Unser Gehirn, so also die Vorstellung, ist eine perfekte Rechenmaschine, in der Umweltreize von einer riesigen Anzahl von Instanzen bearbeitet, transformiert und interpretiert werden. Andere Wissenschaftler formulieren etwas vorsichtiger und sagen, dass das Gehirn wie ein Computer arbeitet. Egal, wie spitzfindig man formuliert, in beiden Fällen bleibt das Gehirn eine Rechenmaschine, die durch Programme speichert, fühlt, denkt und handelt. Dabei verbraucht das Gehirn für die gleiche Rechenleistung nur den etwa zehnmillionstel Teil eines Supercomputers, rechnet dafür aber auch vier Millionen Mal langsamer.

Das gegenwärtige Modell des Geistes ist also der Computer. Bei drei Eigenschaften werden jedoch grundsätzliche Unterschiede zu den heutigen Computern gesehen: Das sind die selektive Informationsverarbeitung, die parallele Informationsverarbeitung und die Annahme, dass die Neuronen des menschlichen Gehirns zugleich Rechen- und Speichereinheiten bilden, dass es also keine separaten Rechen- und Speichereinheiten gibt. Auf all diese Eigenschaften werde ich noch ausführlich zu sprechen kommen.

Im derzeitigen Verständnis gleicht das Gehirn somit einem akademischen Konstrukt aus menschengemachten Elementen und menschengemachten Kategorien.

Funktioniert so Natur?

Ich denke, dass damit die Arbeitsweise des Gehirns nicht zu erfassen ist. Wie wir im Kapitel Evolution gesehen haben, kennt die Natur weder Zwecke noch Ziele, weder Berechnungen noch Algorithmen. Die Natur besteht aus Wechselwirkungen ihrer Elemente, die wir als Naturgesetze beschreiben. Wenn wir beispielhaft die Algorithmen $F = a*b$ oder $F = \int b*dx$ für die Berechnung des Flächeninhalts eines Rechtecks in unserem Gedächtnis abspeichern, dann heißt das nicht, dass unser Gehirn auf der Basis dieser Algorithmen den Flächeninhalt berechnet, und schon gar nicht bedeutet das, dass es generell auf der Grundlage von Algorithmen arbeitet. Diese Formeln sind einfach gespeichertes Wissen, und unterscheiden sich im Grundsatz nicht von dem Wissen, wie wir von A nach B kommen, wie wir Lesen und Schreiben, oder von den bereits in der Kindheit gespeicherten Informationen, wie der Körper sein Gleichgewicht halten kann. Wenn wir die kognitiven Leistungen des Gehirns simulieren wollen, werden wir das nur mit Hilfe von Computern erreichen. Aber das Gehirn ist kein Rechner. Was aber ist es dann? Erinnern wir uns: Eine neue Eigenschaft emergiert, geht also aus Wechselwirkungen, aus Interaktionen von lokalen Prozessen oder Wirkgrößen hervor. In diesem Sinne ist Leben eine emergierende Eigenschaft eines Musters von Molekülen. Evolution emergiert aus zufälligen Mutationen der Erbsubstanz und zufälligen Umweltbedingungen.

Weder bei der Entstehung von Leben, noch bei evolutionären Prozessen spielen irgendwelche (göttliche) Absichten oder irgendwelche Algorithmen eine Rolle. So kann auch der Geist nur eine emergierende Eigenschaft eines Musters von Molekülen, also von Wechselwirkungen auf molekularer Ebene sein, die bestimmten universellen Regeln folgen. In diesem Sinne ist das Gehirn zwar eine hochkomplexe biochemische Maschine, aber eben auch nur ein System, das nach den Gesetzen von Chemie und Physik (und nicht nach menschlicher Logik) funktioniert.

Wenn aber das Gehirn kein Rechner ist, wie kann dann diese Informationsverarbeitungsmaschine funktionieren? Wie können diese hochkomplexen kognitiven Leistungen ohne Berechnungen, ohne innerhalb und zwischen den einzelnen neuronalen Netzwerken algorithmisch gesteuerte Wechselwirkungen entstehen? Welche Mechanismen bringen Gefühle und Gedanken hervor? Wie sollen dann die grundlegenden Organisationsprinzipien des Gehirns aussehen? Oder reicht möglicherweise nur ein einziger fundamentaler Mechanismus, um eine alternative Funktionsweise zu erklären?

Die Natur strebt nach Einfachheit. Einfachheit kann auch einem hochkomplexen System zugrunde liegen. Nehmen wir also an, dass das Gehirn ein selbstregulierendes System bildet, das einem einzigen Organisationsprinzip folgt, dem eines dynamischen biologischen Resonators. Ein Resonator ist ein schwingfähiges System, dessen Komponenten auf mehreren bestimmten Frequenzen (Eigenfrequenzen) schwingen. Mit anderen Worten: Der Geist wäre das Ergebnis vielfältiger molekularer Schwingungsmuster, die nur teilweise von beobachtbaren neuronalen Aktivitäten begleitet sind. Nicht Algorithmen, sondern Automatismen wären Träger unserer kognitiven Fähigkeiten.

Ausgehend von diesem Denkansatz möchte ich im Folgenden versuchen, dem Mechanismus von selektiver Wahrnehmung, von Gedächtnisbildung und Denken, also letztlich der Entstehung von dem, was wir Geist nennen, näher zu kommen und ein alternatives Modell der Arbeitsweise des Gehirns zur Diskussion stellen.

Beschäftigen wir uns zunächst mit dem Zusammenspiel von sensorischem Apparat und Gehirn.

Wahrnehmungen

In diesem Abschnitt wollen wir uns vor allem mit der selektiven Wahrnehmung der Umwelt befassen und der Frage nachgehen, warum das so ist, und welcher Mechanismus zur Selektion von Informationen führt. Wie wir im Abschnitt Evolution gesehen haben, nehmen alle Lebewesen, darunter auch der Mensch, die Umwelt nicht so wahr, wie sie ist, sondern nur das, was für das Überleben der Art erforderlich ist. Und bei Lebewesen mit Bewusstsein auch das, was für das Überleben erforderlich erscheint. Darüber hinaus bildet unser Gehirn diese Umwelt häufig nicht so ab, wie sie ist. Das kann viele Ursachen haben: krankhafte Veränderungen oder Verletzungen von Sinnesorganen und des Gehirns, die Einwirkung auf die Funktion des Gehirns durch Drogen (Manipulation von Neurotransmittern), aber vor allem die Arbeitsweise des Gehirns selbst.

In der Regel geschieht all das, ohne dass es uns bewusstwird und führt zeitweilig oder dauerhaft dazu, dass eine Umwelt wahrgenommen wird, die real so nicht existiert. Wir haben also eine selektive Wahrnehmung, die so weit gehen kann, dass wir Informationen vollständig ausblenden. Oft sind unsere Wahrnehmungen einfach falsch. Beim Einkaufen stehen wir überdurchschnittlich in der langsamsten Schlange. Wissenschaftliche Untersuchungen zeigen jedoch, dass dies nicht der Fall ist. Während wir die normale Abfertigung kaum registrieren, fällt uns der Sonderfall auf und wird überbewertet.

Wahrnehmungs- oder Sinnestäuschungen kennt jeder. Wie kaum ein anderes Phänomen offenbaren optische Täuschungen, wie subjektiv unsere Wahrnehmungen sind und wie falsch unser Gehirn die Wirklichkeit widergeben kann. Hunderte solcher Fälle sind bekannt und im Internet kann man sich damit die Zeit vertreiben. Einige wenige Beispiele seien hier genannt, um die Problematik zu verdeutlichen.

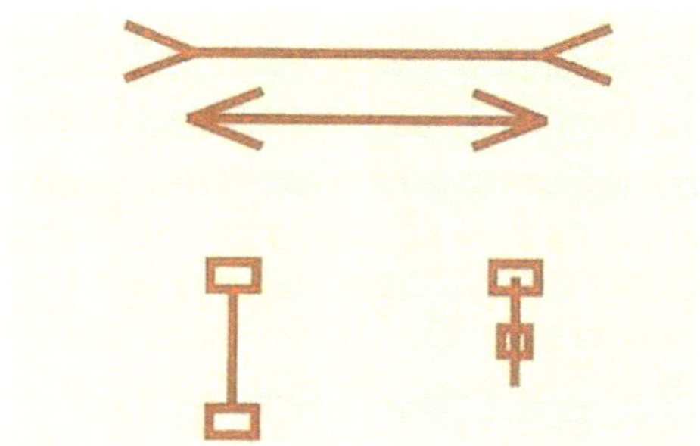

Abb. 37 Sinnestäuschung

Die oberen und die unteren beiden Linien sind gleich lang.

Abb. 38 Sinnestäuschung

Die Seiten der Quadrate erscheinen gebogen, obwohl sie vollkommen gerade sind.

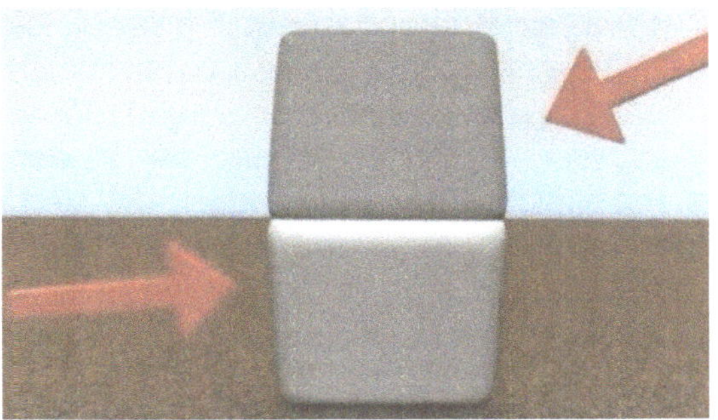

Abb. 39 Sinnestäuschung

Die Farbenhelligkeit der silbernen Flächen ist bei beiden Bildhälften gleich. Wir nehmen sie aber nicht absolut, sondern relativ zur Umgebung wahr.

Nehmen Sie ein Glas Orangensaft und färben Sie es mit roter, geschmackloser Lebensmittelfarbe ein. Jetzt schmecken Sie Erdbeersaft!

Bei Flughöhen bis 12 Kilometern wird in der Kabine ein Überdruck erzeugt, der etwa dem von 2.000 Höhenmetern entspricht. Dadurch werden unsere Rezeptoren für süß und salzig beeinträchtigt. Alles schmeckt fade. Stark gesalzener Tomatensaft, zumal er viel geschmacksverstärkendes Glutamat enthält, wird so zum Genusserlebnis.

Probanden wurden erst Bilder von bekannten Mannequins, dann ein Bild einer normalen jungen Frau gezeigt. Letztere wurde als weniger schön eingestuft. Nach einiger Zeit wurde nur noch das Bild der jungen Frau gezeigt. Das als weniger schön wahrgenommene Bild wurde wieder mit normalen Bildern aus der Umgebung verglichen und erschien so attraktiver. In dem Maße, wie alte Informationen verblassen, also aus dem Gedächtnis wieder verschwinden, ändert sich auch die Bewertung.

In einem Test wurde Probanden ein T gezeigt, bei dem der waagerechte und der senkrechte Balken exakt gleich lang waren. In den Niederlanden waren 92% der Testpersonen der Meinung, dass der waagerechte Balken länger sei. In der Schweiz sagte die gleiche Prozentzahl der Probanden, der vertikale Balken sei länger. In den flachen Niederlanden herrscht die Horizontale vor, im Bergland Schweiz die Vertikale. Umgebung prägt folglich Wahrnehmung.

Kreuzen Sie Zeige- und Mittelfinger einer Hand und berühren Sie mit beiden Fingerspitzen Ihre Nase. Sie fühlen zwei Nasen!

Ob eine Wahrnehmung den Tatsachen entspricht, lässt sich nur durch praktische Überprüfungen herausfinden. Ist dies nicht möglich, wie beispielsweise bei TV-Bildern, können wir manipuliert werden. Dies geschieht durch Auswahl, Präsentation und Manipulation der Bilder selbst.

Experimente zeigen, dass unangenehme, mit Zensur belegte Bilder mit einer zehnmal längeren Projektionszeit gezeigt werden müssen, bis sie erkannt werden. Bevor wir etwas bewusst wahrnehmen, ist es also schon durch einen emotionalen Filter zensiert worden.

Andere Experimente bestätigen, dass eine starke Neigung besteht, an ersten Eindrücken "zu kleben", und das selbst dann noch, wenn neue Fakten klar gegen diese Wahrnehmungen sprechen. Es fällt uns also ungeheuer schwer, uns von offensichtlich falschen Eindrücken zu lösen.

Was haben all diese Beispiele gemein?

Sie zeigen erstens, dass unser im Verlaufe der Evolution entstandener Wahrnehmungsapparat nur begrenzt leistungsfähig ist. Das kann nicht überraschen, haben wir doch bereits im Abschnitt Evolution gesehen, dass die Leistungsfähigkeit einzelner Sinne

bei höher entwickelten Tieren die des Menschen um Größenordnungen übersteigen kann.

Unsere Wahrnehmung greift also nur für einen winzigen Bereich
der Realität, lässt uns nur ausgewählte Naturphänomene bewusst werden. Überall sonst wird Wahrnehmung durch Abstraktionsvermögen ersetzt. Darüber hinaus zeigen die Beispiele, dass
unser Gehirn die von den Sinnesorganen eingehenden Informationen nicht als absolute, sondern als relative Werte im Vergleich
zu Umgebungswerten verarbeitet. Und außerdem, was mir am
wichtigsten erscheint, führt die Arbeitsweise des Gehirns dazu,
dass Informationen selektiv wahrgenommen und abgespeichert
werden.
Der kognitionspsychische Sammelbegriff für dieses fehlerhafte
Wahrnehmen, Erinnern, Denken und Urteilen heißt „kognitive
Verzerrung"

Halten wir als Zwischenergebnis fest:

Unsere Wahrnehmungen sind bestimmt von der Leistungsfähigkeit unserer Sinnesorgane und der Arbeitsweise des Gehirns. Sie
sind relativ und selektiv, vom Kontext und von der Zeit abhängig
und damit subjektiv geprägt. Verändert sich der Kontext, verändert sich die Wahrnehmung. In Wirklichkeit nehmen wir nicht die
uns umgebenden Umwelt, sondern subjektiv gefärbte Bilder dieser Umwelt wahr. Wahrnehmung ist also kein objektives Spiegelbild der uns umgebenden Natur.

Wahrnehmung lässt sich demnach von außen (digitale Manipulation durch Bots, die gezielt Fehlinformationen verbreiten), aber
auch von innen (Prägung, Konditionierung) manipulieren.

Im Ergebnis der permanenten Informationsfilterung verwandelt
sich in jedem unserer Köpfe objektive Umwelt in subjektive, emotional gefärbte Umwelt, und über die Jahre in ein subjektives bewusstes Sein und einen eigenen Charakter.

Je nach konkreten Lebenserfahrungen und konkreter Situation weicht die von jedem von uns wahrgenommene Welt mehr oder weniger von der objektiven Umwelt ab. In einigen Aspekten kann sie sich dramatisch von der Realität unterscheiden. Wir laufen mit einer durch subjektives Erleben eingefärbten Brille durch die Welt, sind also keine objektiven Beobachter. Diese Konditionierung einer speziellen Sichtweise und eines speziellen Verhaltens in Gruppen, die gesamte Lebensweise eines Volkes, nennen wir Kultur. Auf die sich daraus ergebende Gruppendynamik werde ich später noch einmal zu sprechen kommen.

Mit der selektiven Wahrnehmung werden wir ständig konfrontiert. Ich habe Dir das schon 100mal gesagt, aber du hörst ja nicht! Diesen Satz kennen nicht nur Kinder, auch in langjährigen Partnerschaften ist er nicht ungebräuchlich.

Besonders deutlich wird der Informationsfilter, wenn es um politische Grundüberzeugungen oder unser berufliches Lebenswerk geht. Hier sind wir wahre Meister im Ausblenden nicht genehmer Informationen. Bei negativer Grundeinstellung suchen wir Negatives, bei positiver Einstellung Positives. Dies ist übrigens der tiefe Grund für die Notwendigkeit von Opposition im politischen System. Den Sachverhalt ziemlich genau treffend, sagen wir, eine Information passt nicht in unser (inneres) Bild.

Das ist so, weil politische Fragen nicht selten unsere Stellung in der Gesellschaft, den Arbeitsplatz, die Karriere, den Freundes- und Bekanntenkreis unmittelbar tangieren. Menschen mit apolitischer Haltung vermeiden jegliche Positionierung. Andere ignorieren oder verdrängen nicht in ihr Weltbild passende Fakten. Wir sind daher Weltmeister im Verdrängen. Informationen, die unser Gehirn aus der Umwelt erreichen und nicht unserem gespeicherten Weltbild entsprechen, erhalten quasi eine niedrige emotionale Note und werden somit gar nicht oder nur kurzfristig gespeichert.

Der Mensch ist zwar intelligenter als die anderen Tiere, aber nicht unbedingt klüger. Auf jeden Fall handeln höher entwickelte Tiere logischer als der Mensch. Auf einen definierten Input folgt ein immer gleicher Output. Tiere können ererbte oder erworbene Handlungsmuster nicht verlassen. Die herausragende Intelligenz des Menschen macht es ihm hingegen möglich, Tatsachen auszublenden, die nicht in seine erworbenen Handlungsmuster passen, Entscheidungen zu treffen, die die Wirklichkeit negieren.

Der Ökonom Harry Nick berichtet in seinem lesenswerten Buch „Ökonomiedebatten in der DDR GNN-Verlag, S.61" aus eigener Erfahrung, dass er unleugbare Tatsachen durchaus sah, sie auch keineswegs verdrängen wollte, sondern sie bewusst wahrnahm, sie aber dennoch einfach nicht akzeptierte, nicht glaubte. Er nennt das „kognitive Dissonanz". Auf den oft beschworenen „gesunden Menschenverstand" sollten wir uns also lieber nicht verlassen.

Der „gesunde Menschenverstand" ist subjektiv, je nach Kontext richtig oder falsch, als logische Kategorie ist dieses „natürliche Urteilsvermögen" wissenschaftlich nicht brauchbar. Wir bitten den allmächtigen (!) Gott, uns gesunden zu lassen, fragen aber nicht, warum er uns krank gemacht hat. Wir leugnen die Corona-Pandemie und sehen gleichzeitig, wie an Corona Verstorbene in Massengräbern beigesetzt werden. Ich sage „wir", weil der „gesunde Menschenverstand" jeden von uns, unabhängig von Intelligenzgrad und Bildung, nicht selten in die Irre führt.

Theodor Adorno (1903-1969) bemerkte einmal voller Sarkasmus: „Der Schwachsinn des Ganzen setzt sich aus lauter „gesundem Menschenverstand" zusammen.

In der Psychoanalyse wird die Verdrängung als Abwehrmechanismus verstanden, durch den tabuisierte oder bedrohliche Sachverhalte oder Vorstellungen von der bewussten Wahrnehmung ausgeschlossen werden. Dies betrifft sowohl bereits gespeicherte als auch neue Informationen.

Übrigens ist das Phänomen der Verdrängung von Informationen keine exklusive Eigenschaft des Menschen. Auch Tiere verfügen darüber. Eine völlig entspannt schlafende Katze lässt sich selbst von lauten Geräuschen nicht stören. Aber beim von uns nicht wahrnehmbaren Flattern eines Vogels in ihrer Nähe wacht sie umgehend auf. Ein Spürhund blendet alle Gerüche aus und folgt nur der Fährte. Aber wenige Moleküle der Duftstoffe einer läufigen Hündin lassen ihn seine Aufgabe vergessen.

Noch ein Aspekt der Informationsfilterung in unserem Gehirn sei erwähnt: Sie macht aus der mit Uhren messbaren objektivierten Zeit eine erlebte, eine mentale subjektive Zeit. Der Zeitablauf kann sich so je nach Situation im üblichen Rahmen bewegen, aber auch beschleunigen oder verlangsamen. Dies hängt von mindestens drei Faktoren ab: Erstens von der Informationsmenge, die unser Bewusstsein zu verarbeiten hat (bei intensiver Beschäftigung vergeht uns die Zeit "wie im Fluge"). Zweitens vom emotionalen Zustand, also von der Art und der Höhe des Hormonspiegels (Will denn der Schiedsrichter das Spiel nicht endlich abpfeifen, die einen, er hat zu früh abgepfiffen, die anderen). Und schließlich drittens hängt die subjektive Zeitwahrnehmung von der eingehenden Signalstärke ab (je stärker ein Signal, desto schneller wird es wahrgenommen).

Es zeigt sich also immer wieder, dass die Welt nicht so ist, wie sie uns erscheint, wie sie uns die im Ergebnis der Evolution entstandenen Hirnstrukturen und Mechanismen widerspiegeln.

Aber es kommt noch schlimmer: Das menschliche Gehirn setzt Umdenken einen gewaltigen Widerstand entgegen. Das betrifft alle Lebensbereiche. Aber besonders negativ sind die Folgen im Bereich der Wissenschaften. Dogmen behindern den wissenschaftlichen Fortschritt. Besonders wird das sichtbar, wenn es um

Paradigmenwechsel geht, um grundsätzliche Veränderungen von Theorien, die unser Weltbild betreffen oder tangieren. Weiter unten habe ich aus der Fülle von Beispielen in der Wissenschaftsgeschichte einige herausgegriffen.

Jeder von uns kennt aus persönlichen Erfahrungen diesen Mechanismus.

Tangiert er unsere Weltanschauung, muss es schon zu einschneidenden Ereignissen kommen, um in uns die Bereitschaft zum Überdenken oder gar Umdenken zu erzeugen. Üblicherweise blenden wir Fakten, die unserer Auffassung widersprechen, einfach aus, stellen sie zumindest in Zweifel. Demgegenüber überbewerten wir alle Informationen, die scheinbar unsere festgefügte Meinung bestätigen. Der Schritt von der unbewussten Verdrängung von Informationen zur bewussten Lüge ist folglich klein. Das Buch "Die menschliche Gesellschaft" gibt Ihnen Gelegenheit, diese Überlegungen zu überprüfen. Ein kurzer Ausflug in die Wissenschaftsgeschichte.

Johannes Kepler (1571-1630) hatte etwa um das Jahr 1600 das von Nikolaus Kopernikus (1473-1543) postulierte heliozentrische Weltbild akzeptiert. Die Planeten und mit ihnen die Erde bewegten sich also um die Sonne. Aber auf welchen konkreten Bahnen? Kepler war ein brillanter Mathematiker und ihm standen die von Tycho Brahe (1546-1601) in jahrelanger Arbeit zusammengetragenen präzisen Beobachtungsdaten zur Verfügung, wann und wo sich die bekannten Wandelsterne, so nannte man damals die Planeten, am Himmel zeigten. Zufällig konzentrierte er sich dabei auf den Mars mit seiner ausgeprägt elliptischen Bahn. Es vergingen fast 5 Jahre, in denen sich Kepler mit unterschiedlichen Ansätzen vergeblich bemühte, die Beobachtungsdaten einer Bahn zuzuordnen. Die Ursache lag nicht in seinen mathematischen Fähigkeiten oder in der Ungenauigkeit der Beobachtungsdaten, sondern einzig und allein in seinem Weltbild.

Mit dem Übergang vom geozentrischen zum heliozentrischen Weltbild hatte er einen riesigen Schritt im Verständnis des Kosmos getan. Aber er blieb noch tief verhaftet einem übergeordneten, seit Jahrtausenden gültigen Weltbild: Gott hat die Schönheit des Universums mit seinen göttlichen Proportionen, mit seiner göttlichen Geometrie geschaffen. Ein wesentliches Element dieser göttlichen Geometrie war der göttliche Kreis. Die Planeten konnten sich deshalb nur auf idealen Kreisbahnen bewegen. Es bedurfte erst der Verzweiflung, also starker Emotionen, um Keplers Gehirn in einen Zustand zu versetzen, das Undenkbare zu denken: Als er von einer elliptischen Bahn ausging, lagen alle Beobachtungsdaten exakt auf dieser Bahn. Ein Weltbild war eingestürzt, nicht indem die Sonne in den Mittelpunkt des Alls rückte, sondern weil sich göttliche Kreise als profane Ellipsen erwiesen! Dabei hatte er noch Glück im Unglück: Die Marsbahn ist eine ausgeprägte Ellipse mit einer Exzentrizität von ca. 0,094. Jupiter und Saturn bewegen sich mit Exzentrizitäten von etwa 0,048 auf Bahnen, die einem Kreis (mit einer Exzentrizität von 0) viel näherkommen. (Die Erde mit ihrer (fast) Kreisbahn hat eine Exzentrizität von ca. 0,017). Hätte Kepler mit diesen Planeten begonnen, wäre ihm die Erleuchtung wahrscheinlich noch später gekommen. Er hätte aber auch bedeutend früher darauf kommen können, wenn er sich der legendären Hypatia (ca.360-415) erinnert hätte, die mehr als ein Jahrtausend vor Kepler an der ägyptischen Gelehrtenschule in Alexandria versucht hatte, die Planetenbahnen mithilfe von Ellipsen zu erklären.

In der Medizin ging man im Abendland seit der Antike davon aus, dass Gesundheit das Ergebnis einer Balance von 4 verschiedenen Körpersäften, dem Blut, dem Schleim, der gelben und der schwarzen Galle ist. Als der ungarische Arzt Semmelweis (1818-1865) mit einer 1848 veröffentlichten Studie nachwies, dass es mangelnde Hygiene ist, die krank macht und Infektionskrankheiten auslöst, wurde er von seinen Kollegen verhöhnt und verlacht, obwohl er in seiner Klinik zeigen konnte, dass die Verbesserung der hygienischen Bedingungen durch Sterilisation der Geräte und häufiges Händewaschen zu einer dramatischen Abnahme der hohen Sterberate von Frauen im Mutterbett führten. In seiner Klinik sank die Sterblichkeit unter 1%, während in den Geburtsstationen großer Krankenhäuser bis zu zwei Drittel der Wöchnerinnen starben. Erst nachdem es Robert Koch 1876 gelungen war, Bakterien als Krankheitserreger nachzuweisen und die Bakteriologie als neue Wissenschaft Ende des 19. Jahrhunderts entstand, veränderte sich die Sicht der Ärzteschaft. Da aber waren schon fast drei Jahrzehnte seit Semmelweiss´s Entdeckung ins Land gegangen und zehntausende Frauen unnötig gestorben. Obwohl sich jeder von der Richtigkeit der Semmelweisschen Erkenntnisse hätte überzeugen können, setzten die Gehirne der Ärzteschaft ihrer Umstrukturierung gewaltigen Widerstand entgegen.

Als Einstein seine ART entwickelt hatte und versuchte, sie auf das Universum anzuwenden, stand er vor einem Problem. Wie schon bei Newton war auch in der ART die Gravitation eine ausschließlich anziehende Kraft. Ein statisches Universum musste also über kurz oder lang zu einem Masseklumpen kollabieren, egal wie groß es ist.

Die Realität, d.h. die damals vorliegenden Beobachtungsdaten, standen dazu aber im Gegensatz. Einstein bezweifelte nicht etwa die Existenz eines statischen Universums, also die damals gültige Theorie vom Universum, sondern ergänzte den von ihm entwickelten mathematischen Überbau seiner Theorie durch einen Term, der s.g. kosmologischen Konstanten. Faktisch führte er damit eine negative Gravitationen in das System Universum ein, um die (positive, also anziehende) Gravitation so weit zu kompensieren, dass das Universum statisch, also unverändert blieb. Das in seinem Gehirn verankerte Bild von einer statischen Welt blockierte also sein Weiterdenken, hinderte ihn daran, ein neues Weltbild zu postulieren ("wenn meine Theorie stimmt, was durch die Berechnung der Merkur-Präzession und die Ablenkung des Lichtes von fernen Sternen beim Vorbeigang in Nähe Sonne bewiesen war, dann muss die herrschende Theorie vom Universum

falsch sein"). Noch 1927, als Lamaitre auf der Basis der Einstein-
schen Gleichungen zeigte, dass das Universum nicht statisch
sein konnte, antwortete ihm Einstein mit dem berühmt gewordenen Satz "Ihre Mathematik ist korrekt, doch Ihre Physik ist ab-
scheulich." Es hat schon ein gewisses Element von Ironie, wenn
Einstein den Nobelpreis nicht etwa für seine historischen Leistungen, die Entwicklung der SRT und der ART, also Theorien, die
unsere Weltsicht von Grund auf änderten, erhalten hat, sondern
für die gut ein Blatt umfassende theoretische Begründung des
Photoeffekts. Dies alles nur, weil ein Mitglied des Nobelpreis-
kommitees Einsteins SRT und die ART für falsch hielt. Newton,
dem übrigens das Kollapsproblem ebenfalls schon bewusst war,
behalf sich mit der Vorstellung, dass Gott von Zeit zu Zeit eingreift, um das Universum stabil zu halten.

Der Berliner Meteorologe Alfred Wegener (1880-1930) wurde von
seinen Kollegen als Spinner verlacht, als er 1911 seine Theorie
von der Verschiebung der Kontinentalplatten vorstellte. Heute
sind Forschungsinstitute in aller Welt stolz darauf, seinen Namen
zu tragen.

Ist das alles Geschichte? Hat die Menschheit, oder zumindest die
Wissenschaft aus diesen Fehleinschätzungen gelernt? Bei weitem nicht! Die Kreatonisten beharren ungeachtet der erdrücken-
den Beweise für die Evolutionstheorie auf einem Schöpfungsakt
und erklären die Veränderlichkeit der Arten als eine von Gott gegebene Eigenschaft , "der seine Geschöpfe nicht einfach um-
kommen lässt und sie dafür wandlungsfähig gemacht hat."

Die Erfinder des Rastertunnelelektonenmikroskops scheiterten
zunächst, weil die Experten ihre Erfindung für "nicht interessant
genug" befanden.

1947 erntete die US-Biologin Barbara McClintock für ihre Entdeckung, dass Gene innerhalb des Genoms wandern oder gar

springen können, den Spott der Fachwelt. 1983 erhielt sie dafür den Nobelpreis.

1961 stellte der Engländer Peter Mitchell (1920-1992) seine "chemiosmotische Theorie" vom Protonentransport durch die Biomembran und die Synthese von ATP vor. Auf einer Tagung zeigte sich der bekannte Biologe A.T. Jagendorf verärgert, dass man "einen derart lächerlichen und inkompetenten Vortragenden zugelassen habe." 1978 wurde Mitchell für seine Entdeckung mit dem Nobelpreis geehrt.

1984 vermutete der australische Arzt Barry Marshall, dass Bakterien die Ursache für Magengeschwüre sind. Erst 1997 wurde seine Behandlungsmethode mit Antibiotika allgemein anerkannt und 2005 mit dem Nobelpreis für Medizin gewürdigt.

Man könnte noch dutzende solcher Beispiele anfügen.

Warum ist das so? Warum hat die Evolution nicht nur uns, sondern alle höheren Lebewesen mit diesem Filter ausgestattet? Warum blendet unser Gehirn bestimmte Informationen einfach aus? Warum, anders formuliert, nehmen wir in bestimmten Situationen die Wirklichkeit nicht zur Kenntnis und verharren in der Welt, die wir sehen wollen? Warum betrachten wir die Welt durch den Filter unseres Weltbildes? Was ist die Ursache dieser Denkblockaden? Da dieses Phänomen bei allen Menschen auftritt, kann es nicht an subjektiven charakterlichen Schwächen, an angeeigneten Eigenschaften liegen. Es muss etwas Grundsätzliches sein, das unser Verhalten determiniert.

Die Antwort lautet:

Weil dieser Mechanismus fundamental wichtig für das Überleben ist. Je höher der Entwicklungsstand eines Lebewesens, je komplexer sein Organismus, desto mehr Informationen kann es speichern und verarbeiten. Aber die Verarbeitung von Informationen benötigt Energie. Das Gehirn mit seiner zentralen Bedeutung für die Funktionsfähigkeit des lebenden Organismus und damit für die Erhaltung des Lebens ist zugleich der größte Energieverbraucher unseres Körpers und seine Funktionsfähigkeit abhängig von der ständigen Zufuhr der benötigten Energiemengen.

Im Ruhezustand verbraucht ein Mensch pro Tag in etwa 2.000 kcal an Energie. Auf das Gehirn entfallen davon ca. 25% (beim Neugeborenen 50%) also etwa 500 kcal. Das ist so, als würde in unserem Kopf ständig eine 25 W Glühlampe brennen. Würde ein Organismus unterschiedslos alle auf ihn einwirkenden Signale aus der Informationsflut verarbeiten wollen, wären seine Energiereserven schnell erschöpft und das ganze System würde zusammenbrechen. Er wäre nicht mehr in der Lage, sofort auf Umweltveränderungen zu reagieren und lebenswichtige Erfahrungen dauerhaft zu speichern, würde schnell untergehen. Wir kennen solche Überforderungssituationen. Im Verlaufe unseres Lebens werden wir wiederholt mit einer neuen Aufgabe konfrontiert, die uns zeitweilig an den Rand unserer Möglichkeiten (also unserer Kraft-, oder genauer gesagt unserer Energiereserven) bringen kann. Denken Sie an Ihre ersten Fahrschulstunden. Das Gehirn hat zwar eine Menge an Lehrstoff abgespeichert, aber als aktiver Teilnehmer am Verkehrsgeschehen zu agieren, kennt es nicht. Die entsprechenden Erfahrungen sind nicht abgespeichert. Eine Rückkopplung und damit Filterung der eingehenden Informationen funktioniert noch nicht. Das Gehirn wird mit einer Fülle von Informationen überflutet, muss Schwerstarbeit leisten und ermüdet daher schnell. Nach den ersten 30 Minuten Fahrschule sind die meisten mehr oder weniger erschöpft. Das gleiche spielt sich ab, wenn wir in eine fremde Stadt fahren. Im hohen Alter funktioniert zwar noch der Filter, aber die Verarbeitungskapazität des Gehirns nimmt ab. Man fährt nur noch kurze bekannte Strecken ("in die Stadt fahre ich nicht mehr"), also Strecken mit weniger durch das Gehirn zu verarbeitenden Informationen.

Lebenserfahrung sammeln ist ein energieaufwendiger Prozess. Im Kopf hat sich eine Außenwelt in Gestalt von Eiweißstrukturen materialisiert, die uns bisher das Überleben gesichert haben. Wir sind im Großen und Ganzen mit unserer Lebenseinstellung gut gefahren. Es gibt also keinen Grund, irgend etwas an unserer Grundhaltung zu ändern. Gelerntes, also im Gehirn verankertes Wissen, zu verändern, ist gleichbedeutend mit einem mehr oder weniger umfassenden Umbau dieser Eiweißstrukturen. Das verbraucht zusätzliche Energie, ist daher anstrengend, und kann unser Überleben gefährden. Je länger sich daher ein Weltbild als günstig für das Überleben erwiesen hat, desto mehr Energie muss aufgewandt werden, um diese Struktur zu ändern, Verschaltungen zwischen den Neuronen zu lösen und neue aufzubauen. Im Verlaufe der Evolution sind daher, um solche Situationen möglichst zu vermeiden, hohe Hürden vor einem Umbau neuronaler Strukturen entstanden - es bedarf wiederholter Anstrengungen, damit ausgeblendete Informationen als lebensnotwendig akzeptiert und in unserem Weltbild verankert werden.

Hier liegt also die physikalische Ursache einerseits für die Fähigkeit des kindlichen Gehirns, alles Neue "aufzusaugen" und andererseits für das Beharrungsvermögen alter Bilder. Hier findet sich also der Grund dafür, dass persönliche Erfahrungen viel mehr prägen als Bücherwissen. Das ist der Grund, warum wir mit zunehmendem Lebensalter Neuem gegenüber immer weniger aufgeschlossen sind. Deshalb sind langjährigen Erfahrungen ambivalent:

Einerseits bilden sie einen evolutionären Vorteil für das Überleben. Andererseits sind sie ein "Klotz am Bein" auf dem Wege zu grundsätzlich Neuem. Hier zeigt sich übrigens auch, wie dominant unbewusste Prozesse in unserem Leben sind.

Wie funktioniert dieser Filter?

Um diese Frage zu beantworten, folge ich im Wesentlichen dem Hodgkin-Huxley-Modell der Arbeitsweise von Nervenzellen.

Aus dem Kontinuum Umwelt erreichen unsere Sinnesorgane analoge Informationen. Hier werden sie digitalisiert und als gepulste bit-Informationen dem Gehirn als sensorischer Input zugeleitet. Nehmen wir beispielsweise ein visuelles Bild. Es besteht aus einem Muster elektromagnetischer Punkte von Intensität und Wellenlängen. Unser Auge macht daraus ein Muster elektrischer Potentiale. Ähnlich verhält es sich mit den anderen Sinnesorganen, nur, dass es sich hier um äußere chemische oder mechanische Reize handelt. Der sensorische Input erreicht in Gestalt elektrischer Pulse über die Zellwände der Neurone als wellenförmig fortschreitende Aktionspotentiale, die sich mit einer Geschwindigkeit von bis zu 100 m/s ausbreiten, die Synapsen. Hier wird er in chemische Botenstoffe, die Neurotransmitter übersetzt und als chemisches Signal an die Folgezelle weitergeleitet. Die sensorischen Informationen sind dabei als Pulsparameter, also Stärke und Frequenz der Pulse sowie in der Art der Synapsen und der Art, der Stärke und der Abfolge von Konzentrationsschwankungen der Neurotransmitter codiert.

Am Ende der Neurone entsteht wieder ein Muster elektrischer Potentiale. Ihrer chemischen Natur nach sind Neurotransmitter Aminosäuren (Glutamat), Amine (Adrenalin) oder Peptide (Somatostatin).[10] Ihre Wirkung beruht auf dem Schlüssel-Schloss-Prinzip, so dass die Synapsen wie Ventile funktionieren, wodurch sichergestellt ist, dass die Informationen nur in eine Richtung fließen können und dadurch Wechselwirkungen mit nachfolgenden Pulsen ausgeschlossen werden. Die Lücke zwischen zwei

---

[10] Die Salze der Glutaminsäure, Glutamate genannt, sind vor allem als Geschmacksverstärker bekannt. Unsere tägliche Kost liefert bereits etwa 15 Gramm. Unser Körper kann Glutamat aber auch selbst bilden. Als künstlicher Geschmacksverstärker in Misskredit gekommen, wird Glutamat in den Inhaltsangaben von Lebensmitteln oft unter glutamatreichen Zusätzen wie Hefeextrakt versteckt. Im Gehirn läuft ein vom übrigen Körper getrennter Glutamatstoffwechsel ab, der uns vor giftigem Ammoniak schützt.

Synapsen, der synaptische Spalt, wird durch Neurotransmitter enorm schnell, meist in weniger als 0,1 Millisekunden überwunden, wonach sie nach dem Schlüssel-Schloss-Prinzip an spezifische Rezeptoren andocken. Dabei existieren für jeden Botenstoff mehrere Rezeptoren. Als erster Neurotransmitter wurde das Acetylcholin bereits in den 20er Jahren des vorigen Jahrhunderts entdeckt. Es vermittelt u.a. die Erregungsübertragung zwischen Nerv und Muskel. Wie bereits beschrieben, sind derzeitig über 20 verschiedene Neurotransmitter bekannt. Mit den Neuropeptiden (das bekannteste Neuropeptid ist das "Endorphin") sind es über 100.

Die Neurotransmitter werden durch die freisetzende Zelle wieder aufgenommen, oder durch spezifisch wirkende Enzyme abgebaut. So spaltet beispielsweise das Enzym Cholinesterase das Acetylcholin als Ester der Essigsäure und des Aminoalkohols Cholin wieder in diese Bestandteile auf.

Vermerkt sei an dieser Stelle, dass Neuropharmaka in diesen Übertragungsmechanismus eingreifen und die Bildung von Neurotransmittern unterbinden oder ihre Produktion erhöhen, aber auch Rezeptoren oder Enzyme blockieren können. Da Neurotransmitter und Rezeptoren nicht nur im Gehirn, sondern in allen Organen und Geweben vorkommen, können sie erhebliche Nebenwirkungen hervorrufen. Im Gehirn wird so der sensorische Input gewichtet, mit vorhandenen Informationen abgeglichen, als subjektive Umwelt gespiegelt, ggf. gespeichert und als Verhalten steuernder Output weitergeleitet. Sekunde für Sekunde übermitteln so unsere Sinnesorgane elektrische Impulse über den Zustand der Umwelt an das Gehirn. Dabei arbeiten Unterbewusstsein und Bewusstsein mit unterschiedlich skalierten Taktraten. Experimente zeigen, dass wir Ereignisse als gleichzeitig erleben, die wir innerhalb von 2 Millisekunden hören oder innerhalb von etwa 10 Millisekunden sehen. Unser Hörsinn ist also deutlich präziser als der Sehsinn, wobei letzterer jedoch im Wachzustand etwa 75% des sensorischen Inputs ausmacht. Erst Reize mit einem Mindestabstand von 30 Millisekunden können wir als aufeinander folgend unterscheiden. Nach der Verarbeitung eines Reizes braucht das neuronale Netzwerk im bewussten Modus folglich ca. 30 Millisekunden, um wieder seinen Ausgangszustand zu erreichen. Die Analogie zur Entladung und Ladung beispielsweise eines Blitzlichtkondensators drängt sich regelrecht auf.

Als Gegenwart erleben wir alles, was innerhalb von 3 Sekunden geschieht. Daraus folgt, dass das Zeitfenster, das wir als Gegenwart erleben, bis zu 100 aufeinander folgende Ereignisse umfassen kann ((3.000/30 = 100). Nach dieser Zeit rutscht das Erlebte in die Vergangenheit. Vor dieser Zeit liegt Zukunft. Es entsteht eine Zeitordnung von Ereignissen: Im Takt von 3 Sekunden erleben wir Gegenwart und im Takt von einer Information pro 30 Millisekunden, also von etwa 30 Informationen pro Sekunde kann unser Gehirn Informationen bewusst verarbeiten. Die Zeit, die dabei von der Reizpräsentation bis zur Reizantwort vergeht, liegt meistens zwischen 60 bis 150 Millisekunden. Automatismen steuern unseren Organismus. Sinneszellen informieren das Gehirn pausenlos über den Zustand des Organismus und der Umwelt. Ein winziger Bruchteil dessen, was in der Umwelt und in unserem Körper geschieht, dringt in das Bewusstsein. Es ist folglich eine Illusion, dass all unsere Wahrnehmungen und Empfindungen an das Bewusstsein gekoppelt sind. Man geht davon aus, dass das Gehirn insgesamt Informationen in der Größenordnung von etwa 11 Millionen Bit pro Sekunde erreichen, davon aber etwa zwei Drittel ausgefiltert, und der Rest im Wesentlichen unbewusst verarbeitet wird. So gelangen nur etwa 7 Byte an Informationen pro Sekunde in unser Bewusstsein. Der weitaus überwiegende Teil der Informationen wird folglich unbewusst verarbeitet, dringt also nicht in unser Bewusstsein. Wir merken gar nicht, was da in unserem Gehirn ständig abläuft.

Wie es ohne Unterbrechungen die aus der Umwelt und unserem Körper eingehenden Informationen mit den im Gedächtnis gespeicherten Bildern, also den im Laufe des Lebens erworbenen

Informationen abgleicht und kontinuierlich Vorhersagen über mögliche Veränderungen der Umwelt und mögliche eigene Verhaltensvarianten produziert.

Darauf komme ich noch einmal in gesonderten Abschnitten zu Gedächtnisbildung, Unterbewusstsein und Bewusstsein zurück.

Ein geschlossenes Bild von der Umwelt, eine sinnvolle Speicherung von Informationen in der Abfolge von Ereignissen, aber auch die Koordinierung von Sinneseindrücken mit der Motorik können nur zustande kommen, wenn es einen zeitlichen Bezugsrahmen, eine Art innerer Uhr gibt, die die Prozesse zwischen den einzelnen Neuronen und die Neuronenaktivitäten der verschiedenen Hirnareale synchronisiert. Ohne dieses Zeitsystem, das seinerseits Leistungs- und Erholungsphasen steuert, könnte der Organismus nicht überleben, würde schnell in Chaos verfallen und untergehen. Und erst das dadurch entstehende Zeitgefühl ermöglicht die logische Verknüpfung von Bewusstseinsinhalten. Wissenschaftliche Untersuchungen zeigen nun, dass es nicht nur beim Menschen, sondern bei allen höheren Organismen einen Taktgeber gibt, der sich am Tag-Nacht-Zyklus und an den Jahreszeiten orientiert, der also quasi auf der Basis der periodischen Veränderungen der umgebenden Natur einen körpereigenen, in etwa der Dauer einer Erdrotation entsprechenden inneren Tag erzeugt. Im Experiment ohne Tageslicht (Andechser Bunkerexperiment) stellt sich ein biologischer Rhythmus von etwa 25 Stunden ein.

Experimente legen nahe, dass sich diese innere Uhr im Suprachiasmatischen Nucleus (SCN) befindet, ein stecknadelgroßes Neuronenbürdel über der Sehnervenkreuzung. Entfernt man diesen Zellhaufen aus dem Gehirn einer Ratte, bleibt sie am Leben, verliert jedoch jegliche zeitliche Orientierung. Von hier wird der Wach-Schlaf-Rhythmus reguliert. Von hier kommen auch die Signale sowohl zur vermehrten Produktion von Geschlechtshormonen in der Pubertät als auch der schrittweisen Einstellung ihrer Produktion mit zunehmendem Alter. Von hier werden ebenfalls die Zelluhren koordiniert, wird über Botenstoffe sichergestellt, dass sich biochemische Prozesse verlangsamen oder beschleunigen. Ausführendes Organ ist die Zirbeldrüse oder Epiphyse. Hier im Gehirn erfolgt die Produktion der verschiedenen Botenstoffe. Da das produzierte Melatonin den Tag-Nacht-Rhythmus reguliert, gilt sie fälschlicherweise als "biologische Uhr". und Träger unseres Zeitbewusstseins.

Chronobiologen unterscheiden individuelle Chronotypen. Das sind Menschen, deren Zelluhren genetisch und altersbedingt bedingt etwas schneller oder langsamer gehen und bei denen sich u. a. die Phase höchster Leistungsfähigkeit entsprechend zeitlich verschiebt. Es gibt also Früh- und Spättypen. Schlafforscher sprechen von "Lerchen" und "Eulen" und plädieren deshalb zum Beispiel für einen gestaffelten Beginn des Schulunterrichts.

Über die Sinnesorgane erreichen uns demnach ständig die verschiedensten Informationen aus der Umwelt, die dann in unserem Gehirn verarbeitet, also als Muster abgespeichert und bei Bedarf wieder abgerufen werden.

Zur Veranschaulichung dieses Vorganges wird nicht selten die Analogie zu einem Computer bemüht. Auch hier werden Informationen über die Tastatur eingegeben und dann mit Hilfe von Software verarbeitet, gespeichert und wieder abgerufen. Richtig ist, dass Gehirn und Computer informationsverarbeitende Systeme sind. Damit hören aber die Gemeinsamkeiten schon auf. Wie wir noch sehen werden, ist unser Gehirn kein Rechner und die Informationsverarbeitung geschieht nach einem anderen Prinzip. Darüber hinaus unterscheidet sich die komplexe, zeitgleiche Verarbeitung von Informationen in den neuronalen Netzwerken qualitativ von der eindimensionalen Arbeitsweise der uns heute zur Verfügung stehenden Rechenmaschinen. Im Gehirn sind Hard- und Software identisch. Ein weiterer grundsätzlicher Unterschied zwischen beiden Systemen besteht darin, dass es sich bei der Informationsverarbeitung des Gehirns nicht um eine 1:1 Widergabe der objektiven Umwelt handelt. Wenn wir am Computer das Wort Mona Lisa eingeben, erscheint es auf dem Bildschirm. Mit einem Tastendruck können wir es abspeichern und bei Bedarf wieder reproduzieren. Wäre der Computer unser Gehirn, würde aus Mona Lisa manchmal Noa Liiise, oder ein anderes ähnlich klingendes Wort werden. Manchmal könnten wir keinerlei Reaktion auf unsere Eingabe feststellen. Eine Analogie zwischen Computer und Gehirn ist folglich zu kurz gegriffen. Im übrigen ist das auch der Grund, warum Roboter solange nur programmierten Algorithmen gehorchende Maschinen bleiben werden, bis es gelingt, sie mit intelligenten Informationsfilterfunktionen auszustatten. Dazu aber später mehr. So weit einige allgemeine Bemerkungen zur Arbeitsweise des Gehirns.

Wie aber funktioniert nun der konkrete Selektionsmechanismus von Informationen?

Es gibt zwei Ebenen der Wahrnehmung, die sensorische und die gedankliche Wahrnehmung, die auch als Vorstellungsbewusstsein bezeichnet wird. Ich werde mich hier vor allem mit der sensorischen Wahrnehmung beschäftigen. Die gedankliche Wahrnehmung funktioniert im Wesentlichen nach dem gleichen Mechanismus, so dass ich auf sie nur zum Schluss kurz zu sprechen komme.

Die sensorische Wahrnehmung untergliedert sich ihrerseits in unbewusste und bewusste Wahrnehmungen. Grundlage der unbewussten Wahrnehmungen bilden bereits abgespeicherte Informationen, auf die blitzschnell zugegriffen werden kann. Hier werden also reflektorische, automatisierte Reaktionen gesteuert. Die zweite, bewusste Wahrnehmungsebene verarbeitet noch nicht abgespeicherte Informationen und reagiert so auf den aktuellen Informationsinput. Wir verfügen folglich über zwei sensorische Wahrnehmungsebenen, zwei Arten der Erkenntnis, eine un-

oder vorbewusste und eine bewusste. Beides zusammen ergibt unsere Wahrnehmungen.

Die unbewusste Wahrnehmungsebene hat sich evolutionsgeschichtlich weitaus früher als die bewusste entwickelt. Sie dominiert daher auch heute noch unsere Wahrnehmungen, da sie im Unterschied zur bewussten Ebene ständig arbeitet, feiner, subtiler ist als das gröbere bewusste Wahrnehmungssystem. Das allein würde jedoch noch nicht die selektive Wahrnehmung erklären.

Wie diese entsteht, möchte ich anhand der nachstehenden schematischen Darstellung verdeutlichen:

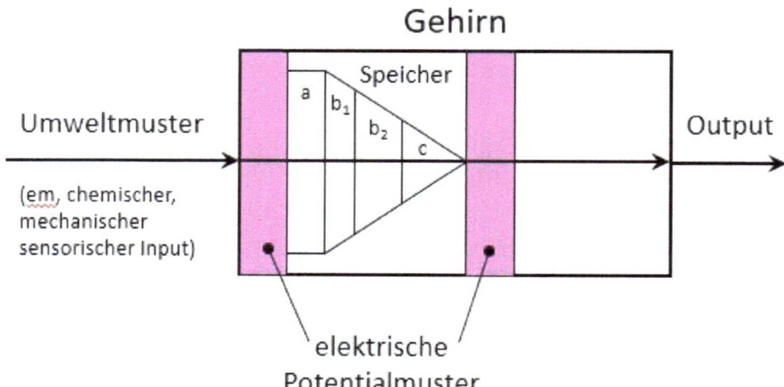

Abb. 40 Die objektive Welt wird nach Passieren des Speichers
        zur subjektive Welt

Die elektromagnetischen, chemischen oder mechanischen Umweltinformationen erreichen nach Verarbeitung in den Sinnesorganen als elektrischer Input das Gehirn und bilden dort Takt für Takt elektrische Potentialmuster. Diese Potentialmuster werden durch den Speicher weitergeleitet, wechselwirken dabei mit diesem und bilden anschließend im bewussten Zustand ein weiteres, von den Wechselwirkungen mit dem Speicher geprägtes elektrisches Potentialmuster. Das objektive Eingangspotentialmuster wird so zu einem subjektiv gefärbten Muster, dem sogenannten inneren Bild. Stellen wir uns folgende Situation vor, um diesen Prozess der Wechselwirkungen der eingehenden Informationen mit den im Gedächtnis gespeicherten Informationen zu verdeutlichen. Vor uns liegt eine bunte Blumenwiese. Ein stetiger Luftzug streicht über dieses Blumenfeld. Wenn wir vor der Wiese stehen, riechen wir den Duft der frischen Luft.

Nach der Wiese ist die Luft mit den Düften der Blumen angefüllt. Der anfängliche Luftzug als neutraler Input ist zu einem von den Blumen der Wiese (den gespeicherten Informationen) gefärbten subjektiven Geruchsbild geworden.

Selektive Wahrnehmung beruht im Kern also auf der subjektiv unterschiedlichen Bewertung objektiv gleicher Informationen. Dies führt zu ihrer unterschiedlichen emotionalen Aufladung und damit zeitlich unterschiedlicher Abspeicherung im Gedächtnis. Was für den einen sehr wichtig ist und dauerhaft gespeichert wird, verbleibt bei dem anderen nur für kurze Zeit im Gedächtnis.

Wie das Gedächtnis im einzelnen funktioniert, werden wir im anschließenden Kapitel behandeln. Zum bessern Verständnis des Selektionsvorganges sei hier nur vorweggenommen, dass sich der Speicher untergliedert in

a) das genetisch vererbte reflektorische Gedächtnis (vererbte Reflexe) als Dauerspeicher

b1) das erworbene reflektorische Gedächtnis als Bestandteil des Langzeitspeichers

b2) den Langzeitspeicher und

c) den Kurzzeitspeicher oder das Arbeitsgedächtnis.

Die Kernfrage ist natürlich, wie man sich die Wechselwirkungen der eingehenden mit den gespeicherten Informationen konkret vorzustellen hat?

Zur Beantwortung dieser Frage möchte ich auf Experimente verweisen, die auf den ersten Blick mit unserem Anliegen wenig zu tun haben, aber uns auf die richtige Spur führen können.

Würde der Geruchssinn nach dem Schlüssel-Schloss-Prinzip funktionieren, sollte es keinen Unterschied machen, ob es sich um normale oder deuterierte Duftstoffe handelt. Bei der deuterierten Form wird der Wasserstoff durch Deuterium ersetzt. Chemisch gibt es keinen Unterschied zwischen den entsprechenden Molekülen. Ihre Vibrationsspektren sind jedoch deutlich verschieden. Verhaltensstudien an Menschen, Bienen und Taufliegen haben nun gezeigt, dass Duftstoffe unterschiedlich wahrgenommen werden, je nachdem, ob sie in der gewöhnlichen oder in deuterierter Form vorliegen. Dies lässt den Schluss zu, dass wir nicht die Moleküle selbst, sondern ihre Schwingungsmuster registrieren. Die Annahme ist also plausibel, dass die Wechselwirkungen der eingehenden mit den im Gedächtnis gespeicherten Informationen ebenfalls auf schwingenden molekularen Strukturen basieren. Wie wir noch sehen werden, sind die Informationen in unserem Gedächtnis in Gestalt von Mustern aus Proteinmolekülen abgespeichert. Man kann folglich Informationsbits als Schwingungsmuster dieser Proteinmoleküle verstehen.

Ich bezeichne diesen Denkansatz als Resonanzmodell.[11] Erinnern wir uns: der unbewusste sensorische Input trifft in Gestalt von elektrischen Pulsen im Gehirn auf gespeicherte neuronale Einzelmuster.

---

[11] Das Resonanzmodell würde auch die starke emotionale Wirkung von Musik erklären, und verständlich machen, warum Musik das ganze Gehirn beansprucht und es kein spezielles Areal für Musik gibt.

Diese Muster werden aus Proteinen gebildet, die über spezifische Schwingungseigenschaften verfügen. Stimmen beide Frequenzen überein, kommt es zur Resonanz. Das Eingangssignal wird verstärkt, was wiederum zur Erregung verbundener Einzelmuster führt. Dadurch wird das Gesamtmuster aktiv. Auf dieses aktive, durch Konditionierung erworbene unbewusste Erregungsmuster stößt der nachlaufende bewusste Input. Stimmen die Muster überein, wird der Input verstärkt. Je mehr er aber von dem unbewussten Erregungsmuster abweicht, desto geringer ist eine weitere Verstärkung der Erregung, desto weniger wird also die Information wahrgenommen. Sie ist quasi emotional negativ gefärbt und wird zudem, wie wir noch sehen werden, nicht oder nur kurzfristig abgespeichert. Bevor wir etwas bewusst wahrnehmen, ist es demnach schon durch einen unbewussten Filter zensiert worden. So ist auch unsere bildhafte Vorstellungskraft geprägt vom Filter des Gedächtnisses. All das empfinden wir als Manipulation oder Verdrängung von Informationen. Die Folge ist das, was wir als selektive Wahrnehmung bezeichnen. Mit anderen Worten: Lebenserfahrung führt zu Erwartungen. Wahrnehmungen, die außerhalb dieser Erwartungswelt liegen, müssen durch starke emotionale Aufladung der bewussten Information oder wiederholtes Üben "erzwungen" werden. Anders gesagt: eine unbewusste Schranke muss überwunden werden, um solche Wahrnehmungen zu speichern und entsprechend zu handeln. Unsere Wahrnehmungen werden so früheren Erfahrungen, Erwartungen und Zielvorstellungen angeglichen. Der Output des Gehirns besteht dann im bewussten Zustand aus einem Gemenge von unbewussten und bewussten Handlungen, ein Vorgang, auf den ich nochmals beim Abschnitt "Freier Wille" zurückkommen werde.

Die selektive Wahrnehmung führt dazu, dass der überwiegende Teil eingehender Informationen herausgefiltert und nicht verarbeitet wird. Nur wenige Sinnesreize, die das Gehirn erreichen, gelangen in das Bewusstsein. Manche eingehenden Informationen werden jedoch verstärkt und bei ihrer kognitiven Verarbeitung übergewichtet.

Auch hier unterscheidet sich die Arbeitsweise des Gehirns nicht von Mechanismen, die beispielsweise aus der Laborroutine bestens bekannt sind.

Die nachstehende Grafik soll das verdeutlichen.

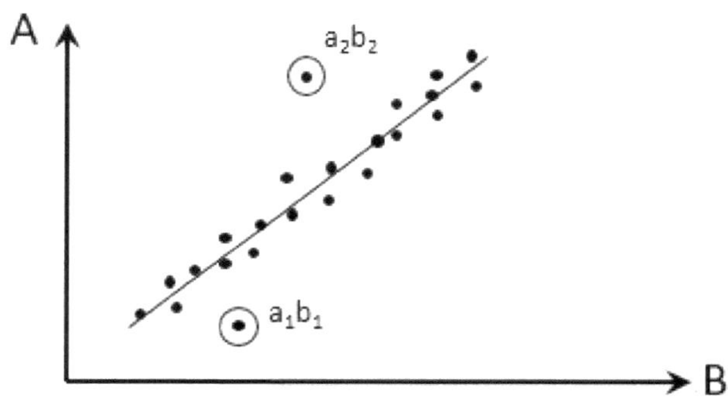

Abb. 41 Selektive Wahrnehmung

Bei a_1b_1 und a_2b_2 handelt es sich um sogenannte Ausreißer, das heißt um Messwerte, die aus dem Rahmen fallen, und daher in der Regel bei der mathematischen Modellierung des Prozesses keine Berücksichtigung finden.

Es gibt aber auch Prozesse, bei denen nur die Ausreißer interessieren. Hier werden zu erwartende Messergebnisse vor der rechentechnischen Verarbeitung herausgefiltert, um den Rechner nicht zu überfordern.

Die Rechnerkapazität kann so auf die vollständige Analyse und Speicherung der Ausreißer konzentriert werden. Dies geschieht beispielsweise beim Large Hadron Collider (LHC) des Zentrums europäischer Kernforschung in Genf (CERN) durch Triggersoftware, die über 99,999% der etwa 40 Millionen Kollisionsereignisse pro Sekunde als bekannt erkennt und bei den weiteren Berechnungen nicht berücksichtigt. Die Analyse kann sich so auf 0,001% der Ereignisse konzentrieren.

Was hier durch Algorithmen erreicht wird, basiert im Gehirn auf biochemischen Automatismen.

Abschließend noch eine kurze Bemerkung zur gedanklichen Wahrnehmung oder dem Vorstellungsbewusstsein. Der Informationsinput kommt hier nicht vom sensorischen Apparat, sondern über eine abrufende Instanz, auf die ich noch zu sprechen komme, also vom Gedächtnis selbst. Der gedankliche Abruf von Informationen unterscheidet sich für den Speicherapparat folglich nicht von der bewussten Wahrnehmung der Außenwelt und unterliegt damit dem gleichen und damit unsere subjektive Sicht der Realität so sehr wie unsere Phantasie. Die sinnlich erfahrbare Realität wird so ein Teil der Wirklichkeit. Glaube wird zur Realität. Fakten werden ersetzt durch gefühlte "Wahrheiten." Gefühlte Wahrheiten sind die kleinen Schwestern der Lüge. Postfaktisch ist der in Mode gekommene Begriff, der sie verharmlost.

Wenn sich jemand auf den "gesunden Menschenverstand" oder selbst Erlebtes beruft, kann eine gesunde Skepsis nicht schaden.

Der "gesunde Menschenverstand" ist dünnes Eis, auf dem wir uns bewegen, wenn wir damit etwas beweisen wollen. Die Werbewirtschaft, die Medien und die Politik kennen diesen Mechanismus und nutzen ihn nicht selten schamlos aus, um uns zu manipulieren. Richter wissen, dass Augenzeugenberichte die am wenigsten zuverlässigen Beweise sind. Ein Ereignis, fünf Augenzeugen, fünf verschiedene, nicht selten einander ausschließende Hergangsschilderungen. Das ist eher die Regel als die Ausnahme.

Prüfen Sie sich selbst: Einen guten Bekannten beurteilen Sie nach seinem Charakter, seine fachlichen Qualitäten interessieren

Sie nur am Rande. Wenn es der Zufall will, dass Sie mit ihm zusammenarbeiten müssen und eine gewisse Abhängigkeit von den Arbeitsergebnissen besteht, ändert sich das Verhältnis grundlegend: Die fachliche Kompetenz hat Priorität, ein angenehmer Charakter kann sie nicht ersetzen. Umgekehrt neigen Sie dazu, einem Kollegen weniger angenehme Charakterzüge nachzusehen, wenn er fachlich auf der Höhe ist. Die Persönlichkeit unseres Bekannten hat sich nicht geändert, aber unsere persönliche Wahrnehmung der Wirklichkeit.

In Indien sagt man, in unserer Seele wohnen zwei Wölfe, ein guter und ein böser. Sie streiten und kämpfen den ganzen Tag. Am Ende gewinnt immer der, den wir gefüttert haben. Welch ein treffendes Bild für die in uns im Verlaufe der Evolution geprägten Handlungsmechanismen. Der deutsche Unterhaltungskünstler Heinz Erhardt (1909-1979) brachte es auf den Punkt als er bemerkte "Sie dürfen nicht alles glauben, was Sie denken."

Fassen wir zusammen:

Im Gehirn führen subjektive Lebenserfahrung, aktueller Hormonstatus und die Konzentration von Neuropeptiden zur Bildung eines Informationsfilters. Er basiert einerseits auf der augenblicklichen Wechselwirkung molekularer schwingender Strukturen und andererseits auf einer über den Blutkreislauf wirkenden trägen und länger anhaltenden Steuerung durch Hormone und Neuropeptide. Dieser Filter bildet die Grundlage dafür, dass wir interpretieren, gewichten, bewerten, ausblenden und unsere Aufmerksamkeit fokussieren können. Jede Information erhält so quasi ein emotionales Label, das von überlebenswichtig über neutral bis zu belanglos reicht. Die individuelle Art der Wahrnehmungen, des Fühlens, Denkens und des Erlebens sowie die eigene spezielle Biographie machen jeden Menschen einzigartig. Für einen Physiker ist somit jeder Mensch von der Zeugung bis zu seinem Tode eine endliche Weltlinie in der Raumzeit.

Emotionen

Wie wir gesehen haben, begann die Evolution von Gefühlen bereits mit den ersten Einzellern, die auf Licht oder Temperatur zweckmäßig reagierten. In dem Maße, wie Gehirne Speicherfähigkeit und damit Denkvermögen entwickelten, entstanden aus Reflexen mehr oder weniger bewusst steuerbare Emotionen. Bei höheren Tieren drängen Emotionen zu Handlungen, zur Fortpflanzung und zu Entscheidungen wie Angriff, Flucht oder Abwarten. Emotionen spielten also von Beginn an die tragende Rolle im Verhalten von Lebewesen, waren Antrieb zum Handeln und wesentlicher Bestandteil von Überlebensstrategien.

Tiere sind nicht nur triebgesteuert, sondern können auch emotionales Bewusstsein entwickeln, teilweise sogar Verständnis für die Bedürfnisse ihrer Artgenossen haben. Bei Wirbeltieren finden die ersten emotionale Prägungen bereits im Mutterleib statt. Begleitet werden sie von den augenscheinlich starken Gefühlen der Muttertiere für den Nachwuchs. Wenn ein Junges so schwach ist, dass sich die Mutter von ihm trennen muss, sind bei Säugetieren die Reflexe - Bindung an das Kind und Bindung an die Herde - als widerstreitende Gefühle der Mutter sogar im leidvollen Gesichtsausdruck beobachtbar. Sie verlässt ihr Junges, um der Herde zu folgen und kehrt wieder zurück. Dies wiederholt sich einige Male, bis das Junge seinem Schicksal überlassen wird.

Auch für den Menschen sind Gefühle die Grundlage jeglicher Motivation. Sie treiben uns an, aktiv zu werden oder abzuwarten, Nahrung aufzunehmen, Gefahren abzuwehren oder für Nachkommen zu sorgen. Dies schließt den Drang schon der ersten Menschen nach künstlerischer Betätigung, nach Abstraktion von Erlebtem, nach Verdichtung von Sinneserfahrung in tiefempfundene Symbolik, nach Verdichtung in eine neue Dimension ein. So machen wir aus Gefühlen Musik und dann aus Musik wieder Gefühle. Gefühle sind auch die Triebkraft unserer Neugier, der kindlichen wie der des Wissenschaftlers. Dem Menschen (aber auch anderen höher entwickelten Tiere) bereitet es Vergnügen, nach dem Wesen von Dingen, nach den elementaren Gesetzen der Natur und des menschlichen Lebens zu suchen, aus denen er sein Weltbild zusammensetzt. Es sind also angenehme Gefühle, die uns nach einem übersichtlichen, für uns verständlichen Bild der Welt, nach einfachen Regeln, um sich zu orientieren und so die Überlebenschancen zu erhöhen, suchen lassen.

All das hat die Werbeindustrie entstehen lassen und bildet die Grundlage dafür, dass sie uns schamlos manipulieren kann. Hier weiß man auch, dass emotionale Aufladung von Bildern wichtiger ist als sachliche Information, um Werbebotschaften langfristig in unserem Gedächtnis zu verankern.

Emotionen lassen sich wie folgt unterscheiden:

- angeborene Emotionen wie Hunger, Durst, Schmerzen, den Lachreflex, Zorn, Angst, Neid, Freude, Traurigkeit, Ekel, Scham, Eifersucht, Liebe und sexuelles Verlangen

- in der Kindheit geprägte Emotionen wie die Beziehungen zur Umgebung (Heimatgefühl), zur Familie und zur Gesellschaft sowie andere, im Laufe des Lebens erworbene Emotionen.

- ab einem bestimmten Lebensalter über Hormone zu- bzw. abgeschaltete Emotionen wie der Sexualtrieb.

Es gibt vier Gruppen von Emotionstheorien. Jede dieser Theorien betrachtet einen besonderen Aspekt von Emotionen. Alle zusammen formen ein Gesamtbild. Die erste Theorie geht davon aus, dass Emotionen genetisch bedingt sind und sich evolutionär herausgebildet haben, weil sie die Überlebenschancen erhöhen. Daneben gibt es die Hypothese, wonach Emotionen Teil unserer Kultur sind. Eine weitere Theorie sieht Emotionen als Ergebnis körperlicher Reaktionen. Wir zittern also nicht, wenn wir Angst haben, sondern wir bekommen Angst, wenn wir zittern. Letztlich gibt es die Auffassung, dass Emotionen das Ergebnis von Denken sind.

Anhänger dieser so genannten kognitiven Herangehensweise glauben, dass es unsere Vorstellungen von den Konsequenzen von Ereignissen sind, die unsere Emotionen bestimmen.

Aus meiner Sicht bilden objektive, biologisch vererbte Mechanismen die Grundlage unserer emotionalen Ausstattung, denen dann eine subjektive gesellschaftliche Konditionierung folgt. Mit anderen Worten: Genetisch angelegte, triebgeleitete fundamentale Emotionen, die sich auch bei unseren nächsten Verwandten im Tierreich finden, werden durch die kulturelle Prägung verändert. In der Folge entstehen spezifische Mischformen und Variationen dieser Basisemotionen. Die Gesellschaft drängt demnach jedem Individuum ihr Wertesystem, ihre Konventionen auf, damit es sich in der Gesellschaft "richtig" verhält und sich ein "richtiges " Bild von der Wirklichkeit macht.

Dafür ein Beispiel:

Ein übermächtiges Gefühl ist das Rachegefühl. Es ist in uns weiter existent und kann die gesamte Lebensenergie binden. Weltweit kennen noch heute etwa 60% der menschlichen Gesellschaften Blutfehden oder die Todesstrafe. Entwicklungsgeschichtlich ist das Rachebedürfnis entstanden, um ein durch Unrecht eingetretenes Ungleichgewicht zu beseitigen. Deshalb ist schon der Rachegedanke mit der Ausschüttung von Glückshormonen verbunden. Deshalb ist "Rache süß". Dies betraf Einzelpersonen wie ganze Sippen. Die Konsequenz waren Blutrache und Nachbarschaftskriege. Das konnte bis zur Ausrottung ganzer Sippen führen. Mit der Herausbildung entwickelter Gesellschaften entstand daher die Notwendigkeit, Selbstjustiz durch Gerichtsbarkeit zu ersetzen, um den Bestand staatlicher Gebilde und ihr Funktionieren zu gewährleisten. So kommt es, dass schließlich der „Ewige Landfriede" von 1495 ein uneingeschränktes Fehdeverbot ausspricht, was nach heutigen Begriffen dem staatlichen Gewaltmonopol entspricht. Die biologische Konditionierung wurde mehr und mehr durch die gesellschaftliche Konditionierung zurückgedrängt.

Sprache, Kultur, Logik, Gesetze, Ethik, religiöse Grundhaltung, Familienstruktur, Tabus, etc., das alles hat tiefgreifende Auswirkungen auf unsere emotional gefärbten Wahrnehmungen, ist, wie wir gesehen haben, der Filter, durch den wir unsere Umwelt wahrnehmen. Wir können es uns nicht gestatten, Gedanken oder Gefühle bewusst werden zu lassen, die mit dem anerzogenen Schema unvereinbar sind, und verdrängen sie. Denken Sie zum Beispiel an das unterschiedliche Verständnis von einer Schamgrenze. Oder an die Faszination des Bösen, wo etwas geschieht, was wir kaum zu denken wagen und gerade deshalb Erleichterung empfinden. Den Gegenpol bildet unsere Sehnsucht nach einer heilen Welt, die um so ausgeprägter ist, je weniger es uns gut geht.

Im Laufe unseres Lebens werden wir so konditioniert, dass wir die Beschreibung einer Welt für die wirkliche Welt halten.

Ohne Gefühle, ohne Emotionen hätte letztendlich nichts in der Welt für uns eine Bedeutung, hätten wir keinen Antrieb, etwas zu tun oder es zu lassen. Gleichgültigkeit, Interessenlosigkeit und Untätigkeit wären die Folge.

Schon der Begriff "Emotion" deutet darauf hin. Das lateinische Verb "movere" bedeutet zu Deutsch "bewegen". Fühlen und Handeln gehören folglich zusammen, bilden eine Einheit.

Im Grunde genommen werden unsere Handlungen von nur zwei emotionalen Mechanismen bestimmt: Entweder wir tun etwas, um eine Belohnung zu erhalten, uns wohlzufühlen, oder wir handeln, um unangenehme Gefühle zu vermeiden, nicht zu leiden.

Das ist die fundamentale Ebene, auf der unsere gesamte Gefühlswelt beruht.

Wohlfühlen ist dabei ein Zustand angenehmer, positiver, erhebender Empfindungen wie Freude, Glück, Liebe oder Ektase, manchmal ein Rausch der Gefühle, Behaglichkeit oder Sicherheit, ein Zustand, möglichst weit weg vom Gegenteil, von negativen Gefühlen wie Angst und Depression. In lebensbedrohlichen Situationen setzt der gleichfalls emotional gesteuerte Überlebenswille gewaltige zusätzliche Triebkräfte frei.

Freude ist oft von Lachen begleitet. Unsere Ansprechbarkeit auf alles, was uns zum Lachen bringt, basiert folglich ebenfalls auf dem Drang nach angenehmen Gefühlen. Lachen entspannt nicht nur, erzeugt beim Erzähler wie beim Hörer ein Gefühl des Befriedigtseins, der Erleichterung und schafft ein Gemeinschaftsgefühl. Lachen stimuliert über die Aktivierung der Lachmuskeln auch das Immunsystem. Lachen ist aber mehr als der Ausdruck von Wohlbefinden.

Evolutionär aus dem Zähnefletschreflex, also aus einer Drohgebärde entstanden, hat es sich im Verlaufe der Evolution zu einem mehr oder weniger steuerbaren Kommunikationsmechanismus und Mittel zur Regelung sozialer Beziehungen und Vermeidung sozialer Konflikte entwickelt. Wir lachen also auch aus dem Gefühl der Überlegenheit heraus (politische Witze) und nutzen es als emotionales Sicherheitsventil.

Ein archaisches Warnsignal ist Angst. Sie lässt alle Sinne hellwach werden. Im "Angstmodus" richtet sich sämtliche Aufmerksamkeit auf die Gefahrenquelle.

Das Zusammenspiel von Emotionsgefüge und Motivation verdeutlicht die aus dem Internet entnommene nachstehende Grafik.

Abb. 42 Emotionen und Motivation

Es ist kein Zufall, dass die positiv besetzten Begriffe oben und die negativen unten stehen. Wenn wir im wörtlichen oder übertragenden Sinne nach oben blicken, fühlen wir uns wohl. Der Blick nach unten ist hingegen mit unangenehmen Emotionen verbunden. Deshalb beneiden wir den Nachbarn um sein größeres Auto und scheuen den Vergleich zum (preiswerteren) Kleinwagen. Deshalb streben die Kirchtürme in den Himmel und deshalb befindet sich die Hölle tief unten im Tartarus. Deshalb streben wir und andere soziale Tiere nach oben, an die Spitze, und scheuen die letzten Reihen.

Emotionen steuern also den Drang zur Befriedigung von Bedürfnissen.

Ein äußerer Auslöser, die Aussicht auf positive Gefühle, motiviert zum Handeln, erzeugt einen Drang, dieses Verlangen zu stillen.

Das Verhalten von Drogensüchtigen kann hierbei als Beispiel dienen. In Tierversuchen konnte gezeigt werden, dass dem Drang nach positiven Gefühlen sogar Vorrang vor Futter gegeben wird und sich die Tiere bis zur Erschöpfung selbst stimulieren.

Wenn die Aktivität des Nervensystems auf innere Befriedigung zielt, dann heißt das, übertragen auf das physikalische System Gehirn, dass hier ein Zustand des inneren Gleichgewichts, der Resonanz zwischen den einzelnen Elementen und Teilsystemen und damit eine Möglichkeit optimaler Energiespeicherung angestrebt wird. Folglich kann man das Gehirn als einen Apparat verstehen, der Erfolg mit angenehmen Gefühlen belohnt und Misserfolg mit unangenehmen Gefühlen sanktioniert.

Was wir wissen, ist, dass Emotionen durch den aktuellen Hormonstatus erzeugt, verstärkt oder abgeschwächt werden. Ihrerseits regeln dann die Emotionen das Verhalten. Hormone spielen also eine zentrale Rolle für die gesamte Hirntätigkeit. Sie sind aber nicht Träger, sondern nur Mittler von Gefühlen. Sie steuern, was und wie wir fühlen, sind die Auslöser von Wohlgefühl oder Niedergeschlagenheit, von Aggressivität oder Angstgefühlen, entscheiden über unsere sexuelle Identität. Fehlfunktionen führen zur einseitigen selektiven Verstärkung positiver oder negativer Emotionen. Wir reagieren dann manisch oder depressiv. Als Botenstoffe überbringen sie aber auch Nachrichten an jede Stelle unseres Körpers. Die Stärke eines Gefühls wirkt wie ein Regler, der über den emotionalen Zustand unser Verhalten steuert. Unser innerer Zustand wird dabei mehr oder weniger durch unser Ausdrucksverhalten nach außen erkennbar. Der Vergleich mit dem Lautstärkeregler eines Radios liegt auf der Hand: Dreht man ihn in eine Richtung, erhöht sich die Lautstärke, dreht man in die andere kann das Signal völlig verstummen.

Es drängt sich natürlich die Frage auf, ob es im Gehirn wirklich einen oder mehrere solcher Regler gibt und wenn ja, wie dann diese Art von Schaltzentralen funktioniert.

Einiges spricht dafür, dass die Kommandos zur Produktion der einzelnen Botenstoffe von spezialisierten Schaltern im Gehirn ausgehen.

So ist der entwicklungsgeschichtlich alte Mandelkern, die Amygdala, zuständig für das Versetzen des Organismus in Alarmbereitschaft.

Von hier geht das Signal an das Nebennierenmark, das die Stresshormone Adrenalin und Noradrenalin ausschüttet. Hier wird auch das Kortisol produziert. Der Preis dafür ist die zeitweilige Hemmung der Immunabwehr, verbunden mit der Unterdrückung von Entzündungen.

Nach allem, was derzeitig bekannt ist, befinden sich die Schalter für das Belohnungssystem in bestimmten, miteinander verbundenen Hirnarealen. Hauptakteur in diesem System ist das so genannte Glückshormon Dopamin, der Neurotransmitter der Belohnungserwartung, der von speziellen (dopaminergen) Neuronen in diesen Arealen produziert wird. Schüttet unser Gehirn Dopamin aus, versetzt uns das in eine frohe Stimmung. Dies ist auch der Grund, warum seiner Neugier nachzugeben, so lustvoll ist. Zahlreiche Drogen bewirken direkt oder indirekt die Ausschüttung von Dopamin.

Das Glücksgefühl selbst wird durch die Ausschüttung von körpereigenen Opiaten, den Endorphinen, und anderen Botenstoffen, darunter auch das Oxytocin, erzeugt. Oxytocin, auch "Kuschelhormon" genannt, wird in zwei Kernen im Hypothalamus gebildet. Es beeinflusst soziale Interaktionen und sorgt für ein besseres Miteinander von Geschlechtspartnern. Beim Stillen führt der Saugreiz zur vermehrten Ausschüttung von Oxytocin, was wiederum bewirkt, dass sich die Mutter noch fürsorglicher um ihr Kind kümmert.

Das in der Zirbeldrüse oder Epiphyse produzierte Melatonin regelt den Tag-Nacht-Rhythmus. Diese Drüse wird daher auch fälschlicherweise als "biologische Uhr" bezeichnet. Das Steuersignal geht aber - wie wir schon gesehen haben - vom Suprachiasmatischen Nucleus (SCN) aus.

Die Pubertät, und damit eine neue Gefühlswelt, beginnt im Hypothalamus. Hier schütten bestimmte Nervenzellen das so genannte Gonadotropin-Releasing-Hormon (GnRH) oder Gonadoliberin aus. Dieses wiederum triggert in der Hypophyse die Freisetzung der Gonadotropine FSH und LH, die ihrerseits im weiblichen Körper die Östrogene Östriol und Östradiol und den Zyklus sowie das Sexualhormon Progesteron und bei Männern in den Hoden die Testosteronproduktion und damit die Spermienbildung anregen. Auch die Pubertät auslösenden Gene sind bekannt, Durch sie erfolgt die Aktivierung der GnRH-Neurone, wodurch die Hormonkaskade in Gang gesetzt wird. Angeschaltet werden die Pubertätsgene durch einen epigenetischen Mechanismus.

Wissenschaftler der Columbia University konnten zeigen, dass es im Subfornikalorgan einen Durstschalter gibt. Stimulierten sie bei Mäusen die erregbaren Nervenzellen dieses Organs, führte dies zum sofortigen Trinken, obwohl die Mäuse zuvor ausreichend Wasser bekommen hatten. Wurden die hemmbaren Nervenzellen stimuliert, hörten die Nager augenblicklich zu trinken auf. Der Signalweg ist noch nicht bekannt.

Emotionen regeln also Verhalten. Aber, was nicht weniger wichtig ist, sie regeln ebenfalls, was wir wahrnehmen und wie lange Wahrnehmungen in unserem Gedächtnis gespeichert werden.

Emotionen bestimmen folglich auch die Informationsspeicherung und damit unser künftiges Denken und Handeln.

Hier sei nur gesagt, dass der hormonelle Zustand des Körpers im Augenblick des sensorischen Informationseingangs im Gehirn, und damit der biochemische Zustand des Gehirns selbst die Biochemie der Speicherung, also ob und wie lange Informationen gespeichert werden, bestimmt. Warum das so ist, und welcher Mechanismus hier zum Tragen kommt, werden wir im Abschnitt Informationsspeicherung noch diskutieren.

Um eingeprägt, mehr oder weniger lange gespeichert zu werden, muss eine Information mit Emotionen verbunden sein. Je stärker sie mit Emotionalität gekoppelt ist, desto länger wird sie gespeichert. Der emotionale Erregungszustand bestimmt folglich die Speicherdauer der Information. (assoziierte Empfindungen.) Dies ist auch der Grund, warum Babys und Kleinkinder eine Unmenge von Informationen ein Leben lang speichern. Sie haben eine enorme emotionale Fitness und erkunden höchst motiviert ihre Umwelt.

Vermutlich ist der Hippocampus derjenige Teil des Gehirns, der Informationen und emotionale Zustände zusammenbringt, jeder eingehenden Information quasi eine emotionale Wertung "anheftet". Die gespeicherten Muster werden so zu emotionalen Mustern. Für diesen Ansatz spricht, dass, wenn der Hippocampus verletzt und damit dieser Mechanismus unterbrochen wird, das Langzeitgedächtnis zwar intakt bleibt, es aber unmöglich wird, sich Neues einzuprägen.

Unstrittig ist, dass der Hippocampus eine zentrale Rolle für die Informationsspeicherung spielt. Gespeichert werden aber nur die Informationen und das Wissen um den emotionalen Zustand im Augenblick der Speicherung, nicht aber der emotionale Zustand selbst. "War ich damals aufgeregt", sagen wir, ohne dabei aufgeregt zu sein. Das ist auch der Grund, warum der umgekehrte Prozess, die bewusste Erinnerung an ein Ereignis, um damit verknüpften Emotionen wieder wachzurufen, scheitern muss. Die meisten Menschen lernen aus diesbezüglichen Erfahrungen und geben sich mit schönen oder angenehmen Erinnerungen zufrieden. Manche aber jagen ihr ganzes Leben Phantomen nach und machen sich und andere unglücklich.

Eine besondere Art von Empfindungen sind durch Reize aus dem Inneren des Körpers oder aus der Umwelt entstehende Schmerzen. Das Schmerzsystem tritt in Funktion, wenn bestimmte Reizstärken überschritten werden Es signalisiert, dass der Körper Schaden zu nehmen droht und Handlungsbedarf besteht. Das Schmerzsystem ist also ein lebenswichtiges biologisches Alarmsystem. Schmerzen werden nicht über Hormone gesteuert, sondern sind mit dem sensorischen System gekoppelt. In allen schmerzleitenden Neuronen ist ein bestimmtes Gen mit der Bezeichnung SCN9A aktiv. Mutationen dieses Erbmerkmals können dazu führen, dass ein Mensch sein Leben lang von chronischen Schmerzen verfolgt wird, oder das Gegenteil eintritt, dass keinerlei Schmerzempfinden vorhanden ist.

Emotionen werden nicht gespeichert, hatten wir gesagt. Das trifft nicht zuletzt auch auf den Schmerz zu.

Vermutlich liegt hier sogar in der evolutionären Entwicklung der Ausgangspunkt für die Nichtspeicherung von Emotionen.

Wüssten die Frauen nicht nur, dass die Geburt ihres Kindes mit kaum zu ertragenden Schmerzen verbunden war, sondern würden sie bei jedem Gedanken an die Geburt diese Geburtsschmerzen erneut real durchleben, gäbe es nur Ein-Kind-Familien und die Menschheit wäre längst ausgestorben.

Fassen wir Zusammen:

Emotionen bestimmen nicht nur, was wir im Augenblick tun, sondern auch und nicht zuletzt, wie wir in Zukunft denken und handeln werden.

Das Gedächtnis - ein alternatives Modell der Informationsspeicherung

Das gesamte Erleben eines Menschen wird permanent und unbewusst abgespeichert. Dafür, wie das geschieht, gibt es derzeitig verschiedene theoretische Ansätze. Alle sehen im neuronalen Netz die materielle Grundlage unseres Gedächtnisses. Nach der Speicherzeit unterscheiden Gedächtnisforscher das Kurzzeitgedächtnis bzw. den Arbeitsspeicher und fünf unterschiedliche, aufeinander aufbauende Typen des Langzeitgedächtnisses. Das Arbeitsgedächtnis ist nicht nur zeitlich, sondern auch in seiner Aufnahmekapazität begrenzt. So können wir im "mentalen Notizzettel" nur 7+- 2 Informationen gleichzeitig speichern. Die Zahl von Elementen (Chunks), die man gleichzeitig behalten kann, wird auch als Gedächtnisspanne bezeichnet.

Früher unterschied man noch das Ultrakurzzeitgedächtnis, auch als sensorisches Gedächtnis oder sensorischer Puffer bezeichnet, der die ständig eingehenden sensorischen Informationen bis zu ungefähr einer viertel Sekunde speichert. Nach dieser kurzen Speicherzeit gehen diese Informationen verloren. Neben der zeitlichen gibt es noch eine inhaltliche Kategorisierung des Gedächtnisses. Hier unterscheidet die Wissenschaft ein prozedurales (Handlungsroutinen wie Laufen, Radfahren oder Klavierspielen), ein episodisches (Erlebnisse), ein autobiografisches, ein semantisches (Wortbedeutungen), ein verbales und ein visio-räumliches Gedächtnis. Das episodische Gedächtnis gilt als die höchste Stufe der Gedächtnisentwicklung. Es umfasst unser gesamtes Weltbild und unser Ich. Stellen Sie sich vor, wie Sie eine Straße entlanglaufen und ohne besonders aufmerksam zu sein die Umgebung betrachten. Die Häuserfassaden und vor Ihnen laufende Personen sind nach nicht einmal einer halben Sekunde wieder vergessen. Eine quietschende Straßenbahn, ein blinkendes Blaulicht am Rande der Straße, eine auffallende Leuchtreklame, also bestimmte Informationsanteile, gelangen aber in das Kurzzeitgedächtnis. Hier werden sie bis zu etwa 20 Sekunden gespeichert.

Alles, an das wir uns länger als diese 20 Sekunden erinnern können, ist in das Langzeitgedächtnis gelangt. Hier verbleiben Informationen wie Erlebtes, Gelerntes, Gewohnheiten, Lebensläufe u.a. für Stunden, Tage oder ein ganzes Leben lang. Angenommen wird, dass alle Informationen zunächst in den Arbeitsspeicher gelangen.

Kurzzeiterinnerung soll entstehen, indem sich vorübergehend ein Verknüpfungsmuster, eine Art zeitweiliger "Pfad" zwischen Nervenzellen formt, so dass diejenigen Synapsen, die an der Weiterleitung und Verarbeitung der Informationen beteiligt waren, zeitweilig quasi markiert werden. Die Überschreibung ins Langzeitgedächtnis manifestiert sich dann als dauerhafte Veränderungen der Verknüpfungen und der Übertragungseigenschaften an den Synapsen, einschließlich der Bildung neuer Synapsen. Die Langzeitspeicherung soll folglich auf dem Anschalten von Genen und die dauerhafte Veränderung der beteiligten Synapsen durch neu gebildete Proteine basieren. Die Theorie des Vergessens kennt drei Erklärungsansätze: Man vergisst durch "Verderben" oder durch Verdrängen alter Informationen durch neue. Nach der dritten Theorie wird in Wirklichkeit nichts vergessen. Man verliert nur den Zugang zu den "vergessenen" Informationen. Experimentelle Bestätigungen für diese Vergessenstheorien gibt es nicht.

Halten wir also fest, dass nach dem derzeitigen Verständnis der Arbeitsweise des Gedächtnisses die Informationen in Verknüpfungsmustern sowie in oder um die Synapsen herum gespeichert werden, wobei sich nach der Dauer der Speicherung ein Kurzzeitspeicher und ein Langzeitspeicher herausgebildet haben. Die Synapsen spielen also eine Schlüsselrolle bei der Informationsspeicherung.

Diese Sichtweise wirft mehrere grundsätzliche Fragen auf. Ich möchte mich hier nur auf einige Aspekte beschränken.

Nach diesem Modell entspräche die minimale Kapazität des Gehirns für die dauerhafte Speicherung von Informationen der Anzahl der Synapsen. Das wären nach allgemein akzeptierten Angaben etwa 100 Billionen, also 10^{14} Bit. Wenn man berücksichtigt, dass allein die Abspeicherung eines Fotos mehrere MB erfordern kann, erweist sich diese Speicherkapazität als sehr bescheiden und stößt schnell an Grenzen. Geht man davon aus, dass eine Synapse mehrere Bit speichern kann, entsteht das Problem der Saturiertheit, der Sättigung. Mehr und mehr Proteine würden die Funktion der Neurotransmitter, oder die elektrische oder kapazitive Weiterleitung der Signale beeinträchtigen. Faktisch müsste demnach die enorme Speicherkapazität durch unterschiedliche Verschaltungen kodiert sein.[12] Dabei stellt sich die Frage, was wir uns unter einem zeitweiligen Pfad und einer "vorübergehenden Markierung" einer Synapse vorzustellen haben. Dass die Speicherung der Informationen nicht in den Synapsen sondern über die Neuronen erfolgt, kann übrigens als experimentell bestätigt gelten.

So konnte das Verhalten sensibilisierter Kalifornischer Seehasen (eine Schneckenart) durch Entnahme RNA-haltiger Flüssigkeit aus den Neuronen und Injizierung in Nervenzellen nichtsensibilisierter Tiere (also ohne Beteiligung von Synapsen) übertragen werden. ("eNeuro" (DOI: 10.1523/ENEURO.0038-18.2018).

Weiterhin würde es einen enormen Energieaufwand erfordern, ständig einen Teil der Informationen vom Kurzzeitspeicher in einen dauerhaft speicherbaren Zustand zu überführen, die Informationen also auf molekularer Ebene umzuwandeln. Energetisch günstiger wäre folglich ein einziger Speicher mit unterschiedlichen Speicherzeiten.

---

[12] Therapien der Hirnstimulation (Hirnschrittmacher, Gleichstrom, magnetisch induzierte Wechselströme in Nervenknoten) zeigen indirekt, dass die Informationsspeicherung nicht auf elektrischen oder magnetischen Elementen beruhen kann, da ansonsten diese Behandlungsmethoden zum Ausfall des Gedächtnisses führen müssten.

Ein weiterer Aspekt: Das neuronale Netzwerk unterliegt einer hohen Dynamik. Synapsen entstehen neu oder werden abgeschaltet. Folglich gingen auch in oder um Synapsen gespeicherte Informationen ständig verloren. Ein kontinuierliches, das ganze Leben umfassende Gedächtnis könnte sich so nicht entwickeln. Aber es gibt noch eine weitere, experimentell gesicherte Erkenntnis, zu der ein solches Modell im Widerspruch steht: Synapsen sind nach allem, was wir derzeitig wissen, Ventile, die Informationen nur in eine Richtung durchlassen. Wenn dem so ist, stellt sich die Frage nach dem Zugriff auf derartig abgespeicherte Informationen. Wie soll dann Denken, also der Rückgriff auf beliebige Gedächtnisinhalte funktionieren? Schon eine simple Verknüpfung des Sehzentrums mit Gedächtnisinhalten, die in anderen Hirnarealen abgespeichert sind wie beispielsweise einen Geruch, wäre nicht möglich.

Wir hatten gesehen, dass die derzeitigen bildgebenden Verfahren nur Prozesse sichtbar machen, die mit elektrischen bzw. magnetischen Potentialen oder der Aussendung elektromagnetischer Signale verbunden sind. Rein chemische oder bestimmte physikalische "still" ablaufende Prozesse, können mit ihnen nicht erfasst werden. Das hat dazu geführt, dass für die kognitiven Phänomene nach wie vor ausschließlich aktive Elemente des neuronalen Netzwerkes verantwortlich gemacht und Neuronen, Synapsen und Neurotransmitter als alleinige Träger unserer kognitiven Fähigkeiten betrachtet werden. Andere Komponenten des Gehirns und mögliche alternative Mechanismen wurden und werden vernachlässigt.

Das Bild von dem Mann, der nachts auf den Knien unter einer Laterne herumrutscht und offensichtlich etwas sucht, drängt sich mir auf. Danach befragt, was er denn da mache, antwortet er: "Ich habe meinen Schlüssel verloren." "Wo denn genau", fragt der Vorbeikommende? "Da drüben im Gebüsch." "Aber warum suchen Sie dann hier?" "Weil hier mehr Licht ist."

Eine solche vernachlässigte Komponente ist die so genannte weiße Substanz. Obwohl das Nervensystem des Menschen in etwa je zur Hälfte aus Neuronen und dieser Substanz besteht, spielt sie in den gängigen Kognitionstheorien kaum eine Rolle. Diese Vernachlässigung hat im Wesentlichen zwei Gründe: Zum einen sind - wie bereits gesagt - chemische Prozesse innerhalb der weißen Substanz und ihre Wechselwirkungen mit den Neuronen "stille" Prozesse, die durch die derzeitigen bildgebenden Verfahren nicht erfasst werden. Zum anderen wird noch immer von fast allen Fachleuten die Rolle der weißen Substanz auf eine Stütz- und Haltefunktion für das neuronale Netz reduziert.

Eine Neubewertung dieser Substanz eröffnet die Möglichkeit einer grundsätzlich neuen Sichtweise auf die Prozesse im Gehirn. Dazu nachfolgend mehr.

Das Nervengewebe besteht in etwa zu je 50% aus der grauen und der weißen Substanz. Die graue Substanz wird von den Neuronen gebildet, während die weiße Substanz aus Myelin genannten Biomembranen besteht, die als Myelinscheiden die Axone der Neuronen umwickeln. Sie setzen sich zu etwa 70% aus Lipiden, davon etwa die Hälfte aus Phospholipiden und zu 30% aus Proteinen zusammen.

Bei den Myelinscheiden, auch Markscheiden genannt, handelt es sich um ein Gewebe aus so genannten Gliazellen, von denen sich eine Vielzahl unterschiedlichster Typen unterscheiden lassen. Da diese Zellen deutlich kleiner als Neuronen sind, existieren im menschlichen Gehirn etwa 10 bis 50mal mehr Gliazellen als Neuronen. Glia kommt vom griechischen Wort für Glibber oder Leim. Bereits Mitte des 19. Jahrhunderts hatte der deutsche Arzt und Pathologe Rudolf Virchow (1821-1902) diese Zellen entdeckt und vermutet, dass sie eine Stütz- und Haltefunktion haben, die Nervenzellen also miteinander "verleimen". Nach derzeitiger Auffassung bilden die Gliazellen nicht nur das Stützgerüst der Neuronen. Sie sorgen außerdem für die gegenseitige elektrische Isolierung der Nervenstränge (Oligodendroglia), für Nahrung und schaffen Müll aus dem Gehirn heraus.

Darüber hinaus wird einem Teil der Gliazellen (Mikroglia) die Funktion der aktiven Immunabwehr im Zentralen Nervensystem zugeordnet. Einige Wissenschaftler sprechen ihnen auch eine Mitwirkung an der Informationsverarbeitung zu. Insgesamt gesehen werden die Gliazellen aber auch heute noch als "Helferzellen" verstanden. Gliazellen sind ein besonderes Merkmal von Wirbeltieren. Aber auch einige Wirbellose besitzen funktional und strukturell vergleichbare Substanzen.

Im Gehirn liegen die Gliazellen vorwiegend unterhalb der grauen Substanz, also der Großhirnrinde, während das Rückenmark von ihnen umschlossen wird. Schaut man genauer hin, sind die Gliazellen in Gestalt der Myelinscheiden nicht gleichmäßig zwischen den Neuronen verteilt, sondern nur um Axone gewickelt.

Das gilt nicht nur für die Neuronen des Zentralen Nervensystems. Auch die sensorischen und motorischen Axone des peripheren Nervensystems sind myelisiert. Aber die Arten der Gliazellen unterscheiden sich. Im Zentralen Nervensystem werden die Myelinscheiden vor allem von Astrozyten (wegen ihrer sternförmigen Verzweigungen auch Sternzellen genannt) und von Oligodendrozyten gebildet. Beim peripheren Nervensystems bestehen sie überwiegend aus den so genannten Schwann-Zellen. Darüber hinaus werden den Gliazellen noch weitere Zellarten zugeordnet. Die Oligodendroglia wickeln sich eng um die Axone, wobei kleine Lücken frei bleiben, an denen sich bei jedem Nervenimpuls ein elektrisches Feld ausbildet. Dieses Feld reicht bis zur nächsten Lücke, sodass der Nervenimpuls von Lücke zu Lücke springen kann.

Die Bedeutung dieser Lücken und der sprunghaften Fortbewegung der Nervenpulse wird sich noch zeigen.

Zunächst einmal drängen sich mehrere Fragen auf: Warum schafft der Organismus beim Nervensystem für die Erfüllung simpler Stabilisierungs- und Isolierungsaufgaben eine spezielle Art von Zellen und ein spezielles Gewebe, wo doch mit dem viel einfacher gebauten Binde- und Stützgewebe (extrazelluläre Matrix) bereits ein Grundgewebstyp vorhanden ist, der diese Aufgaben im übrigen Körper mit weitaus weniger Aufwand bestens erfüllen könnte? Anders gefragt; Warum leistet sich der Organismus beim Nervensystem einen deutlich höheren Energieaufwand für die angeblich gleiche Aufgabe, als im übrigen Körper? Warum erhöht sich mit steigender neuronaler Aktivität auch der Anteil von Glia? Warum sind die Myelinscheiden nur bei Axonen, also den Informationsausgängen der Neurone vorhanden, während sie bei den Informationseingängen, den Dendriten, völlig fehlen? Warum sind die wie auf Perlenketten aufgefädelt und haben nicht die einfachere Form von Schläuchen? Warum hat die Myelinscheide den relativ komplexen Aufbau einer Biomembran und ermöglicht so den Austausch von Molekülen mit den Neuronen? Warum enthält die Myelinscheide Neurotransmitterrezeptoren, und warum gibt es verschiedene, molekular spezialisierte Kontaktflächen zum Axon? Wie ist die Zuordnung relativ simpler Funktionen mit der Teilnahme von Astrozyten an der Informationsverarbeitung im Gehirn und der Rolle von Gliazellen (Pituizyten) in der Neurohypophyse vereinbar, wo sie Transport, Speicherung und Freigabe von Hormonen in den Nervenfasern beeinflussen?

Wie wir sehen, gibt es eine Fülle von Fragen, die sich mit der nach wie vor angenommenen Funktion der Gliazellen als bloße "Helferzellen" schwer vereinbaren lassen. Dagegen spricht eine Vielzahl von Fakten für ihre Schlüsselrolle bei der Informationsverarbeitung:

Die intensive Suche nach den Ursachen von Alzheimer und anderen neurodegenerativen Erkrankungen hat auch zu interessanten Ergebnissen bezüglich der Rolle der Gliazellen bei der Informationsverarbeitung im Gehirn geführt. Das Augenmerk der Forschung liegt aber nach wie vor auf der Suche nach (wirtschaftlich lukrativen) Behandlungsmöglichkeiten der Alzheimerkrankheit. An Alzheimer, der mit etwa 60% häufigsten aller Demenzerkrankungen, leiden besonders ältere Menschen, aber auch Tiere. In Deutschland sind derzeitig bei stark steigender Tendenz etwa eine Million Menschen von der Krankheit betroffen. Charakteristisch für diese Krankheit ist eine erst verdeckte, dann aber immer rasanter abnehmende kognitive Leistungsfähigkeit. Besonders bemerkenswert ist dabei, dass die Krankheitssymptome mit der Verschlechterung des Kurzzeitgedächtnisses beginnen und das Langzeitgedächtnis erst im späten Stadium betroffen ist. Bei allen Erkrankten werden bereits bevor die ersten klinischen Symptome auftreten zwischen und in den Nerven- und Gliazellen Ablagerungen von fehlerhaft gefalteten Beta-Amyloid und von stärker als normal mit Phosphorsäureresten besetzten Tauproteinen gefunden, die dort sogenannte senile Plaques bzw. Knäuel aus Neurofibrillen bilden. (die in der Folge andere Proteine dazu bringen, dasselbe zu tun.) Beide Verbindungen sind kurzkettige Proteine, also Peptide.

Beta- Amyloid liegt in zwei verschiedenen Formen aus 40 bzw. 42 Aminosäuren vor. Tauproteine haben 7 Isoformen von 352 bis 757 Aminosäuren. Beta-Amyloid-Ablagerungen finden sich aber auch nach schweren Schädelhirntrauma. Interessant ist, dass bisher keinerlei Anhaltspunkte dafür vorliegen, dass sich daraus später eine Demenz entwickelt. Studien haben ergeben, dass A-Beta eine zentrale Rolle bei der Informationsverarbeitung im Gehirn spielt. Wird es aus dem Gehirn entfernt, können die Neuronen keine Informationen verarbeiten. Andere in vitro Versuche haben gezeigt, dass für das normale Funktionieren von Neuronen eine bestimmte Konzentration von A-Beta notwendig ist (American Friends auf Tel Aviv University, 25.11.2009).

Beides, die Erhöhung und die Verringerung der A-Beta-Konzentration dämpfen die kurzfristigen synaptischen Aktivitäten, während angeregte synaptische Verbindungen feuern. (Nature Neuroscience 12, 1567-1576 (2009)). Forscher züchteten im Labor Neuronen, die ohne Gliazellen auskommen. Dann isolierten sie multifunktionale Proteine (Trombospondine), die von Gliazellen produziert wurden, und fügten sie dieser Neuronenkultur hinzu. Zwei der Proteine führten zur Bildung von Synapsen. (Stanford, pte029/11.02.2005). Trombospondine sind u.a. dafür bekannt, dass sie an den Wechselwirkungen zwischen Zellen mitwirken.

Astrozyten enthalten in Vesikeln den Neurotransmitter Glutamat, das bei Freisetzung benachbarte Neurone aktiviert. Andererseits schütten Axone bei Erregung Glutamat und andere Botenstoffe nicht nur in die synaptischen Spalte aus, so dass sie durch Rezeptoren am gegenüberliegenden Dendriten empfangen werden, sondern auch in die umgebende Glia wie Astrozyten aus. Diese wiederum wirken auf die Synapsen dergestalt ein, dass sie zukünftig mehr oder weniger Botenstoffe aussenden. "Damit dürften die Gliazellen mitbestimmen, ob und wie sich Erfahrungggen im menschlichen Gehirn festsetzen. Die Glia gibt zudem die Befehle zur Bildung neuer Synapsen, in Wechselwirkung mit den Neuronen legt sie die Bahnen fest, auf welchen die Erregungen durchs Gehirn strömen". (Jörg Auf dem Höfel, 02.06.2007, www.heise.de/tp/artikel/25/25387/1.html).

Nicht unerwähnt bleiben soll, dass bei der Untersuchung des Gehirns von Albert Einstein im Verhältnis zur grauen Substanz der Nervenzellen enorm viel weiße Substanz, also Gliazellen, gefunden wurde.

Untersuchungen an Personen mit einem hochgradig überlegenen autobiografischen Gedächtnis (HSAM für highly superior autobiographical memory) zeigen, dass sich Größe und Form mehrerer Hirnregionen sowohl hinsichtlich der grauen (Neurone) als auch der weißen (Glia) Substanz von denen von Kontrollgruppen unterscheiden.

Jüngste fMRT-Scans zur weiteren Kartierung des Gehirns nach Hirnarealen, die mit der Erledigung spezieller Aufgaben korrelieren, zeigten im übrigen bei den Untersuchungen, dass nicht nur spezifische neuronale, sondern auch unterschiedliche Muster der weißen Substanz, also des Myelin-Netzwerkes entstehen.

Bedauerlicherweise wurden diese Fakten nicht in einen größeren Zusammenhang gestellt, sondern nur als Teilergebnisse auf der Suche nach den Ursachen neurodegenerativer Erkrankungen gewertet. Und dies, obwohl bereits seit den 80er Jahren des vorigen Jahrhunderts erste Hinweise dafür vorliegen, dass die Bedeutung der weißen Substanz für die kognitiven Fähigkeiten unterschätzt wird.

Halten wir zusammenfassend fest:

Bei Entfernung der weißen Substanz können die Neuronen keine Informationen verarbeiten. Von Gliazellen gebildete Proteine bewirken die Bildung von Synapsen. Fehlerhaft funktionierende Peptide der weißen Substanz führen zum Ausfall der Gedächtnisfunktion. Die Neurowissenschaft ist zu der Erkenntnis gelangt, dass Gliazellen am Prozess der Informationsverarbeitung, -speicherung und -weiterleitung mitwirken, dass sie quasi eine unterstützende Rolle spielen.

Aber reicht das? Dass die weiße Substanz am Prozess der Informationsverarbeitung,-speicherung und Weiterleitung nur mitwirkt, erscheint erneut zu kurz gegriffen. Die bereits vorliegenden Daten sprechen eher dafür, ihr eine fundamentale Rolle beim Zustandekommen kognitiver Fähigkeiten zuzuordnen. Ihre Stütz- und Isolierungsfunktion wären dann nur eine Nebenfunktion. Ihre Hauptaufgabe bestände in der Speicherung von Informationen. Die weiße Masse würde dann das Gedächtnis des Zentralen Nervensystems repräsentieren.

Lassen Sie uns diese Annahme näher untersuchen und rekapitulieren wir dazu noch einmal die bekannten Wechselwirkungen zwischen Neuron und Glia.

Die elektrischen Signale breiten sich in den Membranen der Neuronen mit einer Geschwindigkeit von bis zu 100 m/s aus. Die Signalübertragung erfolgt dabei nicht durch den Fluss von Elektronen, also durch elektrische Ströme, sondern durch einen elektrischen Schwingungsprozess, der in der Neuronenmembran benachbarte Moleküle - wenn man so will auf horizontaler Ebene - durchläuft. Es ist folglich vorstellbar, dass diese Wellenbewegung auch eine vertikale Komponente entwickelt, die sich in das umgebende weiße Gewebe fortpflanzt, mit ihm wechselwirkt. Dafür spricht, dass ein Teil der während der Erregungsleitung durch das Axon freiwerdenden Kaliumionen von den Gliazellen aufgenommen wird. Weitere Hinweise ergeben sich aus der Struktur des Glia selbst: Die Oligodendroglia ist eng um die Axone gewickelt, wobei kleine Lücken frei bleiben, an denen sich bei jedem Nervenimpuls ein elektrisches Feld ausbildet. Dieses Feld reicht bis zur nächsten Lücke, so dass der Nervenimpuls von Lücke zu Lücke springen kann. Zudem kann ein Oligodendroyt Axonabschnitte mehrerer benachbarter Nervenzellen umwickeln.

Betrachten wir zunächst den prinzipiellen Aufbau des Gedächtnisses.

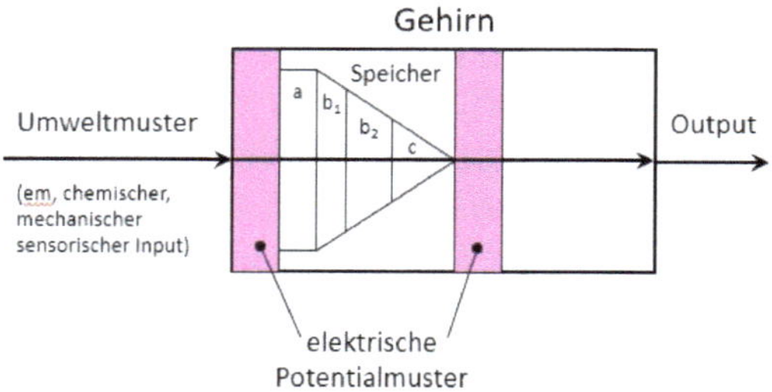

Abb. 43 Gedächtnis

Das Gedächtnis untergliedert sich in

a) das genetisch vererbte reflektorische Gedächtnis (vererbte Reflexe) als Dauerspeicher

b1) das erworbene reflektorische Gedächtnis als Bestandteil des Langzeitspeichers

b2) den Langzeitspeicher und

c) den Kurzzeitspeicher oder das Arbeitsgedächtnis.

Die Balkenhöhe steht für die Speicherdauer.

Auf die Rolle der elektrischen Potentialmuster bin ich bereits im Abschnitt Wahrnehmungen eingegangen. Sie sollen uns hier nicht weiter interessieren.

a) Ein Teil der gespeicherten Informationen ist nicht erworben, sondern genetisch vererbt. Das Gedächtnis Neugeborener ist daher nicht "leer", sondern bereits mit einer Art "Betriebsprogramm" aus angeborenen Reflexen ausgestattet, Informationen, die nicht erst erworben werden müssen. Sie sind lebenslang besonders fest im Gedächtnis verankert, und sichern das Gesamtgleichgewicht des Organismus (Homöostase). Hierbei handelt es sich um die Regelkreise des vegetativen Nervensystems, die lebenswichtigen Vitalfunktionen wie Herzschlag, Atmung, den Magen-Darm-Trakt (Hunger, Durst, Verdauung), die endo- und exokrinen Drüsen (Hormon- und Schweißproduktion) sowie den gesamten Stoffwechsel kontrollieren und steuern. Hierzu zählt auch der ab einem bestimmten Lebensalter über Hormone zu- bzw. abgeschaltete Sexualtrieb. Auf diese Regelkreise können wir über das Bewusstsein, also willentlich, nicht direkt einwirken. Sie sind quasi "schreibgeschützt".

Es sind aber mentale Techniken wie Yoga oder Hypnose entwickelt worden, um sie zeitweilig zu beeinflussen und Störungen zu beheben.   So lässt sich Herzrasen vermeiden, indem z.B. die Angst vor Spinnen genommen wird.

b1) In diesem Teil des Gedächtnisses ist all das, was wir unter gesellschaftlicher Prägung und Kultur verstehen, gespeichert, die Beziehungen zur Umgebung (Heimatgefühl), zur Familie, gesellschaftliche Normen sowie im Laufe der Kindheit erworbene Emotionen wie Angst, Freude, Traurigkeit, Ekel, Scham. Hier manifestieren sich auch unsere sieben Todsünden vom Hochmut bis zur Faulheit.

Evolutionsgeschichtlich ist dieser Teil nach dem reflektorischen Gedächtnis entstanden und bildet die Grundlage für den Übergang zu bewusstem Denken. Die Pawlowschen Versuche belegen das und sind damit weit mehr als der Beleg für erlernbare Reflexe, sondern ein Schlüsselexperiment für das Verständnis der Arbeitsweise des Gedächtnisses.

b2, c,) Im Lang- und Kurzzeitspeicher werden der sensorische Input und Ergebnisse von Denkvorgängen abgelegt.

Die Einteilung in diese Gedächtnistypen ist relativ willkürlich. Eine Sonderstellung nimmt dabei aber das genetisch vererbte Gedächtnis ein. Nach derzeitigem Verständnis ist es Bestandteil des Langzeitspeichers. Da die in diesem Teil des Gedächtnisses gespeicherten Informationen im Unterschied zu den übrigen Gedächtnisinhalten nicht gelöscht werden können, wäre hier der Begriff des Dauerspeichers zutreffender.

Wie funktioniert nun dieser Speicher?

Zunächst ist zu klären, welche Elemente einer Information gespeichert werden müssen, was also in den Proteinstrukturen des Gedächtnisses so verpackt sein muss, dass auf diese Informationen jeder Zeit unbewusst oder bewusst zugegriffen werden kann.

Im Wesentlichen handelt es sich um drei Elemente:

- die Art
- die Bedeutung und
- der Zeitpunkt

einer Information.
Wie sind nun diese Elemente im Speicher codiert?

Die von den Sinnesorganen eingehenden Informationen werden spezialisierten, in bestimmten Arealen konzentrierten Neuronen zugeleitet. Die Art der Information ist folglich in Art und Anzahl der an ihrer Verarbeitung beteiligten Neuronen erkennbar.

Wie wir gesehen haben, werden im Gehirn aus energetischen Gründen und um die Speicherkapazität nicht zu überfordern aus der Unmenge der ständig eingehenden Informationen die für das Überleben bedeutungslosen ausgesondert. Dies geschieht über den (in der Regel unbewussten) emotionalen Erregungsgrad. Er wird damit zum Gradmesser für die Bedeutung einer Information für die Überlebensfähigkeit des Organismus. Wir können uns das so vorstellen, dass der emotionale Zustand des Gehirns den Informationen vor ihrer Abspeicherung quasi Wertungen wie überlebensnotwendig, wichtig oder unbedeutend anheftet.

So bildet sich ein Wichtungsgefüge, es entstehen Kategorien von Informationen, die in Proteine mit unterschiedlicher Speicherdauer codiert werden. Aus belanglos wird Kurzzeit- und aus überlebenswichtig eine Langzeitspeicherung. "Das hat sich in meine Erinnerungen eingebrannt", sagen wir. Und schließlich können lebenslang gespeicherte Informationen, wie wir im Kapitel Epigenetik gesehen haben, an die nächste Generation vererbt werden.

Informationen müssen so gespeichert sein, dass ihre zeitliche Zuordnung möglich ist, das heißt, dass wir sie der Vergangenheit, der Gegenwart oder der Zukunft zuordnen können. Hier sind zwei Mechanismen vorstellbar: die zeitliche Markierung der Speichermoleküle durch die innere Uhr, oder als Platz in der Schicht eines Proteinstapels. Letzteres erscheint einfacher und damit wahrscheinlicher. Ich komme darauf gleich zu sprechen.

Halten wir fest: die Art einer Information lässt sich als Ort im Gehirn, die Bedeutung als Struktur von Speicherproteinen aus Glia und der Speicherzeitpunkt als deren Abfolge in einem Glia-Stapel codieren.

Ein weiterer Aspekt ist von fundamentaler Bedeutung: Wir hatten gesehen, dass die derzeitigen Vorstellungen von der Speicherung der Informationen in oder um die Synapsen ausgehen. Dabei kann nicht erklärt werden, warum der ständige Rückbau von Synapsen nicht zu Informationsverlusten führt. Die Speicherung in Gliastrukturen um die Axone, die vom dynamischen Umbau der neuronalen Strukturen nicht betroffen sind, klärt dieses Problem.

Greifen wir wieder die vereinfachte Darstellung der emotionalen Einfärbung der Informationen auf (in Wirklichkeit handelt es sich um ein Kontinuum aus einer Vielzahl von Zuständen) und ordnen den emotionalen Zuständen "überlebensnotwendig", "wichtig", und "unbedeutend" jeweils ein Peptid, also einfache Proteine zu. Die überlebenswichtige Information wird durch ein langlebiges Peptid, die neutrale durch ein stabiles und die bedeutungslose Information durch ein schnell zerfallendes Peptid codiert. Dabei ist es hier unerheblich, ob die unterschiedlichen Zerfallszeiten der einzelnen Peptidkategorien auf deren Struktur selbst oder auf der Wirkung spezifischer Enzyme beruht.

Welche Befunde sprechen für den Peptidansatz?

Da wäre zum einen, dass sich die Annahme, wonach große Teile der DNA keine Informationen für die Herstellung von Proteinen beinhalten (Junk-DNA) mehr und mehr als falsch erweist. So weiß man mittlerweile, dass in diesen Bereichen RNA-Moleküle produziert werden, die nicht der Proteinherstellung dienen, aber wichtige zelluläre Funktionen übernehmen und dabei unter anderem Gedächtnisprozesse regulieren. Bemerkenswert ist, dass in solchen Bereichen auch Bauanleitungen für Peptide gefunden werden. So identifizierten Wissenschaftler bei Zebrafischlarven Hunderte von lncRNAs, die kleine offene Leseraster (smORFs) besitzen und wohl die Vorlage für kurze Peptide liefern (The EMBO Journal, 2014, 10.1002/embj. 201488411)

Zum anderen zeigen Genexpressionskarten, dass in den einzelnen Arealen des Gehirns jeweils unterschiedliche Genkombinationen aktiv sind, was die spezifischen lokalen Funktionen ermöglicht. Die Großhirnrinde unterscheidet sich dabei von den älteren Teilen des Gehirns in den Genexpressionsmustern, wobei sie über den gesamten Kortes hinweg homogene Aktivitätsmuster aufweist. Es liegt somit nahe, dass die Genaktivität sowohl die einzelnen Zelltypen als auch den Bauplan der so genannten kortikalen Säulen definiert. Diese Säulen weisen eine feste Abfolge verschiedener Zelltypen auf und bilden in ihrer Gesamtheit als dicht nebeneinander liegende senkrechte Strukturen faktisch die Grundbausteine der Großhirnrinde. Es ist zu vermuten, dass sich in dem Rauschen der Genexpressionsmuster Wechselwirkungen von neuronalem Netzwerk und Glia in Gestalt von Peptidbildungen verbergen.

Übrigens stellte sich bei derartigen Untersuchungen heraus, dass beim Rhesusaffen weniger als 5% der Gene im Gehirn deutlich anders als beim Menschen aktiv sind. Dies legt nahe, dass nicht unterschiedliche Proteine, sondern die spezifische Vernetzung der Neurone die besonderen menschlichen Verhaltensmerkmale bedingt. Anders gesagt, es bestätigt, dass im Wesentlichen quantitative Faktoren die gegenüber der übrigen Tierwelt höhere kognitive Leistungsfähigkeit des menschlichen Gehirns bestimmen.

Nicht unerwähnt soll die seit den 1940er Jahren bekannte Beobachtung bleiben, wonach sich zuvor durchsichtige Nervenfasern für kurze Zeit milchig eintrüben, wenn sie ein elektrischer

Impuls durchläuft. Ein Fakt, der als Folge von Proteinbildungen interpretiert werden kann.

Wie können wir uns nun den konkreten Mechanismus der Informationsspeicherung im Glia vorstellen?

Betrachten wir dazu die nachstehende prinzipielle Darstellung.

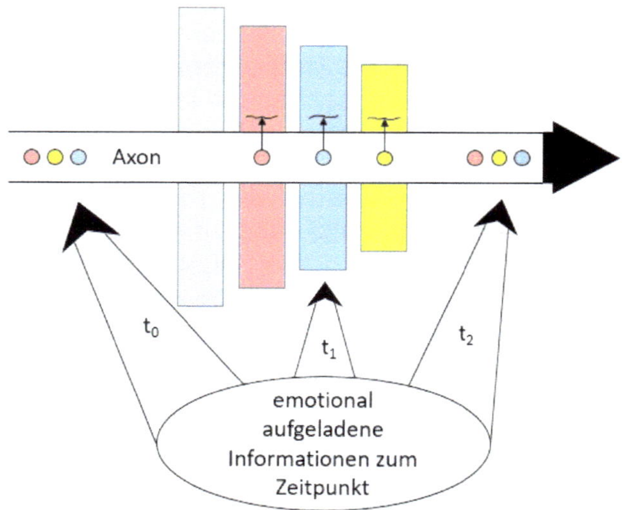

Abb. 44 Emotion und Speicherdauer

Die Abbildung zeigt die bereits in Abb. 35 dargestellten Speicherelemente aus Glia, die in bestimmten Abständen ein Axon umgeben. Die Höhe der Segmente steht auch hier für die Speicherdauer.

Eine Information durchläuft als elektrische Erregung (Aktionspotential) die Membran des Axons und passiert dabei die je nach Hormonstatus aktivierten Gliastapel - hier mit den Farben rot für starke, blau für mittlere und gelb für schwache emotionale Aufladung gekennzeichnet. Dabei wird sie in dem farblich korrespondierenden Stapel als Peptid gespeichert.

Mit der Art und Weise, wie ein Axon feuert, der Häufigkeit und der Geschwindigkeit der Pulse, prägt es die Struktur der umhüllenden Myelinscheiden. Und die Schwingungsmuster der in den Myelinscheiden abgespeicherten Peptide modulieren in der Folge die Axonpulse durch die Veränderungen der Schwellenpotentiale.

Der hier grau dargestellte Dauerspeicher steht für sensorische Informationen nicht zur Verfügung. Mit jedem neuen Ereignis rückt das davor liegende Peptid bzw. die entsprechende Schicht weiter nach außen. Die Zeitabfolge ist somit als Stapelplatz gespeichert, d. h. neue Ereignisse finden sich in unmittelbarer Nähe der Axonmembran, ältere weiter außen.

Auf die Organebene übertragen heißt dies, es entsteht ein Gedächtnis, in dem aus Bits Bitmuster werden, sich zeitlich und nach ihrer Bedeutung geordnete Informationen materialisieren, die jeden neuronalen Prozess beeinflussen. Das ist genau das, was die Wissenschaft mit dem Begriff "Unterbewusstsein" beschreibt.

Ein Wort noch zum Übergang von Informationen aus dem Kurzzeit- in den Langzeitspeicher. Wie wir gesehen haben, bestimmt die emotionale Aufladung der Informationen deren Speicherplatz und damit die Speicherzeit. Beim Lernen spielen Emotionen bekanntermaßen eine große Rolle, was in unserem Bildungssystem leider noch immer zu wenig beachtet wird. Büffeln, ohne das Ansprechen von Gefühlen, erzeugt Informationsmuster, die es nicht in das Langzeitgedächtnis schaffen, oder im Gedächtnis nur für kurze Zeit verbleiben.

Erinnern wir uns: Nach dem Fremdsprachenunterricht sollen wir bis zum nächsten Mal 25 Vokabeln lernen. Kurz vor der Unterrichtsstunde werfen wir noch einen schnellen Blick auf die Vokabelliste. Beim Abfragen sind sie alle präsent. Wird jetzt nach einigen Tagen überraschend eine Kontrollarbeit angesetzt, stellt sich heraus, dass ein Großteil der Vokabeln schon wieder vergessen ist. Sie wurden nur kurz- oder mittelfristig abgespeichert. Der Schock der Kontrollarbeit, oder der schlechten Note kann bewirken, dass sich die emotionale Aufladung der gleichen Vokabeln erhöht. Sie werden jetzt in eine höhere Bedeutungskategorie eingeordnet und damit länger abgespeichert. Die Speicherzeit erhöht sich weiter, wenn sich diese Vokabeln beim Schüleraustausch als wichtig für die Verständigung erweisen, folglich emotional noch stärker aufgeladen werden.

Nach dem derzeitigen Verständnis von der Speicherung werden die längerfristig gespeicherten Informationen aus dem Kurzzeit- in den Langzeitspeicher übertragen. Der hier vorgestellte Speichervorgang beruht hingegen auf einem anderen Mechanismus: Das im Kurzzeitgedächtnis gespeicherte Informationsmuster geht mit der Zersetzung der dieses Muster repräsentierenden Peptide verloren. Die längerfristige Speicherung erfolgt nur bei erneutem Input des gleichen Informationsmusters und bei höherer emotionaler Aufladung. Dieser Vorgang kann sich mehrfach wiederholen und so zur lebenslangen Speicherung einer Information führen.

Halten wir fest:

Unser Gedächtnis und damit unsere kognitiven Fähigkeiten beruhen auf dem Zusammenwirken von Sensoren, Neuronen und Glia. Die Informationen werden über Sensoren zerlegt und spezialisierten Hirnregionen zugeleitet. Dort kommt es in den Neuronenkernen zu zeitweiligen, vom emotionalen Zustand abhängigen epigenetischen Veränderungen der DNA und in der Folge zur Produktion in unterschiedlichen Gliastapeln deponierter Speicherproteine. Durch unsere Sinnesorgane in bit verwandelte Umweltinformationen materialisieren sich folglich in unserem Gehirn in Gestalt von bit-tragenden Proteinen.

Bildhaft gesprochen steht demnach die graue Substanz aus Neuronen für ein Schienennetz, dessen Strecken je nach Verkehrsaufkommen ständig modifiziert werden. Hauptstrecken werden weiter ausgebaut, Nebenstrecken stillgelegt oder verstärkt, Querverbindungen kommen hinzu oder fallen weg. Der Fuhrpark wird regelmäßig gewartet. Die weiße Substanz mit ihren Gliazellen steht für ein gigantisches Logistikunternehmen, das an allen Strecken Depots mit Bitpeptiden unterhält, und die Züge je nach Fahrstrecke mit diesen Bits belädt.

Lässt sich die Glia-Hypothese prüfen?

Wenn die Glia-Hypothese stimmt, sollte der Anteil der weißen Masse am Gehirn mit den kognitiven Fähigkeiten eines Individuums korrespondieren. Kognitiv leistungsfähigere Tiere sollten demzufolge im Vergleich zu weniger leistungsfähigen über einen relativ größeren Anteil weißer Masse an der Gesamtmasse der Gehirne verfügen. Föten einer Art hätten relativ weniger weiße Masse als ausgewachsene Individuen.

Würde man einen speicherfähigen Neuronenklon in zwei etwa gleiche Teile teilen und einen davon für längere Zeit durch periodische Reize stimulieren, sollte eine vergleichende Untersuchung bei den gereizten Neuronen einen größeren Anteil weißer Substanz ergeben.

Von den drei fundamentalen Mechanismen, auf denen die Arbeitsweise des Gehirns basiert, haben wir somit den Wahrnehmungsapparat und das Gedächtnis also die neuronale Verarbeitung von Sinnesreizen und die Abspeicherung der neuronalen Aktivitäten in den Gliazellen diskutiert.

Der Gliaansatz leistet aber noch mehr: Er erklärt nicht nur den Mechanismus der Speicherung von Informationen, sondern eröffnet auch einen Zugang zum Abruf dieser Informationen, also zu dem, was wir unter Denken verstehen.

Wenden wir uns damit dem dritten fundamentalen Mechanismus, dem Denken zu.

Denken

Im Gehirn werden Sinnesinformationen zu einem Gesamtbild zusammengesetzt. Dies betrifft den Augenblick wie auch das gesamte bisher Erlebte (Weltbild). Im Wechselspiel von Unterbewusstsein und Bewusstsein vermögen wir auf frühere Erfahrungen/Informationen zurückzugreifen, unbekannte Situationen einzuschätzen, zweckmäßige Entscheidungen für unser Handeln zu treffen., komplexe Probleme zu erkennen und zu lösen, neue Ideen zu entwickeln und Zukunft zu denken und zu planen.

Erinnern, lernen, Probleme lösen, planen, orientieren, überlegen, logisch kombinieren, visuelle Vorstellungen haben, Regeln erkennen, Fantasie entwickeln, das alles sind Begriffe, mit denen wir Denken umschreiben. Im umfassenden Sinne sprechen wir von Kognition. Bei Wikipedia findet man: "Unter Denken werden Vorgänge zusammengefasst, die aus einer inneren Beschäftigung mit Vorstellungen, Erinnerungen und Begriffen eine Erkenntnis zu formen versuchen". Das trifft zweifellos für das Denken des Menschen zu. Der evolutionäre Hintergrund der Entwicklung von Bewusstsein und damit von Denken geht bei dieser Definition aber verloren. Der Mensch ist nur eines von vielen denkenden Tieren. Für alle denkenden Tiere erscheint mir daher folgende Definition zutreffender:

"Denken ist die Fähigkeit, auf der Basis gespeicherter Lebenserfahrungen und des noch nicht abgespeicherten aktuellen Informationsinputs die Umwelt begrifflich zu widerspiegeln und dadurch Handlungsoptionen erkennen und nutzen zu können". Zumindest menschliches Denken geht über die Abbildung von Realität hinaus. Wir können im wachen Zustand, aber auch in unseren Träumen Informationen kombinieren, die sich in der Wirklichkeit nicht kombinieren lassen.

Ob Begrifflichkeit auch bei den übrigen Tieren Voraussetzung für Denken ist, ist strittig. Der Grad der Denkfähigkeit lässt sich an Abstraktions- und Verallgemeinerungsvermögen, an Kreativität und Intuition messen. Im Abschnitt Intelligenz werde ich darauf noch näher eingehen. Wir unterscheiden uns folglich auch beim Denken von der übrigen Tierwelt nur graduell, aber nicht grundsätzlich.

Das ist wichtig festzuhalten, haben wir doch nur auf dieser Grundlage eine Chance zu entschlüsseln, oder zumindest besser zu verstehen, wie Denken funktioniert, welche Mechanismen im Gehirn all das hervorbringen, was wir unter dem Begriff "Denken" subsumieren.

Dieser Abschnitt soll dazu einen Beitrag leisten.

Denken basiert auf gespeicherten Wahrnehmungen. Ohne ein erworbenes Gedächtnis ist Denken nicht möglich, bewegt sich Hirntätigkeit im Bereich von reflektorischen Handlungen.

Wie wir bereits gesehen haben, existieren zwei sensorische Wahrnehmungssysteme, die zeitweilig gleichzeitig arbeiten: Das Unterbewusstsein als ein System reflektorischer, automatisierter unbewusster Reaktionen. Grundlage dieses Systems bilden abgespeicherte Informationen, auf die blitzschnell zugegriffen werden kann, und das Bewusstsein als ein System bewusster Reaktionen auf aktuelle, noch nicht abgespeicherte Informationen. Ergänzt wird dieses System durch die gedankliche Wahrnehmung oder das Vorstellungsbewusstsein. Der Informationsinput kommt hier nicht vom sensorischen Apparat, sondern über eine abrufende Instanz aus dem Gedächtnis.

Im bewussten Zustand arbeiten beide Systeme parallel, im unbewussten Zustand nur die vom Speicherinhalt bestimmten Automatismen. Auf molekularer Ebene sind Unterbewusstsein und

Bewusstsein wechselwirkende höher- (>30 Hz) bzw. niedrigfrequente (ca. 1-30 Hz) Schwingungsmodi.

Unterbewusstsein

Im Gehirn ist eine riesige Anzahl von geerbten und erworbenen Informationen gespeichert, die für das Überleben in einer gegebenen Situation von Bedeutung sind. Der Abgleich mit dem pausenlos über die Sinneszellen eingehenden Informationsinput über den Zustand des Organismus und der Umwelt ist folglich hochkomplex und muss zudem blitzartig erfolgen. Bewusste Prozesse sind zu langsam und zudem zu energieaufwendig, um diese gewaltige Datenflut zu bewältigen. So leitet alleine der Sehnerv jede Sekunde etwa 6 Millionen Informationen ins Gehirn. Wie Sie sich sicherlich noch erinnern, kann unser Bewusstsein aber nur bis zu 7 Byte pro Sekunde verarbeiten. Die Verarbeitungskapazität des Unterbewusstseins übersteigt daher die des Bewusstseins um mehrere Größenordnungen. Als Unterbewusstsein werden dabei diejenigen Bereiche der menschlichen Psyche verstanden, die unserem Bewusstsein nicht direkt zugänglich sind. Die hohe Geschwindigkeit der Informationsverarbeitung ist die Grundlage dafür, dass das Unterbewusstsein als eine Art vollautomatische Steuerung den Löwenanteil der Entscheidungsprozesse übernehmen kann. Nur ein winziger Bruchteil dessen, was in der Umwelt und in unserem Körper geschieht, dringt in das Bewusstsein. Unsere Handlungen, aber auch unsere Gedanken sind daher wahrscheinlich zu über 99% vom Unterbewusstsein gesteuert.

Dazu später mehr. Welchen dominierenden Einfluss das Unterbewusstsein auf unser Bewusstsein ausübt, können wir zu unserem Leidwesen immer wieder erleben:

Wir treffen die (bewusste) Entscheidung, schlafen zu wollen. Aber das Unterbewusstsein drängt unserem Bewusstsein Gedanken auf, die meist um ein aktuelles Problem kreisen und uns nicht schlafen lassen.

Im Allgemeinen werden dem Unterbewussten folgende Phänomene zugeordnet:

- die unbewusste Wahrnehmung, Verarbeitung und Speicherung von Sinnesreizen, darunter unbewusste Lernvorgänge, unbewusste Wertungen, unbewusste Beurteilungen des sozialen Umfeldes

- Informationen, Erinnerungen, die im Gedächtnis zwar vorhanden, aber nicht oder nur bedingt wieder bewusst abgerufen werden können

- durch Training automatisierte Verhaltensweisen wie Laufen, Fahrrad- und Autofahren

- die Wesenszüge unseres Ichs und unseres Egos, also unserer Persönlichkeit.

Das Unterbewusstsein determiniert somit die Gesamtheit der menschlichen Persönlichkeit, bildet die Grundlage für verschiedene Antworten auf die gleichen Fragen, ist der Fundus, aus dem wir schöpfen können, und dies in seinen positiven wie auch negativen gesellschaftlichen Konsequenzen.

Automatismen steuern also weitestgehend unseren Organismus. Fast alle Lebewesen existieren in diesem unbewussten Zustand, handeln reflexhaft oder automatisch.

Jeder, der Autofahren gelernt hat, wird sich daran erinnern, wie anstrengend und ermüdend Fahrten in den ersten Monaten sein können. Nach Jahren der Erfahrung ertappen wir uns dann dabei, wie wir auf der Autobahn, wenn das Verkehrsgeschehen nicht unsere volle Aufmerksamkeit erfordert, auf "Automatik" schalten.

Wir fahren, und gleichzeitig schweifen die Gedanken zu anderen Dingen ab. Gleiches gilt für andere Tätigkeiten, ob wir laufen, ohne zu überlegen, wie wir die Beine setzen müssen, um das Gleichgewicht zu wahren, ob wir uns in einer fremden Sprache unterhalten, ein Instrument spielen, oder bestimmte berufliche Herausforderungen bewältigen. Sie haben sich automatisiert. Allgemeiner formuliert: alle Prozesse, die sich wiederholen und folglich für das Überleben wichtig sind, werden im Unterbewusstsein verankert. Sie sind also nicht nur dauerhaft gespeichert, sondern werden auch automatisch abgerufen, ohne dass sie oder bevor sie bewusstwerden.

Der Vorteil dieses entwicklungsgeschichtlich zuerst entstandenen Mechanismus besteht darin, dass Entscheidungen auf der Basis von gespeicherten Erfahrungswerten sehr schnell, wie wir sagen "ohne nachzudenken", getroffen werden können. Was aber geschieht, wenn die augenblicklich eingehenden Informationen neu sind, oder gar im Widerspruch zu den Erfahrungswerten stehen?

Zur Lösung dieses Problems ist die evolutionäre Entwicklung den nächsten Schritt gegangen, die Herausbildung von Bewusstsein.

Bewusstsein

Unter Bewusstsein wird im weitesten Sinne in Abgrenzung von Zuständen der Bewusstlosigkeit oder dem Schlafzustand die Fähigkeit verstanden, die Umwelt mit den Sinnen und dem Verstand zu erkennen und zu verarbeiten. Synonym sind die Begriffe "bei Sinnen sein" und "Denken" gebräuchlich. Bewusstsein heißt also, sich einer Information aus der Umwelt oder aus dem Gedächtnis bewusstwerden. Es basiert auf einer Art innerem Bildschirm, auf dem ein winziger Teil der in unserem Gehirn ablaufenden Prozesse sichtbar wird. Vermutlich entsteht dieser innere Bildschirm immer dann, wenn Hirnaktivitäten in einer ganz bestimmten komplexen Weise synchron ablaufen. Das, was wir Bewusstsein nennen, ist also eine emergente Eigenschaft komplexer neuronaler

Systeme. Das Gehirn erzeugt aus dem sensorischen Input ein Bild der Umwelt. Es spiegelt also die Umwelt. Eigentlich ist es dieses subjektive Spiegelbild, das wir unter Bewusstsein verstehen. Aber: Dieses Bild entsteht nicht ausschließlich aus aktuell eingehenden Umweltreizen, sondern auch aus den im Gedächtnis gespeicherten Informationen. Es kann, wie der Traumschlaf zeigt, sich sogar ausschließlich aus dem Gedächtnis speisen. Bei der Verarbeitung der Informationen kennt das Gehirn keinen Unterschied zwischen äußeren und inneren Informationen. Läuft dieser Prozess automatisch, sprechen wir von unbewussten Prozessen. Wird er durch unseren Willen gesteuert, handelt es sich um bewusstes Denken. Dieser Zusammenhang wird uns noch weiter beschäftigen. Es wird vermutet, dass alle Wirbeltiere über einfache Formen von Bewusstsein verfügen. Einige erreichen eine höhere Stufe, bei der sie sich nicht nur der Aufnahme von Informationen, sondern auch ihrer selbst bewusstwerden. Zu diesen Tieren mit Selbstbewusstsein gehört der Mensch.

Warum also, stellt sich die Frage, hat sich entwicklungsgeschichtlich bei einigen Wirbeltieren, darunter dem Menschen, dieser sich vom Unbewussten erheblich unterscheidende kognitive Zustand entwickelt? Oder anders formuliert: Worin besteht der evolutionäre Überlebensvorteil gegenüber Tieren ohne Bewusstsein, gegenüber Tieren, die nur reflektorisch oder unbewusst handeln?

Zu dieser Problematik gibt es natürlich wissenschaftliche Abhandlungen. Ich möchte mich der Frage jedoch anhand von Begebenheiten aus dem täglichen Leben nähern, die Sie sicherlich schon selbst in der einen oder anderen Form beobachtet haben.

Im Garten besucht uns aus der Nachbarschaft regelmäßig eine Katze. Nach dem Essen leistet sie uns beim Mittagsschlaf Gesellschaft. Wenn Nachbars Hund bellt, stört sie das nicht. Keine reflektorische Flucht, kein Fauchen. Sie schläft entspannt weiter. Sie hat gelernt, dass ein Zaun den Hund neutralisiert und negiert ihn einfach. Wir waren einige Tage nicht im Garten. Ich sitze auf einer Liege und halte Futter in der Hand. Die Katze kommt, springt auf das Fußende, nimmt ein Stück Futter, springt wieder auf den Boden und frisst. Dieser Vorgang wiederholt sich 2-3mal, dann bleibt die Katze auf der Liege sitzen und frisst Stück für Stück aus meiner Hand. Aus dem reflexgesteuerten Vorgang Beute machen - Beute in Sicherheit bringen, ist eine bewusste Handlung geworden. Die Entscheidung, sitzen zu bleiben und die "Beute" nicht in Sicherheit zu bringen, beruht auf Denken. Das Ergebnis ist wie im ersten Fall Energieersparnis.

Aber zuerst einmal muss die Katze wissen, wo es das Futter gibt. Sie muss wissen, wann wir im Garten sind. Sie muss mich erkennen und wissen, dass von mir keine Gefahr ausgeht. Sie muss folglich ein Orts- ein Zeit-, ein Personen- und ein Situationsgedächtnis entwickeln, um sich diese neue Futterquelle zu erschließen. Die Palette der für sie nutzbaren Energiequellen hat sich erweitert und ihr Überleben hängt nicht mehr allein vom Mäusefangen ab. (Es ist eine kluge Katze und natürlich sind wir nicht die einzige Futterquelle.) Denken hat also dazu geführt, dass sie ein umfangreicheres Futterpotential nutzen und zugleich ihren Energieaufwand reduzieren kann. Aber dafür musste sie auch einen erheblichen Energieaufwand betreiben, um ein solches Gedächtnis zu entwickeln und es ständig mit Energie zu versorgen. Der Nutzen muss aber insgesamt größer als der Aufwand, die Energiebilanz positiv sein, sonst hätte die Evolution keine bewusst denkenden Wesen hervorgebracht. Für den Menschen geht man übrigens davon aus, dass der Energieverbrauch des Gehirns sich mit dem Übergang in den bewussten Modus um etwa das Vierfache erhöht.

Die Erweiterung der Nahrungsgrundlage, Energieersparnis und generell die Erweiterung der Handlungsmöglichkeiten in einer sich dynamisch verändernden Umwelt sind also die treibenden Kräfte für die Herausbildung von Bewusstsein. Dass es sich beim Menschen mit seinen hochkomplexen Überlebensbedingungen von allen Tierarten am weitesten entwickelt hat, ist also kein Zufall. Wie wir bereits gesehen haben befähigt ihn bewusstes Denken, komplexe Vorgänge zu erkennen, aus der Fülle von Informationen aus der Umwelt das Wesentliche herauszufiltern, Probleme zu lösen, Entwicklungen vorherzusehen, Handlungsvarianten durchzuspielen und zu planen, das gespeichertes Weltbild und augenblicklichen Informationensinput zu kombinieren, Informationen unterschiedlich zu wichten und die Folgen eigenen Handels immer genauer abzuschätzen.

Bewusstsein bedeutet Ich-Bezug zur Gegenwart, zur Vergangenheit und zur Zukunft, und somit zu allem, was mit uns und um uns geschieht.

Der grundsätzliche Vorteil bewusster gegenüber unbewussten, automatischen Entscheidungen ist folglich die willentliche freie Entscheidung. Bewusstsein ohne freie Willensentscheidung ergäbe keinen Überlebensvorteil, wäre damit überflüssiger Energieaufwand und würde folglich den Bestand der Art nicht befördern, sondern gefährden. Gäbe es diesen Vorteil nicht, wäre Bewusstheit verzichtbar. Mit dem "freien Willen" werden wir uns daher noch gesondert beschäftigen.

Je größer der Zeitdruck vor einer Entscheidung, je kürzer die Zeit zum Überlegen, desto weniger findet der augenblickliche sensorische Input bei der Entscheidungsfindung Berücksichtigung, desto mehr entspringt sie dem Unterbewusstsein. Schnelle Entscheidungen sind folglich automatische Routineentscheidungen ohne Berücksichtigung augenblicklich eingehender Informationen. Je mehr Zeit für eine Entscheidung zur Verfügung steht, desto mehr wird sie vom Bewusstsein bestimmt, desto stärker kommen die Vorteile des Bewusstseins zum Tragen.

Der Grad von Bewusstsein lässt sich anhand der Gehirnaktivität messen. So zeigen zum Beispiel bei sehr kurzer oder bei längerer Präsentation eines Gegenstandes auf einem Bildschirm, unterschiedliche neuronale Muster, ob ein Gegenstand unbewusst oder bewusst wahrgenommen wurde.

Bevor ich mich der Frage zuwende, wie Denken funktioniert, was uns also zum freien Navigieren zwischen Gedächtnisinhalten befähigt, möchte ich noch auf einige Aspekte von Erinnern und Lernen zu sprechen kommen.

Erinnern

Wir können das in unserem Gedächtnis Gespeicherte in vielfältigster Weise nutzen, indem wir es im Geist zergliedern, frei kombinieren und so virtuelle Realitäten ersinnen. Wir vermögen also nicht nur zu beschreiben, was ist, sondern uns auch vorzustellen, was sein könnte. Im Unterschied zur direkten Wahrnehmung geht es beim Informationsabruf aber immer um begriffliches Denken. Offensichtlich ist dabei, dass wir nur mit Informationen manipulieren können, die wir vorher im Gedächtnis abgespeichert haben.

Ich höre Sie schon protestieren: Aber wir können uns doch mit unseren Gedanken nicht nur in der Gegenwart und der Vergangenheit bewegen, wir können doch auch Zukunft denken! Das aber ist eine Illusion. Hier erliegen wir einer Selbsttäuschung. Unserem Gehirn ist Zukunftsdenken nicht möglich. Es sind immer nur die gespeicherten Daten, also in den Strukturen unseres Gehirns physisch existierende Gedächtnisinhalte, die wir kombinieren können. Denken wir in die Zukunft, werden diese Daten einfach mit einem Zukunftslabel versehen. Wie ist das zu verstehen?

In einer fröhlichen Runde erzählen wir unseren Freunden, dass wir nächstes Jahr nach Mallorca reisen. Alle haben sofort mehr oder weniger klare Vorstellungen von diesem zukünftigen Ereignis. Mehr können sich diejenigen ausmalen, die die Insel aus eigenem Erleben kennen, weniger sagt diese Ankündigung jenen, die nur vom Erzählen anderer eine vage Vorstellung von dieser

Urlaubsdestination haben. Anders gesagt: Je mehr Informationen bei den einzelnen Gesprächsteilnehmern im Gedächtnis abgespeichert sind, je schärfer demnach das bereits im Gehirn vorhandene Bild ist, desto klarer ist die Vorstellung von der Zukunft.

Wiederholen wir die gleiche Szenerie nur mit dem Satz: Nächstes Jahr verreisen wir nach Schumku. Die Gesprächsteilnehmer sind orientierungslos. Schumku kennen sie nicht. Wo könnte das sein? Könnte einem der Klang des Wortes über die mögliche Region etwas sagen? Um die Wissenslücke zu füllen, wird heimlich gegoogelt. Aber auch hier ist nichts zu erfahren! Niemand kann sich etwas unter diesem Urlaubsort vorstellen. Der Blick in die Zukunft versagt! Das kann auch nicht anders sein, denn Schumku ist ein Kunstwort. Diesen Ort gibt es nicht. Keine bereits abgespeicherten Informationen - keine Vorstellungen - keine Zukunft!

Das betrifft sogar die unmittelbare Zukunft. Wir sitzen im Auto und halten den erforderlichen Abstand zum vor uns fahrenden Fahrzeug. Plötzlich kommt der Vordermann ins Schleudern. Wir treten augenblicklich auf die Bremse. Trotzdem kommt es zum Aufprall. Was ist geschehen? Auf einem Stück der Straße hatte sich eine nicht erkennbare Eisschicht gebildet. Weder unser Vordermann noch wir hatten diese Information. Unser Gehirn konnte folglich nur auf der Grundlage der bereits hinsichtlich eines möglichen Bremsweges abgespeicherten Erfahrungswerte für normale Straßenbedingungen entscheiden. Diese entsprachen aber nicht mehr der eingetretenen Situation. Hier war die notwenige Informationen (Bremsweg bei eisglatter Straße) sogar abgespeichert, konnte aber nicht abgerufen werden. Wir können also nur Zukunft denken, wenn notwendige Informationen bereits abgespeichert und abrufbar sind.

Das ist übrigens ein grundsätzliches Problem, wenn wir über Vorgänge in einem mehrdimensionalen Raum nachdenken wollen oder sollen. Unsere Sinnesorgane funktionieren im dreidimensionalen Raum. Folglich sind in unserem Gehirn nur dreidimensionale Informationen abgespeichert. Wir vermögen daher nicht, uns einen vier- oder gar noch höher dimensionalen Raum vorzustellen. Wir können Vorgänge in solchen Räumen uns nur verständlich machen, wenn es gelingt, Phänomene so zu vereinfachen, dass sie im dreidimensionalen Raum erklärbar werden.

Denken ist also gewissermaßen das Ergebnis eines inneren Dialogs zwischen Hirnarealen. Und Gedanken sind das bewusste Ergebnis der Verschaltung von Arealen einschließlich der Gedächtnisinhalte, oder physikalisch ausgedrückt, der synchronisierten Aktivität bestimmter Hirnareale. Es liegt auf der Hand, dass der gleiche Mechanismus auch das Ich-Gefühl, das Ich-Bewusstsein hervorbringt.

Beim Abruf von Gedächtnisinhalten treffen wir wieder auf die gleiche Prioritätenliste, die wir schon im Abschnitt "Informationsspeicherung" kennengelernt haben: Überlebenswichtig - wichtig - nicht wichtig. Als überlebenswichtig eingestufte Informationen sind in der Regel sofort abrufbar, wichtige nach einigem Überlegen, aktuell nicht wichtige erfordern erheblichen kognitiven Aufwand, in der Regel sogar wiederholtes Nachdenken. Dabei ist die aktuelle emotionale Aufladung einer gespeicherten Information schwer zu erkennen, da die Informationsverarbeitung nur teilweise als bewusster Prozess wahrnehmbar ist.

Ist eine bestimmte Information nicht sofort abrufbar, bedarf es der zusätzlichen Stimulation durch aktuelle Bilder, aktuelle Ereignisse oder Nachdenken, um die in verschiedenen Arealen abgespeicherten Teile der Information zu aktivieren und so ein inneres Bild zu erzeugen. "Es ist mir ein Licht aufgegangen, oder da ist ein Korken hochgekommen", sagen wir. Wir kennen aber auch den umgekehrten Vorgang: Bei einschneidenden Erlebnissen reicht noch Jahre danach ein Bild, ein Geräusch oder ein Geruch, um ein ganzes Muster zu aktivieren, das Erlebte wieder bewusst zu machen (posttraumatisches Syndrom).

Die bewusste Erzeugung innerer Bilder hilft uns aber nicht nur, Gedächtnisinhalte abzurufen, sondern auch, effektiver zu denken, sich auf Wesentliches zu konzentrieren. Bobfahrer rasen durch die Eisrinne. Trainingslauf für Trainingslauf werden die Streckeninformationen abgespeichert und so das Unterbewusstsein mehr und mehr befähigt, Abläufe zu automatisieren.

Vor jedem Lauf schließen die Bobfahrer die Augen, rufen sich die Strecke ins Bewusstsein, erzeugen innere Bilder, um diesen Automatismus zu stimulieren. Während des Laufes erlauben dann die größtenteils automatisierten Bewegungen sich auf kritische Punkte, kleinste Abweichungen von der Routine zu konzentrieren und so auf bestimmte Körpersignale sofort reagieren zu können. Erfahrungen werden erneut abgespeichert und so beim nächsten Lauf zum Bestandteil des unbewussten automatisierten Handlungsmusters. Diese Art der Stimulation des Unterbewusstseins, um sich bewusst auf neuen Informationsinput konzentrieren zu können, finden wir nicht nur als Vorbereitungsrituale von Sportlern auf den Wettkampf. Auch vor einer wichtigen Besprechung oder einem zu haltenden Vortrag bedienen wir uns dieser Methode.

Lernen

Lernen verändert den Zustand des Systems Gehirn. Die materielle Grundlage des Lernens besteht dabei aus zwei Komponenten: der quantitativen Veränderung des Speichers und der qualitativen Veränderung der neuronalen Verschaltungen. Beim Lernen kann beides oder nur eine Komponente im Spiel sein. Dabei bildet die Erweiterung des Speichers die einfache Ebene (wir lernen einen weiteren Fakt), während die Veränderung der neuronalen Verschaltungen eine tiefere Ebene darstellt (wir verstehen einen neuen Zusammenhang).

Die Optimierungsprozesse der im Gehirn gespeicherten Daten verändern folglich auch nachfolgende Denkprozesse. Vereinfacht gesagt, wir denken jeden neuen Tag anders. Und dies desto mehr, je mehr neue Informationen unser Gehirn speichert. Für alle Lebewesen gilt folglich die Kausalkette:

Größerer Speicher-größeres Denkvermögen - höhere kognitive Fähigkeiten. Wenn wir in die Schule kommen, lernen wir das Alphabet. Jeder Buchstabe wird als einzelne Information abgelegt. Wenn wir lesen oder schreiben, muss jedes Gedächtniselement einzeln aufgerufen und verarbeitet werden. Aber infolge von ständigen Wiederholungen und von Energieoptimierungsprozessen im Gehirn bilden sich neuronale Netze, die für ganze Wörter stehen. Und dies umso schneller, je öfter ein Wort gebraucht wird. Wir lesen nicht mehr einzelne Buchstaben, sondern ganze Wörter. Und später stehen einzelne Wörter für ganze Sätze oder komplexe Gedächtnisinhalte. So können wir beispielweise um das Wort Sonne einen ganzen Vortrag gestalten. Je nach Anforderungen an das Gehirn bilden sich so im Verlaufe des Lebens aus kleineren Informationsinseln größere, und diese wiederum werden über neuronale Stränge mit anderen neuronalen Netzen verbunden. Wir lernen in Algorithmen zu denken, also auf Wegen, die garantiert eine Lösung für ein Problem finden.

An Denkvorgängen sind also immer verschiedene Speicherorte beteiligt. Schon mit den heutigen bildgebenden Verfahren kann man einfache Signaturen von Denkvorgängen erkennen. Ein Areal setzt Buchstaben zusammen. Ein anderes entschlüsselt den Sinn der Wörter. Ein weiteres ist wiederum für schwarz-weiß-Kontraste zuständig. In einem vierten werden die Wörter mit gemachten Erfahrungen abgeglichen usw.

Jeder Gedanke führt in bestimmten Arealen zu einem Spannungsanstieg von 10 bis 15 Millionstel Volt, einem elektrischen Potential, das sich an der Kopfhaut mit EEG messen lässt.

Es macht dabei keinen Unterschied, ob wir einen Arm heben wollen, der real vorhanden ist, oder einen, der in Folge eines Unfalls verloren wurde. Diese Signale können also abgegriffen, verarbeitet und für die Steuerung von Prothesen oder Schreibsoftware genutzt werden.

Derzeitig konzentriert sich die BCI-Forschung (BCI steht hierbei für Brain-Computer-Interface) dabei auf zwei Arten von Signalen: Erstens auf Signale aus dem Motorkortex, die etwa 500 bis 200 Millisekunden vor bewussten Bewegungen auftreten und Prothesen steuern können. Und zweitens sogenannte P300-Wellen, die etwa 300 Millisekunden nach Ereignissen, wie zum Beispiel dem Lesen eines bestimmtem Wortes auftreten und Grundlage für Schreibprogramme bilden können. Der Proband denkt an ein A und der Rechner wandelt den Gedanken zu einem A auf dem Bildschirm um. Nach etwas Übung, können so ganze Sätze geschrieben werden. Es liegt auf der Hand, dass die Selektion und Identifikation der richtigen Signale aus dem ständigen neuronalen Dauerfeuer eine riesige Herausforderung darstellt.

Das Resonanzmodell

Das große Rätsel bleibt nun die Frage, was alle denkenden Wesen zu dem freien Navigieren zwischen Bewusstseinsinhalten, seien sie aus der aktuellen Realität oder aus dem Gedächtnisspeicher befähigt? Einfacher formuliert: Wie entstehen Gedanken? Wie funktioniert Denken? Welchen Mechanismus setzen wir in Gang, wenn wir denken? Am Computer speichern wir ein Bild in Gestalt einer Pixel-Datei in einem bestimmten Verzeichnis ab.

Wir können es mit Hilfe des Betriebssystems wieder aufrufen, also auf dem Speichermedium finden und wieder zu einem Bild zusammenfügen. Dieser Vorgang ist Ergebnis eines äußeren, von uns eingegebenen Befehls. Auf welcher physikalischen Basis erfolgt aber die innere Navigation in unserem Gehirn? Was befähigt uns, quasi im gleichen Augenblick zwischen beliebigen Gedächtnisinhalten zu wechseln, uns auf eine Blume oder ein vorbeifahrendes Auto zu konzentrieren, oder in unseren Gedanken den letzten Urlaub Revue passieren zu lassen? Gibt es ein "Kommandoorgan", das ein beliebiges Speicherelement ansteuern kann? Der Bewusstseinsforscher Thomas Metzinger von der Universität Mainz vergleicht das Bewusstsein mit einer Art virtuellem Organ des Körpers, in dem Sinnesreize zu einem zusammenhängenden Bild der Umwelt zusammengefügt werden. Könnte uns diese Vorstellung weiterhelfen? Ich halte nichts von virtuellen Teilchen oder Organen, die nicht greifbar sind, die existieren und doch nicht existieren, experimentell nicht zugänglich sind, sich folglich außerhalb der Physik befinden. Aber gibt es im Gehirn vielleicht eine reelle Struktur, die dieses Navigieren ermöglicht?

Der Gedanke einer Art zentraler Exekutive, eines Kommandoorgans, das die in Subsystemen gespeicherten Informationen ansteuert, aktiviert und zu kohärenten Bildern zusammenführt, die uns über das neuronale Netz erreichen, findet sich bereits beim Baddeley-Modell des Arbeitsgedächtnisses. Das sogenannte Transistor-Modell geht von einer Art zentralem Prozessor aus, der alle Denkprozesse managen soll.

Aber solche Struktur müsste über eine gigantische Rechenkapazität verfügen, die jenseits unserer Vorstellungskraft liegt. Mathematische Algorithmen müssten sinnvolle Berechnungen ermöglichen. Aber wer oder was sollte diese gewaltige Anzahl von Algorithmen erstellen?

Der Physiker Michio Kaku vergleicht unser Gehirn mit einem großen Unternehmen. Ich zitiere: " Diesem Modell zufolge gibt es eine riesige Bürokratie, Autoritätshierarchien sowie gewaltige Informationsflüsse, die sich auf verschiedene Büros verteilen. Die wichtigen Informationen enden jedoch schließlich in der Befehlszentrale beim Vorstandsvorsitzenden, für den sich die englische Bezeichnung CEO (Chief Executive Officer) eingebürgert hat. Dort werden die Entscheidungen getroffen" (Michio Kaku, Die Physik des Bewusstseins, Rowohlt, 2014, S.53) Für Kaku könnte also eine Art Superorgan in unserem Gehirn das Denken administrieren. Das gesamte Gehirn würde arbeiten, eine zentrale Denkinstanz dann entscheiden. Die Parallelen zum Transistor-Modell liegen auf der Hand. Die meisten Hirnforscher lehnen diese Hypothesen ab. Ich schließe mich ihnen an. Das heißt für mich aber nicht, dass es keine steuernde Struktur, oder steuernde Strukturen gibt, die den Zugang zu beliebigen Gedächtnisinhalten und ihre freie Kombination ermöglichen. Denken ist ein hochkomplexes Geschehen, an dem eine Vielzahl jeweils wechselnder Hirnstrukturen beteiligt ist. Die Koordinierung dieser Aktivitäten erfordert eine Struktur, die die beteiligten Hirnareale gleichzeitig ansteuert und die Gedächtnisinhalte synchron aktiviert. Ich nenne diese Struktur "Generator". Warum, wird aus den noch folgenden Überlegungen verständlich werden.

Bekanntlich widerspiegelt der Volksmund die Erfahrungswelt und zumeist trifft er den Kern eines Phänomens oder kommt ihm nahe. Das sollte auch für Redensarten über das Gehirn gelten. So sagen wir, dass wir uns den Kopf zerbrechen oder zermartern. Wir denken angestrengt nach oder sind vom Nachdenken erschöpft. Denken ist folglich mit Arbeit, mit geistigem Energieaufwand verbunden. Das wissen wir aus eigener Erfahrung. Hier kann uns auch der Buddhismus helfen. Der Buddhismus kennt verschiedene Meditationstechniken, um den Bewusstseinszustand, also die Hirntätigkeit willentlich zu beeinflussen. Diese, durch Denkaufwand herbeigeführten Veränderungen führen zu Abstrahlungsverlusten, die sich durch bildgebende Verfahren nachweisen lassen. Meditationstechniken bestätigen also, dass Denken mit Energieaufwand verbunden ist. Wenn wir einen Muskel bewegen wollen, benötigen wir Energie. Was aber "bewegen" wir im Gehirn, welchen Mechanismus setzen wir in Gang, wenn wir denken?

Versuchen wir, uns einem solchen Mechanismus zu nähern, herauszufinden, wie er funktionieren könnte und wo die ihn tragenden Hirnstrukturen zu suchen sind.

Nach allem, was wir derzeitig wissen, ist der Thalamus "das Tor zum Bewusstsein".[13]

Der Thalamus ist ein hormongesteuerter Schalter, der das Bewusstsein zuschaltet, also das innere Bild ein- und ausschaltet und damit regelt, ob eine Information bewusst wird, oder aber unterhalb der Bewusstseinsebene bleibt. Von diesem Schaltorgan werden Schwingungen unterschiedlicher Frequenz in den Cortex geleitet. Die Null-Hertz-Linie der Thalamus-Frequenz gilt als sicheres Zeichen des Todes. Bei weniger als 6 Hz schläft der Mensch. Dabei befindet sich der Organismus bei 3 Hertz (Hz) im Zustand des Tiefschlafes oder der Narkose. Ab einer Frequenz von 6 Hz entsteht Bewusstsein, wird also zum ständig arbeitenden unbewussten das bewusste Wahrnehmungssystem zugeschaltet, entsteht ein inneres Bild. Bis etwa 40 Hz (hier beginnen die Gamma-Wellen) werden wir immer wacher. Vereinfacht gesagt, lässt sich demnach das Entstehen eines inneren Bildes mit dem bewussten Zustand gleichsetzen.
Es macht dabei keinen grundsätzlichen Unterschied, ob wir etwas sehen, oder es uns nur vorstellen, also uns an etwas erinnern.

Das innere Bild kann durch sensorische Reize als Spiegel der äußeren Welt, durch Stimulierung von Gedächtnisinhalten, oder durch beides gleichzeitig entstehen.

Das betrifft im Prinzip alle Wahrnehmungen. Die Informationen, die zu diesen Bildern führen, können von den Sinnesorganen kommen, also auf aktuellen Informationen aus der Umwelt basieren, aus dem Gedächtnis, also dem Informationsspeicher abgerufen werden, oder eine Kombination von Beidem darstellen. Wir

---

[13] Im Jahre 2014 berichtete eine französische Forschergruppe, dass bei einer Epilepsiepatientin die elektrische Stimulation des Claustrum, ein subkortikaler Kern im Endhirn von Säugern, zum sofortigen Abschalten des Bewusstseins geführt hat. Seitdem gibt es Spekulationen über eine zentrale Rolle des Claustrum bei der Verknüpfung von Bewusstseinsinhalten und über seine Funktion als An- und Ausschalter des Bewusstseins.

betrachten einen Apfel. Dann schließen wir die Augen und stellen uns diesen Apfel nur vor. In beiden Fällen erscheint vor unserem "geistigen Auge" der Apfel, entsteht das innere Bild eines Apfels. Es ist gleich, ob wir diesen Apfel, den wir sehen, abmalen, oder ob wir ihn aus dem Gedächtnis, also quasi vom inneren Bild, abmalen. Die aktuellen Informationen sind zwar in der Regel detailreicher als der generalisierte Apfel aus dem Speicher.

Das aber ist Folge des Informationsspeicherungsmechanismus (Kurzeitgedächtnis) und nicht des Informationsverarbeitungssystems, das uns hier interessiert. Im Regelfall haben wir viele verschiedene Apfelbilder abgespeichert, wovon bei Bedarf (was für ein Apfel) spezielle Bilder abgerufen werden können. Sind Apfelbilder nicht im Gedächtnis gespeichert, rufen wir die übergeordnete Kategorie Früchte auf. Je weniger Informationen zum interessierenden Gegenstand abgespeichert sind, desto globaler wird die Betrachtungsebene. In unserem Apfelbeispiel könnten das die Ebenen Pflanze-Baum-Laubbaum-Obstgehölz-Apfelbaum-Roter Boskop sein.

Unser Gehirn verfügt demnach über eine Art Zoommechanismus, der es erlaubt, Informationen, angefangen vom generalisierten Weltbild bis hin zu Detailinformationen abzurufen. (Bei den Ortsneuronen ist dieser Mechanismus schon relativ gut erforscht). Halten wir fest:

Im Gehirn gibt es einen Informationsverarbeitungsmechanismus, der nicht zwischen aktuellen von außen eingehenden und bereits abgespeicherten Informationen unterscheidet.

Wie kann ein Mechanismus aussehen, der das leistet, der also ein Bewusstsein hervorbringt, das nicht zwischen aktuellem Informationsinput und bereits abgespeicherten Informationen unterscheidet?

Um diese Frage zu beantworten, kehren wir zu der schematischen Darstellung der Speicherung von Informationen im Gedächtnis zurück (Abb. 44) und ergänzen sie durch Elemente, mit denen diese Informationen wieder abgerufen werden können.

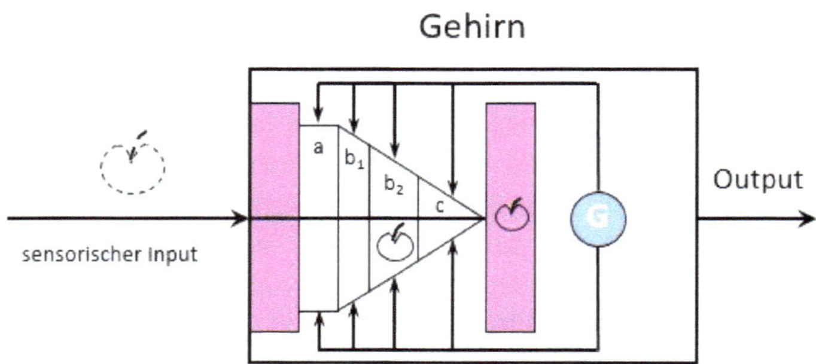

Abb. 45 Resonanzmodell

Die blaue Struktur steht für einen Generator (G) der über Faserleitungen aus Gliazellen mit den Speicherelementen a, b_1,b_2 und c verbunden ist.

Nehmen wir wieder unser Apfelbeispiel und betrachten zwei Situationen: Situation 1, wir sehen einen Apfel. Der sensorische Input wird in ein elektrisches Potentialbild transformiert, das über das neuronale Netz als Aktionspotential weitergeleitet und als inneres Apfelbild reproduziert wird. Situation 2: Wir schließen die Augen und stellen uns einen Apfel vor, denken also an einen Apfel. Dabei wird der Generator G aktiviert. Er steuert gleichzeitig alle Speicherelemente (und damit alle Gedächtnisinhalte) an.

Stimmt die Generatorfrequenz mit der Eigenfrequenz desjenigen Speichermoleküls im Gliastapel überein, das die Information "Apfel" repräsentiert, in unserem Beispiel befindet sich dieses Molekül im Speicher b_2, kommt es zur Ausbildung einer Resonanzschwingung, die ihrerseits im Axon ein Aktionspotential[14] auslöst. Dieses Aktionspotential führt wie in Situation 1 zur Herausbildung eines inneren Apfelbildes.

In Wirklichkeit ist diese stark vereinfachte Darstellung ein hochkomplexes Zusammenspiel einer Vielzahl spezialisierter Nervenzellen, spezialisierter Hirnareale, spezialisierter Leitungsbahnen und unterschiedlicher Speichermoleküle. Beispielsweise sind bisher 30 neuronale Schaltkreise identifiziert, die am Sehen beteiligt sind. Wahrscheinlich sind es noch mehr. Wenn wir uns einen Apfel vorstellen, werden die Konturen aus einem, die Farbe aus einem anderen und der Geruch aus einem weiteren Areal abgerufen. Der Begriff "Apfel" ist ebenfalls gesondert gespeichert. Da der Generator aber alle Speicherelemente gleichzeitig ansteuert und folglich alle Informationen, die zum Begriff Apfel gehören, gleichzeitig aktiviert, synchronisiert er die gespeicherten Informationen, sorgt dafür, dass die "Apfelneuronen" im gleichen Takt feuern und ermöglicht so die Entstehung eines inneren Bildes und von Handlungsmustern. Umgekehrt kann die Aktivierung eines Areals zum Apfel führen: Es riecht wie ein Apfel. Es sieht aus wie ein Apfel aus, sagen wir. Uns soll hier dieses komplexe Zusammenspiel, also die Bildung von Mustern nicht weiter interessieren. Fassen wir zusammen:

Für die Neuronenaktivität ist es erstens nicht von Belang, ob der Reiz zur Auslösung des Aktionspotentials (Feuern) von außen über den sensorischen Apparat (Input) oder von innen, getriggert vom Generator G, kommt, und zweitens in welchem der Gliastapel die Information abgelegt ist, wie lange sie also gespeichert wird.

---

[14] Die Resonanz von Molekülen bewirkt ihre Polarität, dem Entstehen von elektrischen Dipolmomenten. Diese wiederum führen in der Summe zur Herausbildung von elektrischen Potentialen

In allen Fällen entsteht im Prinzip das gleiche innere Bild. Ein an sich simpler, auf der Erzeugung von Resonanzschwingungen beruhender Mechanismus, der ohne "virtuelle" Bestandteile, ohne eine Recheneinheit und Millionen von Algorithmen, der ohne eine Befehlszentrale auskommt, liegt allen Denkvorgängen zugrunde.

Pawlows Experiment zeigt genau diesen Mechanismus: Sieht der Hund Futter, wird der Speichelfluss zur besseren Verdauung ausgelöst. Dies geschieht reflexhaft. Der äußere Reiz (Input) wird zu einem angeborenen Speicher, einem spezialisierten Neuronenkern geleitet, der den Reflex (Output) auslöst. Der gleiche Mechanismus führt übrigens dazu, dass aus einem äußeren Bild (Input) in einem spezialisierten Neuronenkern bzw. -areal ein inneres Bild erzeugt wird (Output). Klingelt bei der Futtergabe eine Glocke, wird diese Information im erworbenen Speicher abgelegt. Die Speicherdauer wächst dabei mit den Wiederholungen, also der wachsenden emotionalen Aufladung des Signals, das mehr und mehr für Futter steht. Da der Generator G alle Speicherelemente gleichzeitig ansteuert, ist es schließlich ohne Belang, ob das visuelle Futtersignal den angeborenen Speicher oder das akustische Glockensignal den erworbenen Speicher aktiviert. Der Hund entwickelt einen Speichelfluss, wenn nur die Glocke ertönt. Dieser Speichelfluss ist aber nicht mehr reflektorischer, sondern erworbener Art.

Im Unterschied zum ersten Mechanismus basiert die Informationsverarbeitung nunmehr nicht nur auf zwei (Input und Output), sondern auf drei Reizleitungen (die Gedächtnisaktivierung durch G sowie Input und Output). Die Ansteuerung des Speichers muss über eine dritte Reizleitung außerhalb der Nervenzellen erfolgen, da zum einen die Ventilfunktion der Synapsen eine Rückkopplung unmöglich machen würde und zum anderen es mit dem sensorischen Input zu chaotischen Signalüberlagerungen käme.

Für die Ansteuerung kommt damit nur die weiße Substanz in Frage. Sie ist folglich nicht nur Speichermedium sondern Basis der Reizleitung vom Generator zu den Speichermolekülen (und möglicherweise von den Speichermolekülen zum Generator). Hat sich dieser Mechanismus erst einmal etabliert, führt die evolutionäre Entwicklung mehr und mehr zum Denken. "Mir läuft schon das Wasser im Munde zusammen, wenn ich nur daran denke", sagen wir. Bei denkenden Tieren wird folglich der unbewusste Reflex durch unbewusste und bewusste Denkvorgänge ergänzt. Der Abruf von Informationen ist Denken, und Denken das willentliche Bewusstmachen von Gedächtnisinhalten. Basis für das Denkvermögen ist dabei die Größe des erworbenen Speichers. Für die Denkgeschwindigkeit spielt hingegen der Arbeitsspeicher, der 7+-2 Chunks in einem unmittelbaren Verfügbarkeitszustand bereithält, eine Schlüsselrolle. Dabei ist es unerheblich, ob es sich um aktuelle Informationen aus der Umwelt, oder um aus dem Gedächtnis abgerufene Informationen handelt.[15]

Beschäftigen wir uns nunmehr näher mit dem Generator G.

G ist Taktgeber und Synchronisator der Aktivitäten der ihm zugeordneten Neurone. Ohne diese Synchronisation wären gleichgetaktete Pulse aller an einem Denkvorgang beteiligten Nervenzellen nicht möglich. Da G Resonanzschwingungen in den Speichermolekülen bewirkt, ist er folglich auch ein Resonator. Wie kann man sich einen solchen biologischen Resonator vorstellen? Aus der Physik sind regelbare Schwingkreise bestens bekannt. Sie bestehen im Prinzip aus miteinander verbundenen, regelbaren kapazitiven (C) und induktiven (L) Widerständen (Abbildung 46). Durch die Änderung dieser Widerstände können Schwingungen unterschiedlicher Frequenz erzeugt werden. Auch biologische Regelkreise (Abbildung 46) sind überall bei lebender Materie zu finden. Jede Zelle, jedes Organ und jeder Organismus ist zugleich Sender und Empfänger elektromagnetischer Schwin-

---

[15] Die Bedeutung des Kurzzeitspeichers für Denkprozesse zeigen Tests, bei denen die Abhängigkeit der Kurzzeitspeicherkapazität vom IQ der Probanden untersucht wurde. So konnten bei einem IQ von 130 140 bit gespeichert werden, wogegen es bei einem IQ von 94 nur noch 70 bit waren.

gungen. Wie wir bereits wissen, beruhen auf dieser Eigenschaft alle bildgebenden Verfahren.

Die nachstehende Abbildung zeigt den prinzipiellen Aufbau beider Schwingkreise.

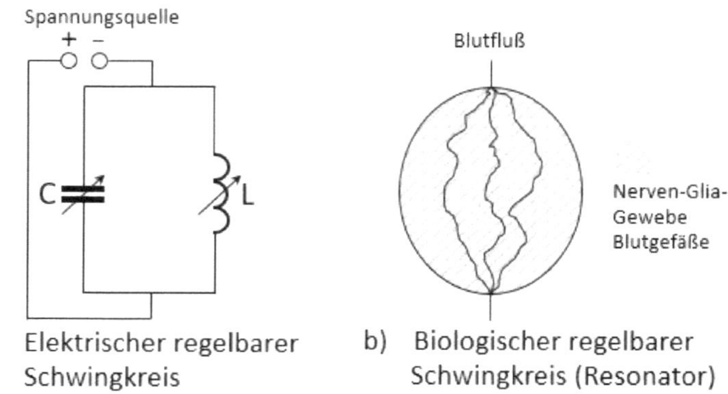

Abb. 46 Erklärungsversuch

Stellen wir uns eine Struktur aus Nerven- und Gliagewebe vor, die netzartig von kleinen Blutgefäßen durchzogen wird. Und stellen wir uns vor, dass die Eigenfrequenz dieser Struktur von der Stärke des sie versorgenden Blutflusses abhängt. Durch Blutdruckveränderungen könnte folglich ein Spektrum von Schwingungen erzeugt werden, das den gesamten Bereich der Eigenfrequenzen der Speichermoleküle umfasst. Wie die dazu erforderlichen biologischen Ventile realisiert sind, lässt sich hier nicht beantworten. Denkbar wäre eine Art steuerbarer Venenklappen, aber auch mechanische Veränderungen der Aderquerschnitte durch Muskelstränge wären möglich. Allgemein bekannt ist, dass sich im Kopf kein Muskelgewebe befindet. Das ist aber nur bedingt richtig. So gibt es Muskeln der Gehörknöchelchen, die für die Regulierung des Hörvermögens wichtig sind. Wenig wahrscheinlich, aber prinzipiell möglich wäre also auch, dass feinste

Fasern der Nackenmuskulatur in den unteren Teil des Hirnstammes (Medulla oblongata) reichen und hier einen oder mehrere Kerne aus grauer und weißer Substanz durchziehen.

Wie wir wissen, bilden die motorischen Nervenfasern an ihren Enden spezielle Synapsen, über die jeweils Muskelzellen und ihre Durchblutung aktiviert werden (Motorische Endplatte). Vorstellbar ist folglich auch ein umgekehrter Prozess: aktivierte Muskelzellen regulieren den Blutdurchfluss. Warum Denken anstrengen kann, würde hier direkt nachvollziehbar.

Bei diesem Modell ließe sich die materielle Basis des Denkvorganges wie folgt zusammenfassen:

Veränderung der Eigenfrequenz eines oder mehrerer biologischer Generatoren durch Blutflußssregulierung - Weiterleitung dieser Erregungen zu den Speicherstrukturen - Entstehung von Resonanzen in bestimmten Speichermolekülen und schließlich die Erzeugung entsprechender neuronaler Bilder oder Aktivitätsmuster. Es gäbe folglich so etwas wie aus fundamentalen Reflexelementen weiterentwickelte fundamentale Denkelemente. Das nachstehende Prinzipschema soll dies verdeutlichen:

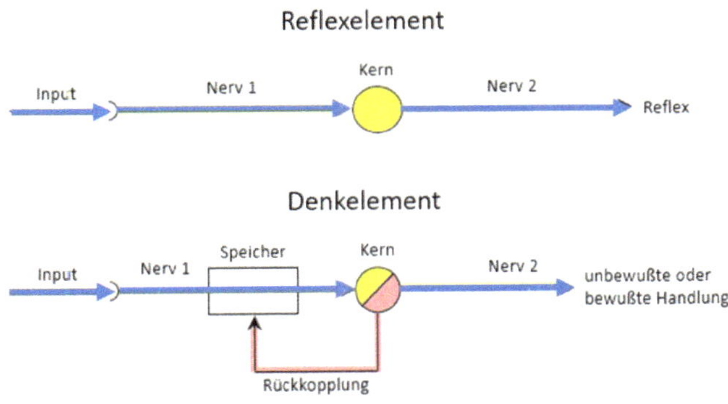

Abb. 47 Denkelement

Beim Reflexelement läuft das Inputsignal über einen Rezeptor und den Nerv 1 zum neuronalen Kern, trifft dort auf andere Inputsignale und löst bei genügender Erregung ein Aktionspotential aus, das über den Nerv 2 zum Reflex führt.

Das Denkelement verfügt neben diesen Elementen über erworbene Informationsspeicher und eine Rückkopplungsleitung vom Kern zu den Speichern. Der Kern besteht darüber hinaus aus einer Verflechtung von neuronalem und Gliagewebe. Im bewussten Zustand entsteht im Kern je Neuron ein Pixel eines inneren Bildes. Wir haben es wiederum mit einem Prinzip zu tun, das dutzende Funktionen trägt. Das kennen wir bereits von unseren Muskeln als kontraktiles Organ, das durch eine Abfolge von Kontraktionen und Relaxationen dutzende innere und äußere Strukturen unseres Körpers bewegen kann.

Der Suchvorgang von Gedächtnisinhalten ist ein kontinuierlicher Prozess. Beim Denken streicht der Generator über den gesamten Bereich der Eigenfrequenzen der Speichermoleküle. Wenn wir an einen Apfel denken, gleiten an unserem inneren Auge aber nicht unzählige Gedächtnisinhalte vorbei, bis der Apfel gefunden ist. Ich vermute daher, dass der Suchvorgang durch eine hohe Ansteuerungsfrequenz auf unbewusster Ebene abläuft, bei Erreichen des gesuchten Begriffes auf einen niedrigeren Schwingungsmodus geschaltet wird und so der Gedanke in das Bewusstsein gelangt. Ob hier der Thalamus als "Tor zum Bewusstsein" mit seinen über 100 bekannten Kernen und wechselseitigen (reziproken) Verschaltungen mit dem Cortex als Bewusstseinsschalter eine Rolle spielt und wie der konkrete Mechanismus funktioniert, ist noch nicht verstanden.

Wo ist dieser Generator oder sind diese Generatoren zu suchen?

Plausibel erscheint, wenn diese Struktur im entwicklungsgeschichtlich älteren Teil des Gehirns zu finden wäre. Dort also, wo die einfachen reflektorischen Mechanismen angesiedelt sind und wo sich Strukturen entwickelt haben, die Denken ermöglichten. Das betrifft den Hirnstamm als den evolutionär ältesten Teil des Gehirns, der sich bereits vor etwa 500 Millionen Jahren herausgebildet hat, den Thalamus und das limbische System, das sich mit den Säugetieren. entwickelte und deshalb auch "Säugergehirn" genannt wird. Der Hirnstamm ist eine nur daumengroße Struktur, die nahtlos in das Rückenmark übergeht. In dieser "Technikzentrale'" befindet sich, eingebettet in auf- und absteigende Nervenbahnen und in weißen Faserzügen eine Vielzahl von Ansammlungen grauer Substanz, so genannte neuronale Kerne und Kerngebiete, die für die reflektorische Steuerung von lebenswichtigen Körperfunktionen, wie Kreislauf, Atmung und Schlaf zuständig sind. Als zentraler Taktgeber und zeitlicher Koordinator für diese Vitalfunktionen wirkt die Formatio reticularis, die, lokal zu neuronalen Kernen verdichtet, sich netzartig durch den gesamten Hirnstamm zieht. Mit anderen Worten: Dieser geerbte Generator steuert spezialisierte Dauerspeicher an, die in spezialisierten Kernen konzentriert sind und beispielsweise die Herzfrequenz regulieren oder den Schluckreflex triggern.

An den Hirnstamm schließt sich der Thalamus an, der seinerseits vom limbischen System umschlossen wird, das doppelringförmig um dem Thalamus liegt. Zum limbischen System gehören solche anatomische Strukturen wie

Hippocampus, Amygdala, Hypothalamus und einige Kerne des Thalamus.

Diese Strukturen, die sowohl graue als auch weiße Substanz enthalten, verarbeiten Reize aus dem Körperinneren (der Hypothalamus ist die Steuerzentrale für das innere Millieu) und von außen, sind für die emotionale Aufladung eingehender Informationen und damit für die Steuerung von Antrieb zuständig. Von der Amygdala wissen wir, dass sie bei unmittelbarer Gefahr den Organismus durch die Ausschüttung des Stresshormons Adrenalin augenblicklich in Alarmbereitschaft versetzt. Sie ist aber auch an der Gedächtnisbildung, am Lernen durch Nachahmen und an der Entscheidungsfindung beteiligt.

Wachheit/Aufmerksamkeit werden vom Locus subcaerulens gesteuert, der zwar als Teil der Formatio reticularis in der Brücke verstanden wird, sich aber in unmittelbarer Nähe befindet. Diese Region steht damit für eine höhere Entwicklungsstufe des Gehirns. Von hier werden nicht mehr evolutionär alte Reflexe gesteuert. Aus dieser Region wird das Denken organisiert. Hier sollten sich auch der oder die (erworbenen?) Generatoren befinden, die das erworbene Gedächtnis im Neocortex ansteuern, das seinerseits dann innere Bilder hervorbringt. Für diese Sicht der Dinge gibt es Anzeichen.

Bekannt sind neuronale elektromagnetische Gamma-(40-200 Hz), Delta-(0,5-4Hz/Tiefschlaf)), Theta-(4-8Hz), Alpha-8(-!3 Hz) und Beta-(13-37 Hz), die im Hirnstamm generiert werden. Von den Gamma-Aktivitäten wissen wir, dass sie im Zusammenhang mit dem Abruf von gespeicherten Erinnerungen stehen.

Im Hippokampus (korrekter in den beiden wurmartigen Hippocampiteile) fließen sensorische Informationen zusammen, werden dort bearbeitet und zum Cortex zurückgesandt. Ihm wird daher einer Schlüsselrolle bei der Gedächtnisbildung zugeordnet. Die Vorstellungen gehen dahin, dass hier Erlebnisse in Teile zerlegt, an verschiedenen Orten abgespeichert und beim Erinnern wieder zusammengefügt werden, dass hier also Erinnerungen generiert werden. Zugleich soll der Hippokampus eine Art Schaltstelle für die Überführung von Gedächtnisinhalten aus dem Kurzzeit- in das Langzeitgedächtnis bilden. Einige Wissenschaftler betrachten ihn sogar selbst als den eigentlichen Kurzzeitspeicher.

Wird der Hippokampus verletzt oder entfernt, bleibt das Langzeitgedächtnis zwar intakt, aber es wird unmöglich, sich Neues einzuprägen (anterograde Amnesie). Das Gedächtnis ist quasi "eingefroren".

Das kann man auch anders interpretieren:

Wie bereits dargelegt, halte ich aus energetischen Gründen ein Umschreiben von Informationen aus einem Kurz- in ein Langzeitgedächtnis für wenig plausibel. Vielmehr ist denkbar, dass der Hippokampus diejenige Struktur ist, in der die emotionale Aufladung und damit die Festlegung der Speicherdauer von Informationen erfolgt. Die sich an den Hippokampus anschließende Amygdala wäre dann nicht der einzige Ort, an dem Ereignisse mit Emotionen verknüpft werden. Diese Annahme korrespondiert mit der Beobachtung, dass bei Eichhörnchen und manchen Vögeln, die Vorräte anlegen und sich deren Orte als "überlebenswichtig" einprägen müssen, die Hippokampi im Vergleich zu Arten, die keine "Vorratswirtschaft" betreiben, ausgesprochen groß sind. Fällt der Hippokampus aus, funktioniert diese Aufladung nicht mehr.

Alle neuen Informationen werden damit zu belanglosen Daten, die, wenn überhaupt, nur noch für wenige Minuten gespeichert werden. Die Ansteuerung des Langzeitgedächtnisses im Cortex funktioniert aber noch. Das schließt aus, dass der oder die gesuchten Generatoren im Hippokampus zu finden sind.[16]

Für spezialisierte Generatoren, spezialisierte Neurone, spezialisierte Areale, spezialisierte Speicherelemente und spezialisierte Leitungsbahnen zur Informationsabfrage sprechen nachstehende Befunde.

---

[16] Erwähnenswert ist, dass sich im Hippokampus Ortsneuronen konzentrieren und er Sitz des Ortsgedächtnisses (innere Karte) ist. Bei Tieren hat er daher große Bedeutung für die räumliche Orientierung. Darüber hinaus ist der Hippokampus einer der wenigen Hirnstrukturen, in denen zeitlebens neue Neuronen gebildet werden.

Bei Untersuchungen an Personen mit einem hochgradig überlegenen autobiografischen Gedächtnis (HSAM für highly superior autobiographical memory) war der Uncinatus fasciculus dichter als bei der Kontrollgruppe. Beim Uncinatus fasciculus handelt es sich um ein kompaktes Nervenfaserbündel (andere Quellen sprechen von einem Faserstrang aus weißer Substanz), der Hippocampus und Amygdala u.a. mit Teilen des präfrontalen Cortex verbindet.

Im Ergebnis von Hirnoperationen, bei denen diese Struktur entfernt wurde, zeigten sich dauerhafte Verschlechterungen beim Erkennen bekannter Gesichter oder Namen, während das semantische Gedächtnis (begriffliches Wissen) nicht betroffen war. Wie wir noch sehen werden, simulieren in Traumphasen motorische Areale, dass wir uns auch in der Traumwelt bewegen und senden entsprechende Signale an die Muskeln. Diese Signale werden aber vom Hirnstamm blockiert. Folglich ist ein umgekehrter Prozess vorstellbar: Aktivitäten im Hirnstamm, durch die Areale des Großhirns stimuliert werden.

Und in der Tat konnten Neurowissenschaftler von der University of Iowa (USA) zeigen, dass der Nucleus subthalamicus (STN) im Zwischenhirn nicht nur für reflexartige Bewegungsstopps zuständig ist.

Auch für das plötzliche Verlieren eines Gedankens liegt hier die Ursache. Wir denken an einen Apfel, werden durch ein Geräusch abgelenkt und wissen plötzlich nicht mehr, woran wir gedacht haben. Wir haben den Faden verloren. Die Nähe zum Denkvorgang ist offensichtlich. Vermutlich befindet sich demnach auch in diesem Bereich des Gehirns eine Struktur, die für Denkvorgänge zuständig ist.[17]

---

[17] Mit elektrischer Stimulation des STN wird versucht, die Symptome der Parkinson-Krankheit zu lindern.

Fassen wir zusammen:

Die Arbeitsweise des Gehirns basiert vermutlich auf dem Zusammenwirken zweier Systeme: einem neuronalen Netzwerk zur reflektorischen Steuerung vitaler Körperfunktionen, zur inneren Spiegelung der Außenwelt sowie zur Steuerung des motorischen Apparates, und einem von Gliazellen getragenen Speicherapparat. Beide Systeme erzeugen in ihrer Wechselwirkung das, was wir Geist nennen, sind Träger unserer kognitiven Fähigkeiten, bilden unseren Denkapparat und gewährleisten ein zweckmäßiges Verhalten des Organismus in einer sich dynamisch verändernden Außenwelt. Die zu beobachtenden verschiedenen elektromagnetischen Wellen sind dabei ein weiteres Indiz dafür, dass der Informationsfluss im Gehirn nicht ausschließlich neuronal mittels elektrischer Impulse erfolgt, sondern Resonanzen zwischen verschiedenen Hirnstrukturen eine Schlüsselrolle spielen.

Schlaf und Träume

Die Zirbeldrüse steuert über die Ausschüttung des Hormons Melatonin den Tag-Nacht-Rhythmus. Das Melatonin veranlasst den Thalamus, Wahrnehmungen der Außenwelt nicht mehr an die Großhirnrinde, also an den Ort der Verarbeitung der Sinnesreize, weiterzuleiten. Das "Tor zum Bewusstsein" schließt die Pforte zum Großhirn. Wir fallen in den Schlaf. In etwa ein Drittel unseres Lebens schlafen wir. Gut ein Viertel verbringen wir im Traum. Schlaf ist überlebenswichtig. Es ist eine Lebensphase, in der sich der Körper regeneriert, die Organe wieder ins Gleichgewicht gebracht werden, unser Gehirn Erlebtes verarbeitet und in unser Gedächtnis integriert.

Während wir schlafen arbeitet ein gigantischer Reparaturbetrieb. Unser Gehirn schüttet spezielle Hormone aus, die in alle Körperzellen gelangen, Zellen das Signal zur Teilung überbringen, Gewebe wachsen lassen, die Produktion von neuem Blut anregen. Mit der Blutproduktion wird das Immunsystem stimuliert. Krankheitserreger werden verstärkt attackiert. Wir "schlafen uns gesund."

Das Gehirn selbst durchläuft ein spezielles Reinigungsprogramm: Die Gliazellen schrumpfen, so dass der Raum zwischen den Nervenzellen deutlich zunimmt. So kann die Hirn-Rückenmarks-Flüssigkeit alle Zellen umspülen. In ihr befinden sich sogenannte Mikrogliazellen, die etwa 10-15% des Glias ausmachen. Sie nehmen Abfallstoffe und Zellreste auf, bekämpfen aber auch Krankheitserreger und geben Signale an weitere Immunzellen. Der "Müll" wird dann über die Blutgefäße entsorgt.

Der Schlaf mit seinen Traumphasen ist somit die Grundlage für die ständige Selbstoptimierung der Biomaschine Mensch.

Wird eine für jeden Menschen spezifische Mindestdauer des Schlafes für längere Zeit unterschritten, werden wir krank. Je nachdem wie viele Stunden erforderlich sind, um sich zu regenerieren, unterscheidet man Kurz- und Langschläfer. Konkret sind das in etwa 5 bis 10 Stunden pro Tag.[18] Dabei durchlebt jeder Mensch pro Nacht meist vier bis fünf in sich abgeschlossene Schlafzyklen von etwa 90 Minuten Dauer, wobei jeder dieser Zyklen aus Phasen von Leicht-, Tief-, Leicht- und REM-Schlaf besteht. Nach dem REM-Stadium beginnt ein neuer Zyklus, dabei nimmt zum Morgen hin der Tiefschlaf ab und der REM-Schlaf zu. Während im Tiefschlaf die Hirnaktivität auf ein Minimum sinkt, ist sie im REM-Schlaf am höchsten.

So schwingen die Neurone in dieser Phase nur noch in einem Takt von 1-3 Impulsen pro Sekunde, während sie im REM-Schlaf wie im wachen Zustand etwa acht- bis 13-mal pro Sekunde elektrische Impulse austauschen. Im Wachzustand kann sich bei hoher geistiger Aktivität diese Frequenz auf bis zu 30 Impulsen pro

---

[18] Hirnforscher haben herausgefunden, dass die Gene ADRB1 und DEC2 ADRB1 unsere Schlafdauer bestimmen. Bei Kurzschläfern fanden sie Mutationen dieser Gene.

Sekunde erhöhen. REM steht für rapid eye movement, weil sich die Augenlieder heftig bewegen, dem sichtbaren Merkmal für diese Schlafphase. Schlafforscher bezeichnen den REM-Schlaf auch als "paradoxen Schlaf", weil der Körper ruhiggestellt, das Gehirn aber ähnlich aktiv ist wie im Wachzustand.

Die nächtlichen Hirnaktivitäten können nicht verwundern, atmen wir doch ständig, unser Herz schlägt auch im Schlaf und der Stoffwechsel sorgt weiter dafür, dass jede Körperzelle pausenlos mit Energie versorgt wird. Das alles sind Funktionen, die vom Gehirn gesteuert werden.

Die Traumforschung entdeckte, dass im Gehirn aber noch viel mehr passiert.

Mit der Erfindung der Elektroenzephalografie konnte gezeigt werden, dass auch bei schlafenden Organismen viele Regionen im Gehirn in bestimmten Mustern aufleuchten, um dann wieder zu erlöschen. Die neuronalen Aktivitätsmuster sind jedoch weniger komplex als im bewussten Zustand. Dennoch ist Schlaf ein hochdynamischer Zustand, in dem das Gehirn zeitweilig ebenso viel leistet wie bei Bewusstsein und auch entsprechend viel Energie verbraucht.

Aber warum träumen wir eigentlich?

Welche Funktion, welchen Sinn hat dieses allnächtliche Kopfkino aus hunderten, oft fantastischen oder gar bizarren, in gewohnter Weise nicht zusammenpassenden Einzelbausteinen? Beim Träumen erschafft das Gehirn virtuelle Welten und lässt uns zeitweilig glauben, dass diese Welten real existieren. Was wir träumen, ist relativ gut erforscht. Und im Experiment lässt sich grob feststellen, wovon jemand gerade träumt. Über die Frage, warum wir träumen, wird aber nach wie vor gestritten. Das Spektrum der Antworten ist breit.

Für Sigmund Freud waren Träume Ventile des Unbewussten für im Wachzustand unterdrückte Wünsche und Triebe. Er ging davon aus, dass eine Art durch gesellschaftliche Normen bestimmte Zensurinstanz dabei dazu führt, dass unsere Begierden selbst im Traum nur in maskierter Gestalt in Erscheinung treten. Wissenschaftliche Untersuchungen sprechen eher gegen diese freudsche Theorie. So konnte in vielen Experimenten gezeigt werden, dass Träume in etwa doppelt so viele negative wie positive Gefühle enthalten. Sexuelle Empfindungen sind dabei entgegen sich hartnäckig haltenden Behauptungen mit weniger als 2 Prozent eher selten.

Der bekannte Traumforscher Allan Hobson von der Havard University sah sich mit den Protesten seiner Kollegen konfrontiert, als er Träume als spontane Bilder und Gefühle unseres Gedächtnisses bezeichnete, die keinerlei sinnvolle Bedeutung haben (der Hippocampus sowie die sensorischen und Gefühlsregionen würden solche Bilder generieren). Für ihn kommt solch sinnloses Nervengewitter dadurch zu Stande, weil das Gehirn versucht, ein Sammelsurium zusammenhangloser, vom Hirnstamm generierter Erregungen zu interpretieren.

Nach Auffassung des finnischen Neurowissenschaftlers und Philosophen Antti Revonsuo simulieren wir vor allem in unseren Alpträumen bedrohliche Situationen und üben so Strategien von Flucht, Verteidigung oder Anpassung. Träume trainieren demnach Gefahrenbewältigung und bereiten uns so auf zukünftige Herausforderungen vor. In der Tat gibt es bei der Mehrheit der Trauminhalte eine Verbindung zu kürzlichen Erlebnissen. Zudem belegen zahlreiche Studien, dass Schlafen hilft, sich Neues leichter einzuprägen. So liegen die Ergebnisse von Sleep Learning Programmen in etwa 20% über denen von Kontrollgruppen. Eine darauf aufbauende Theorie sieht daher die Funktion von Träumen darin, dass sie tagsüber Erlebtes nochmals verändert durchspielen, quasi sortieren und prüfen, das Gedächtnis festigen, zur Lebensbewältigung beitragen und somit auch eine soziale Funktion haben.

Schlafforscher haben den Traumschlaf unterbrochen und konnten zeigen, dass dadurch die Merkfähigkeit der Probanden deutlich reduziert wird. Ein Indiz dafür, dass Traumphasen die Reorganisation des Gehirns unter Berücksichtigung der im Tagesverlauf gespeicherten Informationen widerspiegeln. Langfristig gespeicherte Infos werden mit den Infos der letzten Tage abgeglichen, neu sortiert, bewertet und zugeordnet, die Verbindungen im neuronalen Netz somit optimiert. Wir wachen am Morgen mit einem Gehirn auf, dessen Struktur sich gegenüber der beim Einschlafen verändert hat.

Einig sind sich die meisten Traumforscher darin, dass Träume nur von den Träumenden selber gedeutet werden können.

Entgegen früheren Annahmen träumen Menschen in allen Phasen des Schlafes. Wir träumen also nicht nur im paradoxen oder REM-Schlaf, sondern auch im langsamwelligen Leicht- und Tiefschlaf. Bei Träumen im REM-Schlaf treten in der Regel starke Gefühle auf, und die Amygdala ist in diesem Zustand als Emotionszentrum auffallend aktiv. Üblicherweise sind wir uns nicht dessen bewusst, dass wir träumen. Das Bewusstsein ist abgeschaltet und nur das Unterbewusstsein arbeitet weiter. Doch hin und wieder bemerken wir, dass wir träumen. Wenn wir dann aus dem Traumzustand geweckt werden, können wir uns oft erinnern, was wir gerade geträumt haben Manchmal können wir Trauminhalte sogar gezielt herbeirufen und lenken, so wie unsere Gedanken, wenn wir wach sind. Man spricht dann von luziden (Luzidität- Bewusstseinsklarheit, Grad der Wachheit), Wach- oder Klarträumen. Es gibt folglich nicht nur das plötzliche Aufwachen, den plötzlichen Übergang vom unbewussten in den bewussten Zustand, sondern auch Varianten des Hinübergleitens von einem in den anderen Zustand. Bei diesen Träumen gleicht die neuronale Aktivität der des bewussten Zustandes. Das Gehirn befindet sich gewissermaßen in einem hybriden Zustand zweier Bewusstseinsebenen. Träume bewegen sich folglich an der Grenze zwischen Unterbewusstsein und Bewusstsein Wenn wir uns Träume bewusst merken wollen, indem wir sie beispielsweise aufschreiben, bleibt ein Teil des Gehirns wach. Auch hier entsteht ein halbbewusster Zustand. Wachträume zeigen also, dass es keinen grundsätzlichen Unterschied zwischen Wachsein und Träumen gibt. Für die Wissenschaft sind diese halbwachen, halbbewussten Zustände von besonderem Interesse, weil sie verstehen helfen, was da im Gehirn geschieht.

Vermerkt sei hier, dass sich nach Schätzungen belgischer Wissenschaftler mehr als 40% aller Patienten, die sich im Wachkoma befinden, in Wirklichkeit bei Bewusstsein sein könnten, und sich tatsächlich im sogenannten Locked-in-Zustand befinden, also nur nicht reagieren können.

In Experimenten konnte gezeigt werden, dass bei einer bestimmten, im Traum durchgeführten Handbewegung dieselbe Region im sensomotorischen Kortex aktiviert ist, als wenn man sich die Handlung im Wachzustand vorstellt oder sie ausführt. Auch die Zeitrelationen bleiben beim Träumen gewahrt. Handlungen im Traum dauern in etwa genauso lange wie in der Realität.

Im Traumschlaf erleben wir die innere Welt genauso intensiv, sie ist für uns genauso real wie die äußere Welt. Bewusstsein existiert also auch ohne äußere Welt. Auch während des Schlafes arbeiten die Sinnesorgane weiter. Die Schlaflähmung der Motorik des Fluchtapparates durch den Thalamus verhindert, dass es im Schlaf zu unkontrollierten Handlungen kommt. Überschreiten die im Gehirn eingehenden Reize einen "normalen", nicht lebensbedrohlichen Bereich, erreichen sie also bestimmte kritische Werte, wird umgehend das Bewusstsein zugeschaltet. Wir wachen auf. Ist die Schlaflähmung gestört, kommt es zu unkontrollierten Bewegungen bis hin zum Schlafwandeln.

Bei Nachbars Katze kann ich diesen Vorgang immer wieder beobachten. Mittags kommt sie in der Regel zu uns und macht ihr Schläfchen.

Kein lautes Flugzeug, kein Rasenmäher und auch nicht das Bellen von Nachbars Hund kann sie stören (sie weiß, dass der Zaun ihn daran hindert, ihr zu nahe zu kommen). Aber das leiseste, für das menschliche Gehör kaum wahrnehmbare Rascheln eines Vogels im Baum über ihr lässt sie blitzartig erwachen. Das unbewusst wahrgenommene Geräusch aktiviert den Beuteinstinkt. Der Thalamus schaltet umgehend in den Bewusstseinsmodus zurück. In diesem Fall um zu jagen. Gleiches geschieht bei einer potentiellen Bedrohung.

Fasst man die derzeitigen Auffassungen der meisten Traumforscher zusammen, so werden Träume als Aktivität unseres Gehirns verstanden, die darauf abzielt, zukünftige geistige Herausforderungen zu trainieren, oder sich besser auf sie einzustellen. Träumen wird folglich ein Selbstzweck im Rahmen der kognitiven Prozesse im Gehirn zugesprochen. Aus meiner Sicht sind Träume aber höchstwahrscheinlich nur der "Begleitgesang" mehr oder weniger tiefgreifender Änderungen der Verschaltungen innerhalb und zwischen einzelnen neuronalen Netzen in der Schlafphase. Mit anderen Worten: Träume sind Begleiterscheinungen von Optimierungsvorgängen des Gedächtnisses, vergleichbar mit der Reibungswärme bei mechanischen Prozessen. Träume stehen demnach nicht für zukünftige Herausforderungen, sondern für die Bewältigung von Vergangenem. Im Schlaf werden die während der vorangegangenen Wach- oder bewussten Phase gespeicherten Informationen mit dem gespeicherten Weltbild abgeglichen und die neuen Informationen in dieses integriert. Ein Vorgang, der im Wachzustand die normalen Abläufe durcheinanderbringen und damit lebensbedrohlich sein würde.

Übrigens sind Träume nicht nur beim Menschen Begleiterscheinungen der Aktualisierung des Gedächtnisses. Auch schlafende

Delphine träumen und geben dabei gelegentlich Laute anderer Tiere wider. Das Gleiche ist von Hunden, Katzen, Pferden und auch von Kanarienvögeln bekannt. Höchstwahrscheinlich träumen alle höher entwickelten Tiere.

Wir hatten gesehen, dass in Träumen Erlebnisse, Ängste, Sehnsüchte verarbeitet, mehr oder weniger frei assoziiert werden und so teilweise irrationale Welten entstehen. Eingefahrene Muster scheinen immer wieder auf, manchmal groteske Kombinationen mit aktuell Erlebtem bildend. In Träumen kann alles mit allem verbunden werden. So entstehen angenehme, aber auch Alpträume.

Die Verschaltungen zwischen den Neuronen können sich so ändern, dass eine Art neutraler Logik des Gehirns entsteht, ein Zustand, bei dem sich Gedanken außerhalb der anerzogenen, menschengemachten Gesetze der Logik bewegen. So entstehen nicht nur bizarre Träume, sondern es wird auch erst möglich, in neuen Zusammenhängen zu denken, werden Intuition und Kreativität befördert. Wenn wir uns längere Zeit sehr intensiv oder immer wieder mit einem Problem beschäftigen und dennoch keine Antwort finden, kommt es manchmal im Traum zu einer völlig neuen Sichtweise auf das Problem. Wir sprechen von Geistesblitzen und Intuition. Beim Grübeln hat unser Gedächtnis eine Fülle neuer Informationen gespeichert, sind neue neuronale Verbindungen entstanden, aber die bewusste Suche hat sich immer nur auf üblichen, eingefahrenen Bahnen bewegt.

Wir bewegen uns in logischen Schleifen, die zu keinem Ergebnis führen. Antrieb ist ein von Außen verordneter mentaler Druck, das Problem lösen zu wollen oder zu müssen.
Das Unterbewusstsein funktioniert anders. Der Motor, der es antreibt, heißt Energieminimierung. Unsere bewusste Logik, unsere Denkschemata spielen hier keine Rolle. Im Schlaf kommt es daher zu unterschiedlichsten zufälligen Verschaltungen zwischen Neuronen und Neuronengruppen. Diejenigen Verschaltungen, die

ohne Informationsverluste weniger Energie erfordern, bleiben erhalten. Unsere Aufmerksamkeit wird auf Dinge gelenkt, die wir bei unserem bewussten logischen Denken nicht in unsere Überlegungen einbezogen haben. Damit dieser Prozess stattfinden kann, müssen drei Voraussetzung vorhanden sein: Erstens. Im Gedächtnis muss eine Fülle von problemrelevanten Informationen abgespeichert werden. Zweitens muss das Problem als sehr wichtig empfunden werden, die Informationen müssen also emotional aufgeladen sein. Und drittens muss bereits eine intensive Beschäftigung mit der Problematik auf bewusster Ebene erfolgt sein. Inspiration setzt folglich intensive Beschäftigung und bereits gespeichertes Wissen voraus. Das unbewusste Erkenntnisvermögen, die Inspiration entsteht also nicht zufällig und schon gar nicht aus sich selbst heraus. Die Erkenntniskette lautet: Grübeln - kein Ergebnis - neuer Versuch - neue Gedanken -neue Lösungsansätze usw., und wenn wir Glück haben, steht am Ende die Lösung selbst. "Das Glück bevorzugt den vorbereiteten Geist", sagte der französische Chemiker und Mikrobiologe Louis Pasteur (1822-1895).

Wie haben wir uns diese Gedächtnisaktualisierung konkret vorzustellen? Nehmen wir ein stark vereinfachtes Modell aus zwei Neuronen, die über drei neuronale Bahnen miteinander verschaltet sind. Bis zur letzten Wachphase lautete die Priorität dieser Bahnen 1,3,2. Dies heißt, dass über Bahn 1 bisher die meisten und über Bahn 2 die wenigsten Pulse geflossen sind. Nehmen wir weiter an, dass sich dies durch ein einschneidendes (emotional stark gefärbtes) Erlebnis in der letzten Wachphase geändert hat. Die Pulsratenpriorität ist jetzt 3,1,2. Über die Ausschüttung entsprechender Enzyme führt dies zur Verstärkung der synaptischen Verbindung 3, während die 1. Verbindung zurückgebaut wird und die 2. Verbindung unverändert bleibt. Insgesamt gesehen werden so die Verschaltungen innerhalb und zwischen einzelnen neuronalen Netzen verstärkt oder zurückgebaut, wobei es aber in der Regel nicht zu Unterbrechungen bestehender Verbindungen kommt, so dass die im Glia gespeicherten Informationen erhalten und so - wenn auch mit erheblich größeren Denkaufwand - zugänglich bleiben. Verstärkung und Rückbau von Strukturen ist kein gehirnspezifischer Vorgang, kein "Wunder unseres Geistes", sondern ein üblicher Vorgang in unserem Organismus, mit dem der Energieverbrauch ständig optimiert, das heißt, den realen Umwelterfordernissen angepasst wird. Wenn wir nur zwei Wochen im Krankenhaus liegen, wird Muskelmasse merklich abgebaut und wir müssen anschließend trainieren, damit sich der Normalzustand wieder einstellt. Für Raumfahrer in der Schwerelosigkeit würde diese Muskelabbau sogar lebensbedrohlich werden, so dass sie ein ständiges Fitnessprogramm absolvieren müssen, um dem Muskelabbau entgegenzuwirken. Auch Träume sind demnach weiter nichts, als Begleiterscheinungen physikalisch erklärbarer Vorgänge im Gehirn.

Das Traumgeschehen bringt aber noch einen weiteren Aspekt ins Spiel, der uns wieder zum Mechanismus führt, wie Denken funktioniert.

Beim Träumen kommunizieren der Hippocampus, der als eine der zentralen Strukturen der Gedächtnisbildung betrachtet wird, und die Amygdala (Mandelkern), als das wichtigste Emotionszentrum. Das spricht für eine gleichzeitige Verarbeitung gespeicherte Fakten und der mit ihnen verbundenen Emotionen.

Wir wissen auch, wo Träume entstehen. Unter Traumforschern besteht Einigkeit darüber, dass Träume im Hirnstamm geboren werden.

Wie wir vorstehend gesehen haben, kommen für Allan Hobson Träume dadurch zu Stande, weil das Gehirn versucht, ein Sammelsurium zusammenhangloser Erregungen zu interpretieren, die der Hirnstamm generiert. Die uns interessierenden Begriffe lauten "Erregungen" und "Hirnstamm". Tatsächlich gibt es Hinweise darauf, dass ein "Aktivator" im Hirnstamm die ersten Elemente beim Träumen auslöst, darüber hinaus den Muskeltonus während des REM-Schlafes hemmt, also die Lähmung der Extremitäten vermittelt und auch das Zucken der Extremitäten im Schlaf und die Augenbewegungen verursacht. Bekannt ist, dass auch die Zuckungen von schlafenden Neugeborenen von diesem "Aktivator" ausgehen. Hierbei handelt es sich um den Locus subcaeruleus bzw. Nukleus cearuleus, eine Verdichtung von Neuronen im oberen Hirnstamm.

Aufsteigende Fasern sind mit Hipppocampus, Amygdala und den gesamten Neocortex verbunden. Absteigende Fasern ziehen zu verschiedenen Kernen im unteren Rückenmark.

Die, aus meiner Sicht hochinteressante Frage, warum und wie der Locus subcaeruleus Erregungen im Großhirn generiert und zugleich die Weiterleitung von Signalen vom Großhirn an die sensomotorischen Nerven blockieren kann, bleibt, soweit mir bekannt, in der wissenschaftlichen Diskussion bisher außerhalb der Betrachtungen. Dabei befindet sich hier möglicherweise ein weiterer Schlüssel für das Verständnis, wie Denken funktioniert.[19] Wie wir bereits gesehen haben, hat sich das Denkvermögen, angefangen von erlernten Reflexen über eine Großhirnrinde mit mehr und mehr Speicherfähigkeit bis hin zu den kognitiven Fähigkeiten des menschlichen Gehirns entwickelt. Es liegt auf der Hand, dass sich diejenige Struktur, die den Ausgangspunkt für die Entwicklung eines Denkmechanismus bildet, im evolutionär ältesten Teil bzw. in den ältesten Strukturen des Gehirns befinden muss.

Freier Wille

Freier Wille ist die Entscheidungsfreiheit, etwas zu tun oder zu denken, oder es nicht zu tun, oder zu denken.

---

[19] Ein weiteres Indiz, das diese Annahme stützt, ist, dass sich bei einem seltenen neurologischen Syndrom, das seinen Ausgangspunkt im Locus subcaeruleus hat, die Patienten nicht mehr selbst aktivieren und im Wachzustand nicht einmal spontane Gedanken entwickeln können.

Für gewöhnlich hegen wir nicht die leisesten Zweifel, dass wir in den meisten Lebenssituationen frei zwischen verschiedenen Handlungsoptionen entscheiden können. Wir können jetzt eine Flasche Wein öffnen oder auch nicht. Wir können uns entschließen, morgen ins Kino zu gehen, oder auch nicht. Sind wir mit einer Arbeit beschäftigt, und ist die Beanspruchung nicht zu hoch, können wir unsere Gedanken zum bevorstehenden Urlaub abschweifen lassen, oder es kommt uns ein weit zurückliegendes Erlebnis in den Kopf. Zwischen diesen und anderen Gedanken können wir frei hin und her schalten. Aber ist diese Willensfreiheit eine Tatsache oder nur eine Illusion? Die Wissenschaft streitet noch immer. Nicht wenige Hirnforscher vertreten nach wie vor die Auffassung, dass der Mensch nicht das ist, für was er sich hält, nämlich das einzige Lebewesen auf dieser Welt, das über einen freien Willen verfügt.

So neu ist diese Behauptung aber nicht.

Sigmund Freud (1856-1939) entwickelte die Theorie des Unbewussten. Für ihn bestand die menschliche Psyche aus den Instanzen Ich, Es und Über-Ich. Das Es fordert die Befriedigung von Trieben und Wünschen. Das Über-Ich ist die moralische Instanz, und das Ich der Mittler zwischen beiden. Von Freud stammt der Gedanke, dass wir triebgesteuert sind, dass es mit dem Es einen Bereich der Psyche gibt, der sich dem eigenen Willen und dem Verstand entzieht. So schrieb er vor knapp 100 Jahren: "Zwei große Kränkungen hat die Menschheit von der Wissenschaft erdulden müssen. Die erste, als sie erfuhr, dass unsere Erde nicht der Mittelpunkt des Weltalls ist.

Die zweite dann, als die biologische Forschung das angebliche Schöpfungsvorrecht des Menschen zunichte machte, ihn auf die Abstammung aus dem Tierreich verwies. Die dritte und empfindlichste Kränkung aber soll die menschliche Größensucht durch die heutige psychologische Forschung erfahren, welche dem Ich nachweisen will, dass es nicht einmal Herr ist im eigenen Hause".

Nachdem also Kopernikus mit seinem heliozentrischen Weltbild die Erde aus dem Mittelpunkt des Universums und Darwin mit seiner Evolutionstheorie den Menschen in die Nähe von Affen gerückt hatten, kam Freud und die fundamental neuen Erkenntnis seiner Psychoanalyse. Man kann es Freud nicht verdenken, dass er sich mit dieser These als Nachfolger solcher Berühmtheiten wie Kopernikus und Darwin verstand. Heute gibt ihm die Hirnforschung hinsichtlich der unbewussten Antriebe für unser Handeln Recht. Aber hält seine These, wonach wir nicht Herr unserer eigenen Gedanken und unseres Handelns sind, wir also über keinen freien Willen verfügen, aktuellen Erkenntnissen der Kognitionsforschung stand?

Lassen Sie uns versuchen, darauf eine Antwort zu finden.

Die Skepsis gegenüber einem freien Willen geht auf ein Experiment zurück, das der US-amerikanische Physiologe Benjamin Libet (1916-2007) im Jahre 1983 durchführte. Er bat Versuchspersonen, spontan eine Hand zu heben und mit Hilfe einer speziellen Uhr den exakten Zeitpunkt festzuhalten, an dem sie sich bewusst für diese Bewegung entschieden hatten.

Parallel dazu ermittelte Libet über Hirnströme der Probanden das sogenannte Bereitschaftspotential, das immer entsteht, wenn eine Handlung bewusst vorbereitet wird. Das Ergebnis verblüffte: Das Potential trat bereits etwa eine halbe Sekunde vor der bewussten Entscheidung auf. Bei später durchgeführten Experimenten erhöhte sich diese Zeit bis auf sieben Sekunden. Das Gehirn leitete also eine Handlung ein, bevor sich der Handelnde dessen bewusst wird. Anhand der Erregungsmuster ließen sich oft sogar Entscheidungen vorhersagen, also beispielweise, ob der Proband den rechten oder den linken Knopf drücken wird.

Libet und mit ihm fast alle Neurowissenschaftler schlussfolgerten, dass unbewusste Prozesse uns zu bewusstem Handeln veranlassen und der als frei empfundene Wille neuronalen Prozessen nicht voraus geht, sondern erst in Erscheinung tritt, wenn im Gehirn schon alles entschieden ist. "Wir tun nicht, was wir wollen, sondern wir wollen, was wir tun" vermerkte dazu der bekannte Hirnforscher Gerhard Roth. Bewusstsein, so die Argumentation, basiert auf einer Art innerem Bildschirm, der uns nur einen winzigen Teil der in unserem Gehirn ablaufenden Prozesse bewusstwerden lässt und zur Illusion eines freien Willens führt, obwohl die Entscheidungen im übrigen Gehirn des Unbewussten getroffen werden. Unser Gehirn beschäftigt sich also in erster Linie mit sich selbst. Diese unbewusste Autonomie ist es, so die These, die uns die Illusion eines "Ichs" und eines "freien Willens" vorgaukelt.

Unstrittig ist, dass das Bereitschaftspotential, wie schon der Name sagt, das Gehirn auf eine bevorstehende Aktion vorbereitet.

Das Gehirn wird offensichtlich in einen Erregungszustand versetzt, um schnell entscheiden zu können. Das Bereitschaftspotential ist also Indikator für die Vorbereitung einer Entscheidung. Gilt das aber auch für die Vorbereitung einer bestimmten Handlung? In einer Vielzahl von Experimenten wurde versucht, anhand des Bereitschaftspotentials und der in bestimmten Hirnregionen dabei auftretenden Erregungsmuster die später erfolgende Handlung vorauszusagen. Die Ergebnisse sind nicht eindeutig.

Mal gelingen Vorhersagen, dann aber wieder gibt es Experimente, bei denen das Bereitschaftspotential nichts darüber aussagt, welche Handlungen später ausgeführt werden. Man vermutete daher, dass eine bereits angebahnte unbewusste Entscheidung des Gehirns bis kurz vor der Handlung noch durch eine bewusste Entscheidung korrigiert werden kann. Genau das bestätigen jüngste Studien. Sie zeigen, dass es möglich ist, sich unbewusst anbahnende Handlungen durch ein bewusstes Veto willentlich zu stoppen.

Es gibt also einen freien Willen.

Aber dieser freie Wille ist weit mehr als eine Veto-Instanz unseres Gehirns, als eine Art Notbremse, wie er derzeitig verstanden wird.

Was meine ich damit?

Jede Handlung oder Entscheidung ist Ergebnis der Informationsverarbeitung in unserem Gehirn.

Betrachten wir das Gehirn als System, dann hängt unser Handeln einerseits von den Informationen ab, die bereits im System, also im Gedächtnis gespeichert sind, also von allen Informationen, die vererbt oder zum aktuellen Zeitpunkt angesammelt und gespeichert wurden, und andererseits von dem augenblicklichen Informationsinput über die Sinnesorgane. Unsere Gefühle und unser Handeln und damit unser Bewusstsein, unser Ich und unser Willen basieren demnach auf elektrochemischen Selbsterregungen und durch äußere Sinnesreize stimulierte Fremderregungen.

Der freie Wille macht es nun möglich, die dem Unterbewusstsein zur Verfügung stehenden, d.h. im Gedächtnis bereits gespeicherten (unvollständigen) Informationen (geerbte Informationen und erworbenes Weltbild) durch den noch kurz vor einer Entscheidung eingehenden sensorischen Input zu ergänzen. Mit anderen Worten: Die freie bewusste Entscheidung basiert auf mehr Informationen als unbewusste Entscheidungen. Dass auch das keine Garantie für eine richtige Entscheidung sein kann, liegt auf der Hand. Der evolutionäre Gewinn besteht aber in der erweiterten Reaktionsfähigkeit auf plötzliche, unbekannte Ereignisse oder neue Erkenntnisse und damit der Zunahme der Überlebenschancen. Der Preis ist ein zeitweilig enorm steigender Energieverbrauch des Gehirns gegenüber unbewussten Vorgängen.

Wenn das Ich nicht entscheiden könnte, wenn kein freier Wille existieren würde, stellte sich die grundsätzliche Frage nach dem Sinn, nach der Daseinsberechtigung des Bewusstseins. Anders gesagt, um reflexhaft auf die Umwelt zu reagieren, bedarf es keines Bewusstseins.

Die eigentliche Frage muss also lauten: Kann das Ich frei entscheiden, wenn es widersprüchliche oder gar entgegengesetzte Signale aus dem vererbten Speicher, dem Es, dem erworbenen Speicher, dem Über-Ich, und dem aktuellen Informationsinput erhält? Oder aber erzwingt die eine oder andere Komponente die Entscheidung? Die Antwort lautet: Je nach Anteil der einzelnen Komponenten. Freier Wille heißt folglich nicht, beliebig entscheiden zu können, das Individuum zur Marionette des Zufalls zu machen.

Fraglos kommt es nicht selten zu Konflikten zwischen diesen Komponenten. Wenn ein Rüde auf eine läufige Hündin trifft, wird sein angeborener Sexualtrieb, sein Instinkt zum Kopulationsversuch drängen. In der Regel bestimmen also bei Tieren die angeborenen Informationen das Verhalten. Es sei denn, ein stärkerer Rüde ist anwesend und macht unmissverständlich die gleichen Intentionen deutlich. Jetzt kommt der erworbene Speicher unseres Rüden ins Spiel, der dem Hund sagt, dass sein Verlangen einen hohen Preis fordern könnte. Eine unbewusste Entscheidung wäre eine simple Rechenaufgabe: Sagen wir, 3 Punkte sprechen für und 5 Punkte gegen den Annäherungsversuch. Unser Rüde würde dem anderen weichen. Aber das Bewusstsein macht es möglich, auch noch die aktuellsten Informationen zu verarbeiten, zu gewichten und die Entscheidung auf der Grundlage von drei Informationspaketen zu treffen: den ererbten Informationen, den gespeicherten erworbenen Informationen und den noch nicht gespeicherten, noch nicht mit dem Gedächtnisinhalt abgeglichenen augenblicklichen Informationen. Sieht unser Rüde z.B., dass sein Rivale Anzeichen von Altersschwäche zeigt oder eine Verletzung hat, kann es sein, dass er sich der Auseinandersetzung stellt.

Das Gespeicherte lässt also ausgehend von der Augenblickssituation Spielraum für eine freie Entscheidung.

Uns Menschen ist vor einem Seitensprung der innere Konflikt zwischen dem angeborenen Sexualtrieb, den erworbenen gesellschaftlichen Normen und Tabus und der sexuellen Anziehungskraft einer Kollegin oder eines Kollegen sehr wohl bewusst. In der Regel behalten die gesellschaftlichen Normen die Oberhand. Drohender Partnerverlust, drohende Probleme auf der Arbeitsstelle und drohender Ansehensverlust wirken dämpfend auf den Sexualtrieb. Dennoch gibt es Situationen, in denen wir sehenden Auges ein solches Risiko eingehen. Würde unser Unterbewusstsein die Entscheidung vorgeben, wäre dies nicht möglich. Es ist also auch hier eine Frage der Willensfreiheit.

Krankheiten, wie beispielweise ein Hirntumor, können zu Verhaltensstörungen führen, die uns Dinge machen lassen, die wir als Gesunde nicht tun würden. Der freie Wille muss davon nicht tangiert sein.

Aber: Es gibt keinen absoluten freien Willen. Freier Wille ist immer situationsbedingt, kann mehr oder weniger eingeschränkt sein. Der freie Wille ist also relativ.

Das folgende Beispiel soll das verdeutlichen:

Einige junge Männer und eine Mutter mit einem Kinderwagen stehen an einem Straßenübergang und warten darauf, dass die Ampel auf Grün schaltet. Doch es passiert nichts. Die Leute werden unruhig. Nach einiger Zeit passt ein junger Mann eine größere Lücke zwischen den Autos ab und läuft auf die andere Straßenseite. Weitere Zeit vergeht und es wird klar, dass die Ampel defekt ist.

Die übrigen Wartenden überqueren die Straße ebenfalls bei Rot (ein Vorgang, der übrigens auch aus Sicht der Gruppendynamik interessant ist). Nur die Mutter mit ihrem Kinderwagen bleibt stehen, obwohl sich der Verkehr beruhigt hat und Autos nur noch in größeren Abständen vorbeifahren. Vor wenigen Tagen war diese

Frau ebenfalls mit ihrem Kinderwagen unterwegs. Sie war sehr in Eile und wollte eine Straße bei Rot überqueren. Dabei hatte sie ein sich schnell näherndes Auto übersehen. Und nur Dank des aufmerksamen Fahrers kam das Auto noch unmittelbar vor dem Kinderwagen zum Stehen. Dieser Schock, dieser Schreck hat sich der Mutter in das Gedächtnis eingebrannt. Als die vergleichbare Situation eintrat, hinderte sie ihr Unterbewusstsein daran, sich und ihr Kind erneut in die gleiche Gefahr zu begeben. Die Entscheidung, stehen zu bleiben, wurde ihr vom Unterbewusstsein diktiert. Für diese Situation gab es keinen freien Willen. Völlig anders verhält es sich bei den jungen Männern, die bei Rot über die Straße liefen. Sie waren ebenfalls darauf konditioniert, bei Rot stehen zu bleiben und die Grünphase abzuwarten. Aber als sie erkannten, dass die Ampel defekt war, eröffnete der freie Wille ihnen eine sinnvolle Handlungsoption, Um das zu verdeutlichen nehmen wir an, dass alle Personen, die an der Ampel warteten, zum gleichen Termin zum gleichen Bewerbungsgespräch eingeladen waren. Die unbewusste Entscheidung der Mutter hätte sie aus dem Rennen geworfen, während der freie Wille den jungen Männern eine neue Chance eröffnet hätte. Evolutionsbiologen würden sagen, der freie Wille eröffnete den jungen Männern einen Überlebensvorteil.

Bei der Selbsttötung eines Menschen prallen die verschiedenen Ansichten aufeinander.

Die einen werten den Freitod als Beweis für den freien Willen. Andere sehen ihn als Diktat des Unterbewusstseins, gegen das, gäbe es ihn, sich ein freier Wille wehren könnte. Es sind extreme Umstände, die zu einer solchen extremen Entscheidung führen, die Menschen, wie der Volksmund sagt, in den Tod treiben. Dazu zählen Drogen und andere chemische Substanzen, neurologische Erkrankungen, starke, dauerhafte oder immer wiederkehrende Schmerzen, Mobbing, enttäuschte oder nicht erwiderte Liebe. Folglich ist der Entschluss, sich das Leben zu nehmen, keine freie Entscheidung einer Person, sondern gebunden an das

Vorhandensein eines oder mehrerer der genannten Faktoren. Erst wenn die Umstände dergestalt sind, dass das Gehirn in seiner selektiven Wahrnehmung nur noch negative Faktoren registriert, die übrige positive Welt und Hilfeangebote völlig ausblendet, erst dann ergibt der Abgleich der Lage mit dem Weltmodell im Kopf, dass die Situation absolut aussichtslos ist, das es nicht mehr weiter geht. Sind dann die Mittel zur Hand, um dem Leben ein Ende zu setzen, wird dieser Schritt auch gegangen (und nicht nur wie üblich nur gedacht). Bei genauerem Hinsehen ist es also nicht fehlender freier Wille, der zur Selbsttötung führt, sondern die selektive Wahrnehmung unseres Gehirns.

Übrigens, auch hier gibt es Parallelen zur übrigen Tierwelt: Von Skorpionen ist bekannt, dass sie sich in aussichtslosen Situationen ihr eigenes Gift injizieren. Und manche Tiere ziehen den eigenen Tod der Gefangenschaft vor, indem sie Wasser- und Nahrungsaufnahme verweigern und so zugrunde gehen.

Der freie Wille lässt sich auch an der gewaltigen Kraft zeigen, die er auf unsere Überlebensfähigkeit ausübt. Ein unbändiger Lebenswille stimuliert das Immunsystem und hilft so, lebensbedrohliche Krankheiten zu überwinden. Zeitweilig kann er sogar schwerste Organschäden kompensieren. So waren die Ärzte bei der Obduktion von Friedrich Schiller über die sich bereits in Verfall befindlichen inneren Organe erschrocken. Eigentlich hätte er schon lange nicht mehr leben dürfen.

Demgegenüber gibt es Menschen, die nach einem einschneidenden Ereignis, wie z.B. der Tod ihres Lebenspartners, nicht mehr leben wollen. Sie sterben, körperlich völlig gesund. Weil noch vor nicht allzu langer Zeit das Herz als Sitz der Seele galt, sagt man noch heute, sie seinen an einem gebrochenen Herzen gestorben. Es ist aber unser Gehirn, das durch den freien Willen gezwungen wird, seine Funktionen einzustellen.

Der freie Wille ist sogar indirekt durch unterschiedliches Zeitempfinden messbar. In den Erregungsmustern des Gehirns macht es einen Unterschied, ob jemand selbst aktiv handelt oder nur einen Befehl ausführt, sich selbst also nicht als aktive Person sieht, sondern als jemanden, dem die Hand quasi geführt wird. Eine Handlung aus eigenem Antrieb bedarf der Aktivierung des Gehirns. Sie hat deshalb für den Handelnden eine höhere Erlebnisqualität als dieselbe Handlung auf Befehl. Er erlebt den Zeitraum zwischen seiner Aktion und dem Eintritt der Folgen als kürzer, als wenn er dieselbe Handlung und ihre Folgen nur beobachtet.

Abschließend noch eine Bemerkung: Wenn der freie Wille nur eine Illusion wäre, wenn uns das Unterbewusstsein unser Handeln vorgäbe, dann stellte sich natürlich die grundsätzliche Frage, ob und inwieweit wir für unser Handeln verantwortlich sind und damit für unser Handeln verantwortlich gemacht werden können. Die Antwort lautet: Wir und die Gesellschaft, in der wir zur Persönlichkeit gereift sind und in der wir leben, sind für unser Handeln verantwortlich. Angefangen vom Mutterleib als der ersten Umwelterfahrung, über das Elternhaus, die Schule, die Arbeitswelt, Freunde und Bekannte formt diese konkrete Umwelt, formen die konkreten persönlichen Erfahrungen ein subjektives Bild von der Welt, in der wir leben. Ist diese Welt kalt, lieblos, brutal, vom Kampf ums Überleben bestimmt, oder von Liebe, Wärme und Geborgenheit, manifestiert sich diese Welt in Gestalt bestimmter neuronaler Strukturen in unserem Kopf als wesentlicher Bestandteil des Unterbewusstseins und bestimmt unser Denken und Handeln.

Fassen wir zusammen:

Der freie Wille ist das Ergebnis des Zusammenspiels von Unterbewusstsein und bewusst wahrgenommenen aktuellen, noch nicht mit dem gespeicherten Weltbild abgeglichenen Informationen. Der Anteil beider Komponenten bei der Entscheidungsfindung hängt dabei von der Bedeutung, der subjektiven Wichtung bereits gespeicherter und der neuen Informationen ab. Bei der Entscheidungsfindung spielt der emotionale Augenblickszustand eine Schlüsselrolle. Der freie Wille ist also relativ.

In der Regel überwiegt beim freien Willen der unbewusste Anteil. Freier Wille heißt folglich nicht, beliebig entscheiden zu können. Ohne Gedächtnis, ohne Unterbewusstsein gäbe es auch keinen freien Willen.

Ich und Ego

Es gibt zwei Arten von Ich, von Ichgefühl. Beide sind Ausdruck von Bewusstsein. Die erste Art von Ich ist das angeborene Ich, das sich aus einer Reihe von Einzelkomponenten zusammensetzt. Ich bin von der Umgebung abgegrenzt und stecke im eigenen Körper. Ich bin an diesem Ort und nirgendwo anders. Ich bin jederzeit der gleiche Mensch. Ich bin Urheber meiner Gedanken und Handlungen. Dieses Ich schließt also auch ein Gefühl für die Zeit ein, ein Gefühl für die Kontinuität des eigenen Lebens. Selbstwahrnehmung und Zeiterleben sind augenscheinlich untrennbar miteinander verbunden. Das sind Gefühle, die bei Kindern etwa im Alter von 1,5-2 Jahren erwachen und uns dann das ganze Leben begleiten. Die zweite Art von Ich ist das durch Interaktion mit der Umwelt erworbene Ego, die Vorstellung, die der Mensch von sich selbst entwickelt, von seinem Körper, seinem Geist und seiner Persönlichkeit.

Das erste Ich ist demnach zeitunabhängig, während das zweite Ich, das Ego, zeitlichen Veränderungen unterliegt. Unter Ego subsummieren sich neben dem Ich die Begriffe das Selbst, das Selbstbild, das Selbstbewusstsein, das Selbstwertgefühl oder die Selbstwahrnehmung. Auf den ersten Blick scheint es, dass sich das Ich und das Ego kaum unterscheiden. Ego und Ich werden daher oft synonym verwendet. Das ist ein Fehler, wie wir gleich sehen werden.

Das Ich oder das Ich-Bewusstsein ist eine biologische Kategorie, Resultat der Funktionen verschiedener Hirnregionen. Dass dem so ist, zeigt sich bei krankhaften Veränderungen wie z.B. Hirntumoren und traumatischen Ereignissen. Dann kann es zur Abspaltung von Ich-Anteilen kommen. Menschen glauben, sich gleichzeitig an zwei Orten oder in zwei Körpern zu befinden, machen sogenannte Out of Body-Erfahrungen, oder die eine Hand versucht zu korrigieren, was die andere gerade macht.

Das Ego hingegen ist eine soziale Kategorie. Es widerspiegelt, wie die Welt in unserem Bewusstsein erscheint, ist der konzentrierte Ausdruck des gespeicherten Weltbildes, der eigenen, subjektiven Erfahrungswelt und folglich die subjektive Bewertung und Wahrnehmung der eigenen Person in dieser Welt. Oder mit anderen Worten: Das Ego reflektiert unser Verständnis von unserem Platz und unserer Rolle in der Gesellschaft. Es dient also der Reflexion, der Verstärkung und der Betonung des Ich´s und gibt die Antwort auf die Frage: "Wer bin ich?" Unser Ego tangiert die Urangst aller sozialen Wesen, aus der Gemeinschaft ausgeschlossen zu werden und damit die Frage nach der Überlebensfähigkeit. Das macht es extrem anfällig für Manipulationen.

Das Ego ist der Filter, die Brille, durch die wir die Wirklichkeit wahrnehmen, sie zu einem subjektiven Erfahrungsbild werden lassen.

Es ist immer ansprechbar und für alle Erfolge zuständig.[20] Für Misserfolge sind andere verantwortlich: das Elternhaus, die Schule, die Kollegen oder die Gesellschaft im Allgemeinen. Nicht etwa unser eigenes Unvermögen ist Schuld, oder das Glück hat uns einfach verlassen. Der kollektive Ausdruck des Egos findet sich übrigens im Nationalismus wieder. Auch mit diesem Instrument

---

[20] Zumindest die männliche Leserschaft wird mir zustimmen, dass es etwas völlig anderes ist, von einem Auto mit 200 km/h überholt zu werden, wenn das eigene Auto nur 180 km/h hergibt oder wenn es über eine Spitzengeschwindigkeit von 230 km/h verfügt.

lässt sich rationales Denken ausschalten. Das Ego formt sich in der Kindheit im Wechselspiel von Ansprüchen an die Gesellschaft und umgekehrt, in der Interaktion des Individuums mit der Umwelt durch Beobachtung und Bewertung des eigenen Verhaltens, durch Äußerungen von Mitmenschen und Deutung ihrer Reaktionen und schließlich durch den Vergleich mit Mitmenschen. Das Ego spiegelt folglich, wie das Ich von anderen Menschen wahrgenommen wird. Unterscheiden sich Eigenbild und Fremdbild zu stark, stellen Ereignisse unser positiv besetztes Ego in Frage, führt das zu unangenehmen Gefühlen. Wir verfallen in einen Niedergeschlagenheitszustand. Die Psychologie spricht dann von kognitiven Dissonanzen. Geht das Ego zeitweilig verloren, ist das gleichbedeutend mit einer tiefen Depression.

Eigenbild und Fremdbild stimmen selten überein. Der durchschnittliche Intelligenzquotient einer Bevölkerung ist gleich 100.

Folglich beträgt die Wahrscheinlichkeit, auf einen Menschen mit überdurchschnittlicher Intelligenz zu treffen, 50%. Nach Untersuchungen in den USA sind aber 80% der Befragten persönlich davon überzeugt, einen überdurchschnittlichen IQ zu haben. Wir erinnern uns gern und sprechen bei sich bietender Gelegenheit über unsere Erfolge, aber nur ungern über Momente unseres Versagens. Wir neigen zu Bekanntschaften, die unser Ego erhöhen. Wir wollen keine unabgehobene Figur in der Masse sein. Was tun Menschen nicht alles um aufzufallen, um ihre unbedeutenden Existenzen mit breiter Aufmerksamkeit aufzuwerten, sei sie auch nur von kurzer Dauer! Der Mörder John Lennons wollte mit seinem Verbrechen berühmt werden. Sein Ego hat ihn lebenslang ins Gefängnis gebracht. Die Nähe zu Amokläufern ist offensichtlich. Auch sie treibt das Verlangen, einmal im Mittelpunkt des Geschehens zu stehen und über andere absolute Macht auszuüben. Die Terrororganisation IS rekrutiert im Internet Kämpfer mit dem Slogan "from zero to hero", also vom Unbekannten zum Helden. Auf der Suche nach Ruhm in der Szene sterben Graffitisprayer bei waghalsigen Aktionen auf Bahnanlagen und an Häuserwänden. Das Ego-Googeln greift immer mehr um sich: 2008 haben sich nur 50% der befragten Nutzer für ihr digitales Ich interessiert. Heute wollen 85% der 30-49-Jährigen wissen, was das Internet über sie weiß. In den sozialen Netzwerken werden Banales, Intimes und Obszönes einem breiten Publikum offeriert, nur um Aufmerksamkeit zu erlangen. Auch der Hype der Selfies gehört dazu. Das geht bis zu lebensgefährlichen Selfies auf Bahnschienen, auf Gerüsten in schwindelerregender Höhe, oder in anderer gefährlicher Umgebung, nur um Bilder ins Internet zu stellen und Aufmerksamkeit zu erlangen.

Die Anzahl von Klicks und likes gaukelt dann unserem Gehirn eine herausragende Stellung in der Gesellschaft vor, wobei sie eigentlich Warnsignale für unser Ego sein sollten. All das sind Rufe in die Welt: Hallo, ich existiere.

Werden die eigenen realen Grenzen nicht zureichend realistisch erfasst, spricht man von Narzissmus. Die derzeitige Gesellschaft bringt mehr und mehr Narzissten hervor. Wem im Kindesalter eingetrichtert wurde, er sei großartig und vollkommen, sieht keinen Grund, sich zu hinterfragen oder sich anzustrengen. Das ist einer der Gründe, warum Partnerschaften oft nicht lange halten. Sie zerbrechen an einem gekränkten Ego.

Dass das Ego eine überaus wichtige Rolle bei der Persönlichkeitsentwicklung spielt, zeigt sich besonders anschaulich bei Menschen, die einem schwierigen sozialen Milieu entstammen. Wie ist es möglich, stellt sich die Frage, dass in der Masse der mutlosen und frustrierten immer wieder Menschen auftauchen, die sich zu hervorgehobenen Persönlichkeiten entwickeln? Die Antwort ist immer die gleiche: Weil diese Menschen das Glück hatten, auf eine oder mehrere Bezugspersonen zu treffen, die ihnen Liebe entgegenbrachten und das Gefühl ihrer Einmaligkeit vermittelten. Wahr ist aber auch, dass Menschen, die aus einfachen Verhältnissen kommen und sich "hochgearbeitet" haben, oft über ein übersteigertes Ego verfügen. Das zeigt sich in einem ausgeprägten Repräsentationsbedürfnis und einen entsprechenden Lebensstil. Sie protzen mit ihrem erworbenen Wohlstand. Beispielhaft seien hier der deutsche Malerfürst Franz von Stuck (1863- 1928) und die Oligarchen in den osteuropäischen Staaten genannt.

Unser Gehirn sucht nach Selbstbestätigung und macht dabei das Ego zu einem mächtigen Instrument, das auch den "gesunden Menschenverstand" außer Kraft setzen kann. Einer meiner früheren Geschäftspartner war ein brillanter Kopf und ein begnadeter Unterhalter. Für ihn galten daher besondere Regeln, dachte er. So auch, dass man bei Blutdruckspitzen von 240-260 mm Hg die verordneten Bludrucksenker nicht oder nur sporadisch einnehmen muss. Ein Schlaganfall, verbunden mit einer halbseitigen Lähmung waren die Folge. Er konnte ein Leben im Rollstuhl nicht ertragen und nahm sich das Leben. Ein anderer Geschäftspartner war ein guter Fachmann. Ihm wurde die Verantwortung für eine größere Firma übertragen. Aber er konnte nicht ertragen, dass auch langjährige Spezialisten der Firmenleitung im Team hohes Ansehen genossen. Er fand Gründe, sie zu entlassen. Von ihm ausgesuchte Nachfolger konnten sie fachlich nicht ersetzen. Die Firma schrieb immer schlechtere Zahlen und musste schließlich Insolvenz anmelden. Sein Ruf war in der Branche nachhaltig geschädigt, und alle Bewerbungen auf eine vergleichbare Position blieben ergebnislos.

Narzisstische Kränkbarkeit, gepaart mit Trennungsangst können so stark werden, dass Menschen sich das Leben nehmen, oder zu Mördern derjenigen Menschen werden, die sie glauben zu lieben.

Aber auch wer versucht, sein Ego, seine Persönlichkeit zu ändern, wird dabei nicht unbedingt glücklicher.

Wenn wir unsere Kinder zu Persönlichkeiten formen, sind wir gut beraten, ihnen außer einem humanistischen Wertekanon, solidem Allgemeinwissen und kritischem Denken auch ein gesundes Ego mitgeben.

Ein gesundes Ego heißt stabiles Selbstvertrauen und Fähigkeit zur Selbstreflexion. Es ist aber auch ein konfliktfähiges Ego und schließt ein, in dem Bewusstsein zu leben, das man im Laufe seines Lebens immer Menschen begegnen wird, die in bestimmten Lebensbereichen besser sind als man selbst.

Kommunikationstrainer wissen das alles. Sie werden Ihnen raten, im Gespräch so oft wie möglich den Namen Ihres Gesprächspartners zu nennen. Loben Sie bei der nächsten Dienstbesprechung einen Kollegen, mit dem Sie immer im Streit liegen. Sein geschmeicheltes Ego wird ihn unfähig machen, Sie anzugreifen. Probieren Sie es. Sie werden erstaunt sein, wie gut das funktioniert. Die Kunst der Kritik besteht in erster Linie darin, das Ego des Kritisierten nicht zu verletzen.

Altern

Leben, sagt die Biologie, ist an vier Merkmale geknüpft: An Stoffwechsel, Vermehrung, Vererbung und Mutationsfähigkeit. Es gibt aber noch ein weiteres grundsätzliches Merkmal, das lebende Materie von unbelebter unterscheidet. Nichtlebende Materie unterliegt in der Regel mehr oder weniger schnellen Veränderungen, kann aber auch ewig in unveränderter Form existieren. Unbelebte Materie kann folglich ohne Veränderungen, und damit zeitlos existieren. Bei Lebewesen ist das grundsätzlich anders.

Lebende Materie muss sich verändern, entwickelt sich in der Zeit. Bei lebender Materie haben Veränderungen immer einen Anfang und ein Ende. Ein Lebewesen existiert nicht ewig und verwandelt sich mit dem Tod wieder in unbelebte Materie. Hier spielt der Faktor Zeit eine wichtige, und bei uns Menschen eine zentrale Rolle.

Wir wissen, dass unser Leben endlich ist und berücksichtigen das bei unserer Lebensplanung. Dabei macht uns unser Überlebenswille empfänglich für Vorstellungen von einem ewigen Leben, einem Leben nach dem Tod. Dies begründet die Macht von Glauben und Kirche.

Eigentlich wollen wir alle nie sterben, zumindest aber bei guter Gesundheit sehr alt werden. Bei entsprechenden Genen, viel Glück, und gesunder Lebensweise kann das gelingen. Nach heutigem Kenntnisstand liegt die erreichbare Lebensspanne beim Menschen bei 120 Jahren. Natürlich sagt uns die Erfahrung, dass Altern und schließlich Sterben unausweichlich sind. Aber was eigentlich ist Altern und warum altern wir? Warum gibt es den ewigen Kreislauf von Entstehung, Bestand, Niedergang und Verfall?

Der US-Gerontologe Leonard Hayflick definiert Altern als "die Summe aller Veränderungen, die in einem Organismus während seines Lebens auftreten und zu einem Funktionsverlust von Zellen, Geweben, Organen und schließlich zum Tod führen".

Die Gerontologie als Alternswissenschaft und Teilgebiet der Entwicklungsbiologie kennt dutzende Theorien des Altern, ein Indiz dafür, dass Altern eines der bisher am wenigsten verstandenen Phänomene der Biologie ist. Diese Theorien lassen sich in zwei Hauptgruppen zusammenfassen, die Schadens-(auch Abnutzungs- oder Verschleißtheorien genannt) und die Evolutionstheorien. Die bekanntesten Schadenstheorien sind die Annahme oxidativer Schäden beim Stoffwechselprozess durch freie Radikale oder der Telomerabbau.

Erstere Theorie ordnet den freien Radikalen- reaktionsfreudige Ionen oder Moleküle, die anderen Molekülen Elektronen entziehen, sie also oxidieren- eine Schlüsselrolle im Alterungsprozess zu. Sie sollen die DNA schädigen und damit zur Produktion fehlerhafter Proteine wie strukturveränderter Enzyme führen, die dann ihrerseits ihre Funktion als Katalysatoren biochemischer

Prozesse mehr und mehr einbüßen. Diese Theorie stützt sich auf Laborversuche, bei denen Versuchstiere bei kalorienarmer Nahrung (die angeblich zur Bildung von weniger freien Radikalen führt) deutlich länger leben. Es bedarf aber keiner Reduzierung freier Radikale, um bei gesunder Lebensweise ein höheres Lebensalter zu erklären. Kalorienarme, aber ausreichende Ernährung belastet einfach den gesamten Organismus weniger als die Ernährung mit kalorienreichen, fetten und zuckerhaltigen Lebensmitteln, meist verbunden mit einem bewegungsarmen Lebensstil. Gesunde Nahrung vermindert entzündliche Prozesse an den Organen, führt nicht zu den bekannten Zivilisationskrankheiten wie Übergewicht, Diabetes, Fettleber etc. und bildet damit den entscheidenden Faktor für das Erreichen eines hohen Lebensalters. Hellhörig sollte man werden, wenn Studien über den oxidativen Stress freier Radikale von Firmen "gesponsert" werden, die "Hilfe" für das Problem anbieten. Durch sogenannte "Radikalfänger", Antioxidantien wie etwa die Vitamine C und E, soll der Alterungsprozess verzögert werden können. Richtig ist, dass sowohl freie Radikale als Nebenprodukte von Atmung und Stoffwechsel wie auch Zellschäden mit zunehmendem Alter im Organismus zunehmen.

Völlig offen ist dabei jedoch, ob die freien Radikale Zellen schädigen, oder im Gegenteil als Reaktion auf Zellschäden vermehrt produziert werden, um diese schneller zu entsorgen. Jedenfalls konnten Wissenschaftler des Institutes of Healthy Aging des University College London bei Experimenten mit Fadenwürmern zeigen, dass die Zunahme von oxidativem Stress durch Erhöhung der Konzentration freier Radikale keinen negativen Einfluss auf das Lebensalter der Tiere hatte. Im Gegenteil, ein erhöhter Spiegel an bestimmten freien Radikalen führte sogar zu einer deutlichen Lebensverlängerung. Wenn demnach freie Radikale nicht per se schädlich sind, dann sollten Antioxidantien als ihre Gegenspieler auch nicht immer nützlich sein. Auch das wird durch Untersuchungen bestätigt, wonach bestimmte Antioxidantien das Sterberisiko sogar erhöhen. Die American Heart Association und andere medizinische Fachgesellschaften empfehlen daher, außer bei Vitaminmangel auf die Zufuhr von künstlichen Antioxidantien zu verzichten. Übrigens zeigen wissenschaftliche Untersuchungen an Sportlern, dass die Gabe von Antioxidantien in Form von Smoothies deren Konzentration im Blut nicht erhöht, da der Körper die Eigenproduktion im gleichen Maße senkt, um Energie zu sparen.

Die Telomerthese behauptet einen anderen Mechanismus des Alterns. Der DNA-Strang ist in kleinere, mit Proteinen verpackte Genstücke, die Chromosomen, geteilt. An den Enden dieser Chromosomen sitzen Fingerhüten vergleichbar die Telomere. Telomere sind sich wiederholende Basenpaarsequenzen, die keine Proteine codieren. Zum Beispiel findet man bei allen Wirbeltieren, also auch beim Menschen, die Wiederholungseinheit TTAGGG.

Bei jedem Zellteilungsvorgang verkürzt sich die Länge der Telomere. Ab einer bestimmten Telomerlänge funktionieren die Zellen normal weiter, hören aber auf, sich zu teilen. Die Biologen sprechen von zellulärer oder replikativer Seneszenz. In der Regel kommt es dann zum Wachstumsstopp oder zum programmierten Zelltod, der Apoptose. Es gibt also eine Korrelation zwischen der Anzahl der durch die Telomerlänge begrenzten Zellteilungen und dem möglichen Höchstalter eines Organismus. Anders gesagt: Je öfter sich in einem Organismus Zellen teilen können, desto älter kann er werden. Beim Menschen liegt die maximale Zahl von Zellteilungen zwischen 50 und 70. Wie wir bereits wissen, kann er damit etwa 120 Jahre alt werden. Die Zellen der Hausmaus teilen sich höchstens 28mal. Ihre mittlere Lebensspanne beträgt 4 Jahre. Es sei aber daran erinnert, dass sich die verschiedenen Zelltypen eines Organismus nicht gleich oft teilen. So sind beim Menschen fast alle Nervenzellen am Lebensende die gleichen wie bei der Geburt. Sie teilen sich also überhaupt nicht. Andererseits sorgt ein Enzym, die Telomerase, dafür, dass sich die Telomere in bestimmten Zellen immer wieder verlängern können. Diese Zellen können sich folglich viel öfter teilen als Zellen, in denen dieses Enzym nicht aktiv wird. So sorgt der Organismus dafür, dass schnell verschleißende Zellen bis zur Erreichung des für den Gesamtorganismus programmierten Lebensalters immer wieder ersetzt werden. Auf den menschlichen Körper bezogen bedeutet das, dass jedes Jahr beispielsweise 18 neue Leber, 25 neue Hautabdeckungen und 228 neue Dünndarmwände gebildet werden. Bekannt ist, dass beim Menschen die Telomerlängen von Jahr zu Jahr variieren und sich die Verteilung der Telomerlängen von 80jährigen mit der von 30jährigen überlappt.

Auch Versuche mit Modellorganismen stellen die Telomerhyphese in Frage. Bei Mausmutanten, also quasi Zwillingen, mit unterschiedlichen Telomerlängen, konnte gezeigt werden, dass die Länge der Telomere keinerlei Einfluss auf die Lebensspanne hat. Wenn Ihnen also gegen Bezahlung Telomerlängenmessungen zur Bestimmung ihrer Lebenserwartung angeboten werden - in den USA gibt es solche Firmen - dann sparen Sie ihr Geld für eine sinnvolle Verwendung.

Nicht unerwähnt bleiben soll die "Pay-later-Theory" als Schadenstheorie. Sie postuliert, dass in komplexen Organismen, wie denen des Menschen, die Mehrzahl der Gene pleiotrop sind, das heißt, mit anderen Genen zusammenwirken und dabei unterschiedlichen Regelsystemen dienen können. So sind die Sexualhormone in der Jugend wichtig für die Fortpflanzung. Im Alter fördern aber die gleichen Hormone die Entstehung von Brust- und Prostatakrebs. Mit der Suche der Ursachen für das Altern in der Funktionsweise von Genen schlägt diese Theorie quasi eine Brücke zu den Evolutionstheorien des Alterns. Bei diesen Theorien liegt der Schwerpunkt nicht auf der Frage, wie ein Organismus altert, sondern warum er altert. Altern ist hier Ergebnis des Evolutionsprozesses., also in der DNA programmiert. Das Lebensalter wird hier nicht durch Telomerlängen oder die Wirkung freier Radikale begrenzt, sondern ist auf proteincodierenden Abschnitten der DNA, also "Alters"-Genen codiert.

Lebewesen sind also darauf programmiert, nach einer bestimmten Zeit nach dem Ende der Fortpflanzungsfähigkeit zu sterben. "Alters-Gene" bestimmen das "Normalter" aller Lebewesen.

Nach der Mutations-Akkumulations-Theorie ist Altern Folge eines abgeschwächten Selektionsdrucks auf Gene, die erst im Verlaufe des Lebens aktiviert werden. Dadurch werden die Reparaturmechanismen vernachlässigt, so dass sich über die Lebensspanne hinweg schädliche Mutationen akkumulieren und so zu den bekannten Alterserscheinungen führen.

Ein aus meiner Sicht besonders interessanter theoretischer Ansatz zur evolutionären Erklärung des Alterungsprozesses und der erreichbaren Lebensspanne ist die Life-History-Theory. Diese Theorie der Lebensgeschichte sucht nach Erklärungen für die Vielfalt von Lebensaltern innerhalb einer Art und zwischen den Arten. Sie geht davon aus, dass jedes Lebewesen über begrenzte Energieressourcen verfügt, die für Wachstum, Fortpflanzung oder Reparatur und Instandhaltung des Körpers eingesetzt werden können. Eine Art, die viel in zahlreiche Nachkommen investiert, wird also nicht alt, und wer alt wird, pflanzt sich nur im unbedingt notwendigen Maße fort, um die Art zu erhalten. Bemerkenswert an dieser Theorie erscheint mir ihr Ausgangspunkt; die Gesamtenergie, die jedem konkreten Lebewesen von der Geburt bis zu seinem Tod zur Verfügung steht. Wie dann diese Energie zur Erhaltung der Art verwendet wird, sollte aber nicht Ergebnis von Lebenszyklusstrategien wie diese Theorie annimmt, sondern Resultat zufälliger Mutationen und evolutionärer Selektion sein. Ich habe mich dazu bereits im Abschnitt Evolution ausführlich geäußert.

Eine Frage von großem Allgemeininteresse ist natürlich, warum der Mensch bis zu 120 Jahre alt wird und ob man diese Altersgrenze noch hinausschieben könnte?

Um es vorwegzunehmen, die Wissenschaft tut sich besonders bei der evolutionären Begründung der großen Lebensspanne des Menschen schwer. Sie wird damit begründet, dass bei einem sozialen Säugetier, wie dem Menschen, Ältere wichtige Aufgaben in der Gruppe wie Hilfe bei der Aufzucht, der Erziehung und Erfahrungsübermittlung übernehmen. Das klingt auf den ersten Blick überzeugend. Auch bei Elefanten ließe sich das hohe Alter mit der langen Dauer der Übertragung des unverzichtbaren Erfahrungsschatzes der Leitkühe bei Wasser- und Futtersuche auf die nächste Generation begründen. Aber bei der Spezies Mensch sind mit dem Aussterben der Großfamilie beim Übergang zur modernen Industriegesellschaft die Kontakte der Älteren zu den nachrückenden Generationen loser geworden und die genannten Funktionen spielen in der überwiegenden Zahl der Familien, wenn überhaupt, dann nur noch eine untergeordnete Rolle. Anders gesagt, gealterte Menschen tragen nur noch wenig oder gar nicht mehr zum Erhalt der menschlichen Spezies bei, belasten also die Gemeinschaft mehr als sie ihr nutzen. Folglich müsste sich die Lebenserwartung der Menschen tendenziell verringern. Aber das Gegenteil ist der Fall. (Ich bin mir natürlich bewusst, dass hier noch andere Faktoren wie verbesserte medizinische Betreuung und ausreichende Ernährung wirken, so dass im globalen Maßstab ein heute geborenes Kind durchschnittlich sechs Jahre länger lebt als eines, das vor 25 Jahren zur Welt kam). Meeresschildkröten (Cheloniidae) sind Einzelgänger. Sie versammeln sich nur zu Paarungszeiten und kümmern sich nicht um ihre Nachkommenschaft. Dennoch können sie über 80 Jahre alt werden. Einige andere Schildkrötengattungen, Eishaie und die Islandmuscheln bringen es sogar auf ca. 400 Jahre.

Beim Süßwasserpolypen (Hydra magnipapillata) würden unter Laborbedingungen nach 1400 Jahren noch fünf Prozent einer Generation leben, und Grannenkiefern (Pinus longaeva) können einige tausend Jahre alt werden. In Schweden wurde eine Fichte entdeckt, die mit 9550 Jahren als ältester Baum der Welt gilt. Es ließen sich noch viele derartige Beispiele anfügen. Die soziale

Einbettung von Lebewesen als Begründung für ein hohes Alter kann demnach nicht überzeugen. Warum werden dann die Menschen so alt? Theoretisch würde ein maximales Alter von etwa 35 Jahren reichen, um die Art zu erhalten. Bei einem angenommenen Eintritt der Geschlechtsreife mit etwa 15 Jahren könnte ein Elternpaar bis zum 35. Lebensjahr beispielsweise drei Kinder zeugen und bis zu deren Geschlechtsreife aufziehen.[21] Nimmt man nicht die Geschlechtsreife als Ausgangspunkt, sondern die Grenze der Gebärfähigkeit einer Frau von 50 Jahren, würde dies ein maximal notwendiges Alter von etwa 65 Jahren ergeben. Warum können wir aber mit 120 Jahren fast doppelt so alt werden? Die Antwort lautet: Menschen werden nicht so alt, um soziale Verpflichtungen zu erfüllen. Es ist umgekehrt: Weil sie so alt werden, konnten sie dem Reich der anderen Tiere entwachsen und zu Menschen werden.

Wenn wir die Tierwelt betrachten, dann besteht das Leben der Tiere in einem Überlebenskampf zur Erreichung der Fortpflanzungsfähigkeit und in der Aufzucht ihrer Nachkommenschaft. Nur wenige Arten überleben in der freien Natur deutlich die Periode der Fortpflanzungsfähigkeit. Es bleibt, wenn überhaupt, kaum Zeit, neue Erfahrungen an die nächste Generation weiterzugeben. Wenn man so will, erfolgt die Reproduktion im Wesentlichen immer auf dem gleichen Niveau.

Der Mensch hingegen verfügt über einen Zeitfonds, der es ihm erlaubt, nicht nur zu überleben und sich zu reproduzieren, sondern außerdem die Lebensbedingungen für die kommende Generation zu verbessern.

Für die Zeitthese spricht, dass die Familie der Menschenaffen ein weitaus geringeres Alter als wir erreichen. Schimpansen als un-

---

[21] Beim heutigen Stand der Gesundheitssysteme reicht in den Industriestaaten schon eine Geburtenrate von 2,1 Kinder pro Frau, um die Bevölkerungszahl stabil zu halten. Deutschland hatt mit etwa 1,6 Kindern pro Frau eine der niedrigsten Geburtenraten der Welt.

sere nächsten Verwandten werden im Freiland 30 bis 40 Jahre alt. Die Lebenserwartung freilebender Orang-Utans wird auf etwa 50 Jahre, die von freilebenden Gorillas auf 40 bis 45 Jahre geschätzt. Bemerkenswert ist, dass damit das Leben eines Menschenaffen spätestens kurz nach der Menopause, also der Fruchtbarkeit der Weibchen endet. In der Evolution der Affenartigen sollte es daher unter einer Fülle von Genmutationen eine zufällige Variante gegeben haben, bei der gleichzeitig ein leistungsfähiges Gehirn und ein hohes Lebensalter determiniert wurden. In dem Maße, wie dann die Lebenserwartung wuchs, wurde Zeit freigesetzt, in der die Menschen Arbeitsmittel erfinden und ständig weiterentwickeln konnten. Angefangen von der Bearbeitung von Feuersteinen, über die Entwicklung von Waffen zum Jagen, über den Pflug bis hin zu den heutigen Maschinen.

Mit dem Informationszeitalter ist ein Entwicklungsstand der menschlichen Gesellschaft erreicht, wo der Mensch mehr und mehr aus dem Prozess der unmittelbaren materiellen Produktion freigesetzt wird. Der dadurch erreichte Zeitgewinn kann durch Arbeitslosigkeit vergeudet oder produktiv genutzt werden, um der Entwicklung der Menschheit einen weiteren, in seiner Dimension noch nicht dagewesenen Schub zu verleihen. Alles hängt von den gesellschaftlichen Verhältnissen ab, in denen die Menschen leben. Dazu aber später mehr.

Mehr und mehr hat sich die Auffassung durchgesetzt, dass die maximale Lebensdauer einer Art durch die DNA-Struktur bzw. durch spezifische Gene vorgegeben ist. Diese bestimmen also das "Normalter" eines Organismus.

Natürlich variieren die einzelnen Lebewesen im Alter. Aber auch bei besten Umweltbedingungen erreicht jede Art nur ein bestimmtes maximales Alter. An Modellorganismen konnte gezeigt werden, dass das Abschalten bestimmter Gene, man nennt sie Gerontogene, die Lebenserwartung dieser Tiere deutlich erhöht. Hefepilze, die normalerweise 6 Tage leben, erreichten dabei sogar ein Alter von 10 Wochen. Untersuchungen an Hundertjährigen zeigen, dass bei ihnen eine spezielle Variation (Genotyp) des Gens FOXO3 zu finden ist. In den Medien wird es daher als Langlebigkeits- oder Methusalem-Gen bezeichnet. Offen ist noch die Frage, ob das oder die Altersgene bei allen Lebewesen gleich sind, ob es ein grundlegendes Alterungsprogramm gibt, dem alle Arten unterliegen. Das in der DNA gespeicherte Lebensprogramm reguliert die dynamischen Veränderungen der Körperfunktionen im Verlaufe eines Lebens.

Nicht nur, dass sich die embryonalen Stammzellen schrittweise differenzieren und schließlich die etwa 200 Zellarten des menschlichen Körpers hervorbringen. Auch der zeitliche Ablauf der Körperentwicklung ist programmiert. Heute wissen wir also, dass es eine Chronobiologie der Lebensdauer, dass es in jedem Organismus eine Art "Lebensuhr" gibt.

Warum die eine Art sehr alt wird und eine andere schon nach einem Fortpflanzungszyklus stirbt, kann aus meiner Sicht evolutionär nur damit begründet werden, dass, wie wir ja bereits bei den Fortpflanzungsmöglichkeiten gesehen haben, "viele Wege nach Rom führen". Genetische Varianten ergeben sich schlichtweg per Zufall. Wenn die Fortpflanzung und damit der Bestand der Art gesichert, wenn quasi der evolutionäre Lebenszweck erfüllt ist, spielt das Lebensalter einer Art aus evolutionärer Sicht eine untergeordnete Rolle.

Nicht jedes Phänomen kann mit dem Motto " Nichts ergibt einen Sinn außer im Lichte der Evolution" erklärt werden. Wir dürfen nicht vergessen, dass wir das Lebensalter überbewerten, da wir (wahrscheinlich als einzige Wesen) von der Endlichkeit unseres Lebens wissen.

Fakt ist, dass wie bei jedem Mechanismus, bei jeder Maschine Verschleißerscheinungen auftreten, Informationen also bei ihrer Speicherung und Verarbeitung verloren gehen, ein Prozess, der durch gute Pflege zwar verzögert, aber nicht verhindert werden kann. Keine Struktur hält ewig. Nehmen wir eine Maschine, bei der sich durch die Vibration eine Schraube lockert, die in regelmäßigen Abständen mit einem Schraubenschlüssel wieder angezogen werden muss.

Mit der Zeit wird sich der Schraubenschlüssel abnutzen und irgendwann nicht mehr greifen. Der Reparaturmechanismus selbst funktioniert nicht mehr. Wie wir wissen, wird die Struktur der DNA durch kosmische Strahlung, UV-Strahlung, chemische Substanzen und Kopierfehler ständig verändert. In unserem Körper betrifft das 10 000de Positionen täglich in jeder einzelnen Zelle. (Darwin Heute, Martin Neukamm, WBG, Seite 208). Etwa 5000 unserer insgesamt etwa 25000 Gene produzieren ständig Reparaturenzyme, die einzelne zerstörte Basen oder ganze Genabschnitte gegen intakte Teile austauschen und so bei der Zellteilung entstehende Fehler korrigieren (übrigens kommt es dabei zum ständigen Umbau der DNA durch Verschiebung von Genen auf dem DNA-Strang). Aber auch diese Wächtergene selbst unterliegen Mutationen. Fehler kumulieren auch hier im Laufe eines Lebens. Daher können aus prinzipiellen Gründen nicht 100% der auftretenden Informationsfehler korrigiert werden.

So versagen auch beim menschlichen Organismus mit zunehmendem Alter die genetischen Reparaturmechanismen immer mehr, weil sie selbst verschleißen, sprich, die Mechanismen zur Reparatur der DNA und z.B. fehlgefalteter Proteine immer mehr versagen und immer mehr Proteine produziert werden, die nicht zur ursprünglichen Grundausstattung unseres Organismus gehören. Über kurz oder lang degeneriert die genetische Information jeder Zelle. Untersuchungen an unterschiedlichen Gattungen haben gezeigt, dass in dem Maße, wie die Regeneratiosfähigkeit abnimmt, die malignen Erwartungen zunehmen, also Krebs entsteht. Der Alterungsprozess erfasst dabei alle Bereiche des Organismus. Am offensichtlichsten wird das an der Haut.

Aber auch die inneren Organe, das Gehirn, der Blutkreislauf und das Immunsystem altern.

Die entscheidende Frage lautet nun, gibt es Möglichkeiten, diesen Prozess aufzuhalten, also Leben bis zur maximal möglichen (programmierten) Lebensspanne zu verlängern und dabei körperlich und geistig fit bleiben?

Ja, natürlich, lautet die Antwort. Vor allem, indem wir gesund leben, abwechslungsreiche frische Nahrung zu uns nehmen, uns viel bewegen, uns körperlich und geistig fordern, nicht rauchen und exzessiven Alkoholkonsum vermeiden, unseren Impfschutz gegen gefährliche Krankheiten regelmäßig aktualisieren und die angebotenen Vorsorgeuntersuchungen in Anspruch nehmen.[22] Kurz: Wir leben länger, wenn wir eine positive Einstellung zum Leben und zum Altern haben. Wie schwedische Wissenschaftler in einer Untersuchung aus dem Jahre 2016 zeigen konnten, spielt dabei körperliche Aktivität eine Schlüsselrolle für die Erhaltung der Konzentrationsfähigkeit und Kreativität des Gehirns.

Es gibt also ein "Wundermittel" gegen körperlichen und geistigen Verfall: regelmäßige körperliche und geistige Bewegung, die dem Körper signalisiert, dass die beanspruchten Strukturen gebraucht werden und nicht "eingespart" werden können. Viele Menschen verdrängen bei ihrem Essverhalten, dass sich etwa ab dem 40 Lebensjahr der Stoffwechsel und die Gewebezusammensetzung des Körpers verändern. Je nach genetischer Veranlagung wird der Stoffwechsel um bis zu 15% heruntergefahren. Gleichzeitig sinkt die Muskelmasse. Der Körper verbraucht folglich weniger Energie. Hinzu kommt, dass dieser Lebensabschnitt oft mit vermehrtem Stress einhergeht und nicht selten versucht wird, nega-

---

[22] In der BRD hob man in den 60er Jahren des vorigen Jahrhunderts die Impfpflicht schrittweise auf und setzt seitdem auf Einsicht und Aufklärung. Der Ausbruch von Masern im Jahre 2015 machte deutlich, dass die persönliche Freiheit und die Selbstbestimmtheit des Einzelnen dort ihre Grenze haben, wo lebenswichtige Interessen der Allgemeinheit verletzt werden. Nicht anders sollte es bei den Covid-19-Impfungen sein.

tive Emotionen durch Essen zu kompensieren. Bleiben die Essgewohnheiten im Wesentlichen gleich, ist dann eine Gewichtszunahme programmiert.

Altern ist demnach nicht nur eine Frage der Gene, sondern hängt auch maßgeblich von den Lebensumständen eines Individuums ab. Psychologen vertraten noch vor wenigen Jahren das s.g. Defizitmodell des Menschen, das mit dem "Noch nicht können" der Kindheit beginnt und dem "Nicht mehr können" im Alter endet. An seine Stelle ist mehr und mehr das s.g. Kompetenzmodell des Alters getreten, das auf Kenntnisse und den weiten Erfahrungshorizont älterer Menschen abhebt und zu einem aktiven Leben animieren soll. Untersuchungen bestätigen, dass Menschen mit einer positiven Sicht auf ihr Alter mehrere Jahre länger leben als solche mit negativer Einstellung. Ein Grund:

Erstere bleiben körperlich und geistig aktiver, selbst wenn sie gesundheitliche Beschwerden haben, während Letztere, selbst, wenn sie beschwerdefrei sind, beispielweise weit weniger spazieren gehen. In diesem Zusammenhang fällt mir ein kluger Ausspruch ein, von dem ich leider nicht mehr weiß, von wem er stammt: "Man wird alt, wenn die Neugierde erlischt." Ein positive Lebenseinstellung verlängert also unser Leben.

Aber diese Antwort wird Sie nicht völlig befriedigen. Gibt es nicht darüber hinaus Ansätze, so werden Sie fragen, um das Altern wenn schon nicht vollständig zu verhindern, so doch so zu verlangsamen, dass die maximale Lebensspanne weiter ausgedehnt wird? In der Tat existiert eine Fülle so genannter Anti-Aging-Therapien, die das glauben machen, lässt sich doch damit viel Geld verdienen. Jeder, der uns verspricht, Alterungsdefekte umzukehren, oder ihr Auftreten zumindest zu verlangsamen, kann sich unserer Aufmerksamkeit sicher sein.

Einige dieser Ansätze sind es aus meiner Sicht wert, hier genannt zu werden.

Über kalorienreduzierte Ernährung haben wir bereits gesprochen. Das Enzym Telomerase sorgt bei höheren Organismen in den Stammzellen und in den Immunzellen, die sich öfter teilen als die übrigen Körperzellen, für intakte Enden der Chromosomen, indem sie dort die DNA-Enden verlängert. Der Denkansatz geht davon aus, diesen Mechanismus auf alle Zellen zu übertragen und damit die Lebensspanne zu verlängern.

Nach Nierentransplantationen wird das Immunsuppressivum Rapamycin (Sirolimus) zur Verhinderung von Abstoßungsreaktionen eingesetzt. In Experimenten konnte durch Gabe von Rapamycin die Lebensspanne von Mäusen um bis zu 14% erhöht werden.

Resveratrol gehört zur großen Gruppe der Polyphenole und hat antioxidative Eigenschaften. Man hat es bisher in über 72 Pflanzenarten gefunden. In der Regel wird es aus den Schalen von Weintrauben isoliert und kommt in Kapselform in den Handel. Positive Effekte konnten bei Alzheimer und Autoimmunerkrankungen gezeigt werden.

Am visionärsten dürften die vom britischen Bioinformatiker Aubrey de Grey entwickelten Strategien gegen das Altern des menschlichen Körpers sein (GEO 04/2013 S. 130) Ich möchte sie Ihnen daher nicht vorenthalten. Zellverluste sollen durch Injektionen von Wachstumsfaktoren oder durch Stammzellentherapien ausgeglichen werden. Eine reibungslose Energieversorgung der Zellen wird durch den Austausch mutierter Mitochondien-Gene erreicht. Veränderungen im Erbgut, die zu ungehemmtem Zellwachstum führen, sollen durch periodische Stammzellenübertragungen und Manipulationen der DNA korrigiert werden. Funktionslose Zellen werden durch Stimulation des Immunsystems oder Substanzen, die die problematischen Zellen erkennen, abgetötet. Stimulierte Immunzellen beseitigen verklumpte Proteine zwischen den Zellen. Maßgeschneiderte Enzyme zerstören altersbedingte Proteinablagerungen innerhalb von Zellen und zwischen ihnen.

Die Schlüsselworte lauten also Gentherapien, Stammzellentherapien, Immunzellenstimulation und Einsatz maßgeschneiderter
Enzyme.

Aus meiner Sicht sind in der näheren Zukunft greifbare Erfolge
vor allem bei der Bekämpfung von Krebs durch Immunzellenstimulation, bei Stammzellentherapien, und möglicherweise auch
bei Behandlungen auf der Basis von jugendlichem Blut zu erwarten.

Gentherapien

Gentherapien kommen immer dann ins Spiel, wenn es einen Ansatzpunkt gibt, den Funktionsverlust eines defekten körpereigenen Gens kompensieren zu können. Langfristig gesehen verkör-
pern sie damit ein enormes Potential für die Behandlung genetisch bedingter Erkrankungen. Im Prinzip gibt es drei Ebenen für
die Einwirkung: Ständige oder zeitweilige (epigenetische) Veränderung der DNA in der Keimbahn, Manipulierung der RNA und
damit der Proteinproduktion, und schließlich die Ebene der Proteine, das Abschalten oder Beseitigen pathologischer Proteine.
Wenn derzeitig ein allgemeiner Durchbruch auch noch in weiter
Ferne scheint, so sind doch in einigen speziellen Fällen bereits
bemerkenswerte Erfolge zu verzeichnen. Dabei zeichnen sich in
der Vorgehensweise drei Strategien ab: Das Abschalten defekter
Gene, das Einschleusen therapeutischer Gene in das Genom
und die Abmilderung der Folgen von Gendefekten durch die Gabe von Medikamenten. In der Regel handelt es sich dabei um Bi-
opharmaka, auch als Biologicals bezeichnet.
Vor der Therapie steht die Diagnose. Deshalb suchen Biologen
und Mediziner nach spezifischen, charakteristischen Kennzei-
chen für jede Erkrankung.

Dabei handelt es sich um veränderte Gene, Proteine oder Stoffwechselprodukte. Solche Substanzen, die deutliche Unterschiede
bei Gesunden und Kranken aufweisen, werden als Biomarker be-

zeichnet. So messen beispielweise Gentests beim Brustkrebs die Aktivität von Krebsgenen und erlauben so, den genauen Krebstyp zu bestimmen und eine optimale Therapie festzulegen. Biomarker sind aber nicht nur Indikatoren für Krankheiten, sondern auch für die Wirkung von Medikamenten. Die am häufigsten angewandte Methode besteht darin, ein defektes Gen aus dem Genom zu entfernen und es durch eine intakte Kopie zu ersetzen. Dies geschah durch geeignete Viren, bei denen man ihr eigenes Genom durch die Genkopie ersetzt hat. Viren wurden also als Genfähren eingesetzt, indem man sie direkt in den Körper des Patienten spritzt, oder defekte Zellen entnimmt, außerhalb des Körpers das therapeutische Genmaterial einbringt, und sie dann wieder dem Körper zuführt. Wird das intakte Gen an einer ungünstigen Stelle in das Genom eingebaut, kann es zu überschießenden Reaktionen des Immunsystems und zur Entstehung von Krebs führen. Durch die Suche nach optimal geeigneten Viren, die passgenaue Platzierung der therapeutischen Gene im Genom, möglichst geringe Virendosen und die Beschränkung der Behandlung auf die krankhaft veränderten Zellen hoffte man, diese Probleme in den Griff zu bekommen und die Sicherheit von Gentherapien zu erhöhen. Durch die CRISP-Cas-Methode hat sich der virenbasierte Ansatz erledigt. Aber zurück zu den verschiedenen Ansatzpunkten der Gentherapien. Die nachstehenden Beispiele stehen für jeweils eine der drei Strategien.

Das Down-Syndrom ist eine weltweit verbreitete geistige Behinderung. Ursache dieser Erkrankung ist die Trisomie 21. Das Chromosom 21 liegt hier in drei- statt in zweifacher Kopie vor. Forschern der Medical School der Universität von Massachusetts ist es in vitro gelungen, das überschüssige Exemplar des Chromosoms 21 abzuschalten (Nature 300, S. 296-300, 2013). Hierzu wurde das für die Stilllegung von Chromosomen zuständige XIST-Gen mit Hilfe einer molekularen Schere (Zinkfingernuklease) exakt an der gewünschten Stelle in eines der drei Chromosomen 21 eingebaut.

Besonders bemerkenswert ist dabei, dass es sich bei XIST um ein Gen mit 21000 Basenpaaren handelt. In der medizinischen Praxis kommt aber eine andere Methode zum Einsatz. Die Pränataldiagnostik (PID) erlaubt es, bei der Befruchtung von Eizellen im Reagenzglas Erbkrankheiten zu erkennen und dann zu entscheiden, ob die Zellen in den Mutterleib verpflanzt werden. So werden weltweit bereits mehr als 90% der Embryos mit Trisomie 21 ausgesondert oder abgetrieben. Ein Durchbruch mit dieser Technologie zeichnet sich bei der Bekämpfung des Aids-Erregers HIV ab. Deutschen Forschern ist es im Labor gelungen, mit einer speziell entwickelten Genschere das Erbgut der Viren aus den infizierten Zellen herauszuschneiden.

Bei der gentherapeutischen Behandlung der Erbkrankheiten Wiskott-Aldrich-Syndrom (Insuffizienz der Blutgerinnung und des Immunsystems) und der metachromatischen Leukodystrophie (eine Lipidspeicherkrankheit, die bereits im Kindesalter zu Hirnschädigungen führt) konnte bereits 2013 ein Durchbruch vermeldet werden.

Hier werden mutierte blutbildende Stammzellen aus dem Körper entfernt, gentechnisch verändert, und dann wieder ins Knochenmark transplantiert.

Beim Fragilen-X-Syndrom ist ein Gen auf dem X-Chromosom mutiert. Dadurch werden zu viele Botenstoffe produziert, die den so genannte Glutamatrezeptor zu stark stimulieren. Es kommt zu einer überschießenden Signalübertragung zwischen bestimmten Neuronen im Gehirn. Die Folge sind kognitive Defizite bei den Betroffenen. Untersuchungen mit einem Medikament, das den Glutamatrezeptor blockiert und damit die Folgen des Gendefekts abmildert, verlaufen vielversprechend.

Immunzellenstimulation

Das menschliche Immunsystem ist ein hochkomplexes System verschiedener Abwehrmechanismen zur Abwehr in den Organismus eingedrungener Krankheitserreger und Zerstörung fehlerhafter körpereigener Zellen. Im Verlaufe der Evolution hat sich eine angeborene Immunantwort entwickelt. Diese unspezifische Abwehr basiert im Wesentlichen auf ca. 30, sich mit dem Blutstrom bewegender Proteine, in der Regel Enzyme, die die DNA eingedrungener Keime zerstören und dabei in der Regel sofort auftretende entzündliche Reaktionen hervorrufen. Hier spielt auch der CRISP-Cas-Mechanismus eine Rolle. Bei höher entwickelten Lebewesen wie dem Menschen wird diese Art der Abwehr durch eine erworbene, anpassungsfähige adaptive Immunabwehr ergänzt. Diese Abwehr basiert auf spezialisierten Abwehrzellen und erkennt Strukturelemente von Angreifern, die sogenannten Antigene wie Hüllproteine von Viren, Lipide und Zucker (meist Mannose) von Bakterien und deren Toxine, aber auch die Oberflächen von Krebszellen.

Als Antwort produzieren Plasmaproteine und B-Zellen Millionen unterschiedlich strukturierter Antikörper, auch Immunglobuline genannt, bei denen im Ergebnis eines mehrstufigen Prozesses jene übrig bleiben, die sich nach dem Schlüssel-Schloss-Prinzip an die Antigene anlagern können. Diese werden so inaktiviert oder markiert, dass sie Milliarden verschiedener T- und Fresszellen als Wegweiser dienen und von diesen vernichtet werden können. Die zytotoxischen T-Lymphozyten, kurz T-Zellen genannt, sind ein zentrales Element unserer erworbenen Immunabwehr. Hierbei handelt es sich um weiße Blutzellen, die bei Kindern und Jugendlichen in der Thymusdrüse (daher das T), später dann in den Lymphknoten und der Milz so programmiert werden, dass sie sich vor allem gegen viren- oder bakterieninfizierte aber auch gegen entartete körpereigene Zellen richten. T-Zellen sind also jener Teil der Immunantwort, der sich darauf konzentriert, bereits infizierte Zellen zu finden und zu eliminieren. Nach einer Infektion bleiben Antikörper und sogenannte Gedächtniszellen erhalten (Immunität). Da die spezifische Immunabwehr aber nicht die DNA verändert, ist sie nicht vererbbar. Die traditionellen Impfstoffe sind darauf gerichtet, Antikörper zu bilden die zum Beispiel das Virus erkennen und zerstören, bevor es eine Zelle infiziert. T-Zellen und Antikörper wirken folglich zusammen, um eine Immunantwort zu bilden. Ein idealer Impfstoff sollte daher auf beiden Ebenen wirken.

Die Immunzellenstimulation lässt sich gut an einer relativ neuen Methode zur Behandlung von Krebs veranschaulichen. Bei der Krebsentstehung treffen zwei Faktoren zufällig zusammen (Es gibt keinerlei wissenschaftliche Beweise, wonach es bei Menschen so etwas wie einen "Krebscharakter" gibt). Erstens funktioniert der Reparaturmechanismus in den Stammzellen des betroffenen Gewebes nicht mehr. Ein für die Entstehung von Krebs relevantes Gen mutiert also (es kann sich auch um eine angeborene Mutation handeln), die Zelle entartet. Die Geschwindigkeit der Zellerneuerungen bei den verschiedenen Gewebearten korreliert daher mit der Entstehungshäufigkeit von Krebs.

Beim Menschen betrifft das beispielsweise die schnelle Erneuerung der Dickdarmzellen und eine Dickdarmkrebsrate von ca. 5%, sowie die langsame Stammzellenteilung im Dünndarm und eine Dünndarmkrebsrate von nur 0,2%. Zweitens fällt auch noch der Selbstvernichtungsmechanismus genveränderter Zellen aus. Es kommt also nicht zur Apoptose, sondern im Gegenteil zum unkontrollierten Zellwachstum. Damit ein Tumor zu Grunde geht, müssen die gestörten molekularen Signalwege blockiert werden. Die üblichen, in der Regel in Kombination eingesetzten Chemotherapeutika setzen an der hohen Zellvermehrungsrate der Krebszellen an und versuchen, ihnen durch Zerstörung der DNA, die Blockade der RNA und die Stimulierung des Selbstvernichtungsmechanismus der Zellen beizukommen. Dabei wird die Immunabwehr des Körpers, die ja ebenfalls ständig neue Zellen produziert, so stark geschwächt, dass sie faktisch für die Abwehr des Krebses ausfällt.[23]

Die neue Strategie der Krebsbekämpfung sie ergänzt Chemotherapie, Bestrahlung und Operation) setzt nicht an den Krebszellen an, sondern zielt darauf ab, die körpereigene Immunabwehr zu aktivieren und auf die Krebszellen zu lenken. Konkret sieht das so aus: Im Blut kreisen bestimmte Proteine, die verhindern, dass es nicht zu überschießenden Immunreaktionen kommt. Diese Proteine docken an sogenannten Checkpoint-Rezeptoren an, die sich auf der Oberfläche der T-Zellen befinden und stellen so die T-Zellen "ruhig". Genau solche Bindungspartner haben auch bestimmte Krebszellen, die damit folglich die Immunabwehr blockieren. Die sogenannte Checkpoint-Therapie zielt darauf ab, Stoffe, wie das Protein CTLA-4, die die T-Zellen blockieren, mit speziellen monoklonalen Antikörpern, so genannten Checkpoint-Inhibitoren, biochemisch zu hemmen und so die Immunantwort zu verstärken.. Die Problematik dieser Therapie besteht darin, dass durch die Entfesselung der Immunabwehr schwere entzündliche Reaktionen auftreten können. Aber wenn durch diese Therapie die Hälfte von Menschen mit schwarzem Hautkrebs und etwa 20% derjenigen mit bestimmten Lungenkrebsarten gerettet werden können, ist das und so dennoch ein vielversprechender Ansatz. (Bei den üblichen Chemotherapien lag die Überlebensrate bei diesen Krebsarten unter 5%). Eine andere Therapieform (Impfung mit dendritischen Zellen) hat sich bei Krebsarten bewährt, bei denen der Tumor nicht aus festen Wucherungen, wie

---

[23] Tumore bestehen aus tausenden unterschiedlichster Mutationen. Wenn durch Chemotherapeutika davon nur einige beseitigt werden, haben resistenten Zellen umso mehr Raum zu wachsen. Es kommt zu einer verheerenden Auslese. Bei Rückfällen bestehen die Tumore dann nur noch aus diesen resistenten, kaum zu behandelnden Zellen. Ein neuer, adaptive Chemotherapie genannter Behandlungsansatz zielt daher nicht darauf ab, den Krebs zu vernichten, sondern nur sein Wachstum zu stoppen. Dazu wird er behandelt, bis er schrumpft. Wächst der Krebs wieder, bekommt der Patient eine weitere Chemo, wobei die Dosis wiederum so gewählt wird, dass nur ein Teil des Tumors untergeht. Die Patienten können so mit dem Krebs leben. 2014 startete eine entsprechende Studie.

etwa bei Blutkrebs besteht. Hier werden T-Zellen aus dem Körper entnommen, im Labor genetisch so umprogrammiert, dass sie die Krebszellen erkennen können, und dann wieder dem Blutkreislauf zugeführt. In den USA läuft eine Studie, bei der T-Zellen der Patienten an 4 Stellen ausgeschaltet werden, damit sie sich ausschließlich auf den Krebs und seine Eliminierung richten. An dieser Stelle sei nur vermerkt, dass diese Krebsarten besonders gefährlich sind, weil sie schnell Metastasen bilden.

Der Primärtumor bzw. schon die vorgelagerten entarteten Zellen senden Zellen aus, die sich dann irgendwo im Körper neu ansiedeln. Ein US-amerikanisches Team hat nun pillengroße Implantate entwickelt, die im Tierversuch diese bösartigen Zellen "einfangen", bevor sie andere Organe befallen können. (Geo 12/15). Eine dritte Immunstrategie für die Behandlung von Krebs ist die Behandlung mit sogenannten chimären antigen-Rezeptor-T-Zellen, kurz CART-T-Zellen genannt. Die auf ihnen sitzenden Rezeptormoleküle sind Hybride aus B-Zell- und T-Zell-Rezeptoren. (B-Zellen bzw. B-Lymphozyten gehören zu den weißen Blutkörperchen und werden im Knochenmark gebildet. Sie docken an Erreger- oder Krebszellen an und wirken so wie Magnete für die T-Zellen). Damit kann jede Zelle zerstört werden, die das Zielantigen trägt. Car-T-Zell-Therapien sind bei einigen Krebsarten Leukämie, Lymphome) sehr erfolgreich. Die Gesamtkosten der Behandlung liegen bei 300000 Euro pro Patient.

Oft stehen die Mediziner vor dem Problem, dass die Antigene der Tumorzellen denen gesunder Zellen ähnlich sind. Das führt bei den genannten Verfahren entweder zu sehr schwachen Immunreaktionen oder, wenn die Körperabwehr künstlich entfesselt wurde, zu schweren Komplikationen (Immun-Onkologie). Von der Entwicklung synthetischer Viren zur Aktivierung des Immunsystems erhofft man sich eine Lösung des Problems.

Auch bei der Krebsbekämpfung gibt es eine enge internationale Kooperation. So hat das internationale Krebsgenomprojekt das

Ziel, die genetischen Besonderheiten der 50 häufigsten Tumorarten zu entschlüsseln.

Stammzellentherapien

Mit dem Einsatz von Stammzellen in der Medizin werden riesige Erwartungen verbunden.

Man hat begonnen, mit ihnen genetisch bedingte Krankheiten zu heilen und hofft, früher oder später verletzte oder kranke Körperteile, ja sogar ganze Organe ersetzen zu können.

Stammzellen wurden erst vor etwa 50 Jahren bei der Behandlung strahlenkranker Opfer der Atombombenabwürfe über Hiroshima und Nagasaki entdeckt. Bei ihnen wurden gehäuft krebsartige Tumore, sogenannte Keratokarzinome gefunden, die aus verschiedenen Zellarten bis hin zu Organen wie Zähne bestanden. Man erkannte, dass es Körperzellen gibt, die sich in verschiedene Zelltypen ausdifferenzieren können. Sie werden deshalb auch als pluripotente Zellen bezeichnet. In jedem Gewebe bilden sie eine Art Reparaturreserve, die alte Zellen ersetzt, wenn sie absterben. Sie versorgen uns also Tag für Tag mit neuen Zellen, was sich besonders gut an heilenden Verletzungen beobachten lässt. Stammzellen teilen sich häufiger als normale Zellen und sind daher auch anfälliger für Kopierfehler ihrer DNA. Untersuchungen legen nahe, dass die hier stattfindenden Mutationen für etwa 2/3 der Krebserkrankungen verantwortlich sind. Es gibt zwei Typen von Stammzellen; die embryonalen, auch pränatale Zellen genannten, und die adulten oder postnatalen. Unser Leben beginnt mit einer einzigen embryonalen Stammzelle. Aus ihr entstehen alle Zellen der 200 verschiedenen Gewebetypen. Ob Muskel-, Nerven- oder Gliazellen, Bindegewebs- oder Filamentzellen, alle sind folglich Töchter einer einzigen Ausgangszelle. Embryonale Stammzellen können also jeden Zelltyp bilden, während unbehandelte adulte Stammzellen nur den Gewebetyp reproduzieren können, dem sie entnommen wurden. Verschiedene Gene werden demnach erst an- und dann wieder abgeschaltet.

Die Stammzellen selbst werden nie seneszent und solange sie leben, können sich aus undifferenzierten Vorläuferzellen differenzierte Zellen bilden. Ihre Zahl nimmt jedoch mit zunehmendem Alter kontinuierlich ab. Sie sind aber während des gesamten Lebens vorhanden und bilden bei Bedarf beispielsweise neue Immunzellen oder Zellen der Darmschleimhaut.

Stellen wir uns vor, wir würden dem Organismus bei zunehmenden Alterserscheinungen von Zeit zu Zeit embryonale Stammzellen, die bei unserer Geburt eingefroren und dann vermehrt wurden, wieder zuführen. Die Vorstellung geht dahin, damit die Lebensuhr beispielsweise vor dem Ausbruch einer schweren Krankheit zurückzustellen und sie so heilen zu können. Eine faszinierende Idee, deren praktische Umsetzung riesige Gewinne verspricht. Es ist daher nicht verwunderlich, dass - obwohl die Wissenschaft noch nicht den Bereich der Grundlagenforschung verlassen hat, weltweit mehr als 100 Kliniken und Praxen Stammzellentherapien anbieten. Neue Entdeckungen im Labor finden so schnell ihren Weg in die klinische Praxis. Stammzellen werden in arthrotisch veränderte Gelenke gespritzt. Haarstammzellen sollen wieder für üppigen Haarwuchs sogen. Facelifting erfolgt mit Stammzellen. Parkinson wird mit Stammzellen behandelt. Für viel Geld wird Hoffnung verkauft. Lebensgefährlich wird es spätestens dann, wenn Herzinfarkte mit Stammzelleninjektionen behandelt werden. Nach einigen Todesfällen mussten diese Therapien abgebrochen werden.

Einige wenige Institutionen verwenden embryonale Stammzellen, die beim Menschen nach künstlicher Befruchtung aus nicht benötigten Embryonen gewonnen werden (aus Blastocysten mit bis zu 100 Zellen).

Der Vorteil dieser Methode besteht darin, dass sich - wie bereits gesagt- aus ihnen alle Gewebetypen bilden können. Auf die ethische Problematik dieser Methode soll hier nur verwiesen werden. Eine weitere Möglichkeit, embryonale Stammzellen zu erzeugen, demonstrierten US-amerikanische Forscher. Beim therapeutischen Klonen, auch somatischer Zellkerntransfer (somatic-cell nuclear transfer, SCNT) überträgt man den Kern einer Zelle aus Körpergewebe wie der Haut auf eine nicht befruchtete entkernte Eizelle. Das Erbgut der Körperzelle nimmt daraufhin wieder seinen embryonalen Zustand an und beginnt sich zu teilen. Aus dem Blastozytenstadium werden dann Stammzellen gewonnen und kultiviert. Mit diesem Verfahren entstand 1996 das Klonschaf Dolly. Später erwies sich, dass das Erbgut Dollys älter aussah als das von gleichaltrigen Tieren und Dolly an einer Vielzahl von Krankheiten litt, so dass es nach sieben Jahren eingeschläfert werden musste. Man vermutet, dass die Rückversetzung adulter DNA in ihren embryonalen Zustand komplizierter verläuft als gedacht und der Prozess noch nicht vollständig verstanden ist. Jüngste Klonversuche ergaben jedoch keinerlei Hinweise auf Abweichungen gegenüber der geschlechtlichen Vermehrung. Zum reproduktiven Klonen von Menschen ist es dennoch noch ein weiter Weg. In Deutschland ist es verboten. In der Regel werden aber verschiedenste adulte Stammzellen eingesetzt. Wie die embryonalen Stammzellen lassen sie sich beliebig vermehren, so dass theoretisch eine Stammzellenlinie für die Behandlung von Millionen von Patienten zur Verfügung steht. Bei beiden Methoden müssen Immunsuppressiva eingesetzt werden, um die Abstoßungsreaktionen des Körpers zu unterdrücken.

Ausgenommen sind natürlich die Spender selbst, bei denen es sich ja um körpereigene Zellen handelt. Das kann sich mit Einführung einer völlig neuen Methode in die medizinische Praxis grundlegend ändern. Nicht wenige glauben, dass sie das Potential hat, die gesamte Medizin zu revolutionieren.

Sie werden bemerkt haben, dass ich von unbehandelten adulten Stammzellen gesprochen habe, die nur den Gewebetyp reproduzieren können, dem sie entnommen wurden. Also Hautstammzellen können Haut bilden und Muskelstammzellen, diejenigen Muskeln, denen sie entnommen wurden.

Der japanische Arzt Shinya Yamanaka stellte sich die Frage, ob man eine Stammzelle im ausdifferenzierten Zustand wieder in pluripotente Zellen zurückverwandeln kann. Mit anderen Worten, ob es möglich ist, eine adulte in eine embryonale Stammzelle umzuprogrammieren, die Lebensuhr auf Null zurück zu drehen, um sie dann in einem weiteren Schritt wieder vorzustellen. Es ging also darum, auf dem Genom im Zellkern alle Gene zu aktivieren, um dann die Genomgestalt so zu ändern, einzelne Teile und die darin befindlichen Gene so zu verpacken, dass sie inaktiv werden und nur noch diejenigen Gene aktiv bleiben, die die Proteine für die gewünschte Zellart determinieren. Wie sich zeigte, ist dies durch die Manipulation von nur vier Genen adulter Stammzellen möglich. Man nennt diese so hergestellten Zellen daher induzierte Pluripotente Stammzellen, kurz iPS-Zellen. Das Potential diese Zellen wurde mit der Herstellung schlagender Herzzellen, insulinproduzierender Zellen und von Nervenzellen überzeugend demonstriert.

Bei Mäusen konnte mittels iPS-Zellentransplantation die Sichelzellenanämie geheilt werden. Aber es ist noch ein weiter Weg von zweidimensionalen Zellrasen in der Petrischale und Versuchen an Modellorganismen bis zur Züchtung dreidimensionaler Organe, zumal diese aus mehreren Gewebearten bestehen.

Der wesentlichste Vorteil dieser Methode ist, dass sie völlig ohne Immunsuppressiva auskommt, bilden doch immer körpereigene Zellen den Ausgangspunkt der Therapie. Man nennt daher diese neue Richtung der Medizin personalisierte Medizin.

Aber auch hier bildet das Risiko der Entstehung von Krebs noch ein erhebliches Hindernis für die Einführung der Methode in die klinische Praxis.

Yamamaka erhielt für die Entwicklung der Methode zur Herstellung von iPS-Zellen 20012 den Nobelpreis für Medizin.

Eine Meldung sorgte in jüngster Zeit für Aufsehen: Einem Wissenschaftlerteam soll es gelungen sein, normale Körperzellen ausgewachsener Säugetiere allein durch belastende Reize in embryonale Stammzellen zurück zu verwandeln. Das Phänomen ist aus der Botanik bekannt. Hier können starke Umweltreize dazu führen, dass sich gewöhnliche Zellen in unreife Vorläuferzellen zurück verwandeln, aus denen dann neue Pflanzen hervorgehen.

Wenden wir uns nunmehr einigen seriösen Therapieansätze mit Stammzellen zu, die an Patienten erprobt werden, oder sich in der Praxis bereits bewährt haben.

Bei starken Verbrennungen werden aus noch intakten Hautresten Stammzellen entnommen, in einer Nährlösung vermehrt, dann auf einen Träger, eine sogenannte amyotische Membran übertragen bis sich eine Stammzellenschicht bildet, die schließlich auf verbrannte Hautpartien transplantiert wird.

Menschen, die durch Verätzungen ihr Augenlicht vollständig oder teilweise eingebüßt haben, wird durch die Entnahme eines winzigen Stücks noch intakten Hornhautgewebes mit dem gleichen Verfahren geholfen.

Ein japanischer Regierungsausschuss hat grünes Licht für Klinikversuche mit Stammzellen gegeben, um sehbehinderten Menschen, die an altersbedingter Makuladegeneration (AMD) leiden, ihr Augenlicht zurückzugeben. Dazu sollen Stammzellen aus der Haut genetisch zu induzierten pluripotenten Stammzellen (iPS) umprogrammiert werden, die dann zu einem Rasen von Netzhautzellen gezüchtet und ins Auge der Patienten transplantiert werden.

Relativ gut untersucht und in der Praxis erprobt ist die Behandlung von Leukämien mittels Knochenmarkstransplantation. Unsere roten Blutkörperzellen leben etwa 100 bis 120 Tage, weiße Blutkörperzellen dagegen nur wenige Tage. Blutstammzellen in unserem Knochenmark und in der Milz müssen daher jeden Tag mehr als 10 Milliarden Blutzellen produzieren. Sind diese Blutstammzellen entartet, können sie ihre Aufgabe nicht mehr erfüllen und müssen ersetzt werden. Dazu wird bei einem Spender rotes Knochenmark entnommen, gereinigt und dann die Blutstammzellen dem Empfänger transfundiert.

Seine mutierten Blutzellen werden vorher mit Chemotherapeutika abgetötet. Mit den neuen Blutstammzellen erhält der Empfänger so auch ein neues Immunsystem, das sich mehr oder weniger gegen den gesamten Körper richtet, während bei Organtransplantationen Abstoßungsreaktionen nur beim transplantierten Organ auftreten. Dies gibt eine Vorstellung davon, wie anspruchsvoll bei dieser Therapie die Auswahl eines genetisch bestmöglich passenden Spenders und die medizinische Begleitung des Genesungsprozesses sind.

Große Fortschritte gibt es bei Gentherapien zur Korrektur verschiedener Erbkrankheiten. Hier werden Stammzellen aus dem Blut entnommen, das mutierte Gen über Genfähren (z. B. dem HIV-Virus) oder mit dem CRISP-Cas9-Verfahren ersetzt und dann dem Körper nach einer Chemotherapie zur Vernichtung der defekten Stammzellen wieder zugeführt.

Transfusionen von jugendlichem Blut

Ich habe einen alten, todkranken Menschen erlebt, der nach jeder Bluttransfusion für 1 bis 2 Tage aufblühte und voller Leben war. Die Altersforschung vermutet, dass es im jungen Blut Botenstoffe gibt, die ältere Stammzellen aktivieren, so dass junges Blut die Zellteilung anregt und so vielfältige Alterserscheinungen lindern kann.

In Parabiose-Experimenten - hier werden die Blutkreisläufe zweier Tiere zusammengeschlossen, konnte gezeigt werden, dass, wenn die Kreisläufe einer jungen und einer alten Maus verbunden werden, die Organe der alten Maus schon nach wenigen Wochen deutlich an Leistungskraft gewinnen. Dies betrifft sowohl die kognitiven Leistungen wie auch andere Körperfunktionen. In einem entsprechenden Rattenexperiment starben die älteren Ratten bis zu 5 Monate später als die der Kontrollgruppe. Es ist quasi so, als würden die Uhren zurückgestellt. Gezeigt hat sich, dass diese Effekte bereits bei der Gabe von Blutplasma auftreten. Welche konkreten Bestandteile dafür verantwortlich sind, ist noch unklar.

Auch ist noch strittig, ob die Verjüngung durch Austausch alten Gewebes gegen junges erfolgt, oder nur die Reparaturmechanismen geschädigter Zellen aktiviert und unterstützt werden, also nur die normale Funktion der vorhandenen Zellen wieder hergestellt wird. Gibt es Faktoren im Blut, die reparieren können, oder wird über das Blut gar das Altern der verschiedenen Gewebetypen gesteuert? Experimente zeigen verschiedene mögliche Ansätze. Wird das Hormon Oxytozin alten Mäusen ins Blut gespritzt, regenerieren sich die Muskeln innerhalb weniger Wochen. Gleiches geschieht bei der Injizierung des Wachstumsfaktors GDF 11 (growth differentiation factor), ein Protein, das auch als BMP 11 bezeichnet wird. Er kommt im Blut junger Mäuse und auch beim Menschen vor, aber kaum noch bei alten Tieren. Ob die Muskelverjüngung mit der Aktivierung der Zellteilung, des s. g. Notch-Signalweges, oder mit der Inaktivierung des Wachstumsfaktors TGF-ß (transforming growth factor) zusammenhängt, der die Zellteilung blockiert, ist noch nicht geklärt. Überhaupt scheinen die s.g. Wachstumsfaktoren, das sind Signalproteine, die Informationen zwischen Zellen übertragen, beim Alterungsprozess eine wichtige Rolle zu spielen.

In einem abgelegenen Tal im Süden Ecuadors gibt es eine Konzentration von zwergwüchsigen Menschen Sie leiden am s.g. Laron-Syndrom. Zvi Laron ist ein israelischer Arzt, der diese Krankheit erstmals beschrieben hat. Noch in den 50er Jahren verabreichte man zwergwüchsigen Menschen Wachstumshormone, jedoch ohne messbare Erfolge. Jetzt stellte sich heraus, dass der Wachstumshormonspiegel dieser Menschen nicht zu niedrig, sondern extrem hoch ist.

Ein Gendefekt verhindert, dass die Wachstumshormone in der Leber an bestimmte Rezeptoren andocken, wodurch die Leberzellen das Signal zur Herstellung des Wachstumsfaktors IGF1 erhalten. IGF1 weist eine hohe Sequenzhomologie zum Insulin auf, daher auch der Name insulin-like growth factor. IGF 1 ist eines der anabolsten Dopingmittel. Seit Ende der 80er Jahre des vorigen Jahrhunderts wird es zur Behandlung vom Laron-Syndrom betroffener Kinder eingesetzt. Im Zusammenhang mit dem Alterungsprozess ist interessant, dass diese kleinwüchsigen Menschen in der Regel an Übergewicht leiden. Die Theorie besagt, dass mit dem Übergewicht das Risiko von Diabetes steigt. Diese Menschen entwickeln aber überhaupt keinen Diabetes und es konnte auch kein einziger Fall von Krebs nachgewiesen werden. (üblicherweise sterben 22-25% der Familienangehörigen an Krebs). Dieser Befund wird im Experiment mit s.g. Larons, kleinwüchsige Mausmutanten mit extrem niedrigem IGF1-Spiegel (bei ihnen wurde der Rezeptor für das Wachstumsgen abgeschaltet), bestätigt. Sie leben bis zu doppelt so lange wie normale Mäuse und entwickeln weder Krebs noch Diabetes. Man untersucht daher, ob Krebs mit IGF1-Hemmern vorgebeugt werden kann.

Diese Beispiele zeigen, dass es noch viele offene Fragen zu beantworten gilt, bevor eine Therapie mit jungem Blut Eingang in die medizinische Praxis finden kann. Die für die Entwicklung von

Heilverfahren mit jungem Blut, wie zum Beispiel zur Behandlung von Alzheimer, gegründete Firma Akahest versucht Bedenken hinsichtlich gefährlicher Nebenwirkungen mit dem Argument zu zerstreuen, dass bereits Millionen von Blut-und Plasmatransfusionen komplikationslos durchgeführt wurden.

Das ist nur bedingt richtig, zeigen doch neueste Forschungen, dass mit der Menge des transfundierten Blutes die Krebsrate deutlich ansteigt. Es wird vermutet, dass die Aktivierung von Stammzellen durch junges Blut die Zellen langfristig zu stark anregt, sich zu teilen.

Also Vorsicht gegenüber einer Jungbluttherapie: Es könnte sich ergeben, dass Sie sich für viel Geld einen um 10 Jahre jüngeren Körper erkaufen, dann aber infolge der Transfusion schon nach 3 Jahren an Krebs sterben!

Bei diesen Ansätzen konnte in Tierexperimenten nachgewiesen werden, dass sie die Alterung verschiedener Gewebetypen verlangsamen oder sogar umkehren, also verjüngend wirken. Aber: bei all diesen Verfahren sind die lebensverlängernden Mechanismen weitgehend unverstanden. Zudem treten in der Regel starke Nebenwirkungen auf. Solange nicht zuverlässig geklärt ist, dass Manipulationen an "Altersgenen" keine negativen Auswirkungen auf andere Funktionen des Genoms haben, solange wir nicht verstehen, was dann in nachgelagerten Systemen bis hin zur Proteinproduktion geschehen kann, muss von solchen Verjüngungsversuchen abgeraten werden.

Sind diese Fragen jedoch hinreichend geklärt, könnten sich hier neue Möglichkeiten zur Behandlung verschiedener Arten von Demenz und anderer Alterserkrankungen ergeben.

Fassen wir zusammen:

Das maximal erreichbare Alter einer Art ist im jeweiligen Genom vorprogrammiert. Alterungsprozesse lassen sich zwar verzögern, aber nicht verhindern.

In der Maschinenwelt schafft der durch die Nutzung bedingte Verschleiß Platz für Neues, sorgt dafür, dass moralisch verschlissene Systeme durch moderne ersetzt werden. Ich, denke, die Parallelen in der belebten Natur sind offensichtlich. Neben der persönlichen Seite hat die Lebenserwartung der Menschen also auch eine gesellschaftliche Komponente. Steigende gesellschaftliche Aufwendungen bei einer älter werdenden Gesellschaft sind dabei nur ein Aspekt. Viel grundsätzlicher erscheint mir, dass mit dem Tode eines Menschen sein im Verlaufe des Lebens mit großen gesellschaftlichen Aufwand erworbenes Wissen und seine beruflichen Erfahrungen verloren gehen. Stellen Sie sich vor, wir könnten all dieses Wissen, aber vor allem die Art zu Denken herausragender Persönlichkeiten aus Wissenschaft und Kunst und von anderen verdienstvollen Menschen auf Computer kopieren, die Arbeitsweise dieser Gehirne analysieren und für die Entwicklung künstlicher Intelligenz nutzbar machen. Was heute noch als ferne Zukunftsvision erscheint, könnte schneller Realität werden, als wir uns das vorstellen.

Erkranken wir, kommt eine in unseren Genen programmierte fundamentale Kraft zum Vorschein: Der Überlebenstrieb. "Wer möchte nicht am Leben bleiben", besingt der 2007 verstorbene deutsche Komponist Kurt Schwaen in dem Film "Sie nannten ihn Amigo" unseren Willen zum Überleben. Es ist verständlich und nachvollziehbar, dass ein lebensbedrohlich erkrankter Mensch sagt, er müsse weiterleben, um für den Partner, die Kinder oder die Enkel da zu sein. Aber auch Alleinstehende und Kinderlose finden Gründe, um nicht einfach sagen zu müssen: Ich will noch leben!

Es ist dieser in uns verhaftete Lebensdrang, der uns die Kämpfe des Lebens bestehen lässt. Ermattet dieser Überlebenswille,

sterben wir. Nicht wenige Menschen entwickeln in dieser Situation eine Störung, die in der Psychiatrie als Dissoziation bezeichnet wird. Sie wissen, dass sie sterben werden, hoffen aber, am
Leben zu bleiben.

Intelligenz

Wenn Sie im Internet bei WIKIPEDIA den Begriff "Intelligenz"
eingeben, finden Sie Artikel von mehr als 10 Seiten. Das könnte
als Hinweis darauf gewertet werden, dass wir sehr viel über Intelligenz wissen, kann aber auch das Gegenteil bedeuten, dass
nämlich diese Eigenschaft lebender Materie, dieser zentrale Aspekt menschlicher Identität noch wenig verstanden und Intelligenz nach wie vor ein sehr diffuser, wenig greifbarer, kaum zu
quantifizierender Begriff ist. Es gibt keine allgemein akzeptierte
Definition von Intelligenz. Wenn Intelligenz als "Sammelbegriff für
die kognitive Leistungsfähigkeit des Menschen" definiert wird, hilft
das letztlich nicht weiter, weil nur der Begriff der Intelligenz durch
das Wort Leistungsfähigkeit ersetzt wird. Ähnlich verhält es sich
mit dem Vorschlag des deutschen Informatikers und Professors
an der Australian National University Marcus Hutter, Intelligenz
daran zu messen, wie stark man Daten zu komprimieren vermag.
Treffender erscheint da schon, sie als grundlegende Lern- und
Denkfähigkeit zu verstehen.

In den 90er Jahren konnten sich 52 anerkannte Kognitionsfor-
scher nur darauf verständigen, dass Intelligenz eine "sehr allgemeine Fähigkeit " sei, "die das Vermögen einschließt, zu urteilen,
zu planen, Probleme zu lösen, abstrakt zu denken, komplexe
Ideen zu verstehen sowie schnell aus Erfahrung zu lernen". Es
erstaunt, dass hier Merkmale wie Fantasie, Neugier, Kreativität
und Intuition keine Erwähnung finden. Persönlich hat mich die
Definition von Intelligenz, die ich im Wörterbuch Philosophie und
Naturwissenschaften Dietz Verlag 1978 S. 400 ff gefunden habe,
am meisten überzeugt: " Intelligenz ist die hierarchisch struktu-
rierte Gesamtheit jener Fähigkeiten, die das Niveau und die Qua-

lität der Denkprozesse, sich an wechselnde, vor allem unbekannte Bedingungen der objektiven Realität anzupassen, bestimmen. Intelligenz ist also so etwas wie ein Synonym für Auffassungsgabe und Denkvermögen. Vielfach wird auch von "Geisteskraft" gesprochen.

Der Grad abgespeicherter Informationen und der Komplexitätsgrad der neuronal verschalteten Hirnareale bestimmen den Grad von Bewusstsein und dieser wiederum ist ein Maß für Intelligenz.

Komponenten der Intelligenz sind die Konstruktion des Abbildes der Außenwelt, das durch Lernen komplettiert wird, zweckmäßige Informationsauswahl und -Verknüpfung, Konstruktion von Verhaltensalgorithmen und ihre Überprüfung mittels Durchspielen am inneren Modell der Außenwelt, Optimierung von Algorithmen, Vorwegnahme künftiger Situationen der Außenwelt durch Simulation am inneren Modell.

Durch unseren Intellekt können wir also analysieren, klassifizieren, Dinge und Zusammenhänge beurteilen und neues Wissen erwerben.

Heuristisches Denken, also die Fähigkeit, trotz unvollständiger Informationen zu einer hypothetischen Lösung einer Problemstellung zu gelangen und diese dann mit anderen Informationen zu bestätigen oder zu verwerfen, bildet die höchste Form menschlicher Intelligenzleistungen. Eng gebunden an das Denken ist sie Voraussetzung, um aus den im individuellen Entwicklungsprozess erworbenen Kenntnissen und Fähigkeiten schöpferisch neue Erkenntnisse abzuleiten und damit verbundene Aufgaben zu lösen.

Ein Maß für Intelligenz ist die Fähigkeit, komplizierte oder komplexe Sachverhalte zu vereinfachen, oder ganz allgemein, die Bildungsfähigkeit eines Menschen.

Wie schwer wir uns mit der Definition von Intelligenz tun, wird besonders deutlich, wenn wir versuchen, Intelligenzgrade zu definieren und miteinander zu vergleichen. Euklid, Platon, Leonardo da Vinci, Galilei, Newton, Mozart, Goethe, Gauß, Karl Marx und Einstein waren herausragende Geistesgrößen. Die Aufzählung ließe sich beliebig erweitern und in die Gegenwart fortschreiben.

Aber wer war intelligenter, der Dichter Goethe oder der Naturwissenschaftler Newton, Einstein mit seinen bekannten Defiziten in der englischen Sprache, oder Friedrich Engels, der 7 Fremdsprachen beherrschte?

Engels oder die zwei Brüder aus Großbritannien, die jeweil 27 Sprachen beherrschen und in Tests gezeigt haben, dass sie innerhalb einer Woche eine weitere erlernen können? Wer ist intelligenter? Der Wissenschaftler, der die Natur oder das menschliche Zusammenleben erforscht, der Künstler, der es vermag, nicht Sichtbares sichtbar zu machen, der Handwerker, der Gegenstände zu Kunst werden lässt, oder der Arbeiter, der die materielle Basis für unsere Existenz schafft? Ist ein durchschnittlicher Akademiker intelligenter als ein brillanter Handwerker?

Das kann man so nicht vergleichen, werden Sie vielleicht sagen. Es gibt keine absolute Intelligenz eines Menschen. Und schon gar nicht ließe sie sich messen. Das ist richtig. Aber diese Fragestellung führt uns zum Kern des Problems. Der Begriff der Intelligenz ist offensichtlich sehr unscharf. Die vermeintlich außerordentliche Intelligenz der "Krone der Schöpfung" hindert sie nicht an der Schaffung von Voraussetzungen, sich als einzige Art selbst auszulöschen. Außerdem kann sie, wie wir gesehen haben, die Wirklichkeit nicht so wahrnehmen wie sie wirklich ist. Wir sagen, er ist ein intelligenter Mensch. In Wirklichkeit meinen wir damit aber nur eine oder seltener mehrere hervorragende kognitive Fähigkeiten. Einstein war ein naturwissenschaftlich brillanter Denker und berühmt für seine Gedankenexperimente. Aber zeitlebens bereitete ihm die englische Sprache große Schwierigkeiten, obwohl er Jahrzehnte in den USA lebte. David Hilbert (1862-1943) war ein brillanter Mathematiker. Er reichte die Gleichungen für die Beschreibung der Gravitation mithilfe der Raumzeit früher als Einstein ein. Einsteins Text wurde nur ein paar Tage früher veröffentlicht.

Schon als er Professor war, mussten in den Seminaren in der Regel alle auf ihn warten, bis er ein Problem auch verstanden hatte. Er dachte nicht schnell, aber sehr tiefschürfend. Newton zeichnete ebenfalls ein bestechender Geist aus, aber für die meisten seiner Kollegen war er nur schwer zu ertragen. Es gibt offensichtlich zwei Aspekte von Intelligenz, die zu berücksichtigen sind: Erstens die Art von Intelligenz und zweitens ihr Ausprägungsgrad.

Wir treffen Menschen mit einer Art universaler Intelligenz, die erfolgreich Bücher schreiben, an einer Universität lehren und bei der Leitung von Talk-Shows brillieren. Ein solcher Mensch war wohl der 2016 verstorbene Schriftsteller und Gelehrte Umberto Eco. Dann wiederum gibt es Ausprägungen von Intelligenz, die auf einen engen Bereich beschränkt sind: Es gibt offensichtlich Körperintelligenz, räumliche Intelligenz, sprachliche Intelligenz, literarische Intelligenz, naturwissenschaftliche Intelligenz, mathematische Intelligenz und musikalische Intelligenz. Eine Sonderstellung nimmt wohl die soziale, auch als machiavellische bezeichnete Intelligenz ein, also die Fähigkeit, sich im komplexen Netz der sozialen Beziehungen zurechtzufinden. In Berlin werden bei der Förderung von Schülern mit besonderen Begabungen die Bereiche sportlich-motorisch, künstlerisch-darstellend, musikalisch-kulturell, sozial-emotional, naturwissenschaftlich-mathematisch und kognitiv angeboten. Savants und Autisten zeigen ausgeprägte Formen von Inselbegabung und sind gleichzeitig geistig behindert. Hochbegabung ist hier gepaart mit erheblichen psychischen Defiziten. Diese Aufzählung erhebt keinen Anspruch auf Vollständigkeit. Intelligenz hat auch nichts mit Bekanntheit zu tun. Es gibt Millionen von hochintelligenten Menschen, Wissenschaftler, Künstler, Handwerker und andere Mitglieder unserer Gesellschaft, die uns aber auf Grund ihrer Lebensumstände, insbesondere ihres Tätigkeitsfeldes nicht bekannt sind oder nicht bekannt werden.

Kurz gesagt, es gibt derzeitig keine allgemein akzeptierte Definition von Intelligenz, die diese Vielschichtigkeit erfasst, und bis heute existiert keine geschlossene Theorie der Intelligenz.

Das Wesen von Intelligenz möchte ich an zwei Beispielen verdeutlichen. Das zweite Beispiel wiegt schwerer, wird aber etwas Geduld erfordern.

Beispiel 1: Ich gehe das Treppenhaus hinunter, um den Briefkasten zu leeren. Ein junger Mann hat mich kommen gehört und hält höflich die Haustür auf. Als er mich um die Ecke kommen sieht, geht er und lässt die Tür ins Schloss fallen. Er hat bemerkt, dass ich keine Bekleidung trage, die für das herrschende schlechte Wetter geeignet wäre und sofort geschlussfolgert, dass ich nur zum Briefkasten oder in den Keller will.

Beispiel 2: Carl Friedrich Gauß (1777-1855) war ein Multitalent (früher sagte man Genie). Bekannt sind seine herausragenden Leistungen in Mathematik, Physik, Astronomie und Geodäsie. Als Dreijähriger soll er dem Vater bereits bei der Lohnabrechnung geholfen haben. In der Schule verblüffte er seinen Mathematiklehrer durch brillantes Denken. Um was es bei Intelligenz geht, zeigt eine kleine Begebenheit aus seinem Leben. Etwa 300 v.Ch. hatte Euklid in seinen berühmten Büchern "Die Elemente" die heute noch gültigen geometrischen Axiome der euklidischen Geometrie formuliert. Das fünfte Axiom wird als Parallelenpostulat bezeichnet und ist in der Abbildung dargestellt. Es hat die etwas sperrige Formulierung:
Zwei gegebene Geraden schneiden sich auf der Seite einer dritten Geraden, auf der die Summe der durch den Schnitt mit dieser Geraden entstandenen zwei inneren Winkel weniger als 180° ist.

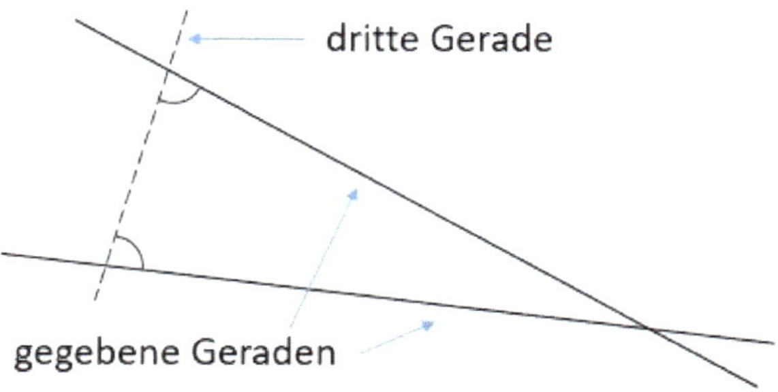

Abb. 48 Parallelenpostulat

Jahrhundertelang hatten Generationen von Mathematikern versucht, dieses Postulat zu vereinfachen und es aus den anderen Axiomen abzuleiten. Sie alle scheiterten. Auch Gauß musste sich nach längerem Bemühen geschlagen geben. Und jetzt geschah das, was den geniehaften Intelligenzgrad von Gauß zeigt. Aus seinem Scheitern schlussfolgerte Gauß, dass das Parallelenpostulat von den übrigen Axiomen unabhängig sein muss, da es ihm und den vielen Mathematikern vor ihm nicht gelungen war, das Gegenteil zu beweisen. Dann, so schlussfolgerte er weiter, kann dieses Postulat sowohl angenommen als auch verneint werden. Verneint man das Postulat, könnten dadurch neue geometrische Systeme entstehen. Er war damit der erste, der erkannt hatte, dass neben der euklidischen Geometrie auch andere Geometrien existieren können.

Angeregt durch diesen Gedanken entwickelten Mathematiker um 1830 die hyperbolischen Geometrien, bei denen alle von Euklid aufgestellten Axiome, bis auf das Parallelepostulat gelten (Die Winkelsumme im Dreieck ist kleiner als 180°). Kurz darauf entstand dann die elliptische Geometrie. Hier ist die Innenwinkelsumme im Dreieck größer als 180°

Intelligenz hat also etwas damit zu tun, wie wir die Welt sehen, wie wir denken, wie wir an eine Sache herangehen, welches Gespür wir für ihr Wesen entwickeln, und nicht, was wir denken.

Und letztlich spielt eine entscheidende Rolle, wie wir Erlebtes abspeichern. Zum Beispiel sieht ein Maler die Welt anders als ein Nichtmaler. Ersterer speichert andere Bilder und er malt daher die Welt anders. Der Künstler sieht, empfindet und denkt Dinge, die Nichtkünstlern verschlossen bleiben.

Oft reicht eine kleine Begebenheit, um sich ein Bild von der Intelligenz eines Menschen zu machen. Zwei Bemerkungen erscheinen mir in diesem Zusammenhang wichtig: Erstens kann man sich irren und sollte daher kein vorschnelles Urteil fällen. Wenn man einen Menschen näher kennenlernt entdeckt man möglicherweise Stärken, über die man selbst gern verfügen würde. Zweiten sind Intelligenz und Charakter zwei unterschiedliche Dinge. Menschen mit weniger ausgeprägter Intelligenz sind oft für die Gesellschaft wertvoller als solche, die dazu neigen, dieses Geschenk auf Kosten anderer zu nutzen. Die Ehe einer Verwandten zerbrach nach wenigen Jahren. Sie hatte dann eine Heiratsannonce aufgegeben, um einen neuen Lebenspartner zu finden. Im Nachlass fand sich ein Brief, der sie so berührt haben muss, dass sie ihn aufbewahrte.

Ich möchte Ihnen daraus einen kleinen Ausschnitt zur Kenntnis geben, um zu verdeutlichen, was ich meine.

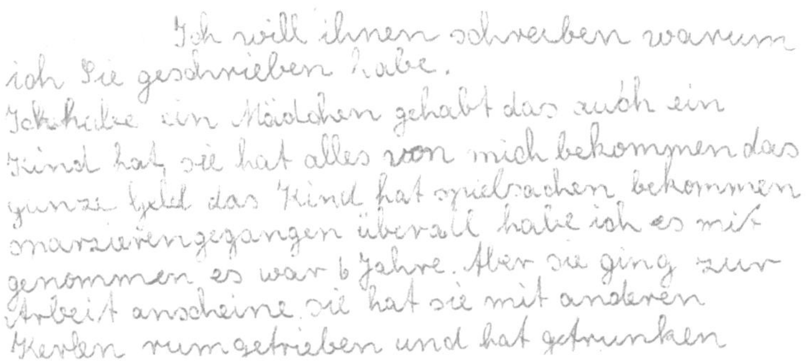

Bestandteile von Intelligenz sind Kreativität und Intuition.

Kreativität kann dabei als die Fähigkeit definiert werden, bekannte Informationen, also Informationen, die bereits im Gedächtnis vorhanden, also abgespeichert sind, neuartig zu kombinieren und zu verarbeiten (Holm-Hadulla 2011). Es ist also die Fähigkeit, eingeschliffene, routinemäßige Denkmuster zu verlassen, oder vielleicht treffender, aus ihnen ausbrechen zu können. Die Neugier oder Wissbegierde ist offenbar eine Schwester der Kreativität. Nicht verwundern kann daher, dass kreatives Denken besonders bei jungen Menschen ausgeprägt ist. Im Laufe des Lebens tritt an seine Stelle zunehmend logisches, auf einem erworbenen subjektiven Weltbild (im engen wie im allgemeinen Sinne) beruhendes Denken. Intuition ist eine Ergänzung des logischen Denkens.

Sie beruht auf ständigen Umstrukturierungen unseres Gedächtnisses bei der Suche nach minimalem Speicheraufwand, oder anschaulicher formuliert, auf der Suche nach dem perfekten Energiesparmodus. Von allen möglichen Mustern werden daher letztlich nur diejenigen mit dem geringsten Komplexitätsgrad, mit dem geringstmöglichen Energieaufwand abgespeichert. Dadurch kommen unbewusste Aspekte einer Sache zum Tragen, die wir bewusst nicht in unsere Überlegungen einbezogen hätten. Vereinfachend wird oft von entscheiden, ohne zu denken, oder von Geistesblitzen gesprochen. Auch hier gilt, dass der überwiegende Teil der erforderlichen Informationen schon im Gedächtnis gespeichert sein muss.

Was Kreativität ausmacht, soll folgendes Beispiel verdeutlichen.

In der belegungsschwachen Zeit erhält ein Hoteldirektor eine Anfrage bezüglich der Durchführung einer dreitägigen Konferenz mit bis zu 180 Teilnehmern. Bei einer Besichtigung vor Ort sind die Interessenten von den Bedingungen beeindruckt. Man einigt sich auf eine für das Hotel attraktive Kostenpauschale pro Teilnehmer. Aber dann kommt ein Anruf. Weitere 40 Teilnehmer haben sich angemeldet. Der größte Konferenzraum ist nur für 200 Personen ausgelegt und damit dem Interessenten zu klein. Der Hoteldirektor bittet, nicht sofort ein anderes Hotel zu buchen, sondern auf seinen Anruf am übernächsten Tag zu warten. Dem wird stattgegeben.

Der Direktor ruft sofort einen ihm bekannten Architekten an, schildert die Situation und bittet ihn zu prüfen, ob es technisch möglich ist, die Trennwand zum benachbarten Konferenzraum, der für maximal 40 Personen ausgelegt ist, für die Dauer der Konferenz zu entfernen und ihm bis spätestens übermorgen früh ein Angebot für die Umbaukosten und die Architektenleistung zu unterbreiten. Der Umbau ist in wenigen Tagen problemlos möglich. Die Berechnungen ergeben, dass dem Hotel trotz der Umbaukosten noch ein Gewinn von etwa 38.000 Euro verbleiben würde. Die Konferenz hat stattgefunden und der Kunde bucht seitdem das Hotel für die verschiedensten Events.

Das Beispiel ist übrigens nicht erfunden.

IQ-Tests

Wie wir gesehen haben, sind am Zustandekommen einer Intelligenzleistung eine Vielzahl von Faktoren beteiligt. Dabei ist offensichtlich, dass es, um nur einige zu nennen, Unterschiede zwischen praktischer und theoretischer Intelligenz, im Abstraktionsniveau, auf dem sich Intelligenzprozesse abspielen und in der intellektuellen Beweglichkeit gibt. Der Versuch lag daher nahe, diese Faktoren in Gestalt von IQ-Tests genannten Prüfverfahren zu messen und damit zu quantifizieren. Grundlage für IQ-Tests ist also die Annahme, dass Leistungsunterschiede in solchen Tests Unterschiede der kognitiven Leistungsfähigkeiten abbilden. Das Ergebnis solcher Messverfahren wird als Intelligenzquotient (IQ) zusammengefasst. Der Wert 100 entspricht dabei dem Mittelwert der Gesamtbevölkerung (Die Gaußkurve hat bei diesem Wert ihr Maximum). Die Fehlermarge liegt bei 10%.

100 Punkte gelten als normale Intelligenz, zwei Standardabweichungen nach oben, was 130 Punkten entspricht als Hochbegabung. Diese wird in Deutschland etwa 2% der Bevölkerung bescheinigt. Bei zwei Standardabweichungen nach unten, also 70 Punkten, wird im Allgemeinen Unzurechnungsfähigkeit unterstellt.[24]

Der US-amerikanische Politologe J.R. Flynn entdeckte Anfang der 80er Jahre des vorigen Jahrhunderts, dass IQ-Messungen über die Jahre steigende Tendenz aufweisen. Er kam zu dem Ergebnis, dass für die vergangenen Jahrzehnte von einem Anstieg des IQ zwischen 5 und 25 Punkten pro Generation auszugehen ist. Umfangreichere Untersuchungen kamen zu dem Schluss, dass der IQ im Zeitraum von 1909 bis 2013 um durchschnittlich drei Punkte pro Jahrzehnt zugenommen hat. Nimmt man die erhobenen Daten zur Grundlage, dann ist der IQ der Bevölkerung in den letzten 100 Jahre um etwa 30 Punkte gestiegen.

Der Flynn-Effekt suggeriert also, dass wir mit der Zeit immer intelligenter werden. Wenn unsere Urgroßeltern mit normaler Intelligenz ausgestattet waren, sind wir demnach alle Hochbegabte. Wenn wir normalintelligente Menschen sind, bewegten sie sich an der Grenze zur Unzurechnungsfähigkeit. Wie wir wissen, entspricht beides nicht der Realität. Die Menschen werden nicht intelligenter sondern klüger.

Sie wissen immer mehr. Die Klugheit eines Menschen erkennt man an den Antworten, die er gibt. Die Intelligenz an den Fragen, die er stellt. Durch den Flynn-Effekt müssen die IQ-Tests in bestimmten Abständen immer wieder auf 100 normiert werden.

---

[24] PISA- (Programme for International Student Assessment) und PIAAC-Studien (Programme for the international Assessment of Adult Competencies) testen Kenntnisse von Schülern bzw. Grundkompetenzen der erwachsenen Wohnbevölkerung im Alter von 16-65 Jahren und sind keine Intelligenztests.

Allein dieser Fakt macht verständlich, warum IQ-Tests nach wie vor umstritten sind. Im Allgemeinen messen solche Tests sprachgebundenes Denken, zahlengebundenes Denken, visuell-räumliche Intelligenz, logisches Denkvermögen, schlussfolgerndes Denken, Verarbeitungskapazität, Abstraktionsvermögen, Gedächtnisspanne/Kurzzeitgedächtnis und Verarbeitungsgeschwindigkeit. Sieht man genauer hin, dann zeigt sich, dass es sehr unterschiedliche Auffassungen darüber gibt, was zu messen ist, wie gemessen werden muss, und wie die Gewichtung einzelner Messergebnisse zu geschehen hat.

Es gibt Tests für Erwachsene, für Jugendliche und Kinder und altersunabhängige Tests. Manche beanspruchen, die allgemeine Intelligenz, die Intelligenz-Struktur, die den Rahmen für die Intelligenz-Leistungsfähigkeit bestimmt, zu erfassen, also einen globalen IQ zu messen. Andere bilden besonders einzelne Komponenten der Intelligenz (Begabungen) ab. Einige messen teilweise nicht die Intelligenz, sondern die Reaktionsfähigkeit (löse 40 Aufgaben in 2 min.). Zudem gibt es unterschiedliche Wichtungen von gespeichertem Wissen und kognitiven Fähigkeiten. Nicht selten wird Wissen und nicht Denken getestet. Dabei erwecken die Fragen den Anschein von Denkaufgaben. Dazu ein Beispiel: Welches sind die nächsten drei Glieder der Folge 3,4,6,8,12,14,18? Die Lösung lautet 20,24,30.

Der Mathematiker wird schnell erkennen, dass es sich um die Folge von Primzahlen plus eins handelt. Die meisten Menschen werden sich erst einmal sachkundig machen müssen, was Primzahlen überhaupt sind. Mit Intelligenz hat die Lösung der Aufgabe nichts zu tun.

Die Ergebnisse variieren folglich je nach Art der Tests und sind miteinander daher nur eingeschränkt vergleichbar. Ich erinnere mich an eine Leserzuschrift, wo dem Schreiber in verschiedenen Tests ein IQ von 110, 90 und sogar 140 bescheinigt wurde. IQ-Tests sind ein zu grobes Instrument, um das außerordentlich komplexe Phänomen der Intelligenz wie beispielsweise Kreativität und Intuition zu erfassen. Kreative Menschen haben nicht immer einen überdurchschnittlichen IQ, und Menschen mit einem hohen IQ sind nicht automatisch sehr kreativ. Anders gesagt, Intelligenz ist mehr als Intelligenztests messen. Sie sind daher kein Wertemaßstab, sondern eher eine Orientierungshilfe, ein Hinweis auf besonders ausgeprägte kognitive Fähigkeiten. Ihre praktische Bedeutung kann daher sehr unterschiedlich gesehen werden. So basiert in Ostdeutschland die Zulassung zum Gymnasium auf den erreichten Schulleistungen und einem Leistungstest.

Bayern macht hingegen geltend, dass zwischen IQ und Schulerfolg eine nachweisbare Korrelation besteht und praktiziert daher eine IQ-Test-basierte Kandidatenauswahl.

Unstrittig ist Intelligenz keine Garantie für Erfolg, Willenskraft schon eher. Noch in den 70er Jahren des vorigen Jahrhunderts gab es Begabtenförderung nur in der DDR.

In der Bundesrepublik galt sie als zu elitär. Heute gilt "Begabungen möglichst frühzeitig zu erkennen und zu fördern", um im internationalen wissenschaftlich-technischen Wettlauf mithalten zu können.

Besonders problematisch sind Aussagen auf der Basis von IQ-Tests über soziale oder ethnische Gruppen. Nicht selten wurden und werden IQ-Testergebnisse für politische Zwecke missbraucht. Eine solche Behauptung lautet: Es gibt intelligente und weniger intelligente Völker. Afrikander schneiden bei IQ-Tests schlechter ab als Europäer. Sie sind also weniger intelligent? Richtig ist, dass Schwarze in der Regel bei IQ-Tests schlechter abschneiden, die von Weißen konzipiert wurden. Bei von Schwarzen entwickelten Tests schneiden hingegen Weiße schlechter ab. Der historische und kulturelle Hintergrund, die Lebensumstände, welche kognitiven Fähigkeiten jeweils von lebenspraktischer Bedeutung sind, müssen also bei der Art und

Weise der Fragen berücksichtigt werden, um zu annähernd vergleichbaren Ergebnissen zu kommen.

Doch kommen wir zurück zum Flynn-Effekt.

Die grundsätzliche Frage lautet: Wie ist dieser zu erklären? Was sind seine materiellen Ursachen?

Genetische Veränderungen scheiden aus. Das zeigen Analysen des menschlichen Genoms. Bleiben also nur Umweltveränderungen. Verbesserte Lebensumstände wie gesunde Ernährung, Bildung, Gesundheitsfürsorge drängen sich als positive Faktoren regelrecht auf.

Einigkeit besteht unter Kognitionswissenschaftlern darüber, dass Intelligenz das Ergebnis von vererbten Fähigkeiten und Umwelt ist. Einigkeit besteht auch insoweit, dass Umwelteinflüsse den Flynn-Effekt verursachen. Einige Studien legen nahe, dass dabei dem sozialen Umfeld eine Schlüsselrolle zukommt. Aber wie der Mechanismus der Intelligenzsteigerung genau funktioniert, wird nach wie vor kontrovers diskutiert. Gestritten wird um die Frage, wieviel Intelligenz genetisch festgelegt, und wieviel durch Umwelteinflüsse bedingt ist. 50: 50 sagen die einen, andere favorisieren ein Verhältnis von 70:30 zugunsten der Vererbung. Der Phänotyp Intelligenz wird als Summe von genetischen Anlagen und Umwelteinflüssen verstanden. Aber dieser Ansatz greift zu kurz. Es geht nicht um den Anteil beider Faktoren, um eine additive Beziehung, sondern um die Freisetzung eines Potentials, eine multiplikative Wirkung beider Faktoren. Kognitive Fähigkeiten werden genauso wie die Veranlagungen eines Sprinters oder eines Langläufers vererbt. Auch wenn wir die intelligenztragenden Gene noch nicht kennen, ist es nur eine Frage der Zeit, bis sie identifiziert sind.

Ein internationales Forscherteam um den Neurologen Michael Johnson vom Londoner Imperial College berichtete 2016 im

Fachblatt "Nature Neuroscience" über die Entdeckung von zwei genetischen Netzwerken. Sie nennen sie M1 und M3 und sollen aus Hunderten Genen bestehen und die kognitiven Fähigkeiten eines Menschen maßgeblich bestimmen. Warten wir ab, was sich davon bestätigt.

Inwieweit das genetisch angelegte Intelligenzpotential zur Entfaltung kommt, hängt von der Umwelt ab, und davon, wie wir leben. Unter günstigen Bedingungen differenzieren sich Fähigkeiten aus, oder können genetische Nachteile kompensieren. Unter ungünstigen Bedingungen bleiben intellektuelle Potenzen ungenutzt. Diese Veranlagungen kommen durch zweckmäßiges Training und ein intaktes soziales Umfeld, also durch Umweltbedingungen zum Tragen.

Die Faustformel zum Erreichen herausragender Leistungen lautet mindestens 1.0000 Stunden üben. Konkret heißt dies, dass ein Wasserspringer, der in die Weltspitze vordringen und sich in ihr behaupten will, pro Jahr bis zu 16.000 Sprünge absolvieren muss. Einen enormen Übungsaufwand müssen aber nicht nur Sportler, sondern auch Musiker, Sänger und andere Künstler betreiben. Auch ein Wissenschaftler oder ein Facharbeiter muss ständig seinen Geist trainieren, um Überdurchschnittliches zu leisten. Angeborene kognitive Fähigkeiten müssen demnach trainiert werden, um wirksam zu werden. Das ist auch der Grund, warum bei vielen Talente der Kindheit verkümmern, während andere, die über weniger Voraussetzungen verfügten, aber hart an sich arbeiteten, auch einer breiten Öffentlichkeit bekannt werden. Es ist aber auch ein gesamtgesellschaftliches Phänomen. Wenn eine Gesellschaft bestimmter kognitive Fähigkeiten bedarf und sie entsprechend belohnt, werden sich diese Fähigkeiten ausbreiten. Andere werden verkümmern.

In diesem Zusammenhang lässt eine kleine Meldung aufhorchen: In den letzten Jahre hat sich in einigen Regionen westlicher Industriestaaten der Flynn-Effekt deutlich abgeschwächt. In Skandinavien und einigen anderen Ländern stagnieren die Werte sogar.

Einerseits erscheint das normal, erfordert doch die vollständige Ausschöpfung eines Potentials immer höheren Aufwand, geht es folglich in immer kleineren Schritten vorwärts. Andererseits drängt sich die Frage auf, ob nicht vielleicht eine mit schnellen, oberflächlichen Effekten die Mehrheit der Bevölkerung manipulierende Konsumgesellschaft von ihren Mitgliedern weniger Intelligenz erfordert? In Finnland hat sich seit 1997 der Flynneffekt bereits stetig und messbar umgekehrt. Nach Auffassung einiger Wissenschaftler wird es nicht mehr lange dauern, bis sich daraus ein allgemeiner Trend entwickelt. Das wäre ein weiterer Indikator für den Niedergang der kapitalistischen Gesellschaft und für das objektiv herangereifte Erfordernis, eine postkapitalistische Gesellschaft zu errichten, die die Entfaltung der Persönlichkeit jedes ihrer Mitglieder fördert und damit nicht zuletzt das kognitive Potential des einzelnen Menschen für die Entwicklung der gesamten Gesellschaft nutzbar macht.

Zusammenfassend lässt sich feststellen, dass es sich beim Flynn-Effekt - man kann schon sagen - um einen klassischen epigenetischen Mechanismus handelt, der zur mehr oder weniger starken Ausprägung eines im menschlichen Genom angelegten kognitiven Potentials, also zum An- oder Abschalten kognitionstragender Gene führt. Dies erklärt auch, warum in Kriegszeiten, also Zeiten mangelhafter Ernährung und unregelmäßiger Schulbildung, der IQ langsamer wächst, als in Friedenszeiten. Nicht zu reden von Kindern, die Hungersnöte überstehen mussten, und bei denen durch Mangelernährung verursachte dauerhafte Hirnschäden auftreten.
Noch eine Anmerkung:

Intelligenztests finden Sie zuhauf im Internet. Drei kleine Rätsel der etwas anderen Art habe ich nachfolgend angefügt. Die Lösungen finden Sie kopfstehend am unteren Blattrand um Ihnen nicht das Vergnügen am Knobeln zu nehmen. Auf was es bei diesen Rätseln im Kern ankommt, soll Ihnen die folgende kleine Geschichte verdeutlichen: Sie wird in Indien erzählt und geht verkürzt in etwa so: Ein Vater vererbt seinen drei Söhnen 17 Elefanten wie folgt: Der älteste Sohn erhält die Hälfte, der mittlere 3/9 und der jüngste 1/9. Die Söhne sind ratlos, denn die 17 Elefanten lassen sich so nicht aufteilen. Da kommt ein Fremder mit einem Elefanten des Weges und schenkt ihnen diesen. Jetzt geht die Aufteilung problemlos: Der älteste Sohn erhält 9, der mittle 6 und der jüngste 2 Elefanten. Zusammen also 17. Der Fremde nimmt seinen Elefanten zurück und alle sind glücklich. Diesen Lösungsansatz finden wir übrigens auch in der Chemie. Zwei Stoffe reagieren nur durch das Hinzufügen eines Katalysators, der aber bei der Reaktion nicht verbraucht wird.

Aber nun zu den drei Aufgaben:

> 1. Die im nachstehenden Quadrat angeordnete Punkte sind durch höchsten 4 Geraden ohne abzusetzen zu verbinden.

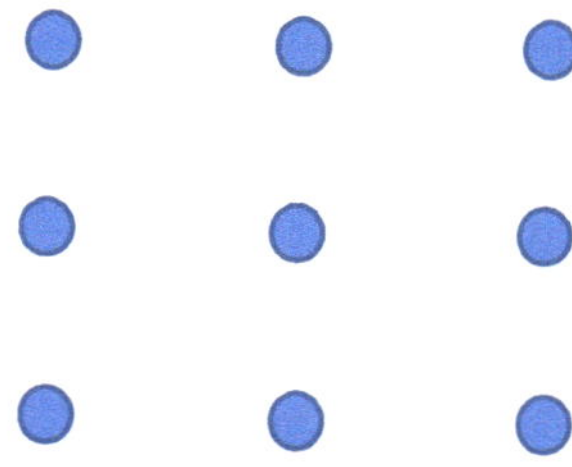

Breiter Strich oder Striche über das Quadrat hinaus.

2. Ein Hirte kommt mit einem Wolf, einem Schaf, und einem Kohlkopf an einen Fluss. Am Ufer liegt ein Boot, das aber

höchstens ihn und zwei Dinge trägt. Wie schafft er es, mit den Tieren an das andere Ufer zu kommen, ohne, dass alleingelassen, der Wolf das Schaf oder das Schaf den Kohlkopf frisst?

Das Problem findet sich schon in „Aufgaben zur Schärfung des Geistes der Jugend" von Alkuin (735-804). Es gibt mehrere Varianten mit ein oder zwei Dingen. Eine davon lautet: Der Hirte setzt zuerst mit Wolf und Schaf über, rudert dann mit dem Wolf zurück und holt den Kohlkopf).

3. Ein Schachbrett hat 64 Felder. Wenn man einen Dominostein nimmt, der exakt zwei benachbarte Felder abdeckt, braucht man 32 Steine, um das gesamte Schachbrett zu bedecken. Wir entfernen zwei sich diagonal gegenüberliegende Felder. Reichen jetzt 31 Dominosteine, um den gleichen Effekt zu erzielen?

Die Antwort lautet nein, da dann entweder zwei schwarze oder zwei weiße Felder entfernt werden, es also zwei weiße bzw. zwei schwarze Felder mehr gibt. Ein Dominostein deckt aber immer nur ein schwarzes und ein weißes Feld ab.)

Was haben diese Beispiele gemein? Sie erfordern eine kreative Herangehensweise, die den Rahmen von Routinedenken übersteigt. Die üblichen Denkpfade müssen verlassen werden. Ich hoffe, dass Sie sich bei gegebenem Anlass an diese kleinen Geschichten erinnern und so leichter für eine auf den ersten Blick unlösbare Aufgabe eine Lösung finden. Natürlich erleichtert es die Aufgabe, wenn bekannt ist, dass es überhaupt eine Lösung gibt.

Und noch eine Bemerkung:

Nicht wenige Menschen dünken sich intelligent und glauben damit besonders klug zu sein. Mir sind Menschen lieber, die ihre Grenzen kennen, andere um Rat fragen, sich von erfahrenen Fachleuten beraten lassen. Solange die „Superklugen" Dinge machen, von denen sie eigentlich keine Ahnung haben, die Folgen ihrer Entscheidungen aber selbst tragen, kann ich das akzeptieren. Solange jemand sich auf dem Aktienmarkt tummelt, ohne sich vorher sachkundig gemacht zu haben, und viel Geld verliert, ist das seine persönliche Angelegenheit. Wenn jemand eine Firma gründet, die angeblich das Energieproblem der Menschheit mit Neutrinos löst, obwohl die angedachten Verfahren physikalisch unmöglich sind, habe ich keine Probleme, diesen Jemand scheitern zu sehen. Kriminell wird es nur, wenn Fachleute ihm die Unmöglichkeit seines Vorhabens aufzeigen und er dennoch Millionen von Euro von Gutgläubigen einsammelt. Dann ist das kein Zeichen hervorragender Intelligenz, sondern einfach Betrug.

Künstliche Intelligenz (KI)

Seit seinem Erscheinen auf der Erde ist der Mensch bestrebt, sein intellektuelles Potential durch die Verbesserung von Lehrmethoden, durch Techniken zur Steigerung von Gedächtnisleistung und Denkfähigkeit sowie durch medikamentöse Lernstimulation (Gehirndoping) besser auszuschöpfen. Zusammen mit Schönheitsoperationen und technischen Implantaten hat das Ganze einen wohlklingenden Namen bekommen: Human Enhancement.

Das KI-Konzept geht weit über Methoden und Verfahren zur Steigerung unserer angeborenen natürlichen kognitiven Fähigkeiten hinaus. Wenn der Mensch - so der Grundgedanke- letztlich auch nur eine biologische Maschine, und wenn das menschliche Gehirn eine biologische Denkmaschine, also ein lebender Denkapparat ist, dann sollte es grundsätzlich möglich sein, diesen Apparat mit nichtlebender Materie, also als Maschine nachzubauen und die Komponenten der Intelligenz maschinell nachzubilden. Selbst Prozesse des heuristischen Denkens als höchste Form menschlicher Intelligenzleistungen sollten theoretisch durch Maschinen modellierbar sein. Menschliche und maschinelle Intelligenz unterscheiden sich demzufolge nicht prinzipiell, sondern nur graduell. Für maschinelle Intelligenz hat sich der Begriff der Künstlichen Intelligenz (KI) durchgesetzt. Persönlich halte ich die Bezeichnung "Maschinelle Intelligenz" für zutreffender.

Ob wir jemals in der Lage sein werden, nicht nur Wissen auf Maschinen zu kopieren, sondern auch die Arbeitsweise des menschlichen Gehirns auf Maschinen zu übertragen, wird nach wie vor kontrovers diskutiert.

Dabei haben unter Kybernetikern die Befürworter dieser These beständig zugenommen und bilden heutzutage eine deutliche Mehrheit.

Meine Erfahrungen besagen, dass sich bei dieser Frage jede Diskussionsrunde in zwei Lager spaltet. Die einen verneinen kategorisch eine solche Möglichkeit. Ihr Hauptargument sind unüberwindliche Schwierigkeiten bei der Programmierung solcher Maschinen. Für die anderen ist sie logische Konsequenz der technischen Entwicklung. Nikolaus Kopernikus und Charles Darwin, sagen sie, stehen für zwei große Kränkungen des Menschen, die ihn seiner angenommenen Einzigartigkeit beraubten. Nun deutet sich eine dritte Kränkung an: Maschinen werden den Menschen von seiner Position als intelligentestes Wesen des uns bekannten Universums verdrängen.

Lassen Sie uns gemeinsam diesen Problemkreis näher untersuchen.

Warum, fragt man sich, wird dieses Problem mit solcher Entschiedenheit und so emotional diskutiert? Offensichtlich deshalb, weil allen Beteiligten bewusst ist, dass es hier nur vordergründig um eine technische Fragestellung, um eine Gestalt annehmende technische Revolution geht. Viel gravierender, viel bedeutender sind die gesellschaftlichen Konsequenzen dieser Entwicklung. Neuartige Maschinen und Technologien wurden von den meisten arbeitenden Menschen auch schon der Vergangenheit als Bedrohung und Konkurrenten zur eigenen körperlichen Arbeitskraft wahrgenommen. Jetzt handelt es sich aber um eine neue, nie dagewesene Herausforderung.

Maschinen werden Alternativen zur körperlichen und geistigen Arbeit des Menschen. Im Grundsatz werden alle durch Maschinen ersetzbar. Dann aber konkurrieren vielleicht mehr als 10 Milliarden Erdbewohner und Milliarden von denken Maschinen um die Arbeitsplätze. Bei einer Umfrage der EU-Kommission meinten 70% der Befragten, dass Roboter mehr und mehr den Menschen die Arbeit wegnehmen und sie ersetzen. Hier artikuliert sich Angst vor grundlegenden Veränderungen der Arbeitswelt. In Wirklichkeit geht es bei diesen Diskussionen folglich um Vorstellungen von der künftigen menschlichen Gesellschaft. Maschinen sind nicht per se gut oder schlecht. Der Charakter dieser Gesellschaft wird entscheidend dafür sein, ob diese Maschinen Seite an Seite mit ihren menschlichen Kollegen arbeiten, oder sie verdrängen, ob sie Partner oder Konkurrenten des Menschen, ob sie menschliche Helfer oder Killermaschinen werden. Die USA und andere Industriestaaten treiben die KI-Entwicklung intensiv in der Erwartung voran, als erste den Durchbruch zu schaffen, damit einen strategischen Vorteil zu erlangen und eine neue Weltordnung, ein sogenanntes "Singleton" zu etablieren, in der es weltweit nur noch einen einzigen Entscheidungsträger gibt. Das sind keine guten Aussichten.

Dazu später mehr.

Beschäftigen wir uns zuerst einmal mit der technischen Machbarkeit überlegener maschineller Intelligenz. Diejenigen, die eine solche Entwicklung für unmöglich halten, können sich auf den französischen Philosophen, Mathematiker und Naturwissenschaftler René Descartes (1596-1650) berufen, der die grundsätzliche Annahme formulierte, dass Maschinen bestimmte Fertigkeiten des Menschen nie erlangen werden.

Auch Ernst Mach (1838-1916) vertrat indirekt diesen Standpunkt, wenn er formuliert: „Die instinktive unwillkürliche Kenntnis der Naturvorgänge wird wohl stets der wissenschaftlichen willkürlichen Erkenntnis vorausgehen". (Die Mechanik in ihrer Entwicklung, VDM Verlag, Dr. Müller, S. 1)

Die Zweifler begründen ihren Standpunkt unterschiedlich. Aber ihre Argumente lassen sich letztlich zu der Aussage zusammenfassen: Maschinen können in bestimmten Bereichen leistungsfähiger als Menschen sein. Das sind sie ja schon heute. Aber intelligenter werden sie niemals sein können. Das menschliche Gehirn sei derartig komplex und die menschliche Intelligenz so einzigartig und vielschichtig, dass keinerlei Maschine sie jemals simulieren kann. Maschinen, sagen sie, haben keine Absichten, keine Ideen, keine Intuitionen, keine Emotionen, keine soziale Kompetenz. Menschliche Kommunikation beruht nicht nur auf in Maschinensprache übersetzbare Informationen, sie arbeitet auch mit Analogien, mit subtilen Andeutungen, mit Gestik und Mimik, die mehrere Möglichkeiten der Interpretation eröffnen und nie durch Maschinen bewältigbar sein werden. Die menschlichen kognitiven Fähigkeiten werden daher immer die von Maschinen übertreffen. Beachten Sie, dass diese Argumentation nicht auf nachprüfbaren Fakten, sondern auf Behauptungen beruht.

Für diejenigen, die den Menschen als ein komplexes physikalisches System betrachten, das den Gesetzen der Physik gehorcht, ist der Mensch letztlich nur eine Biomaschine, eine lebende Maschine. Für diese Fraktion liegt die Antwort auf der Hand:

KI ist letztendlich nur eine Frage steigender Rechen- und Speicherkraft der Maschinen und ihrer Ausstattung mit leitungsfähigen Algorithmen, also mathematischen Rechenanweisungen, die nicht nur die unmittelbare Hirntätigkeit, sondern auch alle vom Gehirn ausgelösten biochemischen Prozesse simulieren können. Der Mathematiker und KI-Spezialist Marvin Minsky (1927-2016) setzte schon in den 1950er Jahren darauf, dass man das menschliche Denken prinzipiell mit technischen Mitteln nachbilden kann. Genau das tat auch Alan Turing (1912-1954), vielen dadurch bekannt, dass es ihm während des 2. Weltkrieges gelang, die mit der Enigma-Maschine kodierten Funknachrichten der faschistischen Wehrmacht zu entschlüsseln. Turing hatte Ende der 30er Jahre das Konzept einer universell programmierbaren Maschine vorgestellt, die jedes berechenbare, also in einem mathematischen Algorithmus übersetzbare Problem, mit Hilfe einer programmierbaren Rechenvorschrift lösen kann. Die Bestandteile dieser sogenannten Turingmaschine; Prozessor, Arbeitsband und Leseschreibkopf, finden sich heute in allen Computern als Hardware mit Eingabeeinheit (Tastatur), zentralem Prozessor (Recheneinheit und Steuereinheit), Speicher und Ausgabeeinheit (Bildschirm/Drucker) sowie als Software, den programmierten Programmen, wieder.

Turing war davon überzeugt, dass sich das menschliche Gehirn durch einen Rechner simulieren lässt. Eines Tages, so Turing, wenn wir Mensch und Computer die gleiche Frage stellen und bei der Antwort nicht mehr unterscheiden können, wer sie uns gegeben hat, Computer oder Mensch, spätestens dann müssen wir akzeptieren, dass auch Computer denken können.

Stellen Sie sich vor, sie haben einen umfangreichen Freundeskreis aus renommierten Natur- und Geisteswissenschaftlern und auch brillante Mathematiker sind unter ihnen. Physiker und Autobauer, Ärzte und Kunstwissenschaftler - kurz alle Wissensgebiete sind durch die weltbesten Spezialisten vertreten. Sie veranstalten eine große Party und bitten alle, in ihren Computern ihren gesamten aktuellen Wissensstand; Fakten, Zusammenhänge, mathematische Algorithmen, kurz alles, was sie über ihr Gebiet wissen, zu speichern. Der Clou auf der Party ist die Vorstellung des letzten Schreies der Computertechnik, eines Rechners, dessen Speicherkapazität fast unbegrenzt ist, und der die komplexesten Aufgaben in wenigen Sekunden lösen kann. Alle werden nun gebeten, ihre Daten und ihre speziellen Programme auf diesen Rechner zu überspielen. Wenn diese Aktion beendet ist, haben Sie das Weltwissen in einer Maschine zusammengefasst, quasi einen Universalgelehrten erschaffen. Jetzt bitten Sie irgendeinen Ihrer Bekannten beliebige Fragen zu stellen. Aber es gibt eine Besonderheit: Die Fragen gehen alle sowohl an Ihren Freundeskreis als auch an den Superrechner. Beide antworten in einer neutralisierten Sprache, so dass niemand unterscheiden kann, von wem die Antwort kommt. Wenn nun Ihre Freunde je nach Frage mal dem Computer mal dem Spezialistengremium zuneigen, es insgesamt aber unmöglich ist, eine Zuordnung zu treffen, welche Frage von wem richtig beantwortet wurde, dann genau ist die Situation entstanden, von der Turing sagt, spätestens jetzt müssen wir akzeptieren, dass Computer denken können.

Ja, werden jetzt die Gegner dieser Ansicht antworten, dieser Supercomputer kann nur das gespeicherte Wissen verarbeiten, er repräsentiert also nie den aktuell verfügbaren Wissensstand.

Aber wer hindert uns daran, werden die Befürworter von Turings Meinung sagen, den Computer so zu programmieren, dass er ständig das gespeicherte Weltwissen aktualisiert, dass er zum Beispiel im Takt von 30 Minuten alle wissenschaftlichen Journale, die einschlägigen IN-Plattformen und wissenschaftliche Einrichtungen abfragt, die Informationen den Wissensbereichen zuordnet, sie analysiert, Widersprüche innerhalb der Theorien und zwischen ihnen untersucht und Lösungsansätze vorschlägt? Damit würde er etwas leisten, wozu unsere heutige, in immer kleinere Teilbereiche aufgegliederte Wissenschaftslandschaft mit ihrer unüberschaubaren Flut von qualitativ oft fragwürdigen Publikationen nicht mehr in der Lage ist. Anders ausgedrückt, unser Supercomputer würde wirklich das Gesamtwissen der Menschheit repräsentieren. Das klingt ja alles sehr schön, werden wieder die Skeptiker sagen, aber ein solches Programm muss ja erst vom Menschen erstellt werden. Es wird dann in seinen Möglichkeiten letztlich durch die Intelligenz des bzw. der Programmierer begrenzt. Wer hindert uns aber daran, Programme zu entwickeln, die von sich selbst Varianten herstellen, um mit einem modifizierten Ansatz die gestellten Aufgaben schneller und besser zu lösen? Das ist keine Zukunftsvision, diesen neuen Typ von Programmen gibt es bereits. Ich komme gleich auf sie zu sprechen. Dennoch stellt sich die grundsätzliche Frage, ob das alles schon KI ist? Letztlich gibt es auch noch technische Argumente, wie die Notwendigkeit ständiger Wartung der Computer, Ausfälle, Ersatzteilbeschaffung, was das intelligente Eingreifen des Menschen erforderlich macht. Aber auch diese Probleme sind relativ einfach zu beherrschen.

Unser Supercomputer ruft einfach eine Armada von Servicerobotern in Bergwerksminen, bei Ersatzteilproduzenten und in Speditionsfirmen an und beauftragt sie, das benötigte Ersatzteil zu einem bestimmten Termin der Servicestation zu liefern, damit diese es bei ihm einbauen kann.

Die Entwicklung scheint den Optimisten Recht zu geben.

1982 brachte Nokia ein herausnehmbares Autotelefon auf den Markt. Sein Gewicht lag bei 9,8 Kilogramm. Heute durchdringt informationsverarbeitende Technik alle Lebensbereiche. In Deutschland gibt es in jedem Haushalt mehr als zwei Smartphones, die nur noch etwa 100 Gramm wiegen und über das Internet einen weltweiten digitalisierten Informationsaustausch in Echtzeit ermöglichen. In so genannten Expertensystemen wird aktuelles Wissen gespeichert. Je nach Anwendungsbereich können Daten-interpretations-, Überwachungs-, Diagnose-, Therapie-, Planungs- und Prognose-Systeme unterschieden werden. Diagnoseprogramme wie "Isabel" können mit 96-prozentiger Genauigkeit aus der Angabe von Symptomen und demografischen Daten Krankheiten identifizieren. Ein preiswerter Computer hat derzeitig eine Festplatte mit einer Speicherkapazität von mindestens einem Terabyte. 21 solcher Festplatten reichen also schon aus, um die 21 Millionen Bände der Deutschen Nationalbibliothek zu speichern. Amerikanische Städte nutzen sogenannte Precrime Algorithmen, um zu errechnen, wann und wo sich mit erhöhter Wahrscheinlichkeit Verbrechen ereignen werden. Computer haben schon lange die traditionellen Aktienhändler ersetzt, kaufen und verkaufen Wertpapiere im "Highspeed-Trading".

Flash Crashs, außer Kontrolle geratene Computer, zeigen, wer an der Börse wirklich das Sagen hat. Der Wert von Autos wird durch die installierte Elektronik bestimmt und mehr und mehr Funktionen werden von den eingebauten Rechnern und Sensoren übernommen. Computer kommentieren bereits Sportereignisse und brauchen dazu nur die Eingabe weniger aktueller Daten. Das regionale Auftreten von Krankheiten wird von Rechnern durch die Analyse von sozialen Netzwerken schneller und präziser vorhergesagt als von den Gesundheitseinrichtungen. Autos und Fluggeräte werden zu autonomen Robotern, die schneller und präziser auf Gefahrensituationen reagieren und selbstständig gestellte Aufgaben lösen als der Mensch. Schachcomputer treten gegen Schachweltmeister an und besiegen sie.

Das alte chinesische Brettspiel Go übertrifft mit seinen 361 Feldern in seiner Komplexität das Schachspiel um ein Vielfaches. Programmierer hatten sich an dem Spiel immer wieder die Zähne ausgebissen. 2015 war es dann soweit. Der dreifache Go-Europameister spielte fünfmal gegen AlphaGo, und fünfmal musste er sich dem neuentwickelten Programm geschlagen geben. Ein Jahr später musste der 18fache Weltmeister die gleiche Erfahrung machen, wobei es ihm immerhin gelang, die Maschine wenigstens einmal zu besiegen. Meteorologen haben gegen Großrechner keine Chance bei Wettervorhersagen. Wenn es gut geht, stimmt ihre Prognose für den nächsten Tag. Großrechner sagen hingegen mit wachsender Genauigkeit das Wetter für etwa eine Woche vorher.

Ein Computermodell des Bakteriums M. genitalium, vermutlich der einfachste Einzeller, simuliert erstmalig alle Gene und bekannten biochemischen Prozesse und analysiert dazu über 1.700 Parameter, deren Werte den biologischen Vorbildern entsprechen. Goggles Unternehmen DeepMind hat mit AlphaFold2 eine Software entwickelt, die die wichtigsten Grundprinzipien der Proteinfaltung erkannt hat. Seit Mitte 2021 unterliegt das Programm einer Open-Source-Lizenz und kann frei genutzt werden. Ergebnis ist u.a. eine Datenbank, die die räumlichen Strukturen sämtlicher ca. 24.000 Proteine umfasst, die im menschlichen Organismus vorkommen. Die Supercomputer-Technologie "Watson" von IBM versteht die menschliche Sprache und hat ein enzyklopädisches Wissen in Geografie, Literatur, Kunst, Sport und Naturwissenschaften. Berühmt wurde "Watson" durch die US-amerikanische Quizshow "Jeopardy", in der er im Jahre 2011 seine menschlichen Herausforderer mit Abstand besiegte und eine Million Dollar gewann. Heute dient "Watson" zur Entwicklung medizinischer Expertensysteme. Der Roboter iCub kann hören, fühlen und verfügt über einen Lage-, Kraft- und Bewegungssinn. Er entwickelt selbstständig ein Körpermodell von sich selbst, indem er kleine zufällige Bewegungen ausführt, ihre Konsequenzen registriert und speichert. Ein erinnerndes Selbst soll sich entwickeln, indem Interaktionen mit Objekten und Personen so abgespeichert werden, dass sie in vergleichbaren späteren Situationen schnell wieder abgerufen werden können. Perspektivisch sollen dynamisch sich verändernde Aktivitätsmuster gespeichert werden, um ein Selbstbild und schließlich auch künstliches Bewusstsein zu generieren. Die Interaktionen einzelner Prozesse vollziehen sich auf der Basis einer Architektur, die sich an die des Gehirns anlehnt und als "verteilte adaptive Steuerung" bezeichnet wird.

Die ersten Roboter, wie beispielsweise der kleine Android Pepper (Android ist ein Betriebssystem wie auch Software-Plattform für mobile Geräte) sind auf dem Markt, bei denen die Spracherkennungssoftware durch ein Empathiemodul ergänzt wird.

Eine entsprechende Software erkennt Emotionen an Gesichtsausdruck und Sprechverhalten des menschlichen Gegenübers.

Ziel ist, irgendwann auch Zwischentöne, Ausdrucksformen von Ironie, Sarkasmus und Humor zu verstehen und in der Kommunikation zu simulieren. Davon sind die Roboter, die uns bei fast jedem Anruf eines Kundendienstes begrüßen, aber noch meilenweit entfernt.
Es ließe sich noch eine Fülle von Beispielen anfügen, wo Computer dem einzelnen Menschen haushoch überlegen sind. Sie werden also immer intelligenter. Sogar IQ-Tests bestehen diese Maschinen.

So oder ähnlich präsentieren uns die Medien, aber auch die meisten wissenschaftlichen Publikationen, ein Bild von der wachsenden Intelligenz der Maschinen. "Manche Computer vollbringen zweifellos intelligente Leistungen", behauptet eine Überschrift. Eine andere Schlagzeile geht noch weiter: "Bald wird es Maschinen geben, die intelligenter sind als wir".

Aber stimmt das? Werden Maschinen wirklich immer intelligenter? Werden Häuser, die anstelle von Hütten zu immer höheren Wolkenkratzern wachsen, die mehr und mehr durch Maschinen errichtet werden, immer intelligenter? Ist ein 40 Jahre alter Taschenrechner wirklich intelligenter als wir, nur weil er beispielsweise die dritte Wurzel aus 137 blitzschnell ziehen kann, eine Aufgabe, zu deren Lösung wir lange rechnen müssen, oder an der die meisten scheitern? Was macht all diese Maschinen so leistungsfähig? Ist es vergegenständlichte Intelligenz des Menschen oder einfach nur sein vergegenständlichtes Wissen?

Erinnern wir uns. Intelligenz, hatten wir gesagt, ist der Ausprägungsgrad von Denken. Menschliches Denkvermögen führt zu Wissen. Ob wir dieses Wissen auf eine Buchseite oder auf einen elektronischen Datenspeicher übertragen und über ein Rechenprogramm abrufbar machen, macht keinen prinzipiellen Unterschied. Wir kopieren menschliches Wissen auf Maschinen. Der Schachweltmeister verliert nicht gegen den Schachcomputer, weil der intelligenter als er geworden ist, sondern weil wir das

Wissen dutzender Weltmeister, weil wir abertausende gespielte Partien in einen Datenspeicher übertragen und ein immer weiter verbessertes Rechenprogramm entwickelt haben. Der Schachweltmeister spielt gegen eine Maschine, die mit der geballten Kompetenz seiner Kollegen, mit ihrem Wissen ausgestattet wurde. Im Unterschied zu seinen Kollegen macht der Computer keine Rechenfehler. Auch lässt er sich weder durch Scheinangriffe noch durch Hinterhalte ablenken. Er kennt keine Emotionen, keine Ermüdungserscheinungen, keine vorteilhaften oder weniger gute Züge. Er rechnet nur Varianten und wählt diejenige, die einen programmierten Maximal- bzw. Minimalwert erreicht, oder ihm am nächsten kommt.

Der einzelne Meteorologe hat gegen den Supercomputer keinerlei Chance, weil in ihm faktisch das Wissen all seiner Kollegen eingespeichert wurde. Der Computer hat viel mehr Informationen, weiß viel mehr, und kann deshalb besser rechnen. Aber sagen Sie Ihrem Navi, dass Sie auf der kürzesten Strecke zu Ihrem Ziel kommen wollen. Dann führt Sie der Computer gegebenenfalls über Stock und Stein, über einen Waldweg mit umgefallenen Bäumen und in ein überschwemmtes Gebiet.

All diese Maschinen rechnen einfach, aber sie denken nicht.

Sie können sich nicht auf Situationen einstellen, die nicht gespeichert sind. Werden sie jedoch durch Sensoren ergänzt, die Echtzeitinformationen liefern, sieht das schon anders aus.

Maschinen sind mit der Zeit leistungsfähiger, wenn man so will klüger, aber nicht intelligenter geworden. Ihre Programme verwandelten menschliche Intelligenz nicht in Maschinenintelligenz, sondern nutzten nur durch menschliche Intelligenz entstandene Prozessoren, Datenspeicher und Rechenverfahren. Zur Verdeutlichung: Ein Professor mit einem IQ von 100 ist zwar klüger, aber nicht intelligenter als sein Student mit einem IQ von 130. Es gab daher keinen grundsätzlichen Unterschied zwischen einem Taschenrechner der 60er Jahre des vorigen Jahrhunderts und einem Hochleistungsrechner.

Das hat sich aber schon deutlich geändert.

Alles Gerede von KI-Technologien, KI-Systemen, KI-gesteuerten Robotern, intelligenten Waffensystemen und immer intelligenter werdenden Maschinen ist zwar maßlos übertrieben. Alle Technologien und Systeme, die Informationen verarbeiten, sind noch weit davon entfernt, auch nur annähernd das zu leisten, was behauptet wird. Im als Rechenaufgaben codiertes "logischen Denken" sind uns all diese Maschinen weit überlegen. Aber wenn es um logisches Folgern, um das, was wir Kreativität und Intuition nennen geht, versagen sie jämmerlich. Wir müssen nicht selten bei unvollständigen Angaben, Zeitmangel und sich rasch ändernden Bedingungen Entscheidungen treffen. Sie fallen intuitiv. Das beherrschen schon Vorschulkinder.

Heutige Systeme sind damit völlig überfordert. Wenn heute eine Maschine einen Intelligenztest besteht, dann spricht das nicht für die Intelligenz der Maschine, sondern beweist nur, dass sich dieser Test nicht zur Messung von Intelligenz eignet.

Aber Maschinen werden nicht nur leistungsfähiger, sie beginnen auch zu lernen. Was sie "intelligent" werden lässt, basiert nicht mehr alleinig auf der Intelligenz des Menschen. Und damit beginnt Maschinenintelligenz. Wie gesagt, wenn heute über KI-Systeme gesprochen wird, hat das mit der Realität nichts zu tun. Richtig ist, dass wir auf dem Wege zu KI sind, die ersten bescheidenen Schritte gehen. Die heutige Hardware ist mit ihrer immensen Rechen- und Speicherkapazität bereits KI-fähig. Das Kernproblem sind trotz deutlichen Fortschritten in Teilbereichen wie der Mustererkennung und Sprachverarbeitung fehlende KI-Programme, Programme, die die Arbeitsweise des Gehirns auch nur annähernd simulieren können.

Alles spricht jedoch schon jetzt dafür, dass KI die Welt noch fundamentaler verändern wird, als es die Industrielle Revolution getan hat. Tiefgreifender und um ein Vielfaches schneller. Chips sind zu Treibern der technischen Entwicklung und zur vergegenständlichten Macht von Staaten geworden.

Versuchen wir, uns ein Bild davon zu machen, was für Entwicklungen sich abzeichnen.
Intelligente Maschinen müssen grundsätzlich über zwei Fähigkeiten verfügen:

Erstens muss die Hardware über eine enorme Speicher- und Rechenkapazität verfügen, und zweitens muss ihre Software Elemente des menschlichen Denkens, das Verständnis von Ursache und Wirkung, die menschliche Intuition und schließlich auch die nicht nur die unmittelbare Hirntätigkeit, sondern auch alle vom Gehirn ausgelösten biochemischen Prozesse simulieren können. In der Perspektive geht es darum, die Denkvorgänge des menschlichen Gehirns und die vom Gehirn getriggerten Prozesse vollständig nachzubilden. Für autonom handelnde Maschinen, also Roboter, kommt drittens hinzu, dass sie mit aufgabenspezifischen Modulen für Sensorik und Mechanik ausgestattet sein müssen, die Sensorik zur Beobachtung der Umwelt, und ein mechanisches Aktionsprogramm, das es erlaubt, mit der Umwelt zu interagieren.

Ein weiterer Aspekte ist die Energieeffizienz, die der des menschlichen Gehirns nahekommen sollte.

Rechner

Rechner bilden die materielle Basis von KI. Im Jahre 1938 stellte der deutsche Ingenieur Konrad Zuse (1910-1995) den Z1 vor. Es war der erste Computer. Zwar funktionierte er noch auf mechanischer Basis, aber er bestand bereits aus allen Elementen, die noch heute einen Computer charakterisieren:

Der Hardware wie Eingabe-Ausgabe-Einheiten, Recheneinheit, Speichereinheit, und Energieversorgung sowie der Software, den Programmen mit ihren Aktionsanweisungen, die der Hardware sagen, was sie zu tun hat, und die Daten, d.h. die Informationen, mit denen der Computer arbeitet. 1941 folgte mit dem Z3 der weltweit erste vollautomatische frei programmierbare Computer, also die erste Maschine, die eine beliebig vorgegebene Rechenvorschrift (Algorithmus) vollautomatisch ausführen konnte.

Die zentrale Recheneinheit dieser röhrenbestückten Maschine arbeitete auf Relaisbasis. Großrechner füllten daher ganze Säle. Der Übergang von den Röhrenrechnern zu den Rechnern auf Transistorbasis in den 50er Jahren war der Durchbruch bei der Leistungssteigerung und Miniaturisierung der Rechner. Anfang der 70er Jahre führte diese Entwicklung zur Erfindung des Mikroprozessors. Ob Relais, Röhren oder Transistoren, das Arbeitsprinzip der binären Computer ist immer gleich geblieben: Alle Aufgaben werden in wenige Arten von logischen Einzelschritten zerlegt.

Alle Rechensysteme basieren auf logischen Schaltungen und dem Dual- bzw. Binärsystem. Der englische Mathematiker George Boole (1815-1864) war der Erste, der das menschliche Denken algebraisch formalisierte. Die von ihm eingeführten logischen Operatoren UND, ODER und NICHT liefern einen Wahrheitswert, der in der zweiwertigen Logik entweder als "wahr" oder als "falsch" angegeben wird. Bei den heute üblichen sieben logischen Schaltungen, logischen Operatoren bzw. Logikgattern werden also in den Computerchips jeweils zwei oder mehr Eingangssignale nach der Booleschen Logik miteinander verbunden. "wahr" wird durch die Zahl "1" und "falsch" durch die Zahl "0" repräsentiert. Auf diese Weise lassen sich sämtliche Rechenarten ausführen. Dazu nutzen alle Computer das zweier- oder duale Zahlensystem. Sämtliche eingegebenen Informationen, ob Zahlen, Buchstaben, Zeichen oder Farben werden in Pakete, in Abfolgen von Einsen und Nullen, von Ja- und Nein- Signalen verwandelt und die Rechenergebnisse bei der Ausgabe wieder in der gewohnten Weise dargestellt.

Beispielsweise wird so aus 3+4 =7 im Rechner 11+100=111, wobei die Binärzahl 111 wieder als 7 auf unserem Bildschirm erscheint. Allgemeiner gesagt, wird jede Dezimalzahl, die eine Summe von 10^n Zahlen ist, als Summe von 2^n Zahlen dargestellt. Die Ziffern 0 und 1 entsprechen der Information von jeweils 1bit. Bei einer Verarbeitungsbreite von 8 bit = 1 Byt (die Standardeinheit für die Speicherkapazität) kann ein Prozessor maximal 2^8=256 bit pro Takteinheit verarbeiten.

Bereits 1965 hatte der Mitbegründer der Firma Intel, Gordon E. Moore, eine kühne Vorhersage gemacht: Die die Leistung der Computer bestimmende Integrationsdichte, also die Anzahl an Transistoren pro Flächeneinheit, wird sich etwa alle zwei Jahre verdoppeln. Diese Prognose, heute als Moores Gesetz bekannt, hat sich bestens bestätigt. In der Praxis erfolgt die Verdopplung der Computerleistungen sogar alle 18 Monate. Es handelt sich also um ein exponentielles Wachstum der Rechenleistung. Die Rechenkapazität der ganzen Welt zu Moores Zeiten steckt heute in einem einzigen Handy oder in einer Digitalkamera.

Dampfmaschinen und elektrische Maschinen haben die Welt innerhalb von zwei Jahrhunderten von Grund auf verändert. Aber noch nie hat sich in der Menschheitsgeschichte eine technologische Entwicklung mit einer solchen Rasanz wie heute vollzogen.

"Inzwischen gibt es Leute, schreibt E.P. Fischer (Schrödingers Katze auf dem Mandelbrotbaum, S 314) mit unterschwelliger Ironie, die Moores Gesetzt so ernst nehmen, dass sie es über den elektronischen Rahmen hinausführen wollen.

Sie sagen, dass die von ihm beschriebene exponentielle Entwicklung charakteristisch für jedes technologische Fortschreiten ist. Es kann natürlich sein, dass die Technologie, auf die sich Moores

Gesetz bezieht, eines Tages ausgereizt ist. Aber dann tritt eben eine andere Technologie an ihre Stelle. Es gibt darüber hinaus Wissenschaftler, die der Ansicht sind, mit Moores Gesetz lasse sich berechnen, wann die künstliche Intelligenz der Computer die natürliche Intelligenz der Gehirne überholt und ablöst. Bisher ist das eine kühne Behauptung.

Derzeitig werden Packungsdichten/Integrationsgrade/Logische Komplexität von mehreren Milliarden Transistoren auf einem Chip erreicht. So vereinen schon die Prozessoren der vierten Generation auf einer Fläche von 8x22 Millimetern bis zu 4 Milliarden so genannter Metalloxid-Halbleiter-Feldeffekttransistoren (MOSFET). Die US-Firma Cerebras hat einen tellergroßen Chip auf den Markt gebracht, der mit 2,6 Billionen Transistoren und 850000 Rechenkernen Prozessoren, Speicher und Netzwerke integriert. Wenn Sie die aktuellen Zahlen nachschlagen, können Sie nach dem Mooreschen Gesetzt leicht errechnen, wann dieses Buch erschienen ist.

Permanent wird daran gearbeitet, die Computerchips weiter zu verkleinern. 2011 lag die Strukturbreite, also die Breite der kleinsten Bauteile bei 32 Nanometern (nm), also 32×10^{-9} Meter. 2016 begann der Chiphersteller Globalfoundries in seinem Dresdner Werk die Produktion von 22 nm-Chips. Sie sollen 84% weniger Energie als bisherige Chips verbrauchen und mit weniger als einem Dollar pro Chip nur noch etwa ein Zehntel kosten. Derzeitig gibt es weltweit nur noch drei Firmen, die Fotolithografie mit Strukturen von 13 Nanometern beherrschen. Das ambitionierte Ziel der Elektronikbranche, die Strukturbreite bis auf 7 nm zu schrumpfen, erreichte Samsung mit der Inbetriebnahme der ersten 7 nm Chipfabrik Ende 2018.

Dennoch rücken die Grenzen heutiger Computer immer näher. So stagniert beispielweise die Taktrate, mit der Prozessoren arbeiten, schon einige Jahre im Bereich von vier Gigahertz. Ein entscheidender Grund dafür ist die hohe Wärmeentwicklung auf immer kleinerem Raum. Auch der Spielraum für die weitere Verringerung der Strukturbreite wird immer enger, die Verfahren immer teurer. Intensiv wird daher nach neuen Materialien gesucht. Zunehmend wird Siliziumdioxid durch das besser isolierende Hafniumoxid ersetzt, um unerwünschte Ströme zwischen den winzigen Bauteilen zu verhindern.

Als vielversprechend gelten "Übergangsmetall-Chalkogenide", Verbindungen aus Übergangsmetallen wie Molybdän oder Wolfram und Elementen der 6. Hauptgruppe des Periodensystems wie Sauerstoff, Schwefel oder Selen. Beispielweise haben Wafer (Scheiben) aus Molybdändisulfid (MoS_2) nur noch eine Dicke von drei Atomdurchmessern. Ihr Nachteil: Sie leiten den Strom langsamer als herkömmliches Silizium oder gar Graphen.

2014 ist es erstmals gelungen, hauchdünne Leiterbahnen herzustellen, die Strom selbst bei Zimmertemperaturen fast verlustlos leiten und damit kaum noch Wärme erzeugen. Diese Graphen-Nano-Streifen sind nur ein Kohlenstoffatom dick und zehn Atome breit. Ihr elektrischer Widerstand ist etwa um das Tausendfache geringer als der von herkömmlichen Graphenstreifen. Da die Kombination von Graphen und Silizium im Halbleiter keinerlei Probleme bereitet, kann vom baldigen praktischen Einsatz entsprechender Bausteine ausgegangen werden. Stromfressende Lüfter in Computern werden dann der Vergangenheit angehören.

Es laufen Versuche, die derzeitig üblichen Halbleiter durch s.g. Biotransistoren (Virus-ZnO-Schichtung) zu ersetzen.

Intensiv wird an der Entwicklung der Speichermedien hinsichtlich Kapazität, Leistung und physikalische Größe gearbeitet [25]

---

[25] Englische Forscher haben eine Zwei-Euro-Münze große Glasscheibe entwickelt, auf der sich 360 Terabyte optisch speichern lassen. Der Speicher soll bis zu 1000°C aushalten und mehrere Milliarden Jahre auslesbar sein. Aktuelle Festplatten erreichen maximal 6 Terabyte.

Am Horizont erscheinen molekülbasierte Technologien, die etwa 350-mal höhere Datendichten als die aktuellen Flash-Speicher (SSD) mit ihren ortsfesten Raumladungen erreichen. Ein USB-Speicherstick könnte so 25 000 GB an Informationen speichern. So genannte Biocomputer nutzen DNA oder RNA als Speicher- und Verarbeitungsmedium. Hier werden die Daten-Bits DNA- bzw RNA-Nukleotiden zugeordnet. Sie erreichen damit gewaltige Steigerungen der Speicherkapazität und der Rechengeschwindigkeit. Ein weiterer Vorteil besteht darin, dass die Haltbarkeit mit weit über 100 Jahren Größenordnungen über der von vielen herkömmlichen Speichermedien (SSD, magnetische und optische) liegt. Wenige Gramm DNA (RNA) reichen theoretisch aus, um Daten in der Größenordnung von einem Zettabyte, das sind 10^{21} Byte zu speichern und eine Rechengeschwindigkeit von einer Exa-Operation pro Sekunde (10^{18} Operationen) zu erreichen. [26]

Die Speicherkapazität des menschlichen Gehirns soll mindestens 10^{13} Bit betragen. Die Leistungsfähigkeit fortgeschrittenster Computer entspricht folglich schon heute in etwa der des menschlichen Gehirns. Am Rande sei nur daran erinnert, dass das menschliche Gehirn dafür eine Leistung von etwa 25 Watt benötigt, während die Supercomputer einen millionenfach höheren Energiebedarf haben.

Moderne Großrechner haben derzeitig eine Rechengeschwindigkeit in der Größenordnung von TeraFLOPS (FLOPS- Billiarden Gleitkommastellen pro Sekunde.) Im Ranking der 500 schnellsten Supercomputer der Welt nahm 2013 der chinesische Rechner Tianhe-2 den ersten Platz ein. (Europas schnellste Anlage lag mit 8,1 PetaFLOPS auf dem achten Platz des Rankings). Mit einer

---

[26] Man geht davon aus, dass das menschliche Gehirn aus 70-100 Milliarden Neuronen besteht, die jeweils über 10000 Synapsen miteinander verbunden sind. Wenn das Gehirn von den fünf Sinnesorganen jeweils nur eine Information pro 25 ms, also insgesamt 5x40 = 200 Informationen pro Sekunde verarbeitet, ergibt das eine Rechenleistung von 10^{11} * 10^4 * 2 * 10^2 = 2 * 10^{17} Operationen pro Sekunde. Dies deckt sich in etwa mit zahlreichen Hochrechnungen, die von etwa 10^{15} FLOPS ausgehen. Rund 40 PetaFLOPS entsprechen 4 x 10^{16} Gleitkommaoperationen (z.B. Additionen) pro Sekunde.

Rechenleistung von 33,9 PetaFLOPS bildet er die Grundlage für Simulationsrechnungen für Klima- und Materialforschung und die Überprüfung von Modellen in der Grundlagenforschung. 2016 folgte die Rechenanlage "Sunway TaihuLight" mit 93 PetaFLOPS mit komplett in China entwickelten Prozessoren. 2020 vermeldete Japan die Inbetriebnahme eines Supercomputers mit einer Rechenleistung von 415 PetaFLOPS. Er basiert auf 160000 Prozessoren mit je 48 Kernen. Bald soll eine Trillion Rechenoperationen pro Sekunde (ein ExaFlop) erreicht werden. Computer werden zu lokalen und globalen Netzen verbunden, um die Rechenleistungen und Speicherkapazitäten zu bündeln. Für extrem aufwendige Berechnungen können Superrechner stundenweise gemietet werden. Riesige Datenbanken werden in s.g. clouds ausgelagert.

Neue Typen elektronischer Bauteile, sogenannte Membausteine (Memkondensatoren, Memristoren und Memspulen) sollen Daten zugleich verarbeiten und speichern können, indem sie ihren Zustand in Abhängigkeit von der Stärke und Richtung der sie durchfließenden Ströme auch nach ihrer Abschaltung beibehalten. Dies nährt Erwartungen auf einen weiteren gewaltigen Leistungszuwachs der Rechentechnik. Im Labor funktionieren diese Bauteile schon heute. und man hofft, sie schon bald zu Memcomputern zusammensetzen zu können. Die Stärke solcher Rechner besteht in der Parallelverarbeitung von Informationen und in enormen Energieeinsparungen durch den Wegfall der Informationsübertragungen zwischen den derzeitig physikalisch getrennten Prozessoren und den Speichereinheiten. Ob und wann es gelingt, die zu ihrer Betreibung erforderliche neuartiger Software zu entwickeln, dürfte über ihre praktische Anwendung entscheiden.

Durch die rasant fortschreitende Miniaturisierung wurden aus den ehemaligen Mikroprozessoren (CPU´s) mit ihrer Kernfunktion Rechnen Chips mit einer neuen Prozessorarchitektur aus mehreren Rechenkernen (Mehrkernprozessoren oder Cores), mehreren Zwischenspeichern (Caches), Grafikprozessoren (GPUs) und Ansteuerungselemente für Arbeitsspeicher und Peripheriegeräte, die durch verschiedene Formen der Parallelarbeit mehrere Aufgaben gleichzeitig ausführen können und so die Rechenleistung erheblich steigern. Hier sei nur vermerkt, dass die Rolle von Grafikkarten ständig steigt. Ursprünglich nur zum Ansteuern der Bildschirme bestimmt, leisten heute ihre zwar kleinen, aber extrem vielen Miniprozessoren einen wachsenden Beitrag zur Gesamtrechenleistung. Die Idealvorstellung geht also dahin, tausende CPUs und GPUs zu haben, die alle ständig mehr oder weniger beschäftigt sind, und sich die Lösung der gestellten Aufgabe teilen. Es bedarf keiner Fachkenntnisse, um sich vorstellen zu können, welche Ansprüche das an die Programmierung alleine des Betriebssystems stellt.

Aber: Die Arbeitsweise der meisten heutigen Computer basiert noch immer auf der so genannten Neumann-Architektur, bei der die CPU als der zentralen Verarbeitungseinheit und der Speicher (bzw. eine Vielzahl dieser Einheiten) separat angeordnet sind und die Daten zwischen ihnen hin und her transportiert werden müssen. Dies erfordert Zeit und ist mit einem enormen Energieverbrauch verbunden.

Von optischen Ansätzen für eine neuartige Rechnerarchitektur (Photocomputing), so genannte neuromorphe Rechner, erhofft man sich neue Möglichkeiten für hoch-parallele Echtzeit-Prozessierung und damit die Verarbeitung großer Datenmengen in sehr kurzen Zeiten bei deutlich geringerem Energieverbrauch.

Als revolutionären Ansatz und weiteren Schritt in Richtung Simulation der Funktionsweise des menschlichen Gehirns kann die Kombination von neuronalen Programmen mit neuronaler Hardware gesehen werden. Der Ansatz ist als neuromorphes Engineering bekannt. Hier wird das menschliche Gehirn Vorbild nicht nur für die Software, sondern auch für die Arbeitsweise der Hardware. Bei neuromorphen Chips sind Prozessoren und Speicher in Schichten angeordnet, die Recheneinheiten (Neuronen) über Speicher (Synapsen) miteinander verbunden. Hinzu kommt, dass diese Chips nicht mehr gepulst, sondern wie das Gehirn funktionieren, also analog arbeiten, die Signale nicht mehr als bits, sondern kontinuierlich verarbeiten.

Quantencomputer

Große Erwartungen werden mit Quantencomputern verbunden. Sie beruhen auf einem völlig anderen Arbeitsprinzip als unsere herkömmlichen binären Computer.

Auch in Quantencomputern werden alle Aufgaben in wenige Arten von logischen Einzelschritten zerlegt.

Ein binärer Computer mit einem Prozessor aus N Elementen kann maximal N Befehle, also Rechenoperationen nacheinander ausführen. Seine Speicher mit M Elementen können maximal M Bit speichern. Beim Quantencomputer ist das anders. Hier sind an den Ein- und Ausgängen der Quantengatter alle möglichen Superpositionen, also Überlagerungszustände der Werte 0 und 1 möglich.

Um im Bild des Schalters zu bleiben: Es gibt nicht nur die Stellungen Ein/Aus, sondern auch alle möglichen Stellungen dazwischen. Wenn ein Bit im klassischen Computer nur zwei Zustände, nämlich $|0\rangle$ und $|1\rangle$ annehmen kann, sind es beim Quantencomputer alle möglichen Überlagerungen (Superpositionen) von 0 und 1, also $|\Psi\rangle = A^* |0\rangle + B^* |1\rangle$, wobei A und B beliebige komplexe Zahlen sind. Quantencomputer können so gleichzeitig Überlagerungen aller möglichen Zustände eines Objektes und aller möglichen Mischungsverhältnisse dieser Zustände verarbeiten. An die Stelle der Informationseinheit Bit tritt so das Quantenbit, kurz Qubit genannt. An die Stelle von Prozessoren aus Transistoren und Flipflops, die Bits generieren, treten technisch extrem anspruchsvolle Prozessoren als Träger der Qubits. Derzeitig wird vor allem an der technischen Verwirklichung von ultrakalten atomaren Qubits, bei denen die Qubits in atomaren Zuständen kodiert werden, an supraleitenden Schaltkreisen, bei denen die Kodierung über die Stromrichtung erfolgt und an Elektronen mit Spin-Kodierung intensiv gearbeitet.

Hinzu kommt, dass die Gatter je nach zu lösender Aufgabe in unterschiedlicher Weise miteinander verbunden, präziser gesagt, miteinander mit Hilfe von Kopplern (Mikrowellenpulse oder Magnetfelder) verschränkt werden. Die Folge ist, dass die Zustandsänderung eines Gatters die Zustände aller Gatter ändert.

Quantenrechner können durch diese Superposition verschiedener möglicher Werte quasi gleichzeitig mehrere Rechnungen durchführen. Beim Auslesen muss sich dann der Computer für die wahrscheinlichste aller Möglichkeiten entscheiden.

Die Wellenfunktion Ψ der verschränkten Qubits, die alle möglichen Zustände repräsentiert, muss so kollabieren, dass wir den höchstwahrscheinlichen Zustand eines Objektes erfahren.

Bei zwei Qubits sind es vier Basis-Quantenzustände I 00 >, I 01 >, I 10 >, I 11 > die man gleichzeitig verarbeiten und im angeschlossenen klassischen Computer speichern kann. Bei drei Modulen sind es bereits 8 Qubits. Allgemein lassen sich also mit N Modulen 2^N Qubits verarbeiten. Mit der Anzahl der Qubits wachsen also die Möglichkeiten exponentiell. Fügen wir beispielweise einem normalen Prozessor mit 100 bit 1 bit hinzu, verfügt er über eine Rechenkapazität von 101 bit. 100 Qubit plus 1 Qubit ergeben hingegen die doppelte Kapazität von 200 Qubit. 20 Qubit-Module reichen aus, um etwa 1 Megabit zu speichern. Bei 30 Modulen sind es bereits 1 Gigabit. Mit 50 bis 60 Modulen lassen sich so faktisch unbegrenzte Mengen von Informationen erzeugen und in den angeschlossenen digitalen Rechnern speichern.

Nicht weniger wichtig als die enorme Rechenkapazität ist, dass durch die Verschränkung, also die Aneinanderkopplung der Qubits, die Beeinflussung eines Qbits augenblicklich alle anderen verändert. Auch die Anzahl gleichzeitig vorliegender Zustände wächst also exponentiell. Quantencomputer können so durch die Verschränkungen 2^N Rechenoperationen gleichzeitig ausführen, parallel rechnen, indem pro Schritt bis zu 2^N Binärwerte berücksichtigt werden, während, wie bereits gesagt, Rechenoperationen in unseren heutigen binären Computern nacheinander, ablaufen, also pro Rechenschritt N Bits verarbeitet werden. (was paralleles Rechnen mehrerer Prozessoren nicht ausschließt). Die Rechengeschwindigkeit wächst folglich exponentiell mit der Zahl der Qubits.

Sollen zum Beispiel mehrere Anfangswerte getestet werden, berechnet der Quantencomputer die Ergebnisse bei allen Anfangswerten gleichzeitig, während der klassische Computer alle Möglichkeiten der Reihe nach durchrechnen muss.

Damit wird die Berechnung komplexer physikalischer Vorgänge in quantenmechanischen Systemen wie beispielsweise in Festkörpern die Wechselwirkungen zwischen den Atomen eines Moleküls oder der Zustand der Elektronen in einem Kristall (Wann befindet sich der Kristall auf dem energetisch niedrigsten Niveau und damit im Grundzustand), wofür selbst unsere heutigen Supercomputer Jahre benötigen würden, im Prinzip möglich. Einen großen Schritt in diese Richtung vermeldete Googel Ende 2019. Ein Quantencomputer aus dem eigenen Entwicklungszentrum soll eine Kalkulation, für die aktuelle Supercomputer 10.000 Jahre benötigen würden (IBM spricht von 2,5 Tagen), in nur 200 Sekunden erledigt haben. Der Sycamore genannte Prozessor bestand aus 54 Qbits.

Bei der Lösung spezieller Aufgaben könnten folglich Quantencomputer mit maßgeschneiderten Programmen zu einer enormen Vervielfachung unserer Möglichkeiten führen.

Aber. Und dieses "Aber" muss ganz groß geschrieben werden, ein solcher Computer funktioniert nur, wenn zwei grundsätzliche technische Voraussetzungen geschaffen werden:

Erstens muss ein solcher Rechner, genauer seine Qubitmodule, für eine Berechnung komplett von der Umgebung abgeschirmt werden, damit die Verschränkungen zwischen ihnen nicht durch Dekohärenz, also durch Wechselwirkungen mit beispielsweise elektrischen und magnetischen Feldern bzw. Impulsen unkontrolliert zerstört werden. Dies erfordert einen enormen technischen Aufwand für die Einkapselung des Prozessors und die Erzeugung der erforderlichen Tiefsttemperaturen und Ultravakuen. Es ist unklar, ob dies bei den energetischen Turbulenzen im Vakuum (Vakuumfluktuation) für hinreichend lange Zeit gelingt, um auch komplexere Aufgaben lösen zu können. Mit anderen Worten: Die Qubits bleiben nur für Bruchteile von Sekunden stabil und die Berechnungen müssen in dieser kurzen Zeit abgeschlossen werden.

Zweitens muss bei Beendigung eines Rechenvorganges immer eine kontrollierte Dekohärenz erzeugt werden können, um aus den unzähligen Superpositionszuständen wieder ein konkretes Rechenergebnis herauszufiltern. Dazu muss zuerst der korrekte Zustand des Gesamtsystems indirekt bestimmt werden damit die Verschränkungen nicht kollabieren, um Fehler zu korrigieren. Dies geschieht, indem drei physikalische Qubits zu einem logischen Qubit (Gatter) zusammengefasst und paarweise verglichen werden. Dann werden die Wahrscheinlichkeiten jedes einzelnen der Qubits in einem bestimmten Takt in konkrete Werte, also in die klassischen Bit-Zustände 0 oder 1 transformiert. Bei beispielhaft 30 Qubits ergibt sich also eine Ziffernfolge 2^{30} Nullen und Einsen. Die auf der Klasse der Monte-Carlo-Algorithmen basierende Prozedur wird solange wiederholt, bis sich eine bestimmte Ziffernfolge als die wahrscheinlichste herausstellt. (Die Erfolgswahrscheinlichkeit lässt sich durch wiederholtes Ausführen beliebig nahe an 100% bringen).

Drittens ist zu beachten, dass Qubits extrem anfällig für Fehler wie dem Austausch der Wahrscheinlichkeiten von I0>und I1> (Bit-Flip) oder Vorzeichenänderung zwischen beiden (Phasen-Flip) sind. Die Fehlerraten sind extrem hoch. Noch vor einigen Jahren waren zur Fehlerkorrektur bei nur 8 Ionen (physische Qbits) 6.000 Messungen erforderlich, wofür 10 Stunden benötigt wurden. Ein neues Verfahren erlaubt, die Quantenkorrelation von 14 Ionen mit nur noch 27 Messungen in 10 Minuten abzufragen.

Hinzu kommt, dass auch Quantensysteme danach streben, einen Zustand mit möglichst niedriger Energie einzunehmen. Ein Qubit strebt daher aus den Zustand I1> mit exponentiell wachsender Geschwindigkeit in den Zustand I0>. Allein dieses als Relaxation bezeichnete Problem kann sich als technisch nicht beherrschbar erweisen.

Schließlich muss noch die Informations-Ein und -Ausgabe gewährleistet werden, ohne dass dabei das Regime des Computers zusammenbricht.

An Machbarkeitsnachweisen wird, wie wir sehen, intensiv gearbeitet und dabei unterschiedliche technische Realisierungen von Qubits und das Zusammenspiel von mittlerweile über 100 Qubits erprobt. Es ist aber noch völlig offen, ob Quanten-Computer jemals die Erwartungen erfüllen, die in sie gesetzt werden, da die Anzahl der für Fehlerkorrekturen erforderlichen Qubit-Module wesentlich schneller steigt als die der effektiven Qubits. Will sagen: Um einige tausend fehlerkorrigierte logische Qubits zu erzeugen, sind Milliarden von fehlerkorrigierenden Qubits erforderlich.

Einen praktischen Schritt zu Quanten-Computern bilden Quantenkommunikationsnetzwerke. Bei ihnen werden verschiedene Quantenzustände von physikalischen Informationsträgern wie Elektronen (Spins) oder Photonen (Polarisationsebenen) verschränkt und die Informationen als Qbits gespeichert. Hackerangriffe ändern den physikalischen Status der Qbits (zerstören die Verschränkungen) und werden deshalb sofort bemerkt. Alle großen Staaten arbeiten daher intensiv an quantenkryptographischen Verschlüsselungssystemen. China begann 2014 mit dem Bau der ersten 2.000 Kilometer eines solchen sicheren Netzwerkes für die Zentralregierung, das Militär und Schlüsselunternehmen wie große Banken. 2016 wurde der erste Quantenkommunikationssatellit im All positioniert. Die USA, Europa, Russland, Kanada und Japan arbeiten an eigenen Projekten.

Zusammenfassend lässt sich also sagen, dass Quantencomputer nicht die herkömmlichen binären Computer ablösen, sondern sie als spezialisierte Zusatzgeräte für die Lösung bestimmter Aufgaben ergänzen werden. Bei diesen so genannten Hybridrechnern werden die Programmierung des Quantenprozessors (jede neue Aufgabe erfordert eine neue Programmierung) und andere Arbeitsschritte vom klassischen Computer übernommen, während die komplexen, einen immensen Rechenaufwand erfordernden Aufgaben dem Quantenprozessor übertragen werden. Das Zusammenwirken beider Rechner ermöglicht es damit, komplexe Systeme zu simulieren und zu verstehen sowie realitätsnahe Modelle zu entwickeln.

Roboter

Wenn ein Computer mit sensorischem Input wie beispielsweise Videokameras oder Berührungssensorik und mit einem mechanischen Output wie einem Bewegungsapparat ausgestattet wird, wird er zum Roboter. Das Wort "Roboter stammt aus dem 1921 aufgeführten Theaterstück "Rossum's Universal Robots" des tschechischen Autors Karel Capek. Roboter sind in diesem Stück Menschen ohne Gehirn, die durch Fabrikbesitzer anstelle von streikenden Arbeitern eingestellt werden.

Roboter sind sowohl stationäre als auch mobile Maschinen, in denen - wie bereits gesagt - leistungsfähige Rechner mit sensomotorischen Fähigkeiten vernachbart sind. Während eine aufgabenspezifische Sensorik der Beobachtung der Umwelt dient, erlaubt ein mechanisches Aktionsprogramm, mit dieser zu kommunizieren, so dass sich diese Maschinen in der realen physischen Welt sinnvoll verhalten können. Da sie nicht wie der Mensch Beleuchtung braucht, um Prozesse überwachen zu können, spart man Energie und sie stehen mehr und mehr in dunklen Werkhallen. Die Epoche der "dunklen Fabriken" hat begonnen.

Weltweit beschäftigen sich etwa 230 Institute mit Robotik, in der die Wissensdisziplinen Informatik, Elektrotechnik und Mechanik zur Mechatronik zusammenfließen.

Biomechatroniker adaptieren mechatronische Systeme für den menschlichen Organismus und entwickeln technische Systeme nach biologischen Vorbildern.

Der Roboter empfängt über seine Sensorik Signale aus der Umwelt, verändert über seine Motorik seine Beziehung zur Umwelt und muss auf der Basis dieser veränderten Rahmenbedingungen neue Entscheidungen treffen.

Die Beherrschung dieser sensomotorischen Dynamik, dieses hochkomplexen Prozesses erfordert Rechenverfahren, die Vorhersagen über die Zukunft treffen. Beschränken sich diese Vorhersagen auf programmierte Antworten, ist der Roboter auf ein bestimmtes Handlungsschema konditioniert, bleibt er eine manipulierte Maschine. Für nicht erwartete Situationen sind keine Lösungen einprogrammiert. Tritt eine solche Situation ein, führt das zwangsweise zur Abschaltung oder zu Fehlverhalten.

Roboter werden je nach Konstruktionsweise oder Verwendungszweck in verschiedene Kategorien oder Arten eingeteilt. Beispielhaft seien hier die Industrieroboter, Medizinroboter und Erkundungsroboter genannt. Eine besondere Rolle spielen dabei die

humanoiden Roboter und Militärroboter, die beide zu den autonomen Robotern gehören.

Humanoide Roboter haben, wie ihr Name schon sagt, men-
schenähnliche Gestalt, einen menschenähnlichen Bewegungsapparat, also zwei Arme und zwei Beine sowie eine dem Menschen vergleichbare Sensorik. Vor allem an diesen als menschliche Pendants gedachten Maschinen wird das Konzept künstlicher Intelligenz entwickelt.

Im Rahmen der internationalen Konferenz über die Interaktion
von Mensch und Roboter (HRI) diskutieren Wissenschaftler darüber, wie Roboter kulturelle Kontexte wahrnehmen, sie verstehen
und zweckmäßig mit dem Menschen interagieren können. Seit
1997 gibt es den Robocup, einen alljährlich ausgetragenen Wettbewerb, bei dem sich Roboter, die nach diesem Konzept der ver-
körperten Intelligenz (embodied intelligence) programmiert sind,
unter verschiedenen realen Bedingungen bewähren müssen.

Der Wettbewerb zeigt, dass die Maschinen von Jahr zu Jahr immer leistungsfähiger werden. Der Arm von Justin, einem vom
deutschen Zentrum für Luft- und Raumfahrt entwickelten Roboter, ist bereits gelenkiger als der eines Menschen. Es wird der
Zeitpunkt kommen, wo humanoide Roboter die optimalen Fähigkeiten der Tier- und Pflanzenwelt und Eigenschaften unbelebter
Materie in sich vereinen, das kognitive Potential des Menschen,
die Leistungsfähigkeit von Sinnesorganen und Bewegungsappa-
raten in der Tierwelt sowie die Funktionsfähigkeit unbelebter Materie in einem breiten Spektrum von Temperaturen und Druck-
verhältnissen, ihre Unempfindlichkeit gegenüber gesundheits-
schädigenden giftigen und ätzenden Substanzen. Kurz, diese
Roboter werden zu einer Kombination für den Menschen nützli-
cher Eigenschaften von belebter und unbelebter Materie.

Militärroboter sind derzeitig noch unbemannte, automatisierte
Waffensysteme, die ferngesteuert werden, oder einmal aktiviert

ihre Ziele selbstständig orten und bekämpfen, ohne, dass ein Mensch noch eingreifen kann. Hierzu zählen unbemannte Panzer oder Systeme zur Flieger- und Raketenabwehr. Mehr und mehr rücken Drohnen in das Zentrum dieser Entwicklung.

Ihr Wesen wird am augenscheinlichsten bei den Killerrobotern, vollautomatische Maschinen, die geschaffen werden, um Menschen zu identifizieren und zu töten. Die Tötung eines Polizistenmörders im Juli 2016 durch einen Sprengsatz, der per Roboter zu dem Verdächtigen gebracht wurde, war der erste Robotereinsatz dieser Art durch die US-Polizei und gilt als Zäsur. Der Mann hatte sich in Dallas nach der Tat in einem Gebäude verschanzt.

Wahrscheinlich handelte sich um einen "Andros"-Roboter von Northrop Grumman. Auf der Unternehmenswebsite heißt es, der "Andros"-Roboter sei für die Bekämpfung eines "großen Spektrums von Bedrohungen" entwickelt worden. Kampfdrohnen sind Killerroboter. Die Technologie hat einen Punkt erreicht, der den Einsatz solcher Systeme innerhalb der nächsten Jahre ermöglicht. Aus automatisierten werden autonome Waffensysteme. So kann die US-amerikanische Stealth-Drohne X-47B sowohl wie gegenwärtig im ferngesteuerten Modus zum Einsatz kommen als auch selbstständig Ziele orten und bekämpfen, einzelne Personen töten oder ganze Personengruppen ausschalten. Ihre Reichweite beträgt 3.900 Kilometer, die maximale Flughöhe 12 Kilometer. Im Jahre 2018 wurde sie bei den Streitkräften der USA in Dienst gestellt. In beiden Modi sitzen Menschen in wohltemperierten Kommandoeinheiten bei einer Cola und geben Tötungsbefehle. Im ersten Modus entscheidet noch der Mensch über Tod und Leben. Im zweiten Modus liegt die Entscheidung nur noch bei der Maschine. Nach getaner Arbeit fahren sie nach Hause zu ihren Familien, spielen mit den Kindern und gehen hin und wieder ins Kino oder ins Konzert. Die Menschheit verroht. Dass der heute von den USA praktizierte weltweite Einsatz bewaffneter Drohnen Menschenrechte und Völkerrecht missachtet und somit einen rechtsfreien Raum geschaffen hat, ist eine Tatsache. Beschuldigte Menschen werden ohne Gerichtsverfahren getötet und hunderte unschuldige Opfer in Kauf genommen.

Die 24. Tagung der International Joint Conference on Artifical Intelligence (IJCAI) stellte 2015 fest, dass nach der Einführung des Schießpulvers und der nuklearen Waffen sich mit den intelligenten Waffen eine "dritte Revolution der Kriegsführung" abzeichnet.

Es drohe die massenhafte Verbreitung dieser Waffensysteme, die besonders geeignet seien für "Attentate, die Destabilisierung von Nationen, Unterdrückung von Bevölkerungen und das gezielte Töten bestimmter ethnischer Gruppen."

In einem Offenen Brief, der inzwischen von 3.000 Robotforschern und mehr als 17.000 anderen Experten unterzeichnet wurde, wird ein internationales Verbot dieser Waffen gefordert. Die IJCAI-Konferenz von 2018 veröffentlichte einen Aufruf, in dem gefordert wird, dass "Die Entscheidung, ein menschliches Leben zu beenden, niemals an eine Maschine delegiert werden sollte." Parallelen zum Frank-Report, der 1945 vergeblich vor der Anwendung der Atombombe und dem damit heraufbeschworenen atomaren Wettrüsten warnte, drängen sich auf.

Das UN -Waffenübereinkommen CCW beschäftigt sich bisher ergebnislos mit dem Thema der Letalen Autonomen Waffensysteme (LAWS).

Eine Studie des UN-Menschenrechtsrates über "Autonome todbringende Roboter" fordert ein Moratorium für Maschinen, die ohne menschliches Zutun töten. Später soll eine internationale Konvention die Verwendung solcher Waffensysteme genau regeln oder für immer verbieten. Schon diese Formulierung zeigt, dass die Menschheit nichts aus dem atomaren Rüstungswettlauf gelernt hat und sehenden Auges eine weitere Gefahr ihrer Selbstvernichtung in Kauf nimmt.

Rechenprogramme

Die Rechen- und die Speicherkapazität eines Computers sind sein Potential. Programme sind das Mittel, um dieses Potential zu erschließen, es in sinnvolle Informationen und Handlungen umzuwandeln.

Grundlage für die Formalisierung von Denkprozessen durch die Strukturen von Programmsprachen ist auch hier die Boolesche Algebra.

Rechenprogramme und die zugehörigen Daten werden als Software bezeichnet. Software ist folglich die Gesamtheit von Informationen, die der Hardware zugeführt werden müssen, um sie zu betreiben, um eine oder mehrere definierte Aufgaben erfüllen zu können. Im Grundsatz ist Software ein Bündel mehr oder weniger komplexer Algorithmen, also von Rechenmethoden, die garantiert eine Lösung für ein vorgegebenes Problem finden. Es gibt zwei Grundtypen von Programmen: Einerseits Spezialprogramme wie Textverarbeitungs- oder Kalkulationsprogramme und andererseits Universalprogramme, die im allgemeinen als Programmiersprachen bezeichnet werden. Eine Programmiersprache ist folglich ein Programm, das den Ablauf eines anderen Programms bestimmt und es erlaubt, jedes erdenkliche Spezialprogramm zu schreiben. Wenn hier von Rechenprogrammen gesprochen wird, dann ist damit ausschließlich Anwendungssoftware gemeint. Systemsoftware, wie Betriebssysteme, Dienstprogramme und Gerätetreiber bleiben außerhalb der Betrachtungen.

Gegenwärtig schreitet die Hardwareentwicklung im kommerziellen Bereich schneller voran als der äußerst zeitaufwendige Prozess der Softwareentwicklung (von Apps, meist einfache Trivialprogramme, abgesehen). Neue Prozessoren müssen neue Programme genauso sicher ausführen wie Vorgängerversionen.

Diese "Abwärtskompatibilität" von Prozessoren zwingt die Programmierer dazu, keine Maschinenbefehle abzuschaffen, sondern immer nur neue hinzuzufügen. Die Prozessorenfamilien der einzelnen Hersteller haben also den Nachteil, alte Befehle zumindest für einen längeren Zeitraum beibehalten zu müssen, selbst wenn eine Kombination neuer Befehle viel effektiver wäre. Der Zwang zur Sicherung der Marktposition geht folglich zu Lasten der Rechnereffektivität. Bei den Großrechnern schreitet die Entwicklung schneller voran.

Bei der Entwicklung von Software zeigte sich immer mehr, dass man mit Programmen, die schnell und genau rechnen, oder abertausende Regeln beherrschten, zwar Computer bauen kann, die hervorragend Schach spielten oder als hocheffektive Expertsysteme genutzt werden können, aber Roboter mit dieser Art der Programmierung von dem Fließband in einer Werkshalle in eine reale, sich dynamisch verändernde Umwelt gebracht, versagten kläglich. Die sich rasant entwickelnde Sensomotorik für die Interaktion mit der Umwelt erforderte einen extrem wachsenden Rechenaufwand, der nicht mehr zu programmieren war. Es wurde klar, dass es nicht ausreichte, immer größer werdende Speicher gut mit Daten zu füllen sowie schnell und fehlerfrei auf sie zuzugreifen. Stets blieben die Maschinen so „intelligent" wie ihre Programmierung. Was sie leisteten, entsprach der Summe der eingegebenen Befehle und Daten. Ein Muster wurde als solches erkannt, wenn die Ansicht mit dem eingespeicherten Schrägbild übereinstimmte. Änderte sich die Ansicht, versagte das System. Qualitativ Neues konnte so nicht entstehen.

Das zwang zum Umdenken.

In der Kognitionswissenschaft setzte sich daher in den 80er Jahren des vorigen Jahrhunderts die Erkenntnis durch, dass es nicht ausreicht, die Maschinen mit dieser Art von Programmen auszustatten. Wenn sie mehr leisten sollten als Gespeichertes auszulesen, wenn sie nicht nur ein gespeichertes Foto wiedererkennen, sondern Gesichter unter beliebigen Winkeln identifizieren, wenn sie nicht nur eine gespeicherte Tasse, sondern alle Tassen als solche erkennen sollten, dann mussten sie befähigt werden, selbstständig zu lernen und so letztlich menschliche Intelligenz nachzubilden. Kognition an Stelle von Computation, also an Stelle jeglicher Art von Kalkulation, die klar definierten Algorithmen folgt, wurde zur Losung des Tages. Dass dieses Konzept, dieser Paradigmenwechsel, einen interdisziplinären Ansatz von Kognitionswissenschaft, Biologie, Neurowissenschaften, Ingenieurwissenschaften, Materialwissenschaften, Robotik und nicht zuletzt eine neue Qualität der informationsverarbeitenden Module und der Speicherkapazität erforderte, lag auf der Hand.

Die Schlagwörter für diesen neuen Typ von Programmen lauteten nun maschinelles Lernen (ML), embodied intelligence (EI), embodied artificial intelligence (EAI), embodied cognition (EC) oder Deep Learning. Robotik wurde zur Neurorobotik. Angemerkt sei, dass die Idee, Programmieren durch Lernen zu ersetzen nicht neu und schon seit Mitte des Jahrhunderts bekannt war. Neu war die Leistungsfähigkeit der Rechner. Aus "Learning" wurde so "Deep Learning".
Im Kern geht es bei all diesen Wortschöpfungen um lernfähige Computer, um die Verbindung von Techniken des maschinellen Lernens und der Neurowissenschaften zu selbstständig lernenden Algorithmen, also um Computerprogramme, die Erkenntnisse über die Arbeitsweise des menschlichen Gehirns berücksichtigen. An die Stelle der Speicherung eingegebener Daten oder von sensorischem Input tritt ein dynamisch lernendes Gedächtnis, das wiederum die Voraussetzung für Denken bildet. Die Maschine soll befähigt werden, die Bedeutung früherer Erfahrungen für die Lösung eines aktuellen Problems zu erkennen und zu nutzen. Sie greift auf Erfahrungen der Vergangenheit zurück, und verarbeitet diese mit dem aktuellen Informationsinput zu einer Handlungsoption für die Zukunft.

Für die Entwicklung solcher Maschinen gibt es im Prinzip zwei Möglichkeiten: Die erste besteht darin, eine Kopie des menschlichen Gehirns herzustellen und seine Arbeitsweise zu simulieren. Die zweite basiert auf grundsätzlich anderen Konstruktionsprinzipien, die aber ebenfalls Intelligenz erzeugen.

In der Praxis werden zwei unterschiedliche Strategien verfolgt. Der erste Ansatz besteht darin, die Neuronen des Gehirns in den Programmen durch eine Art neuronaler Netze nachzubilden und sie mit probalistischen Elementen auszustatten. Und zweitens geht es um den Versuch, Programme in kleinere Unterprogramme zu gliedern, die wiederum aus kleineren Programmen bestehen können, und die alle lernen sollen, auf die richtige Art und Weise zu interagieren. In der Regel finden sich in einem Programm Elemente beider Ansätze.

Was die erste Möglichkeit anbetrifft, so kann ich nur wiederholen, dass nicht die 80 Milliarden Neuronen und Billionen von Synapsen das Problem sind, sondern das fehlende Wissen von der Arbeitsweise des Gehirns. Ist diese verstanden, wird es einen Durchbruch geben. Das Problem: Bei der probalistischen Arbeitsweise bleiben die inneren Mechanismen verborgen. Sie funktionieren für uns als undurchschaubare Blackboxen. Fehler lassen sich somit nicht mehr bestimmten Zeilen im Programmiercode zuordnen und entsprechend korrigieren. Eingriffe in das System erlauben nur noch Wahrscheinlichkeitsaussagen hinsichtlich der Größe des auftretenden Fehlers. Die gewohnten regelbasierten Systeme werden so mehr und mehr zu probabilistischen Systemen. Die Arbeitsweise der derzeitigen Programme hilft uns demzufolge nicht, Rückschlüsse auf die Arbeitsweise des menschlichen Gehirns zu ziehen, um sie für die Schaffung von kausalen Elementen nutzbar zu machen. Nur ein Beispiel, um das Gesagte zu verdeutlichen: Unser Großhirn ist ein hochdynamischer Speicher. Informationen werden durch den bei Abspeicherung bestehenden emotionalen Zustand gewichtet und so lang-, kurzfristig oder gar nicht gespeichert, nicht mehr benötigte

Informationen wieder gelöscht. So kann schnell auf relevante Informationen zugegriffen werden. Heutige Programme müssen auf immer mehr Daten zugreifen und werden so immer träger.

Der heute gebräuchliche Begriff für diese Art von Programmen heißt künstliche Intelligenz (KI)

Ein interessanter Ansatz sind Erzeuger-Gegner-Netze.

Sogenannte "Generative Adversarial Networks" schlagen neue Problemlösungen vor, die sich gegen die Konkurrenz alter Lösungsansätze behaupten müssen. Gelingt dies, beginnt die Maschine faktisch zu denken. Unsere heutigen Programme bilden einen bescheidenen Anfang auf diesem Wege. Er führt über die Abbildung unbewusster Prozesse hin zu einem Element, das sich mit dem Begriff künstliches Bewusstsein umschreiben lässt. Prozessalgebren (Prozesskalküle) erlauben die Beschreibung von Interaktionen, Kommunikationen und die Synchronisation von unabhängigen Prozessen mit wenigen einfachen Bausteinen und Operatoren, die diese Bausteine kombinieren. Hierzu werden für die Operatoren algebraische Gesetze definiert, um Prozesse manipulieren zu können. Dabei spielen Wahrscheinlichkeitsberechnungen eine zentrale Rolle.

Konkret lässt sich die neue Qualität des neuen Typs von Algorithmen am bereits erwähnten AlphaGo-Programm verdeutlich. Zuerst wurde in den Computer eine Grundausstattung von 160.000 gespielten Partien eingespeist. Dann musste das System immer wieder gegen sich selbst spielen und so lernen, sich auf wenige aussichtsreiche Züge zu konzentrieren. Dazu arbeitet es mit exakten Berechnungen aber auch mit Wahrscheinlichkeiten. Da die möglichen Kombinationen beim Go zu zahlreich sind, um alle berechnen zu können, wählt das Programm zufällig mögliche Lösungswege. Nach dem sogenannten Monte-Carlo-Verfahren werden nach jedem Zug nach dem Zufallsprinzip verschiedene Spielverläufe simuliert und aus den errechneten Ergebnissen die vielversprechendsten Züge bestimmt. So, wie in der Statistik die Kennziffern der Gesamtbevölkerung anhand einer Stichprobe berechnet werden.

Solche Systeme erhöhen also die Anzahl ihrer Lernvorlagen, indem sie wie in diesem Falle monatelang gegen sich selbst spielen und durch Training selbstständig solche herstellen. Diese Art lernende Rechner erhöht also ihre Fähigkeiten, indem sie immer wieder eine Programmversion durch eine bessere ersetzt, immer wieder Änderungen an einer komplizierten Bewertungsfunktion vornehmen, sie mehr und mehr optimieren (der Wert einer Fehler- bzw. Verlustfunktion wird immer kleiner). Das System bildete also in gewisser Weise eine Mischung von Logik und Intuition ab.

AlphaGo war also eine Maschine vom Typ lernen aus einer Grundausstattung von Informationen und Üben.

Nur knapp zwei Jahre nach dem Sieg von AlphaGo über den Weltmeister wurde das Programm von seinem Nachfolger AlphaGo Zero weit übertroffen. Das Interessante: AlphaGo Zero kommt ohne eine Grundausstattung gespielter Partien, ohne jedes menschliche Vorbild, aus. Nicht die Lösung wird, wie beim Schachcomputer, vorgegeben, sondern das Problem. Die Grundausstattung besteht in den Spielregeln. Sie bilden die Basis für einen Lernprozess, in dem der Computer Millionen Stunden gegen sich selbst spielt und herausfindet, welche Züge zum Sieg führen. Allgemeiner gesprochen: Im Unterschied zu einem aufwendig eingespeicherten riesigen Basismustersatz findet diese Art von Programmen die relevanten Merkmale von selbst während eines Lernprozesses. Die für die aktuelle Aufgabe relevanten Erkennungsmuster werden selbstständig extrahiert.

AlphaGoZero war also eine Maschine vom Typ lernen aus einer Grundausstattung von Regeln und Üben.

Ein neuartiger Ansatz versucht, Computern logisches Folgern beizubringen, Algorithmen zu befähigen, plausible Schlüsse zu ziehen. An dieser Herausforderung sind Generationen von Informatikern gescheitert, weil menschliches Denken auf vielfältigen subjektiven Handlungsoptionen beruht (Man denke nur an die Mehrdeutigkeit von Sprache). Der Versuch, Regeln des „gesunden Menschenverstandes" zu algorithmieren (GOFAI-Ansatz) musste scheitern, weil, wie bereits dargelegt, es sich hierbei um keine wissenschaftlich fassbare Kategorie handelt. Programme, die gesprochene Sprache verarbeiten, Prosatexte oder Texte im Zeitungsstil verfassen und diese sogar mit inhaltlichen Bezügen ergänzen können, gibt es einige (GPT-2). Sie werden mit Millionen von Internetseiten trainiert und nutzen statistische Verfahren. Diese Algorithmen erkennen Muster und in begrenztem Maße Zusammenhänge zwischen Dateielementen. Mit COMET wird versucht, wissensbasierte Dateien durch statistische Prozesse zu ergänzen, die sinnvolle Antworten auf unbekannte Probleme generieren. Etwa von Durst und Wasserhahn auf Trinken folgern. Aber schon einfache Modelle zeigen, dass es mit derartigen Algorithmen unmöglich ist, alle logischen Zusammenhänge abzubilden. Der Computer erstellt Wahrscheinlichkeitsverteilungen über zusammenhängende Inhalte und findet so ganzes Bündel von mehr oder weniger sinnvollen, aber auch völlig falschen Antworten. Statistik heißt eben nicht Verstehen. Die Intelligenzarbeit muss weiterhin der Mensch leisten. Aus meiner Sicht führt dieser Ansatz zur weiteren Verbesserung spracheverarbeitender Programme, aber keinen Schritt näher zu KI.

In Anlehnung an die Struktur biologischer Gehirne spricht man bei dieser Art von Programmen von neuronalen Netzwerken.

Ihre mathematische Grundlage sind die nach Thomas Bayes (1701-1761) benannte Bayes-Netze oder auch bayessche Netze, azyklische Graphen, in denen Knoten (Neuronen) Zufallsvariablen und die Verbindungslinien Abhängigkeiten zwischen den Variablen beschreiben. In jedem Knoten sind quasi Wahrscheinlichkeitstabellen von Zufallsvariablen hinterlegt. Neue Informationen an einer Stelle des Netzes in Form von Wahrscheinlichkeiten wirken sich so unter Umständen auf das gesamten Netzt aus. Lernen heißt dabei, Veränderung der Wahrscheinlichkeitsverteilung an den Knoten, oder Veränderung der Graphenstruktur des Netzes, also um statistisches Lernen. Letztlich geht es dabei immer um die graphische Faktorisierung eines Wahrscheinlichkeitsmodells, also um die Anpassung einer Kurve an Daten. Bayssche Netze erlauben so die kompakte Speicherung und Verarbeitung unvollständiger oder sich widersprechender Informationen. Dabei geht es immer um probabilistische, mit einer gewissen Unsicherheit behafteter Schlüsse/Prognosen.

Die nachstehende Grafik soll eine Vorstellung von der Arbeitsweise dieser Programme vermitteln.

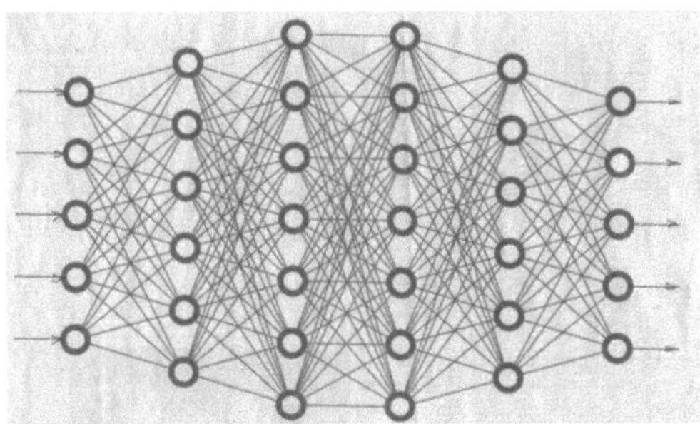

Abb. 49 Prinzipielle Arbeitsweise

Zwischen den Input- und Output-Neuronen liegen diverse Zwischenschichten miteinander gekoppelter "Neurone". So bestand ein AlexNet genanntes neuronales Netz aus 8 Schichten mit 650000 "Neuronen" und etwa 60 Millionen Parametern. Neuere Netze bringen es bereits auf hunderte von Schichten. Die Verbindungen zwischen den "Neuronen" werden über Algorithmen gewichtet, so dass bestimmte Signale bevorzugt weitergeleitet werden. Anders formuliert: In den Schichten laufen Datenkanäle mit variabler Signalstärke in Knoten zusammen. Lernen heißt dann, dass der Computer vorgegebene Einstellungen selbständig durch Üben ändern kann.

Das Gesicht einer Person, eine Tasse oder tausende andere Objektklassen müssen nicht mehr aus unterschiedlichen Perspektiven eingespeichert werden, um wiedererkannt zu werden. Das Programm erledigt das selbst, schreibt seine Unterprogramme zu jedem Objekt anhand charakteristischer Merkmale und erkennt es so, wobei Zusatzinformationen aus der Analyse der gleichen Kategorie genutzt werden.

Neuronale Netzwerke erlauben es so zum Beispiel am Teilchenbeschleuniger LHC am Europäischen Kernforschungszentrum CERN die Messgenauigkeit deutlich zu erhöhen, indem der Rechenaufwand und damit die Anforderungen an die Rechenleistung um den Faktor 1000 reduziert wird.

Den Nobelpreis für Chemie erhielten 2013 drei US-Wissenschaftler für die Entwicklung eines bahnbrechenden Computerprogramms zur Molekülmodellierung. Das Simulationsprogramm für chemische Systeme kombiniert Berechnungsmethoden der klassischen Physik mit quantenmechanischen Berechnungen. Es vereint also ebenfalls Elemente deterministischer wie auch zufälliger logischer Ketten.

Neuronale Netzwerke erlauben es aber auch, Menschen lückenlos zu überwachen. Die Bildverarbeitung ist so weit fortgeschritten, dass die Eingabe eines Fotos genügt, um mit Hilfe smarter Videotechnik, also der Speicherung von Bildern in neuronalen Netzen, Bewegungsprofile zu erstellen. In London wird jeder Einwohner jeden Tag im Durchschnitt von 300 Videokameras erfasst. Auch in Deutschland und anderen Ländern nimmt die Videoüberwachung rasant zu.

Das Problem: Bei gewöhnlichen neuronalen Programmen sind enorme Rechenleistung und viel Zeit erforderlich, um sie für eine

Aufgabe zu trainieren Diese Programme haben daher einen extrem hohen Energieverbrauch. Übergeordnete KI-Programme, die die Einstellungen (den Aufbau der Netzwerke) für die jeweilige Aufgabe optimieren, sollen hier Abhilfe schaffen

Was können die Maschinen heute und was können sie nicht?

Derzeitige Computer verfügen über in Algorithmik und spezifische Axiomatik übersetzte menschliche Logik, wenn man so will über eine eigene, künstliche Logik, die der menschlichen folgt. An der Stelle menschlicher Intelligenz, von Kreativität, von Intuition und instinktivem Verhalten stehen jedoch Wahrscheinlichkeitsberechnungen.

Für die Erzeugung künstlicher Intelligenz ist es erforderlich, Elemente der künstlichen Logik mit probabilistischen Elementen und mit kausalen, denkenden Elementen zusammenzuführen. Wie letztere technisch realisiert werden können, liegt noch völlig im Dunkeln. Das wird sich erst ändern, wenn die Arbeitsweise des Gehirns verstanden ist.

Was können Computer?

Maschinen können alles, was auf menschlicher Logik beruht. Sie rechnen immer besser und immer schneller als der Mensch. Probalistische Elemente beschleunigen diese Entwicklung. Vergleichen wir den aktuellen Entwicklungsstand informationsverarbeitender Systeme mit dem menschlichen Gehirn, so beginnen Maschinen, erlernte Reflexe zu beherrschen. Diese Reflexe stehen am Beginn des Denkens. Gespeicherte Informationen werden in bestimmten Zusammenhängen abgerufen und zu Handlungen verarbeitet. Übertragen auf die Maschine heißt dies, dass beispielsweise verschiedene Umweltreize zur gleichen Reaktion der Maschine führen. Die Maschine lernt und wechselwirkt immer flexibler mit der Umwelt. Damit Roboter autonom handeln können, müssen sie mit der Fähigkeit ausgestattet sein, selbstständig zu lernen, ohne Zutun des Menschen neue Erfahrungen abzuspeichern. Die selbstständige Objekterkennung beginnt dabei mit geometrisch einfachen Gegenständen und erfasst immer kompliziertere Objekte der unmittelbaren Umgebung. Anders gesagt, Erkennungsprozesse müssen selbstständig ablaufen, beispielweise die Charakteristika von Gegenständen ohne Zutun des Menschen erfasst, selbstständig Kategorien zugeordnet und abgespeichert werden. Dazu kann auch mit Suchmaschinen im Internet korrespondiert werden.

Mit der Entwicklung der Robotik, ihrer zunehmende Ausstattung mit verschiedenartigsten Sensoren und die Entwicklung entsprechender Programme erreichen unsere informationsverarbeitenden Systeme mehr und mehr die Fähigkeit, erworbene Reflexe zu simulieren. Wir bewegen uns also auf dem kognitiven Niveau von Tieren, die noch nicht denken können.

Was können Computer heute noch nicht?

Es macht einen gewaltigen Unterschied, ob ein Programm komplizierte Berechnungen ausführen kann, in Millionen von Versuchen lernt, ein Spiel zu gewinnen, einen Gegenstand unter beliebigen Winkeln zu erkennen, oder ob auf eine plötzlich auftretende unbekannte Situation im Alltag oder auf Fragestellungen in der Wissenschaft zweckmäßig reagiert wird. Es macht einen grundsätzlichen Unterschied, ob eine Maschine in einer Spielsituation jederzeit über definitive Informationen verfügt und eine relativ einfache Zielfunktion optimiert (erreiche die höchstmögliche Punktzahl), oder ob sich die Maschine in der realen Welt komplexer Zielfunktionen und versteckter Informationen handlungsfähig erweist. Wir bewegen uns derzeitig auf der Ebene menschengemachter Algorithmen maschinellen Lernens. Selbstlernende Algorithmen wissen dabei nicht, was sie tun. Noch ist nicht klar, wie die Technik über Spielumgebungen hinauswachsen kann. Von Systemen mit KI, mit künstlicher Logik und menschlicher Intelligenz sind die Maschinen daher noch meilenweit entfernt. Mit anderen Worten: Maschinen mit menschlichen Fähigkeiten sind derzeitig nicht in Sicht.

Verdeutlichen wir uns die derzeitige Situation:

Wir sagen der Maschine, wir wissen zwar wie es geht, sind aber sehr langsam. Rechne also für uns. Das „Wie" (den Algorithmus) zeigen wir dir. Wir liefern die Intelligenz, damit der Rechner funktioniert. Das beginnt beim einfachen Taschenrechner und schließt hochkomplexe Programmpakete für Marktanalysen, Diagnosen, Spiele, Simulationen sowie Sprach- und Gesichtserkennung ein. Was diese Netze nicht leisten, sind Aussagen wie „was würde geschehen, wenn", was ist Ursache und was deren Wirkung. Diesen Programmen fehlt die Fähigkeit zur Verallgemeinerung, zur Vorhersagefähigkeit. Bei unvollständiger Datenlage sind sie nicht handlungsfähig. Sie sind also nicht in der Lage, ein vorgegebenes Weltmodell mittels neuer, empirischer Erkenntnisse in die Zukunft zu entwickeln, neue Theorien zu generieren, kausale Aussagen zu treffen. Bei KI könnte eine Aufgabe lauten: Wir kennen zwar die Ausgangssituation A und das daraus entstehende System B, wissen aber nicht, wie der Prozess von A nach B verläuft. Zeig uns die entsprechenden Regeln, den entsprechenden Algorithmus. Von der Erfüllung derartiger Aufgaben sind die heutigen Rechner noch meilenweit entfernt.

Um zu verdeutlich, um was es geht, werfen wir einen kurzen Blick auf die groß angekündigten autonomen Fahrzeuge, die den Straßenverkehr revolutionieren sollen. In Deutschland hat das Bundeskabinett im Februar 2021 ein Gesetz zum autonomen Fahren beschlossen. Ab 2022 sollen Fahrzeuge der Stufe 4 (vollautomatisiertes Fahren) im öffentlichen Straßenverkehr zugelassen werden und als shuttle auf festgelegten Strecken und in ländlichen Regionen unterwegs sein. Etwas ähnliches gibt es bereits seit Jahren als Werksfahrzeuge. Aber bleiben wir bei unserem privaten PkW.

Stellen Sie sich vor, Sie hätten ein solches Fahrzeug erworben. Die uns in etwa vermittelte Vision: Wenn uns das Steuern zu aufwendig wird, können wir in einem spannenden Buch lesen. Am Zielort wird das Auto einfach wieder zum Vermieter zurückgeschickt. Es soll eine bestellte Ware an einen Kunden ausliefern und dazu in der Stadt X die Strecke von A nach B nehmen. Damit das reibungslos funktioniert, müsste das autonome Fahrzeug ständig wechselnde Bilder kontinuierlich analysieren und richtige Entscheidungen treffen können. Die Entwicklung eines Programms für eine derartig leistungsfähige Bildanalyse liegt derzeitig aber außerhalb unserer Möglichkeiten. Daher basiert die heutige Funktionsweise autonomer Fahrzeuge auf einer anderen Technologie. Mit einem riesigen Aufwand wird eine hochpräzise Karte der Wegstrecke, wichtiger Orientierungspunkte, Kreuzungen, Verkehrsschilder, das alles mit einer Genauigkeit von Zentimetern, erstellt, in kurzen Abständen aktualisiert und die entsprechenden Updates im Rechner des Autos abgespeichert. Eine hoch präzise Version von Satellitenortungssystemen bestimmt dann die exakte Fahrzeugposition, ein Radar an Bord erzeugt ein dreidimensionales Bild der unmittelbaren Umgebung und vergleicht es ständig mit der Karte. Daraus werden dann die Fahrbefehle generiert. Nun stellen Sie sich vor, dass irgendwo auf der Strecke eine Ampel defekt ist. Sie zeigt gleichzeitig Rot und Grün. Der Rechner im Auto erhält zwei Signale: Fahren und nicht fahren. Da beides gleichzeitig nicht geht, wird das autonome System sich abschalten. Nun kann man eine solche Situation programmieren und Handlungsoptionen festlegen. Aber an einer anderen Kreuzung würde die gleiche Situation schon wieder andere Optionen erfordern.

Hat das Auto diese Situation gemeistert, ereignet sich auf dem nächsten Kilometer in unmittelbarer Nähe ein Verkehrsunfall. Wieder ist der Rechner überfordert, die Karte stimmt nicht mehr mit der Realität überein. Es folgt eine Öllache, Regen setzt ein, der Wind bläst Staub und Blätter durch die Gegend. Ein Vogel bewegt sich direkt auf eine der Kameras zu. Und was passiert, wenn das GPS-Signal ausfällt? Man kann diese Aufzählung üblicher Probleme, mit denen ein Fahrer spielend fertig werden würde, beliebig fortsetzen. Ganz zu schweigen davon, dass man für den Einsatz des Fahrzeuges in der Stadt Y ebenso hoch präzise Daten benötigen würde. Der immense Aufwand, um einen Fahrer durch einen Roboter zu ersetzt, steht in keinem Verhältnis zu den Lohnkosten. Es ist also absehbar, dass wir noch solange warten müssen, bis Maschinen zu denken beginnen, um dem Kollegen Roboter überall im Straßenverkehr zu begegnen. Diese Zeit werden wir überbrücken, indem wir Lkw mit solchen Automaten ausstatten, so dass sich auf unseren Autobahnen noch längere Kolonnen bilden können. Diese Zeit werden wir überbrücken, indem wir Automatenautos fahren, die mit Sensoren vollgestopft sind und über eine Art Supertempomat verfügen, der uns erlaubt, die Hand für einige Zeit vom Steuer zu nehmen, eine Zeitung vor das Gesicht zu halten, oder uns anderweitig abgelenkt zu zeigen, um unser Ego zu bedienen oder die ständig länger werdenden Staus zu ertragen. Aber Vorsicht: Immer, wenn wir diese Automatik einschalten, wird ein Signal erklingen und ein Beauftragter des Herstellers wird warnen: Für eventuelle Schäden übernehmen wir keine Garantie. Wirtschaftlich interessanter und technisch einfacher zu realisieren dürften automatisierte Containerschiffe sein. Als eine Art Geisterschiffe werden sie bald die Weltmeere befahren.

Aus meiner Sicht werden auch die Systeme der EAI nur ein bescheidender Schritt auf dem Wege zu KI-Maschinen sein. Wir können Maschinen nicht mit KI ausstatten, wenn wir nicht wissen, wie menschliches Denken funktioniert. Man kann keine Uhr bauen, ohne zu wissen, wie ein Uhrwerk funktioniert. Das Grundproblem beginnt demnach nicht bei geeigneten Programmen. Es ist das mangelnde Verständnis von der Funktionsweise des menschlichen Gehirns. Anders gesagt: Die Entwicklung intelligenter Software korreliert mit unseren Kenntnissen von der Arbeitsweise des Gehirns. Die KI-Forschung ist auf die Erkenntnisse der Hirnforschung, insbesondere auf die Entschlüsselung der physikalischen Grundlagen des Denkens angewiesen.

Neurowissenschaftler und Informatiker arbeiten mit Hochdruck an der Entschlüsselung von Denkvorgängen. Mit den bereits genannten interdisziplinären Projekten Human Brain Project ((HBP) der Europäischen Union und der US-amerikanische BRAIN-Initiative (Brain) wird die Entwicklung vorangetrieben. Wir sind sicherlich klug beraten, wenn wir uns dabei auf kleine Schritte einstellen und für die nächsten Jahre keine Wunder erwarten.

Wann beginnt KI?

Das ist eine scheinbar einfache Frage, die jedoch schwer zu beantworten ist. Hier rächt sich, dass wir nur über eine recht vage, unscharfe Definition von Intelligenz verfügen. Wie wollen wir dann den Beginn künstlicher Intelligenz präzise benennen? Erinnern wir uns:

Eines Tages, so hatte Turing gesagt, wenn wir Mensch und Computer die gleiche Frage stellen und bei der Antwort nicht mehr unterscheiden können, wer sie uns gegeben hat, Computer oder Mensch, spätestens dann müssen wir akzeptieren, dass auch Computer denken können. Aus meiner Sicht reicht das nicht, wenn es sich nur um Wissensfragen handelt. Von KI würde ich sprechen, wenn zum Beispiel ein Student und eine Maschine eine Masterprüfung in annähernd gleicher Qualität bestehen. Bei beiden wären dazu nicht nur Wissen, sondern auch das, was wir mit Intelligenz verbinden wie Schöpfertum, Kreativität, Intuition, die Fähigkeit, vorhandene Verhaltensmuster an neue Herausforderungen anzupassen, und letztlich auch Willenskraft unbedingte Voraussetzungen.

Intelligenz hatten wir als Ausprägungsgrad von Denkfähigkeit definiert. Das betrifft das allgemeine Denkvermögen, wie auch Inselbegabungen. Es liegt nahe anzunehmen, dass so etwas wie ein elementarer Denkbaustein von Intelligenz existiert. Die mögliche Funktionsweise eines solchen Bausteins habe ich bei der Behandlung des Gehirns vorgestellt. Sofern sich das vorne vorgestellte Alternativmodell der Arbeitsweise des Gehirns im Grundsatz als richtig erweist, sollte eine Maschine gebaut werden können, die diesem Ansatz folgt. Oder anders formuliert: Der Beweis für die Richtigkeit dieses alternativen theoretischen Ansatzes wäre der Bau einer Maschine, die auf der Basis des vorgeschlagenen Modells funktioniert. Offensichtlich würde dies ein erneutes grundsätzliches Umdenken in der Programmierung von Maschinen und in ihrer Architektur bedeuten.

Im Mittelpunkt stände dabei die Verschmelzung der Informationsspeicherung mit der Kognition, also der Verarbeitung und Auswertung von Sinneseindrücken auf der Basis von Schwingkreisen. Dies würde die grundlegende Voraussetzung schaffen, KI zu generieren, Maschinen mit der Fähigkeit auszustatten, Schöpfertum, Kreativität, Intuition und Willenskraft zu entwickeln. Zentrales Element wäre auch hier ein lernfähiges Gedächtnis von Beobachtungen, Interaktionen und Kommunikationen, kurz von subjektiven Erfahrungen und bestmöglichen Lösungen von Problemen. Dies impliziert, dass verstärkt Elemente wie Fühlen und Emotionen ins Spiel kommen. Diese Maschinen müssen nicht nur fühlen können, sondern auch Emotionen entwickeln, um Ereignisse bewerten, also Informationen selbstständig zu wichten und abzuspeichern.

Heutige Systeme sind schon völlig überfordert, wenn sie die in den Nuancen einer Sprachmelodie wie Tonfall, Rhythmus und emotionale Färbung der Stimme codierten Informationen entschlüsseln, geschweige denn eigene Emotionen entwickeln sollen. Vorstellbar ist, dass auch eine alternative Informationsspeicherung zur Anwendung kommt, die ohne den Filter subjektiver Erfahrungen auskommt.

Solche Maschinen würden auf die Umwelt objektiver reagieren, als wir das als Menschen können.

Ein Wissenschaftler entwickelt sich durch seine Intelligenz weiter, forscht, erschließt neue Erkenntnisse, findet neue Methoden, um ein Problem zu lösen.

Erst wenn die Maschine zu vergleichbaren Leistungen fähig ist, erst wenn wir fähig sind, menschliche Intelligenz nachzubilden, können wir von Künstlicher Intelligenz, von KI sprechen. Dass dies früher oder später möglich sein wird, ist meine feste Überzeugung. Im Prinzip gibt es keine menschliche Tätigkeit, die nicht auch von einer denkenden Maschine ausgeführt werden kann. Computer rechnen immer schneller. Gleichzeitig werden die Algorithmen immer besser und die Speicherkapazitäten und damit die zur Verfügung stehenden Datenmengen nehmen zu. Eine Art "leise Revolution" führt dazu, dass Computer nicht nur mehr wissen und schneller rechnen als der einzelne Mensch, sondern irgendwann auch eine Fähigkeit erreichen, die wir als Intelligenz bezeichnen. Anstelle unseres Gehirns entwickelt sich so bei den Maschinen eine Struktur, die Zukunft berechnet und Handlungsoptionen ermöglicht. Ist eine solche Struktur entstanden, die nicht nur ermöglicht, mehr Berechnungen durchzuführen und den Informationsspeicher ständig zu erweitern, sondern subjektive Erfahrungen anzusammeln, zu lernen, eigenständig Lösungen zu suchen, den vorgegebenen Programmcode zu verändern, quasi eigene Unterprogramme zu entwickeln, erweitert dies enorm den Handlungsspielraum dieser Maschinen.

In dem Maße, wie eine Maschine denken lernt, entwickelt sie künstliche Intelligenz, entwickelt sie Kreativität, Intuition und Schöpfertum. KI erzeugt mehr KI. Das aber ist noch nicht alles. Diese Maschinen entwickeln neben KI auch Körperbewusstsein, das Schritt für Schritt in ein Selbstbild, in ein eigenes Ich, in künstliches Bewusstsein hinüberwächst. Roboter werden Persönlichkeiten.

Daraus ergibt sich die nächste Frage: Werden diese Maschinen irgendwann die Intelligenzleistungen des Menschen erreichen oder gar übertreffen? Ich denke ja. Ist diese Schwelle erreicht, ist ein Programmcode gefunden, der den Maschinen Denkprozesse ermöglicht, wo ein programmiertes KI-Element die Erzeugung von KI durch die Maschine selbst bewirkt, dürfte voraussichtlich ein der Entwicklung heutiger Programme vergleichbarer Prozess einsetzen. Wie heute Schreib-, Rechen- oder Bildbearbeitungsprogramme existieren, so werden Maschinen anfangs mit einzelnen Komponenten der Intelligenz (Begabungen) wie beispielsweise künstlicher mathematischer oder künstlicher biologischer Intelligenz ausgestattet sein, um schließlich in einer Maschine mit allgemeiner, globaler Intelligenz zusammenzufließen. Spätestens zu diesem Punkt wird das exponentielle Wachstum der kognitiven Fähigkeiten von Maschinen, der Leistungsfähigkeit digitaler Technologien, sichtbar werden. Wir werden Zeugen einer explosionsartigen Entwicklung von fortschreitender KI, von Superintelligenz, die zur Erforschung und Entwicklung neuer Technologien führen wird. Dies macht deutlich, dass KI diejenige Technologie ist, von der für die Zukunft der Menschheit die größten Chancen, aber auch die höchsten Risiken ausgehen.

Zweifelsfrei ist die Entwicklung und Beherrschung von KI zur Schlüsselfrage langfristiger internationaler Wettbewerbsfähigkeit geworden und entscheidend für das Schicksal ganzer Volkswirtschaften.

Es ist daher kein Zufall, dass sich weltweit - wie bereits vermerkt - etwa 230 Institute mit Robotik befassen und Unternehmen wie Google und Facebook eigene Abteilungen für KI unterhalten.

Facebook kaufte zudem 2014 die britische Firma DeepMind, die daran arbeitete, Computern das Denken beizubringen. In diesem Zusammenhang sei noch erwähnt, dass Intel allein für Forschung etwa 13 Milliarden USS ausgibt. Und dies jedes Jahr!

Einige IT-Spezialisten setzen den Zeitpunkt, an dem Maschinen schneller rechnen als wir denken, mit dem Augenblick gleich, an dem die künstliche Intelligenz die menschliche übersteigt, und sprechen in Anlehnung an den kosmischen Urknall von einer Singularität. Das ist in vielfacher Hinsicht schlechthin falsch. Erstens besteht die Daseinsberechtigung von informationsverarbeitenden Maschinen darin, in den Bereichen, wo sie zum Einsatz kommen, leistungsfähiger als der Mensch und damit in der Regel auch als das menschliche Gehirn zu sein. Wäre dies nicht der Fall, hätte die Menschheit solche Maschinen nicht entwickelt. So rechnet schon ein Taschenrechner schneller als wir dazu in der Lage sind. Zweitens haben wir gesehen, dass modernste Rechner bereits die Leistungsfähigkeit des menschlichen Gehirns erreichen. Drittens heißt Rechnen nicht denken. Und auch schneller oder mehr rechnen ist nicht gleichbedeutend mit Denken oder Intelligenz. Wenn das so einfach wäre, würden wir uns nicht so schwertun, Maschinen das Denken beizubringen. Am Rande sei nur erwähnt, dass eine Singularität in der Mathematik eine Definitionslücke und in der Astronomie einen Zustand bezeichnet, in dem alle physikalischen Größen nicht mehr definiert werden können, also ihre Bedeutung verlieren. Diese Spezialisten sind sich darüber einig, dass eine solche Singularität relativ bald eintritt.

Sicherheit

Kopfzerbrechen bereitet ihnen, wie wir Menschen dann noch die Kontrolle über diese Maschinen behalten können, wie also sichergestellt werden kann, dass wir die Maschinen beherrschen und nicht sie uns. In der Beantwortung dieser Frage sehen diese KI-Forscher eine der fundamentalen Herausforderungen der Gegenwart. Das ist natürlich ein sehr publikumswirksames Thema, hat aber mit den aktuellen wissenschaftlichen Herausforderungen zur Entwicklung von KI wenig zu tun. Natürlich steht diese Frage irgendwann auf der Tagesordnung. Aber soll hier vielleicht nur von der eigenen Verantwortung bei der Entwicklung von Militärrobotern abgelenkt werden?

Es ist nicht leicht, den genauen Zeitpunkt zu benennen, ab wann eine Maschine künstliche Intelligenz entwickelt. Einfacher ist es vielleicht zu definieren, wann ein mit der menschlichen Intelligenz vergleichbarer Intelligenzgrad erreicht ist. Ich würde sagen, das ist der Fall, wenn die Maschine sich in der Lage zeigt, Teile des installierten Algorithmus auszuschalten oder zu manipulieren, vor allem das Sicherheits- und Kontrollsystem zu blockieren und so das Abschalten der Maschine zu verhindern.

Damit wären wir beim Problem der Gewährleistung von Sicherheit im Umgang mit selbstdenkenden, intelligenten Maschinen. Es liegt auf der Hand, dass Maschinen, die sich selbst programmieren können, ein Sicherheitsproblem aufwerfen. Es wird um so akuter, je intelligenter sie werden. Auf einer Liste von neun Weltuntergangsrisiken rangiert intelligente Technik an erster Stelle. Darüber ließe sich trefflich streiten. Das ändert aber nichts an dem grundsätzlichen Problem:

Wie kann man verhindern, dass intelligente Systeme außer Kontrolle geraten, programmierte Sicherheitssysteme sich selbst abschalten oder von Dritten so manipuliert werden, dass sie Schaden anrichten? Bei stationären Systemen erscheint das relativ unproblematisch. Man kann sie abschalten, die Energiereserve möglichst gering konzipieren, oder notfalls die Energiezufuhr durch ein Signal von außen unterbrechen. Anders sieht das bei autonomen Systemen aus. Im Prinzip könnten sie Sicherheitseinrichtungen erkennen und unautorisiert abschalten. Auch die Energieversorgung könnten sie in die eigenen Hände nehmen, indem sie beispielsweise Akkus an geeigneten Stromquellen aufladen. Es werden verschiedene Lösungsansätze diskutiert. Sie alle setzen eine breite und vertrauensvolle internationale Zusammenarbeit voraus. Davon ist die Menschheit vor dem Hintergrund der Entwicklung von Killerrobotern derzeitig noch weit entfernt und die aktuellen Aussichten auf grundsätzliche Veränderungen veranlassen nicht gerade zu Optimismus. Man kann nur hoffen, dass, wenn ein solcher Entwicklungsstand in greifbare

Nähe rückt, die Staaten der Welt angesichts der sich abzeich-
nenden Gefahren für die gesamte Menschheit zu vertrauensvoller
Kooperation gezwungen sein werden.

Cyborg Mensch

Wie wir gesehen haben, werden Maschinen immer klüger, entwickeln in der Perspektive künstliche Intelligenz und werden so
immer leistungsfähiger. Aber es vollzieht sich auch eine quasi
umgekehrte Entwicklung: Die Biomaschine Mensch stattet sich
mit immer mehr künstlichen, körperfremden Elementen aus, um
ihre Fähigkeiten zu erweitern. Der Natur abgeschaute Prinzipien
werden technisch umgesetzt (Bionik).

Herzen, Lungen, Leber Nieren, Hände werden durch Spenderor-
gane, Gelenke, Sehnen, ganze Gliedmaße durch künstliche, ge-
hirngesteuerte Neuroprothesen ersetzt, die über Sensoren mit
dem Gehirn rückgekoppelt sind. Netzhautimplantate geben Blin-
den die Hoffnung, wenn auch nur begrenztes Sehvermögen wie-
dererlangen zu können. EEC-Hauben oder ins Gehirn einge-
pflanzte und mit Rechnern verbundene Chips, sogenannte
"Brain-Computer-Interfaces" (BCI) versetzen Betroffene in die
Lage, allein durch die Kraft ihrer Gedanken einen Rollstuhl oder
Hand- und Beinprothesen zu steuern, eröffnen Querschnittsge-
lähmten (Pro Jahr erleiden weltweit in etwa 130000 Menschen
Rückenmarksverletzungen) die Chance, wieder laufen zu können. (Theoretisch lassen sich mit der BIC-Technologie nicht nur
Beinprothesen bewegen, sondern auch Kampfflugzeuge. Es ver-
wundert daher nicht, dass in den USA ein Großteil der BCI-
Projekte vom Pentagon bezahlt wird.) Schrittmacher regeln die
Tätigkeit von Herz, Hirn, Magen und Blase. Weltweit wurden bereits mehr als 350000 Herzschrittmacher implantiert. Pumpen unterstützen schwache Herzen. Gehöre und Gleichgewichtsorgane
funktionieren dank raffinierter Prothesen wieder, biometrische
Daten werden beim bargeldlosen Bezahlen eingesetzt. Reiskorn-
große RFID-Mikrochips (Chip zur Identifizierung mit Hilfe elekt-

romagnetischer Wellen) werden unter die Haut verpflanzt und ermöglichen bequeme und sichere Identitäts- und Zugangskontrollen, ersetzen Tickets für Transportmittel und ermöglichen neuartige Zahlsysteme. In nicht ferner Zukunft wird es möglich sein, über diese quasi körpereigenen "wearables" untereinander zu kommunizieren. Erste Prothesen werden getestet, um das Sehvermögen oder das Gehör wiederzuerlangen.

Künstlich im Labor erzeugte rote Blutkörperchen (Erythrozyten) sollen in naher Zukunft die bisher üblichen Blutkonserven ersetzen. Bei einem neuen Verfahren werden in einem ersten Schritt Nervenzellen im Labor gezüchtet und dann dazu gebracht, an elektrisch leitenden Polymerfasern anzuwachsen, die dann mit Nervenenden in Kontakt gebracht werden, oder in elektrische Signale verwandelt werden, die wiederum Hand- oder Beinprothesen so präzise bewegen, als seinen es die eigenen Organe. Verfahren werden entwickelt, um ganze Organe zu züchten.

Eingriffe in das Gehirn durch Hirnimplantate und psychoaktive Substanzen (Neuro-Enhancement, Hirn-Doping) sollen unserer kognitiven Fähigkeiten erweitern wie z.B. die Verbindung von Hirnstrukturen mit Übersetzungschips, um über Sprachgrenzen hinweg miteinander kommunizieren zu können. Noch sind Manipulationen des menschlichen Genoms zur Erhöhung bestimmter Fähigkeiten oder Verbesserung von Eigenschaften Visionen, werden aber in nicht allzu ferner Zukunft Normalität sein. Maschinen entwickeln mehr und mehr Gefühle und irgendwann auch Bewusstsein. Forscher der britischen Shadow Robot Company haben ein Kunstwesen, das sie "Bionic Man" nennen, entwickelt, um zu zeigen, dass sich schon heute etwa zwei Drittel des menschlichen Körpers durch Prothesen und künstliches Blut ersetzen lassen. (Nur Gehirn, Leber und Darm entziehen sich wegen ihrer Komplexheit auf absehbare Zeit einer technischen Simulation) Das US-Militär erforscht Helme, um Soldaten durch Beeinflussung der Hirntätigkeit fernsteuern zu können. Der Mensch optimiert seine evolutionär bedingten Fähigkeiten.

Mensch und Roboter rücken nicht nur physisch immer näher zusammen, sie werden sich dabei auch immer ähnlicher.

Was noch viele ängstigt, aber auch nicht wenige begeistert, ist eine logische Fortsetzung der biologischen Evolution, Erscheinungsform ihres Hinüberwachsens in die kulturelle Evolution der Menschheit. Wir stehen am Anfang von zwei fundamentalen Entwicklungsstrategien, die zu einer dramatischen Steigerung der Möglichkeiten der Menschheit führen werden: Einerseits wird unbelebte Materie in Gestalt von Rechnern und autonomen Maschinen immer intelligenter, immer menschlicher, erreicht und übersteigt die Fähigkeiten der Biomaschine Mensch, ohne wie diese dabei nur in einem schmalen Band von Umweltfaktoren zu funktionieren. Andererseits stattet sich die Biomaschine Mensch mit mehr und mehr "Ersatzteilen" aus unbelebter Materie bzw. künstlich hergestellten/gezüchteten Organen aus, um ihre Lebens- und Leistungsfähigkeit wieder herzustellen, zu erhalten oder zu verbessern. Dies alles lässt sich auf die Formel bringen: Die Roboter werden immer menschlicher und wir Menschen immer roboterähnlicher.

Die Existenz von Mensch und Maschine, von Mensch und Roboter erweist sich als Zwischenetappe auf dem Weg zur Entstehung von lebenden Hybridwesen. Der US-amerikanische Mediziner Nathan S. Kline hat 1961 für diese Mischwesen aus Organismus und Roboter den Begriff Cyborg geprägt, ein Akronym aus "cybernetic organism."

Fassen wir zusammen:

Mit der ersten industriellen Revolution hat der Mensch seine Muskelkraft durch Maschinen verstärkt und damit die Welt grundlegend verändert. Heute zeichnet sich ein noch viel tiefgreifender Wandel ab. Der Mensch schickt sich an, mehr und mehr seine Geisteskraft, seine kognitiven Fähigkeiten durch intelligente Maschinen zu verstärken.

Die eigentliche Revolution steht aber noch bevor, wenn der Mensch die Fähigkeit erlangt, die Grenzen der ihm gegebenen biologischen Intelligenz zu überschreiten und sie durch künstliche biologische und künstliche nichtbiologische Intelligenz zu ergänzen. Materielle Grundlage dieses Prozesses werden alle Lebensbereiche durchdringende KI-basierte Technologien sein.

Durch die Verschmelzung von Naturwissenschaften, Ingenieurwissenschaften und Materialwissenschaften kommen bestehende Schlüsseltechnologien voll zur Entfaltung und neue entstehen. Ich denke hier an Biotechnologien wie Genmedizin, Biokatalyse und Bioelektronik, an Nanotechnik, an industrielle Fotosynthese, Robotik, 3D-Druck mit allen relevanten Materialgruppen, neuartige, nicht kohlenstoffbasierte Antriebe für Fahrzeuge aller Art und für Raketen, sowie revolutionäre Veränderungen bei der Energiegewinnung (Kernfusionsreaktoren, Brennstoffzellen, regenerative Energiesysteme) und der Speicherung elektrischer Energie. Neuartige Materialien und Werkstoffe mit in der Natur nicht vorkommenden Eigenschaften werden auf der Basis von Nano- und Mikrotechnologien sowie von Spinelektronik je nach Anwendungszweck hergestellt werden.

Dazu zählen Permanentmagnete, die um mehrere Größenordnungen stärker sein werden als die heute bekannten. Thermoelektrische Systeme, die bei winzigen Temperaturunterschieden Strom liefern, winzige autarke Sensoren ermöglichen.

Besonders die Vervielfachung der Energiedichte von Speichermedien wird das System der Energieversorgung und das von elektrischen Antriebssystemen und damit das gesamte gesellschaftliche Leben revolutionieren. Das alles wird das Selbstbild des Menschen und die gesellschaftlichen Verhältnisse nachhaltig verändern. Aber die eigentliche Herausforderung wird von einer ganz anderen Seite kommen: Nach meiner Überzeugung wird ein kleiner implantierter Neurochip, der auf unserer Stirn anzeigt, ob wir die Wahrheit sagen oder lügen, das menschliche Zusammenleben grundsätzlich ändern. Zuerst werden Politiker gezwungen sein, sich dieser Herausforderung zu stellen. Aber schnell wird sie uns alle betreffen.

Wir sind Zeugen des logischen Fortschreitens der biologischen Evolution und ihres Hinüberwachsens in die kulturelle Evolution der Menschheit.

Leben da draußen

Einleitung

Wir wissen heute, dass wir in der habitablen Zone, auch Lebenszone oder bewohnbare Zone genannt, unseres Sonnensystems leben. Die Erde umkreist die Sonne auf einer leicht elliptischen Bahn in einer Entfernung von etwa 150 Millionen Kilometern. Die Astronomen bezeichnen diese Entfernung als Astronomische Einheit (AE). Die Sonneneinstrahlung auf die Erde ist hier optimal, damit Leben entstehen und sich weiter entwickeln konnte. Die inneren Planeten Merkur und Venus, also die Planeten, deren Bahnen näher an der Sonne liegen, sind zu heiß. Eiweiß gerinnt hier sofort. Leben ist unmöglich. Bei den äußeren Planeten wie zum Beispiel dem Mars ist die Sonneneinstrahlung zu gering, um Wassereis schmelzen und damit die Grundbedingung für die Entwicklung von Leben entstehen zu lassen. Auf diesen Himmelskörpern und deren Planeten könnte Leben nur auf der Basis eigener Energiequellen wie vulkanischer oder gezeitenartiger Prozesse entstanden sein. So bezieht beispielweise die Erde Energie im Wesentlichen aus drei Quellen: Dem Erdinneren (ca. 50 TW), der Gravitation (ca. 5 TW) und der Sonneneinstrahlung (ca. 175000 TW). Wir entnehmen darüber hinaus eine Leistung von etwa 17 TW aus der fossilen Biomasse in Gestalt von Kohle, Erdöl und Erdgas.

Mit immer moderneren Weltraumsonden versuchen wir zu klären, ob es dort Leben gibt oder gegeben hat. So neu ist diese Fragestellung nach außerirdischem Leben aber nicht. Spätestens, als mit dem kopernikalischen Weltbild klar wurde, dass sich die Sonne im Zentrum der (damaligen) Welt befand und die Erde nur einer ihrer Planeten war, drängte sich diese Frage regelrecht auf.

Kann es sein, dass die unzähligen Fixsterne am Himmel nur andere Sonnen sind, und dass um diese Sonnen wie um unser Zentralgestirn Planeten kreisen? Kann es im Universum außer uns Leben geben? Kann es sogar sein, dass auf dem einen oder anderen dieser Planeten mit uns vergleichbare intelligente Wesen leben? Der italienische Priester und Astronom Giordano Bruno beantwortete diese Frage mit einem entschiedenen "Ja". Wenn Gott Erde und Menschen geschaffen hat, dann gebietet die Achtung vor Gott und seiner Allmacht davon auszugehen, dass es im Universum noch unzählbar viele Planeten mit vernunftbegabten Wesen geben muss, die Gott anbeten. Eine aus dem tiefen Glauben an eine göttliche Welt geborene These relativierte die Existenz des Menschen und damit die Macht der katholischen Kirche. Diese reagierte heftig und ließ Giordano Bruno im Jahre 1.600 auf einem Scheiterhaufen verbrennen. Aber die Frage nach möglichen vernunftbegabten Wesen irgendwo "da draußen" war damit nicht aus der Welt. Mit der stürmischen Entwicklung unserer technischen Möglichkeiten rückten Mitte des vorigen Jahrhunderts Milliarden von Galaxien in unseren Blickpunkt und die Frage nach möglichem Leben auf anderen Planeten gewann an Interesse und Aktualität. Eine neue Wissenschaftsdisziplin, die Astrobiologie, die sich mit dem Ursprung, der Evolution und der mutmaßlichen Verbreitung von Leben im Universum beschäftigt, entstand. Gibt es auch dort draußen Leben? Gibt es auch intelligentes Leben? Könnten andere intelligente Wesen einen mit uns vergleichbaren Entwicklungsstand erreicht haben oder uns in ihrer Entwicklung womöglich um Jahrhunderte voraus sein?

Könnten wir mit einer solchen "Zweiten Erde" in Kontakt kommen und möglicherweise von den fortgeschrittenen Technologien einer anderen Zivilisation profitieren? Und selbst wenn dies nicht der Fall wäre, gäbe es Dinge, die unser irdisches Leben bereichern könnten? So, wie wir beispielsweise von Indianerstämmen ungeachtet ihres geringen technologischen Entwicklungsstandes vieles gelernt haben.

Die Suche nach intelligentem Leben

1960 begann der US-amerikanische Astronom Frank Drake mit Hilfe des 26-Meter-Radioteleskops in Green Bank/West Virginia zwei Sterne über mehrere Wochen nach auffälligen Signalen zu untersuchen. Obwohl das Ergebnis negativ war, begann damit die wissenschaftliche Suche nach der Antwort auf das wohl größte Rätsel der Astronomie: Sind wir allein im Universum oder gibt es auf anderen Himmelskörpern noch andere uns vergleichbare intelligente Wesen? Ein Jahr später fand am gleichen Ort ein Kongress statt, auf dem Drake eine Gleichung vorstellte, mit der er die mögliche Anzahl technischer Zivilisationen unseres Entwicklungsniveaus in der Milchstraße, also in unserer Heimatgalaxis abschätzte. Die nach ihm benannte Drake-Gleichung wurde auch als Green-Bank-Formel bekannt. Viele Wissenschaftler sprechen heute von der SETI-Gleichung, da mit Drake die Geburtsstunde eines SETI genannten Programms verbunden ist, in dessen Rahmen das All nach Signalen technischer Zivilisationen abgesucht wird. SETI steht dabei für Search for Extraterrestrial Intelligence. Ich werde weiter unten nochmals darauf zu sprechen kommen.

Die Drake-Gleichung verknüpft die Wahrscheinlichkeit mehrerer Zustände fn und kommt zu einer konkreten Zahl N möglicher Zivilisationen ($N = f_1 * f_2 * f_3 * ... f_n$). Wie immer, wenn sich Wissenschaft am Rande der Spekulation bewegt, gibt es eine Vielzahl von Modellen für die Zustände fn, und die Antwort lautet je nach Modell: Allein in unserer Galaxis könnten von 1 Million bis zu 4 Millionen Zivilisationen existieren.
Aber Vorsicht! Die Zahlen sind Ergebnis von Wahrscheinlichkeitsbetrachtungen und keine Fakten. Die Wahrscheinlichkeit sagt uns nicht mehr und nicht weniger, als dass bei einem Vor-

gang ein Ereignis eintreten kann (aber nicht muss). Die Wahrscheinlichkeit, dass wir eine 6 würfeln, beträgt wie für jede andere Zahl auf dem Würfel 1/6. Aber jeder weiß, dass bei sechsmal Würfeln nicht immer eine 6 dabei ist. Demgegenüber kommt es vor, dass wir 3 Sechsen hintereinander würfeln. Erst wenn wir hunderte Male würfeln ergibt sich dieses Verhältnis von einer Sechs bei sechsmal Würfeln. Bei der Drake-Gleichung sind die Wahrscheinlichkeiten aber simple Annahmen und keine wie beim Würfeln nachprüfbaren Fakten.
Der Denkansatz lautet also: Wenn - dann. Es handelt sich demnach um grobe Schätzungen. Aber zumindest bei den Ausgangsdaten für diese Schätzungen ist die Wissenschaft in den letzten Jahren einen erheblichen Schritt vorangekommen. 2011 durchmusterte das Kepler-Weltraumteleskop die Milchstraße. Die Analyse der Daten ergab, dass jeweils einer von 200 Sternen von einem Planeten umkreist werden dürfte, der nicht nur erdähnliche Dimensionen aufweist, sondern sich zudem in der habitablen Zone bewegt.

Bei geschätzten 200 Milliarden Sonnen in unserer Galaxis ergibt dies folglich etwa 1 Milliarde Kandidaten für Leben.

Der durch die Entdeckung dutzender extrasolarer Planeten bekannt gewordene US-Planetenforscher G. Marcy geht von 7 Milliarden Planeten aus, die für Leben geeignet wären.

Das Hubble-Weltraumteleskop hatte bereits früher eine Abschätzung der Anzahl der Galaxien in dem von uns einsehbaren Bereich des Universums ermöglicht: Es sind etwa 100 Milliarden.

Da die Drake-Gleichung etwas "unhandlich" ist, lassen Sie uns anhand einer modifizierten Version gemeinsam abschätzen, welche Größenordnung sich daraus für die Anzahl möglicher Zivilisationen sowohl in unserer Galaxis als auch im gesamten Universum ergibt. In der Tabelle steht dabei jede Zeile für einen möglichen Zustand f_n.

Gesamtzahl der Sterne/Sonnen in der Milchstraße	200 000 000 000
davon Sonnen mit einem erdähnlichen Planeten	1 000 000 000
davon jeder 100ste Planet mit Leben	10 000 000
davon jeder 100ste Planet mit höher entwickeltem Leben	100 000
davon jeder 100ste Planet mit intelligentem Leben	1 000
davon jeder 100ste Planet mit intelligentem Leben unseres Entwicklungsstandes oder höher	10

Aktuellen Hochrechnungen zufolge gibt es allein in unserer Galaxis hunderte Milliarden von Exoplaneten. Obige Schätzungen von 10 Millionen Planeten mit Leben und zwischen 1000 und 10 Planeten mit intelligentem Leben scheinen da nicht zu hoch gegriffen.

Im überschaubaren All sollte es folglich "vor Leben nur so wimmeln". Zugleich weist aber die Tabelle deutlich weniger Gesellschaften unseres Entwicklungsstandes aus, als die Modellrechnungen erwarten ließen. Rechnen wir jedoch nur die 10 Zivilisationen für das gesamte Universum hoch, ergibt dies 1 Billion Planeten mit intelligenten Wesen.

Würden wir einen äußerst pessimistischen Ansatz wählen und die Wahrscheinlichkeiten für den jeweils nächsten Zustand von 1% auf 0,1% senken, blieben immer noch 10 Millionen bewohnte Planeten.

Die Antwort auf die Frage nach intelligentem Leben lautet also: Selbst wenn es in unserer Galaxis keine mit uns vergleichbaren Wesen geben sollte, und selbst wenn die Schätzungen einiger Experten zu optimistisch sein sollten, im Universum insgesamt dürfte intelligentes Leben nicht die Ausnahme, sondern eher die Regel sein.

Dieser Satz ist gegenwärtig erst einmal nicht mehr und nicht weniger als eine Behauptung, ein heuristischer Ansatz, den es durch Fakten zu beweisen gilt.

Daran wird intensiv gearbeitet.

Das SETI-Programm

Wie konnte man sich dieser Problematik nähern, wenn der Entwicklungsstand der Teleskope noch nicht ausreichte, um bei den einzelnen Sonnen "nachzusehen", ob sie von bewohnbaren Planeten umkreist werden?

Wo und nach welchen Kriterien sollte man suchen? Die naheliegende Antwort auf diese Frage verbarg sich auf der Erde selbst. Seit etwa 100 Jahren nutzen wir Funk, Radio, Fernsehen und Satellitenbeobachtungssysteme. All dies basiert auf der Erzeugung elektromagnetischer Wellen unterschiedlicher Frequenzen. Wir nutzen aber nicht nur diese Wellen, sondern strahlen davon auch einen erheblichen Teil (je nach Wellenlänge und System) als elektromagnetische Energie in das All ab. Die Erde ist faktisch ein Sender von unterschiedlichen Frequenzen und Stärken elektromagnetischer Strahlung. Sie hat somit eine künstliche elektromagnetische Signatur. Das sollte bei Zivilisationen, die zumindest unser Entwicklungsniveau erreicht haben, nicht anders sein. Wenn ihre Sonne nicht weiter als etwa 100 Lichtjahre von uns entfernt ist (was bei einem Durchmesser der Milchstraße von 100.000 Lichtjahren unmittelbarer Nachbarschaft gleichkommt), sollten sie unseren Lärm hören können, sofern die Empfindlichkeit ihrer Geräte ausreicht, um die mit dem Quadrat der Entfernung abnehmende Signalstärke noch zu registrieren. Das Gleiche gilt für den Empfang von durch diese Zivilisationen erzeugter Signale auf der Erde. Was lag also näher, als in das All zu horchen und zu sehen, ob uns Signale von intelligenten Wesen, also künstlich erzeugte Signale, erreichen.

Das sagt sich so einfach. Aber die praktische Realisierung wirft sofort mehrere Fragen auf: In welcher Richtung sollen wir suchen? Welche Frequenzbereiche (Bänder) sind zu detektieren, und wie können wir künstliche von natürlichen Signalen sicher unterscheiden? Das SETI-Programm wurde, wie bereits gesagt, 1960 ins Leben gerufen.

Die Menschheit hat folglich mit der (passiven) Suche nach intelligenten Wesen begonnen, bevor die grundsätzliche Frage, ob es überhaupt Leben auf anderen Planeten gibt, geklärt war.

SETI umfasst eine Vielzahl wissenschaftliche Projekte, auf deren Basis hunderte Millionen von Kanälen mit unterschiedlichen Frequenzen im Radio- und im sichtbaren Bereich, aber auch im Infrarotbereich in verschiedenen Richtungen beobachtet und analysiert wurden und werden. Das wohl bekannteste Projekt ist Phoenix, das 1995, dem Jahr der Entdeckung des ersten Exoplaneten mit privaten Geldern in Gang gesetzt wurde. Im Rahmen dieses Programmes wurden seither tausende sonnenähnliche Sterne in der Milchstraße im Bereich der Radiowellen abgehört. Bisher blieb jedoch die Durchmusterung des Alls durch Phoenix und die anderen Programme ohne Ergebnis. Die anfängliche Euphorie ist einer gewissen Ernüchterung gewichen. Spendengelder und staatliche Zuschüsse fließen spärlicher. Dennoch wird versucht, einige Projekte mit privaten Mitteln in Gang zu halten, und die Suche nach einem Lebenszeichen von "da draußen" geht weiter. Seit 1999 gibt es das SETI@home-Projekt, mit dem sich jedermann an der Signalsuche beteiligen kann.

Neue Möglichkeiten erhofft man sich von dem im Bau befindlichen Allen Telescope Array (ATA) in Hat Creek/Kalifornien.[27]

---

[27] Den Namen verdankt es der großzügigen finanziellen Unterstützung des Microsoft-Mitbegründers Paul Allen.

Bei Fertigstellung sollen 350 interagierende Antennen von jeweils 6,1 Metern Durchmesser eine neue Auflösungsqualität und damit Detektierung extrem schwacher Signale ermöglichen. Schon heute erweitert ATA die SETI Möglichkeiten um mehr als den Faktor 100. Bei dem Vorhaben handelt es sich offensichtlich um eine abgespeckte Version des Cyclops-Projektes, dass die NASA bereits 1971 vorgeschlagen hatte und in dessen Rahmen 1500 Radioteleskope koordiniert werden sollten, um den Weltraum abzuhorchen.

Es ist nachzuvollziehen, dass das enttäuschende Ergebnis der passiven Horchaktionen den Gedanken aufkommen ließ, selbst aktiv zu werden. Anfang der 70er Jahre stellte der US-Kongress dafür Mittel zur Verfügung. Das umstrittene METI-Projekt (Messaging to Extraterrestrial Intelligence) war geboren. Höhepunkt und faktisches Ende dieses Projektes war die s.g. Arecibo-Botschaft, die 1974 mit Hilfe des weltweit zweitgrößten Radioteleskops des Arecibo-Observatoriums in Richtung des Kugelsternhaufens M13 (auch bekannt als NGC6205) gesendet wurde. Da der Sternhaufen etwa 25.000 Lichtjahre von uns entfernt ist, kann mit einer Antwort frühestens in 50.000 Jahren gerechnet werden. Man kann die Symbolik einer solchen Botschaft verstehen. Über die Sinnhaftigkeit dieser Aktion lässt sich aber trefflich streiten. Aus meiner Sicht erinnert sie daran, dass auch demokratisch herbeigeführte Mehrheitsentscheidungen keine Garantie für Problemlösungen sind.

Noch bemerkenswerter erscheint mir die Diskussion, die im US-amerikanischen Repräsentantenhaus der Entscheidung für die Arecibo-Botschaft vorausging.

Einige Abgeordnete erwiesen sich als strikte Gegner des Projektes. Ihr Hauptargument war, dass wir Erdenbewohner durch eine solche Botschaft unseren Standort im All preisgeben und somit Opfer einer außerirdischen Invasion werden könnten. Es spricht für die Geisteshaltung einer Gesellschaft, die eine technisch überlegene Zivilisation wie selbstverständlich mit Aggressivität und Superwaffen gleichsetzt. Man kommt nicht auf den Gedanken, dass Außerirdische ein Stadium kriegerischer Auseinandersetzungen, eine Epoche der Vergeudung menschlicher und materieller Ressourcen durch Kriege lange hinter sich gelassen haben könnten, dass sie vielleicht so weit entwickelt sind, weil sie die Anwendung von Gewalt in den menschlichen Beziehungen überwunden haben.

Aber kehren wir zu unserem Thema zurück. Es stellt sich natürlich die Frage, warum wir bei angeblich so vielen bewohnten Planeten bisher nicht wenigstens von einer Zivilisation Signale auffangen konnten, von einem Besuch bei uns ganz zu schweigen? Der italienische Nobelpreisträger für Physik Enrico Fermi (1901-1954) stellte die gleiche Frage: "Die Suche nach außerirdischer Intelligenz macht nur Sinn, wenn sie (die Intelligenz) mehr vermag als wir. Wenn sie das könnte, würde sie uns aber eher entdecken bevor wir sie finden, weshalb wir sie erst gar nicht suchen müssen, sondern uns zu fragen haben, warum sie noch keinen Kontakt aufgenommen haben".

Im Falle der Arecibo-Botschaft ist das völlig klar: Aufgrund der großen Entfernung müssen wir uns noch 50.000 Jahre gedulden, bis uns eine mögliche Antwort erreicht. Damit sind wir bereits beim Kern der Problematik.

Soweit wir wissen, gelten die uns bekannten Naturgesetze für den gesamtem von uns einsehbaren Teil des Universums. Dies betrifft vor allem die Geschwindigkeit von Licht und folglich aller elektromagnetischen Wellen. Schneller als mit Lichtgeschwindigkeit können sich Informationen nicht ausbreiten. Bei den für unser Verständnis riesigen Entfernungen im All kann das tausende oder Millionen von Jahren dauern, ehe sie uns von anderen Intelligenzen erreichen.

Schon das Licht der Sonne trifft erst nach 8 Minuten nachdem es entstanden ist auf die Erdoberfläche. Von dem uns nächstgelegenen Stern Proxima Centauri (Proxima heißt der Nächstgelegene), also der unmittelbaren Nachbarin unserer Sonne, braucht ein Lichtquant gut 4 Jahre, ehe wir es sehen. Eine Information vom entgegengesetzten Ende unserer Galaxis erreicht uns erst in 100.000 Jahren. Es sind also die Physik und die riesigen Entfernungen, die unserer Suche nach extraterrestrischem Leben enge Grenzen setzen. Faktisch ist sie daher auf einen kleinen Teil der Milchstraße beschränkt. Dazu später mehr. Aus dem Gesagten folgert, dass es für das bisherige Scheitern der Durchmusterung des Weltalls mehrere Gründe geben kann: Erstens, es gibt keine uns vergleichbare Zivilisation. Zweitens, keine der Zivilisationen unseres Entwicklungsstandes befindet sich in unserer unmittelbaren Nähe. Drittens, keine der uns vergleichbaren Zivilisationen befindet sich in den Richtungen, in denen wir bisher gesucht haben, oder die wir mit unseren Teleskopen einsehen können. Die Milchstraße ist eine Balkengalaxis, bei der die Sterne in Spiralarmen konzentriert sind. Unser Sonnensystem befindet sich auf dem Orion-Arm in etwa 27.000 Lichtjahren Entfernung von der zentralen Balkenstruktur.

Es bildet sich somit ein erheblicher Beobachtungsschatten hinter der zentralen Struktur, den wir nicht einsehen können. Wenn sich die von uns angenommene Zwillingserde in diesem auf der nachstehenden Abbildung dargestellten Schatten befände, könnten uns keinerlei Signale/Botschaften erreichen und umgekehrt.

Abb. 50 Die Milchstraße und unsere Sonne

Und schließlich viertens kann es sein, dass wir nicht nach den richtigen Signalen suchen, dass die Informationen zu Paketen komprimiert sind, die bisher nur als Störungen wahrgenommen wurden (Ein Schlager von 3 Minuten könnte so komprimiert sein, dass er uns als Rauschsignal erscheint), oder dass die Empfindlichkeit unserer Geräte nicht ausreicht, um vorhandene Signale zu detektieren.

Seit dem Beginn des Seti-Programms sind rund 60 Jahre vergangen. Was aber sind 6 Jahrzehnte in der Evolution der Menschheit, oder gar auf der kosmischen Zeitskala? Sonnen entstehen in unserer Galaxis relativ selten. In der Regel dauert es Millionen oder gar Milliarden von Jahren, ehe sich eine neue Sonne bildet. Einige Sonnen im Halo unserer Galaxis sind über 12 Milliarden Jahre alt. Unser Zentralgestirn nimmt sich da mit 5 Milliarden Jahren relativ jung aus. Hinzu kommt, dass die Sonnen sehr unterschiedliche Größen haben. Damit entwickeln sich unterschiedliche Planetensysteme. Wenn Bedingungen für Leben auf einigen Planeten entstehen, liegen die Startpunkte folglich Millionen oder gar Milliarden von Jahren auseinander. Der Weg von einfachsten Lebensformen bis zur Entstehung intelligenten

Lebens rechnet sich ebenfalls nach Milliarden von Jahren. Da die habitablen Zonen nicht konstant sind, sondern vom Alter der Zentralsterne abhängen, kann auch hochentwickeltes Leben wieder erlöschen. So befinden wir uns derzeitig am Innenrand der lebensfreundlichen Zone der Sonne. In 2 Milliarden Jahren wird die Lebenszone weiter nach außen gewandert und die Erde ein lebensfeindlicher heißer Wüstenplanet sein. Nicht zu vernachlässigen ist auch, dass es keine einheitliche kosmische Zeit gibt, dass die Uhren z.B. auf Planeten, die schwerer als die Erde sind, langsamer laufen, und dass auch die relative Geschwindigkeit, mit der sich eine "Zweite Erde" im Verhältnis zu uns bewegt, Einfluss auf den Zeitablauf hat. Was sind da 200 Jahre Industriegesellschaft vor dem Hintergrund von Millionen Jahren menschlicher Evolution? Was sind da 100, 1.000 oder 10.000 Jahre Entwicklungsunterschied zwischen zwei unterschiedliche Sonnen umkreisenden Planeten, auf denen Leben entstanden ist?

Wir sind eingebettet in Millionen und Milliarden Jahre andauernde Prozesse und die Wahrscheinlichkeit, dass sich einige Zivilisationen auf einem annähernd gleichen Entwicklungsstand befinden und außerdem die Entfernung zwischen ihnen nur wenige Lichtjahre beträgt ist extrem gering.

Mit anderen Worten: Eine synchrone Entwicklung von Leben auf zwei Planeten, die sich quasi in "Rufweite" befinden, kann ausgeschlossen werden. Es ist daher vermessen, in unserer Nachbarschaft technische Zivilisationen zu erwarten. Andererseits, warum sollten nicht irgendwo da draußen Zivilisationen existieren, deren Entwicklungsstand dem unseren um Jahrtausende oder gar Jahrmillionen voraus ist?

Angenommen, es gäbe in unserer Galaxis einen Zwillingsplaneten der Erde in 200 Lichtjahren Entfernung. Das wäre beim Durchmesser der Milchstraße von etwa 100.000 Lichtjahren quasi die unmittelbare Nachbarschaft. Wenn die Bewohner von Erde 2 wie wir vor etwa 150 Jahren begonnen hätten, eine elektromagnetische Signatur abzustrahlen, würde es also noch 50 Jahre dauern, bis wir die ersten Signale empfangen könnten. Wenn wir heute noch nichts finden, kann das morgen schon ganz anders sein.

Man kann nur hoffen, dass das einzige Programm, das uns für absehbare Zeit Antwort auf die Frage nach der Anwesenheit technischer Zivilisationen im All geben kann, fortgesetzt wird. Die Einstellung von SETI würde uns mit Sicherheit einer Antwort nicht näherbringen.

Exoplaneten

Extrasolare Planeten, kurz als Exoplaneten bezeichnet, sind, wie der Name schon sagt, Planeten, die nicht um unsere Sonne kreisen, also einem Planetensystem einer anderen Sonne zuzuordnen sind. Bis in die 80er Jahre des vorigen Jahrhunderts, also noch vor 40 Jahren, war umstritten, ob es solche Planeten überhaupt gibt. Als im Jahre 1995 der erste Exoplanet definitiv entdeckt wurde, war das eine Sensation. Es handelte sich um einen großen Gasriesen mit etwa einer halben Jupitermasse. Weitere Riesenplaneten folgten. Mit der Verbesserung der Beobachtungsverfahren wurden die entdeckten Planeten immer kleiner. Inzwischen kennen wir bereits tausende Exoplaneten, und jeden Tag kommen im Durchschnitt zwei bis drei neue hinzu, darunter mehr und mehr erdähnliche Planeten. Allein das 2009 zur Suche nach erdähnlichen Planeten gestartete Weltraumteleskop "Kepler" hat bis zu seiner technisch bedingten Abschaltung im April 2013 nahezu 3.000 Exoplanetenkandidaten entdeckt, davon 350 erdähnliche und mehr als 50 in bewohnbaren Zonen. Dabei durchmusterte das Teleskop nur einen winzigen Ausschnitt unserer Galaxis mit etwa 150.000 Sternen bis in eine Tiefe von 3.000 Lichtjahren. Die Angaben differieren zwischen verschiedenen Katalogen (Fußnote) erheblich. Der bereits 2011 entdeckte Exoplanet Kepler-22b umkreist seinen 600 Lichtjahre entfernten Stern innerhalb der habitablen Zone mit einer Umlaufzeit von 290 Tagen. Er hat etwa 2,4 Erddurchmesser. Der kleinste bisher entdeckte Exoplanet (Kepler-37b) ist mit einem Durchmesser von 3.800 km etwas größer als unser Mond (3.500 km). 2013 berichteten Astrophysiker von sieben Planeten, die um den Stern KOI-351 kreisen. 2017 wurden sieben erdähnliche Planeten beim Zwergstern Trappist-1 entdeckt.

Besonders interessant ist ein Planet, der 2012 in dem uns mit 4,3 Lichtjahren nächsten Doppelsternensystem Alpha Centauri gefunden wurde. Alpha Centauri Bb (auch Proxima b) ist der erdnächste Exoplanet, soll mit dem roten Zwergstern Proxima Centauri B eine der beiden Sonnen umkreisen und Erdengröße haben. Mit einer Entfernung von 0,04 AE würde er sich aber weit außerhalb der habitablen Zone befinden. Alpha Centauri B hat mit etwa 0,9 Sonnenmassen eine habitable Zone im Abstand von 0,73 bis 0,74 AE. Kilometern. Andere Angaben gehen davon aus, dass sich die Temperaturen auf Proxima b in der Nähe des Gefrierpunktes von Wasser bewegen könnten, weil Proxima Centauri rund 36.000-mal schwächer leuchtet als unserer Sonne.[28]

Würde in dieser Zone ein erdähnlicher Planet entdeckt werden, wäre das mit Sicherheit dasjenige extrasolare Objekt, das in naher Zukunft im Fokus der Anstrengungen zum Nachweis von Leben stände. Betrachten wir einmal kurz die Kriterien, nach denen Exoplaneten gesucht werden. Am Anfang steht in der Regel die Suche nach sonnenähnlichen Sternen in unserer Galaxis. Dann wird nach einem Planeten oder einem ganzen Planetensystem geforscht.

---

[28] Katalogisiert werden die Exoplaneten nach einem einfachen Prinzip: Bezeichnung des Muttersterns, gefolgt von einem Kleinbuchstaben, beginnend mit b in der Reihenfolge der Entdeckung. Wird der Stern oder die Sternennummer durch einen Großbuchstaben ergänzt, gehört der Stern zu einem Mehrfachsternensystem. Zum Beispiel handelt es sich bei Alpha Centauri Bb um den ersten Exoplaneten, der den Stern Alpha Centauri B im Doppelsternensystem Alpha Centauri umkreist.

Von besonderem Interesse sind dabei erdähnliche Planeten, die aufgrund ihrer Umlaufbahnen um ihre Sonne und ihrer Beschaffenheit die notwendigen Bedingungen für Leben erfüllen könnten, auf denen Leben also prinzipiell möglich wäre. Das ist immer dann der Fall, wenn sich erstens die Umlaufbahnen der Planeten in der s.g. habitablen Zone befinden, und es sich zweitens um Gesteinsplaneten, also um Himmelskörper mit fester Oberfläche handelt. In der habitablen Zone wird nicht mehr, aber auch nicht weniger Energie eingestrahlt, als für die Entstehung und die Entwicklung von Leben erforderlich ist. Es geht also um einen ständigen, aber nicht zu hohen Energieüberschuss, der lokale Prozesse zur Reduzierung von Entropien, also den Aufbau und den Erhalt immer komplexerer Materiestrukturen ermöglicht. Darüber hinaus müssen die Umlaufbahnen der Planeten so gestaltet sein, dass stabile Umweltbedingungen wie eine sauerstoffhaltige Atmosphäre, moderate Temperaturschwankungen zwischen +- 50°C und flüssiges Wasser vorhanden sind. Haben die Umlaufbahnen die Form gestreckter Ellipsen, kann dies schon nicht mehr der Fall sein, da sich dann die Energieeinstrahlungsverhältnisse bei einem Umlauf zu stark ändern. Sind alle Bedingungen für Leben vorhanden, geht es um die Frage, ist Leben wirklich vorhanden und wenn ja, um welche Art von Leben handelt es sich. Sind es primitive Lebensformen wie Mikroorganismen, höher entwickelte Lebensformen wie Pflanzen und Tiere, oder gibt es gar komplexes, der menschlichen Zivilisation vergleichbares Leben.

Der Druck, Ergebnisse schnell zu veröffentlichen ist enorm, hängt doch davon in der Regel die Vergabe weiterer Forschungsgelder ab.

Der Grundsatz wissenschaftlicher Sorgfalt bleibt dabei nicht selten auf der Strecke. Das dafür wohl bekannteste Beispiel ist die Entdeckung des Planetensystems von Gliese 581. Gliese 581 ist ein roter Zwergstern mit nur etwa 1% der Leuchtkraft unserer Sonne und einer Oberflächentemperatur von ca 3.500°C. Was den Stern so interessant macht, ist seine mit nur gut 20 Lichtjahren relativ geringe Entfernung von der Erde. Der erste Planet, also Gliese 581b, wurde 2005 entdeckt. Seine Masse schätzte man auf etwa 17 Erdmassen. Zwei Jahre später folgten Gliese 581c und d mit der fünf- bzw. achtfachen Erdmasse. 2009 wurde Gliese 581e und im Folgejahr die Planeten f und g entdeckt. Besonders interessant waren die beiden Planeten d und g, weil sie sich in der habitablen Zone bewegten. 2014 kam die Ernüchterung. Die Überprüfung der Angaben durch ein anderes Forscherteam ergab, dass die vermeintlichen Planeten d, f und g gar nicht existierten. Besonders schmerzlich war, dass sich Gliese 581g, der sich im Zentrum der habitablen Zone bewegen und nur bis zu 4 Erdmassen haben sollte, als Phantom, als menschliches Artefakt erwies. Die Hoffnung, möglicherweise eine zweite Erde in unserer Nachbarschaft entdeckt zu haben, war ausgeträumt. Von 6 angeblich entdeckten Exoplaneten blieben nur noch 3 übrig. Was war geschehen? So wie die Erde oder der Mond die Sonnenstrahlung reflektieren, geschieht dies auch bei den Exoplaneten. Die Auflösung unserer derzeitigen Teleskope reicht jedoch noch nicht aus, um diese schwache Reflektionsstrahlung zu detektieren. Wir können also die Exoplaneten noch nicht direkt beobachten. Je weiter sie von uns entfernt, und je kleiner sie sind, desto geringer ist die Wahrscheinlichkeit, dass wir das jemals können werden.

Bisher erhalten wir sämtliche Informationen über die Existenz von Exoplaneten nur von deren Zentralgestirnen, genauer gesagt, durch die Analyse der elektromagnetischen Abstrahlung ihrer Sonnen. Bleibt diese über Wochen und Monate unverändert und kann man auch bei der Vermessung der Position des Sternes nicht die geringste Veränderung feststellen, wird erst einmal davon ausgegangen, dass die beobachtete Sonne von keinem Planeten oder Planetensystem umkreist wird.

Sie sehen schon, dass die Formulierung sehr vorsichtig gewählt ist, kann doch auch dann nicht die Existenz von Planeten völlig ausgeschlossen werden. Dazu aber später mehr. Aber zurück zu den Phantomen, die Gliese 581 angeblich umkreisen. Es gibt mehrere Methoden, um Exoplaneten aufzuspüren. Bewährt haben sich vor allem zwei: Die Radialgeschwindigkeitsmethode und die Transitmethode. Daneben gibt es noch das "Direct Imaging" und das "Microlinsing". Diese beiden Methoden sind mit gewaltigen technischen Herausforderungen verbunden und die Zukunft muss zeigen, inwieweit sie praktische Bedeutung erlangen.

Radialgeschwindigkeitsmethode

Gliese 581 wurde mit der derzeit erfolgreichsten, der Radialgeschwindigkeitsmethode untersucht. Sie beruht auf der gravitativen Anziehung von Massen. Unsere Erde umkreist die Sonne, lernen wir in der Schule. Das ist aber bei genauerem Hinsehen nicht korrekt, denn so wie die Sonne die Erde anzieht, zieht auch die Erde die Sonne an. Beide bewegen sich dadurch um ein gemeinsames Massezentrum. Der Mittelpunkt der Sonne zeichnet so die Erdumlaufbahn quasi im verkleinerten Maßstab nach.

Gehen wir jetzt wieder zu Gliese 581 und betrachten dazu die nachstehende Abbildung.

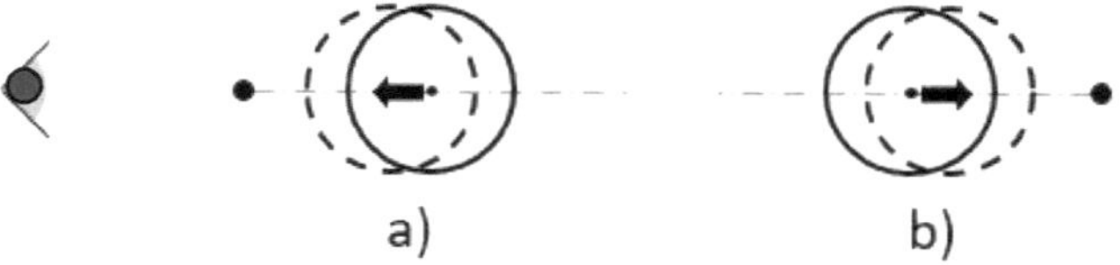

Abb. 51 Bewegung der Strahlungsquelle

Wir betrachten den Stern von der linken Seite. Bei a) befindet sich ein Planet auf der Sichtachse vor Gliese 581. Er zieht Gliese etwas in seine und damit in unsere Blickrichtung. Wenn der Planet sich in der von uns abgewandten Position, also hinter Gliese befindet, wird Gliese von uns weggezogen. Die Strahlungsquelle bewegt sich folglich periodisch in Abhängigkeit von der Umlaufgeschwindigkeit des Planeten auf uns zu und von uns weg. Und hier kommt der Doppler-Effekt ins Spiel, den wir bestens von dem vorbeifahrenden Rettungsfahrzeug kennen. Kommt es auf uns zu, ist der Sirenenton höher, hat es uns passiert, wird er tiefer. Das Gleiche geschieht hier. Bei Position a) werden die Strahlen von Gliese gestaucht, ihre Frequenz erhöht sich, bei b) ist es umgekehrt. Beides ist z.B. durch die Verschiebung der Spektrallinien vom Sternen-Helium im Vergleich zum Helium-Spektrum auf der Erde exakt messbar.

Aus dem Gesagten geht hervor, dass sich mit dieser Methode nicht nur die Existenz eines Planeten erkennen, sondern auch dessen Masse abschätzen lässt.

Bei Gliese wurde dieser Dopplereffekt beobachtet. Dennoch gab es den vermeintlich dazu gehörenden Planeten gar nicht. Es musste also eine andere Ursache zum Dopplereffekt geführt, bzw. diesen vorgetäuscht haben. Kehren wir noch einmal zu unserer Sonne zurück.

Warum können wir ziemlich genaue Aussagen über ihre Rotationsgeschwindigkeiten (die flüssige Oberfläche der Sonne rotiert je nach Breite unterschiedlich schnell) treffen? Es sind die Sonnenflecken, die uns dabei helfen. Kühlere Zonen rotieren mit der Oberfläche. Solche Flecken gibt es offensichtlich auch auf Gliese 581. Bewegen sie sich aufgrund der Eigenrotation des Sterns auf den Beobachter zu und wieder weg von ihm, erzeugen sie ebenfalls eine periodisch sich verändernde Radialgeschwindigkeitskomponente und damit ein Signal, das der Pendelbewegung eines Sterns zum Verwechseln ähnelt. Hätte man sich die Zeit genommen, die mit der Radialgeschwindigkeitsmethode erzielten Ergebnisse erst noch mit der Transitmethode zu überprüfen, bevor man an die Öffentlichkeit ging, wäre den Autoren eine Peinlichkeit erspart geblieben.

Transitmethode

Die Transitmethode (gelegentlich auch als Durchgangsmethode bezeichnet) kam u.a. beim Weltraumteleskop Kepler zum Einsatz. Hierbei werden die periodischen Helligkeitsschwankungen eines Sternes gemessen, die immer dann eintreten, wenn ein Planet die Sichtlinie durchquert und damit einen Teil des Sterns abdeckt.

Abbildung 52 soll dies verdeutlichen.

Abb. 52 Veränderung der Strahlungsintensität

Die Beobachtungsrichtung des Sterns ist hier mit unserer Blickrichtung auf das Papier identisch. Bei a) messen wir die gesamt relative Lichtstärke des Sterns. Bei b) ist sie durch den Transit des Planeten verringert und zeigt eine charakteristische Senke.

Welche Präzision diese Methoden erfordern, wird deutlich, wenn man weiß, dass sich das Licht der Sonne beim Transit der Erde nur um 0,01 Prozent verdunkelt.

Beide Methoden zusammen, ergänzt durch die so genannte „Timescale Technique", mit der die Schwerebeschleunigung an der Oberfläche des Zentralgestirns gemessen werden kann, erlauben, die Masse und den Radius eines Planeten annähernd zu bestimmen und damit auch seine Dichte. Dies wiederum ermöglicht Aussagen, ob es sich um einen Gasriesen oder einen Felsenplaneten handelt. Bei letzterem wird von "Supererden" gesprochen, wenn sie bis zu 10 Erdmassen und weniger als zwei Erdradien haben und sich darüber hinaus in der habitablen Zone bewegen.

Anhand der Helligkeitsschwankungen der Bahnkurven, der s.g. Phasenkurven und kleinster Unterschiede zwischen Sternen- und Transitspektren können zudem erste Rückschlüsse auf die geografische Temperaturverteilung, das Vorhandensein einer Atmosphäre und manchmal sogar von Winden gezogen werden.[29]

Der Vollständigkeit halber sei noch erwähnt, dass viele Sonnen von Planetensystemen umgeben sein können, die uns aber wie die Abbildung 3 verdeutlicht, aufgrund der uns vorgegebenen Sichtachsen verborgen bleiben.
Auch hier sind Beobachtungsrichtung und Blickrichtung identisch.

---

[29] Das Objekt KIC 8462852, auch nach seiner Entdeckerin, Tabbys Stern genannt, zeigt ein völlig atypisches Verhalten. Die Lichtkurve variiert sehr unregelmäßig. Einige Senken dauern Tage, andere Monate. Dabei mindern sie das Sternenlicht das eine Mal kaum. Dann wieder bis zu 20%. Weitere Überraschungen bei der Entdeckung von Exoplaneten sind also vorprogrammiert.

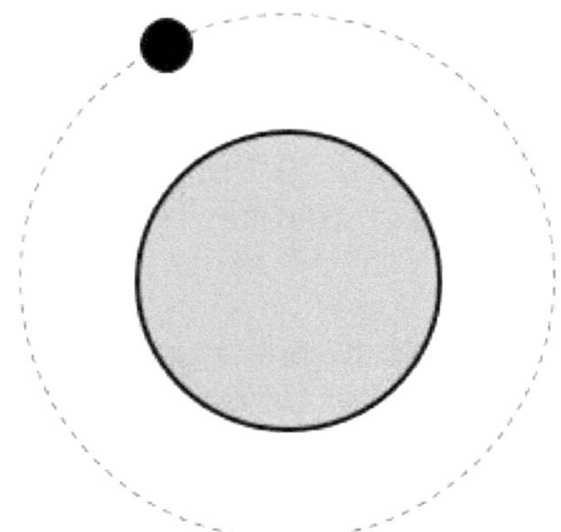

Abb. 53 Keine Beobachtung möglich

Befindet sich die Ebene des Planeten bzw. des Planetensystems in etwa in der Papierebene, kommt es weder zu einem Transit von Planeten in Beobachtungsrichtung, noch zu einem messbaren Dopplereffekt, da die Frequenzen des Sternenlichts sich nur rechtwinklig zur Beobachtungsrichtung ändern. Die durch Planeten hervorgerufene Schaukelbewegung wird mit zunehmender Größe des Sterns geringer. Bei größeren Entfernungen ist sie kaum noch zu detektieren.

Einen qualitativen Sprung in der Exoplanetenforschung erhoffen sich die Wissenschaftler von der Stationierung eines Teleskops in einem der fünf so genannten Lagrange-oder Libratiospunkte ca. 1,5 Millionen Kilometer von der Erde entfernt. In diesen Punkten bewegen sich Satelliten synchron mit der Erde um die Sonne. Zwischen Teleskop und dem zu beobachtenden Stern soll ein selbstständig manövrierender "Sonnenschirm" von ca. 50 Metern Durchmesser namens Starshade so positioniert werden, dass er den Stern wie der Mond die Sonne bei einer Sonnenfinsternis vollkommen abdunkelt, so dass einige der im Vergleich zum jeweiligen Zentralstern sehr schwach leuchtenden Exoplaneten erstmalig der direkten Beobachtung zugänglich werden.

Wir wissen jetzt, dass Planeten, die um Sonnen kreisen, nicht die Ausnahme, sondern die Regel sind. Wir verfügen bereits über eine immer länger werdende Liste von erdähnlichen Exoplaneten, die sich in den habitablen Zonen ihrer Sterne befinden. Der Schwerpunkt der Forschung hat sich daher von der Suche nach neuen Planeten auf die Untersuchung potentiell lebenstragender Planeten verlagert.

All die Daten, über die wir bereits verfügen, sind letztlich nur der Ausgangspunkt für den nächsten entscheidenden Schritt, die Beantwortung der Frage: Gibt es Leben auf dem einen oder anderen Planeten, und wenn ja, welchen Entwicklungsstand hat es erreicht? Das ist weitaus schwieriger als das Auffinden der Exoplaneten und eine gewaltige technische Herausforderung, werden doch zur Beantwortung dieser Frage Daten von der Oberfläche bzw. der Atmosphäre der Planeten selbst benötigt. Und die verbergen sich im Spektrum der extrem schwachen Strahlung, die sie in unserer Richtung von ihrer Sonne reflektieren. Die Messgenauigkeit der derzeitig im Einsatz befindlichen Geräte reicht bis bei einigen Sonderfällen, wie der mithilfe des Hubble-Teleskops erstmaligen Entdeckung von Wasserdampf auf einem Exoplaneten (dem 110 Lichtjahre entfernten K2-18b) nicht aus, um diese Strahlung zu registrieren, die Planeten also direkt zu beobachten. Aber die nächste Generation von noch leistungsfähigeren weltraumbasierten Teleskopen mit neuen Messverfahren ist bereits in Vorbereitung. Die Wissenschaft setzt dabei große Erwartungen in das Weltraumteleskop "James Webb". Eine der teuersten Maschinen, die die Menschheit je gebaut hat, soll 2021 im Lagrange-Punkt L2 des Sonne-Erde-Systems stationiert werden und mit seinem Hauptspiegel noch Infrarotstrahlung aus der Entstehungszeit der Protosterne und der Bildung der ersten Galaxien auffangen. "James Webb" wird also fast bis an den Anfang unseres Universums vor etwa 13,8 Milliarden Jahre zurückblicken können. Bei der Beschreibung der Leistungsfähigkeit des Teleskops schwärmt Dr. Klaus Jäger vom Max-Planck-Institut für Astronomie in Heidelberg (MPIA):

„Die Kombination von Kamera und Spektrograf sei so empfindlich, dass es eine Kerze auf einem der Jupitermonde nachweisen könnte." Diese extrem hohe Empfindlichkeit wird es auch erlauben, Exoplaneten direkt zu detektieren, zu analysieren, ob sie von einer Atmosphäre umgeben sind, und wenn ja, nach Signaturen zu suchen, die auf die Anwesenheit von Leben hinweisen. Denn Leben auf der Oberfläche eines Planeten hinterlässt Spuren in der Atmosphäre. Dazu wird intensiv an Verfahren gearbeitet, um aus dem "spektralen Fingerabdruck" Lebensspuren herauslesen zu können. Wie "Nature" bereits im Jahre 2012 berichtete, beobachten Astronomen von der Europäischen Südsternwarte (ESO) mit dem Very Large Teleskop (VLT) das von der Erde reflektierte Sonnenlicht auf der Mondoberfläche, um aus der elektromagnetischen Signatur der Erde jene Spektren und Polarisationseigenschaften herauszufiltern, die für Sauerstoff, Methan, Wasser und Chlorophyll stehen, also mit lebender Materie wie Graslandschaften, Wälder, Mikroorganismen usw. verbunden sind. So kennen wir bereits die elektronischen Biosignaturen der Erde und können, wenn "James Webb" seine Arbeit aufnimmt, die besonders interessierende Atmosphären von erdähnlichen Planeten mit ihr vergleichen.

Kontaktaufnahme

Nehmen wir einmal an, eines der SETI-Programme vermeldet den Empfang einer Botschaft von Außerirdischen. Sie leben auf einem Planeten in 100 Lichtjahren Entfernung. Nehmen wir an, nach nur wenigen Tagen erreicht uns eine weitere Botschaft von einer Zivilisation, die in unserer unmittelbaren Nachbarschaft beheimatet ist, dem nur rund 4 Lichtjahre entfernten Doppelsternsystem Alpha Centauri.

Die Euphorie, die ein solches Ereignis auslösen würde, kann man sich kaum vorstellen. Sie würde mit Sicherheit jene nach dem Start des ersten Satelliten "Sputnik 1" im Jahre 1957 und nach der Mondlandung im Jahre 1969 noch übersteigen. Aber nachdem sich die erste Euphorie gelegt hat, würden schnell ganz praktische Fragen in den Vordergrund rücken: Wie können wir Genaueres erfahren, welcher technische und personelle Aufwand ist dazu erforderlich, was kosten entsprechende Projekte, und woher sollen die erforderlichen Mittel kommen? Das eine ist die breite Zustimmung zu einem Vorhaben, etwas anderes aber die mit seiner Realisierung verbundenen praktischen Herausforderungen und Konsequenzen.

Mir fällt in diesem Zusammenhang die erste Begeisterung über die "Energiewende" in Deutschland ein und die riesigen technischen und politischen Probleme, die sich nunmehr bei ihrer praktischen Umsetzung auftun. Könnten wir beim Empfang eines künstlich erzeugten Signals davon ausgehen, dass innerhalb kürzester Zeit ein Projekt "Zweite Erde" anläuft? Wer könnte die erforderliche Technik und das notwendige Personal bereitstellen? Wer könnte völlig neuartige Antriebstechnologien entwickeln und Raumschiffe bauen, die bemannte Flüge über unser Sonnensystem hinaus möglich machen würden? Und vor allem, wer würde die immensen finanziellen Mittel aufbringen, um all das zu realisieren?

Das sind Aufgaben, die nicht mehr durch Staatengruppen, geschweige denn durch einzelne Staaten zu bewältigen wären, das sind Herausforderungen, die nur die gesamte menschliche Gemeinschaft schultern könnten.

Aber schon der Bau der Internationalen Raumstation ISS und des Beschleunigers am CERN haben sich wegen Finanzierungsproblemen um viele Jahre verzögert. Dabei hat es sich bei ISS und CERN im Vergleich zu einem Projekt "Zweite Erde" um bescheidene Mittel gehandelt. Die ISS kostete etwa 100 Mrd. Dollar, der

Bau des Beschleunigers am CERN rd. 10 Mrd. Dollar. Für ihren Betrieb müssen die beteiligten Staaten jährlich etwa je 1 Mrd. Dollar aufbringen. Die ursprünglich für das Jahr 2020 geplante Positionierung des weltraumgestützten Interferometers LISA (Laser Interferometer Space Antenna) zum Nachweis von Gravitationswellen ist durch den Ausstieg der NASA gescheitert. Ein vergleichbares ESA-Projekt soll erst 2034 seine Arbeit aufnehmen. Die Menschheit hat scheinbar weder den politischen Willen noch die finanziellen Mittel, um große gemeinschaftliche Forschungsvorhaben voranzutreiben. Dabei werden - wie wir gesehen haben - jährlich über 1 Billion US-Dollar, davon mehr als die Hälfte durch die USA für neue Kernwaffen, Kampflaser, die Führung von Kriegen auf der Erde und den Ausbau des uns umgebenden Weltraums zum Kriegsschauplatz ausgegeben. Wie wollen wir mit anderen Zivilisationen Kontakte zum gegenseitigen Vorteil pflegen, wenn wir noch nicht einmal Probleme wie Armut und Gewaltanwendung in den Beziehungen der Völker auf unserem Planeten lösen können? Wir sehen, dass beim Empfang einer Botschaft Außerirdischer die größte Herausforderung nicht technologischer, sondern gesellschaftlicher Art wäre.

Nur wenn es der Menschheit gelingt, eine Gesellschaft zu errichten, in der Ausbeutung und Kriege und damit die Vernichtung riesiger menschlicher und materieller Ressourcen der Vergangenheit angehören, beständen die politischen und gesellschaftlichen Voraussetzungen, um ein Projekt "Zweite Erde" mit Aussicht auf Erfolg in die Wege zu leiten.

Lassen Sie uns nunmehr anhand zweier hypothetischer "Zweiter Erden", die eine in etwa 4, die andere in 100 Lichtjahren Entfernung, einige praktische Fragen des Informationsaustausches diskutieren. Jetzt kommen also die Physik und die Naturgesetze ins Spiel. Wie wir schon im Zusammenhang mit der Suche nach bewohnten Planeten gesehen haben, setzen sie uns durch Phänomene, die im Kapitel Spezielle Relativitätstheorie bereits näher behandelt wurden, enge Grenzen für unser praktisches Handeln.

Im Zentrum steht dabei die alles bestimmende Grenze der Lichtgeschwindigkeit. Kein Signal kann sich schneller als mit Lichtgeschwindigkeit, also mit etwa 300.000 km/s bzw. 1 Milliarde km/h ausbreiten. Hinzu kommt, dass der Energieaufwand für die Beschleunigung massiver Körper, also auch von Raumschiffen, mit der Annäherung an die Lichtgeschwindigkeit ins Unermessliche steigt. Mit anderen Worten: Raumschiffe, die mit Lichtgeschwindigkeit fliegen, werden immer eine Wunschvorstellung bleiben. Aber zur Überwindung größerer Entfernungen wird man sich dieser Grenze nähern müssen.

Betrachten wir zunächst die technisch relativ einfach zu bewältigende Übermittlung von Nachrichten per Funk, also Funkkontakte.

Wie wir schon wissen, braucht das Licht von der Sonne zur Erde ca. 8 Minuten. Wenn wir also die Sonne danach fragen, wie sich morgen die Aktivität der Sonnenflecken gestalten wird, erhalten wir die Antwort in 16 Minuten. Die Sonne ist aber nur 150 Millionen Kilometer von uns entfernt und befindet sich damit in kosmischen Maßstäben gesehen in unserer unmittelbaren Nähe. Die Distanz zum uns nächsten Stern Proxima Centauri beträgt bereits 4,2 Lichtjahre. Das sind $4*10^{13}$ Kilometer oder etwa das 270.000fache der Entfernung Erde-Sonne. Nehmen wir an, wir haben uns mit den Bewohnern des Planeten, der Proxima Centauri umkreist, mittels Funksignalen auf einen Besuch verständigt. Allein diese Abstimmung würde mindestens 8,4 Jahre in Anspruch nehmen. Zwischen Frage und Antwort lägen also immer mindestens 8,4 Jahre. Bei unserer "Zweiten Erde" in 100 Lichtjahren Entfernung wären es 200 Jahre. Bis zum Zentrum unserer Galaxis sind es, wie bereits gesagt, etwa 27.000 Lichtjahre. Die nächsten Galaxien in der lokalen Galaxiengruppe, die Große und die Kleine Magellanschen Wolke, sind ca. 200.000 Lichtjahre von uns entfernt, die Andromeda-Galaxis 2,5 Millionen Lichtjahre. Verdoppeln wir diese Zahlen, dann haben wir die Zeit, die zwischen Frage und Antwort vergehen würde, wenn sich dort "Zweite Erden" befänden.

Dies verdeutlicht, dass ein Wissensaustausch nur mit technischen Zivilisationen praktische Bedeutung erlangen könnte, wenn sie sich in einem Radius von nicht mehr als 10 bis 20 Lichtjahren von uns befinden. Zwischen Anfrage und Antwort vergingen dann in etwa 20 bis 40 Jahre. Der Wissensstand der Menschheit verdoppelt sich alle 2 bis 3 Jahre.

Es macht keinen Sinn, nach Dingen zu fragen, die man bei Beantwortung schon selbst herausgefunden hat. Wenn wir uns zum Beispiel heute nach der Technologie für den dauerhaften Betrieb eines Kernfusionsreaktors erkundigen würden, und die Antwort in sagen wir 40 Jahren einginge, wäre das voraussichtlich genau der Zeitpunkt, an dem wir ein solches Kraftwerk gerade einweihen (ursprünglich sollte das schon um das Jahr 2000 geschehen). Wir bekommen eine Antwort, die wir nicht mehr brauchen.

Soweit zu möglichen praktischen Impulsen außerirdischer technischer Zivilisationen für eine beschleunigte Entwicklung der Menschheit. Hier könnte sich ein Vorgang wiederholen, der uns von den zwischenmenschlichen Beziehungen nicht ganz fremd sein dürfte. Wenn beim Besuch von Verwandten oder Bekannten die Neugierde befriedigt ist, erlischt meist mangels gleicher Interessen das Bedürfnis nach intensiven Kontakten.

Aber es kommt noch schlimmer.

Besser als miteinander zu telefonieren wäre es natürlich, mit einem Raumschiff zu unseren Nachbarn zu reisen und sie persönlich kennenzulernen. Hier zeigt sich aber, dass die Naturgesetze unseren praktischen Handlungsspielraum noch stärker als beim Informationsaustausch mittels elektromagnetischer Wellen einschränken. Hinzu kommt, dass unser derzeitiger technologischer

Entwicklungsstand, gemessen an dieser Herausforderung, sehr bescheiden, um nicht zu sagen primitiv ist.

Ein erstes, bisher nicht gelöstes Problem für die Durchführung längerer Weltraumreisen ist die dabei auftretende Strahlenbelastung durch die kosmische Strahlung. Die Erdatmosphäre schützt uns vor ihr. Verlassen wir aber diese schützende Hülle, werden wir von einem Strom hochenergetischer Teilchen regelrecht bombardiert. Die Wände eines Raumschiffs sind zu dünn, um sie aufzuhalten. Dies könnten nur hochdichte Elemente wie Blei. Ein effektiver Strahlenschutz würde folglich die Masse von Raumschiffen vervielfachen, was wiederum auf Kosten ihrer Nutzlast gehen und neuartige Antriebssysteme erforderlich machen würde. Derzeitig ist für die gesamte Laufbahn eines Raumfahrers eine Strahlenbelastung von 1000 Millisievert (mSv) zugelassen. Man geht davon aus, dass diese Dosis das Krebsrisiko um drei bis vier Prozent erhöht. Die nach dem schwedischen Mediziner und Physiker Rolf Sievert (1896-1966) benannte Maßeinheit entspricht der Energieeinstrahlung von einem Joule je Kilogramm Körpermasse, also für einen durchschnittlichen Menschen von etwa 80 Joule.

Für alle anderen beruflich strahlenexponierte Personen gelten 20 mSv pro Jahr und 400 mSv für das gesamte Berufsleben.

Erfahrungswerte von Verstrahlungsopfern und Experimente haben gezeigt, dass sich dann Schädigungen unsere DNA noch in vertretbarem Rahmen bewegen. Wie die Messdaten der amerikanischen Raumsonde zeigen, die den Rover "Couriosity" zum Mars brachte, liegt die wahrscheinliche Strahlendosis bei einem Marsflug bei 0,67 Sv pro Jahr.

Da die Erde-Mars-Distanz zwischen 55 und 400 Millionen Kilometern schwankt, müssen Raumfahrer vor ihrer Rückreise einige Monate auf dem Mars oder in einer Umlaufbahn warten, bis die Entfernung zur Erde wieder günstiger ist. Eine Marsmission dauert so mindestens 2,5 Jahre. Daraus folgt eine Strahlenbelastung von etwa 1,7 Sv, was die zulässige Dosis deutlich übersteigen würde. Bereits eine Reise zu unserem Nachbarplaneten erhöht also das Krebsrisiko deutlich und kann unsere Gesundheit dauerhaft schädigen. Nicht auszuschließen ist, dass die Strahlenintensität in ferneren Regionen des Weltalls noch höher ist. Wenn es also nicht gelingt, neuartige Abschirmungen gegen die kosmische Strahlung zu entwickeln (die auf der Erde übliche Methode der Abschirmung durch starke Beton- oder Bleiwände scheidet wegen der Gewichtsproblematik aus), begrenzt allein schon die Strahlenbelastung die Dauer von Raumflügen auf wenige Jahre. Aber im Grundsatz lässt sich dieses Problem technisch lösen. Anders verhält es sich mit der Geschwindigkeits- und der Entfernungsproblematik.

Nehmen wir an, wir wollten die "Zweite Erde" bei Proxima Centauri besuchen. Mit unseren heutigen chemischen Raketentriebwerken erreichen wir eine Geschwindigkeit von etwa 40.000 km/h.[30]

Das wäre 25.000 Mal langsamer als das Licht. Unser Raumschiff brauchte folglich allein für die 4 Lichtjahre lange Hinreise rd. 100 000 Jahre. Die gesamte Mission würde demnach etwa 200 000 Jahre dauern und folglich undurchführbar sein. Aber selbst wenn wir mit halber Lichtgeschwindigkeit (c), also mit 150 000 km/s reisen könnten, würde die Hin- und Rückreise nicht etwa nur 16 Jahre dauern. Der Mensch verträgt länger anhaltende Beschleunigungen bis zu 8 G, d. h. bis zur 8-fachen Erdbeschleunigung. Dann wiegt ein 80 kg schwerer Mann etwa 640 Kilogramm. Ein noch höheres Gewicht (korrekterweise ist es die Masse) ist ohne gesundheitliche Schäden nur kurze Zeit und mit Spezialanzügen

---

[30] Russland arbeitet an der Entwicklung eines Megawatt Kernreaktors für einen neuartigen Raumschiffantrieb. Der spezifische Impuls dieses Antriebes soll den chemischer Triebwerke um den Faktor 20 übersteigen. Eine Marsmission könnte sich so von 2 bis 3 Jahren auf wenige Monate verkürzen. Geforscht wird auch an einem s.g. magnetoplasmadynamischen Antrieb, bei dem Plasma ein Magnetfeld durchströmt.

zu überleben (die russische TSF-18 erreicht als größte Zentrifuge der Welt 30 G). Ein bemanntes Raumschiff könnte also in der Startphase mit 8 G bis in die Nähe der Reisegeschwindigkeit beschleunigt werden. Dann sollte die Beschleunigung dauerhaft in etwa der Schwerebeschleunigung der Erde, also rund 10 m/s² entsprechen, um die negativen Effekte der Schwerelosigkeit zu vermeiden. Schließlich würde die Landephase mit einer negativen Beschleunigung von 8 G folgen, um das Raumschiff abzubremsen. Berücksichtigt man außerdem, dass die Gesetze der Himmelsmechanik einen längeren Weg erzwingen, summieren sich diese Effekte und die Reisezeit würde sich von den theoretischen 16 Jahren auf wahrscheinlich 17 bis 18 Jahre verlängern. Diese Beispiele zeigen, wie weit wir noch von Reisen zu fremden Sternen entfernt sind. Unser Aktionsradius ist daher für absehbare Zeit auf unser Sonnensystem beschränkt. Schon ein Marsbesuch stellt nicht nur eine gewaltige technische Herausforderung dar, sondern ist auch ein sehr kühnes und gefährliches Wagnis.

Irgendwann werden wir aber über Antriebssysteme verfügen, die uns Reisen mit lichtnahen Geschwindigkeiten erlauben.[31] Aber in dem Maße, wie wir uns der Lichtgeschwindigkeit nähern, entsteht ein neues Problem. Wir werden mit dem Phänomen der Zeitdilatation, also der Zeitstreckung konfrontiert. Im Band I, Kapitel Spezielle Relativitätstheorie wurde diese Problematik ausführlich behandelt. Hier sei nur noch einmal daran erinnert, dass die Zeit in zwei relativ zu einander bewegten Systemen unterschiedlich schnell abläuft. Nehmen wir wieder unsere "Zweite Erde", die wir bei Proxima Centauri in 4 Lichtjahren Entfernung besuchen wollen. Wir hatten ein Raumschiff benutzt, das mit halber Lichtgeschwindigkeit flog und damit theoretisch nach etwa 16 Jahren wieder auf der Erde landete. Dies ist eine lange Zeit für eine Mis-

---

[31] Je länger wir mit einer Reise warten, desto besser wird die Antriebstechnik sein und damit die erreichbare Geschwindigkeit unserer Raumschiffe. Eine mathematische Formel hilft uns, den günstigsten Startzeitpunkt zu bestimmen: $t_o/T = 2^{t/h}$ t_o bezeichnet die gegenwärtig erreichbare Reisezeit. T gibt an, wie lange man nach einer Wartezeit t braucht, und h gibt die Dauer an, in der sich die Reisegeschwindigkeit verdoppelt.

sion. Aber wir können davon ausgehen, dass das Empfangsteam im Wesentlichen aus den gleichen Personen bestehen dürfte, die die Raumschiffbesatzung auch verabschiedet haben. Wenn dieses Team beim Start des Raumschiffs angenommen im Durchschnitt 40 Jahre alt war, wären es bei seinem Empfang also 56 Jahre.

Nur wenige dürften bereits in den Ruhestand versetzt worden sein. Für die nächste Mission können wir ein moderneres Raumschiff einsetzen, das nicht mit 0,5c sondern mit 0,87 c fliegt. Die zu erwartende Flugzeit bis zur Rückkehr beträgt nun bei Vernachlässigung von Beschleunigungsphasen und der Erfordernisse der Himmelsmechanik 2*4/0,87 = 9,2 Jahre. Wir stellen erneut ein Team mit einem durchschnittlichen Alter von 40 Jahren zusammen. Wenn das Raumschiff wieder landet, sollte das Team diesmal jünger sein, nämlich im Durchschnitt 49,2 Jahre. Mit Erstaunen werden wir aber feststellen, dass das Durchschnittsalter 58,4 Jahre beträgt. Die Zeit ist auf der Erde, während das Raumschiff mit 0,87c flog, für die Besatzung doppelt schnell vergangen. Bei 94% der Lichtgeschwindigkeit wäre es schon dreimal so schnell gewesen und das Empfangskomitee hätte im Durchschnitt ein Alter von 67,6 Jahren gehabt. Je länger ein Raumschiff fliegt und je mehr sich seine Geschwindigkeit der des Lichtes nähert, desto gravierender wird dieser Effekt. Beim Besuch unserer zweiten hypothetischen "Zweiten Erde" in 100 Lichtjahren Entfernung hätte die Zeitdifferenz schon 400 bzw. 600 Jahre ausgemacht. Raumfahrer, die viele Jahre mit lichtnahen Geschwindigkeiten unterwegs sind, werden also auf der Erde, wenn überhaupt, nur noch wenige Menschen antreffen, die sie noch kennen. Dies betrifft natürlich nicht nur Arbeitskollegen, sondern vor allem auch Verwandte und Freunde. Zu dem Problem der durch die langen Übertragungszeiten von Signalen führenden Veralterung von Informationen kommt demnach noch ein Generationenproblem.

Raumfahrer[32] verlieren die sozialen Bindungen zu ihrem Heimatplaneten und auch zu den Planeten, die sie in bestimmten Abständen als materielle Basen besuchen, wo die Raumschiffe neuen Treibstoff an Bord nehmen, wo Ersatzteile vorgehalten werden, wo neues Personal ausgebildet und bereitgestellt wird. Das Schicksal von Seemännern, die schon seit frühester Jugend an ständig auf See sind, viele Häfen anlaufen und überall nur flüchtige soziale Kontakte haben, wiederholt sich quasi auf einer höheren Ebene. Der Heimathafen verliert immer mehr seine herausgehobene Bedeutung. Die Kontakte in den anderen Häfen sind sporadisch, locker, erfolgen durch die Zeitdilatation bedingt, in großen Abständen. Für die Raumfahrer verläuft das Leben auf den besuchten "Erden" wie in einem Zeitraffer. Ihre eigentliche Heimat, ihr Zuhause wird das Raumschiff, und die Schiffsbesatzung ihre Familie. Hinzu kommt, dass aus Sicherheitsgründen nie ein Raumschiff alleine eine Mission antreten, sondern immer eine Armada von mehreren Schiffen unterwegs sein dürfte. Auch hier wiederholt sich Geschichte, wenn wir an die Besiedelung Ozeaniens durch kleine Bootsflotten, an Christoph Kolumbus´ (1451-1506) erste Entdeckungsreise mit drei Schiffen, oder unsere letzte Safari denken, wo wir mit mehreren Autos unterwegs waren, um immer handlungsfähig zu bleiben. Nur im Kreis der Raumschiffbesatzungen können noch dauerhafte soziale Beziehungen entstehen.

Familientreffen werden zu Raumschifftreffen irgendwo da draußen oder zu Ausflügen auf irgendeinen habitablen aber möglichst unbewohnten Planeten, um ungestört zu sein, um nicht durch Fragen und Neugier von "Ureinwohnern" belästigt zu werden. Es entsteht somit ein neuer Typ menschlicher Gemeinschaften. Es entstehen intergalaktische Gemeinschaften.

---

[32] Kosmonauten (Russland), Astronauten (USA), Taikonauten (China), Spationauten (FR), Wiomanauten (Indien)

Bis es soweit ist, bis wir das Weltall zum Nutzen der Menschheit erschließen können (Die gebräuchliche Formulierung von der Eroberung des Weltalls ist mir zuwider, da es an den von US-Präsident Reagan so genannten "Krieg der Sterne" erinnert und für mich ein Synonym für Aggressivität ist) muss die Menschheit zuerst einmal den sonnennahen galaktischen Raum erkunden. Dabei werden zuerst unbemannte Sonden zum Einsatz kommen, in denen mehr und mehr menschenvergleichbare Biomaschinen das Kommando führen. Bis zu bemannten Missionen ist es noch ein weiter Weg. In diesem Zusammenhang wird sich zeigen, ob eine bemannte Mission zum Mars und die Errichtung einer dauerhaften Station auf diesem Planeten mehr als ein prestigeträchtiges Vorhaben ist oder von praktischer Bedeutung sowohl für die Lösung grundsätzlicher Probleme auf der Erde als auch auf dem Wege zu anderen Sternen sein kann.

Ein kleines, aber möglicherweise nicht unerhebliches Detail sei noch angemerkt.
Wenn es auf der Erde oder irgendwo da draußen erstmalig zu einer Begegnung mit Vertretern einer fernen Zivilisation kommen würde, wäre ein letztes Hindernis zu überwinden.

Wir könnten uns möglicherweise gar nicht sehen bzw. nur mit technischen Hilfsmitteln, weil das Sehvermögen auf unterschiedlichen Bereichen sichtbaren Lichts beruht. Die Oberflächentemperatur unserer Sonne beträgt in etwa 6.000 C°. Die dadurch entstehende Schwarzkörper- oder Planckstrahlung hat ihr Intensitätsmaximum in einem Frequenzband von 10^{14} bis 10^{15} Herz (genauer 400 bis 650 nm). Die Evolution hat unser Sehvermögen genau auf diesen Frequenzbereich optimiert. Niedrigere oder höhere Frequenzen (Infrarot oder Ultraviolett) können wir nicht wahrnehmen oder brauchen dazu technische Geräte, die diese Frequenzen in den uns sichtbaren Bereich "übersetzen". Es liegt nahe, dass die Evolution auf Planeten anderer Zentralsterne dem gleichen Muster folgt. Wenn nun der Zentralstern eines solchen Planeten zum Beispiel ein roter Zwergstern ist, dessen Oberflächentemperatur sagen wir nur 3.000 C° beträgt, dann würde sich für unsere Besucher ein anderer Bereich sichtbaren Lichts ergeben. Die Situation ist in der nachstehenden Abbildung verdeutlicht.

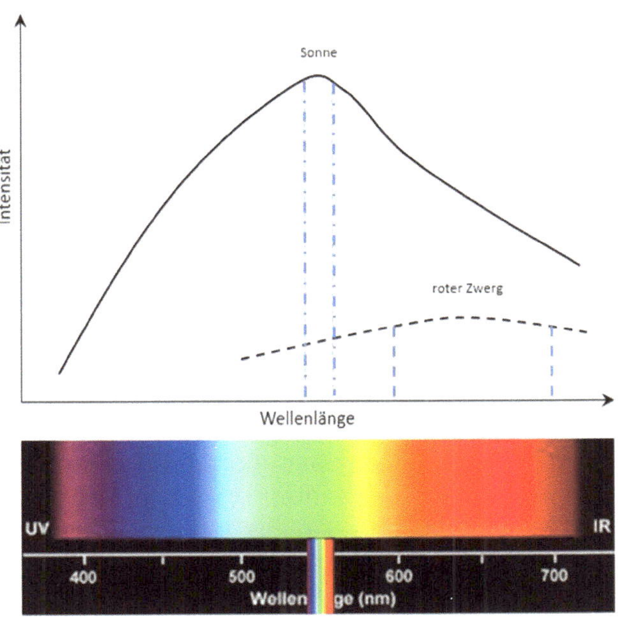

Abb. 54 Bereiche des sichtbaren Lichtes

Je größer der Temperaturunterschied eines anderen Zentralgestirns zu unserer Sonne, desto mehr würden sich die Bereiche sichtbaren Lichts, also sichtbarer elektromagnetischer Frequenzen unterscheiden. Dies hätte die Konsequenz, dass wir zwar fremde Besucher auf der Erde sehen würden, sie uns aber möglicherweise nicht. Es sei denn, sie benutzen Geräte, die uns für sie sichtbar machen. So, wie wir im Dunkeln mit Hilfe von Infrarotkameras sehen können. Das Erscheinungsbild von Gegenständen ist aber anders als das gewohnte. Wer auf seine wunderschönen blauen Augen stolz ist, könnte enttäuscht werden, weil sein außerirdischer Gast nur schwarze Knöpfe sieht.

Wurmlöcher und Ähnliches

Wir haben einen Blick in die ferne Zukunft gewagt. Somit bietet sich an, auch noch etwas zu Spekulationen über intergalaktische Reisen mit Überlichtgeschwindigkeiten mittels s.g. Wurmlöcher zu sagen. Schwarze Löcher haben wir bereits im Band I kennengelernt. Es sind, wie der Name schon verrät, Löcher in der Raumzeit. Energie, die in ein solches Loch gerät, sei es in Gestalt von Strahlung oder Masse, verschwindet quasi aus unserem Materieuniversum. Wenn man sich nun vorstellt, dass sich an der Rückseite eines solchen Schwarzen Loches ein Weißes Loch befindet, das Energie faktisch in die Raumzeit "bläst", entsteht eine nach ihren theoretischen Begründern benannte Einstein-Rosen-Brücke, griffiger als "Wurmloch" bezeichnet. Zwei Löcher, die durch eine Art Schlauch, Kanal oder Gang verbunden sind.

Es gibt nun Vorstellungen, dass man mit der Passage eines solchen Wurmloches der bekannten Physik ein Schnippchen schlagen und so quasi über eine Abkürzung eine in der reellen Raumzeit riesige Distanz von hunderten oder gar Millionen von Lichtjahren zwischen zwei Punkten A und B augenblicklich überwinden kann.

In der Konsequenz würde ein Raumschiff folglich mit Überlichtgeschwindigkeit fliegen. Üblicherweise wird dieser Vorgang in der nachstehenden Art und Weise dargestellt.

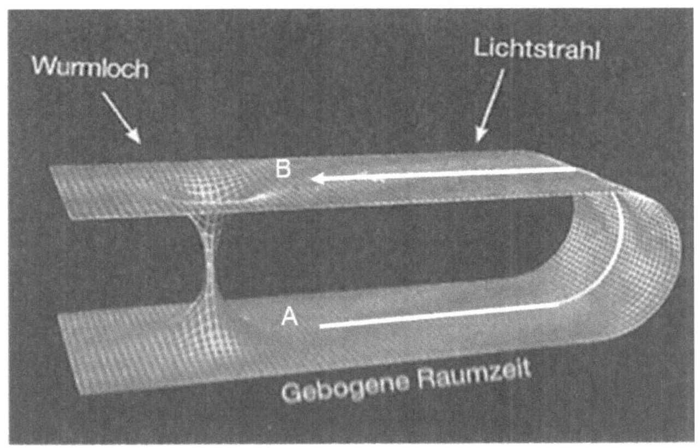

Abb. 55 Wurmloch

Um eine Distanz von A nach B abzukürzen, könnte man aber nicht ein beliebiges Schwarzes Loch nutzen, sondern ein solches Loch müsste auf der Strecke zwischen A und B erst geschaffen werden. Dazu wären derzeitig unvorstellbar große Energiemengen erforderlich, wozu man einen gewaltigen Energietransfer von Sternen beherrschen müsste. All das liegt außerhalb des heutigen Vorstellungsvermögens.

Aber Optimisten werden einwenden, dass Dynamit oder Kernkraft noch Mitte des 19. Jahrhunderts nicht vorstellbar waren und heute im Prozess der Werteschöpfung der Menschheit nicht mehr wegzudenken sind, dass kommende Generationen möglicherweise Mittel und Wege finden, um so etwas wie Wurmlöcher zu nutzen. Dem muss man entgegenhalten, dass, selbst wenn neue Naturgesetze entdeckt würden, diese die uns bekannten nur ergänzen, aber nicht ersetzen, geschweige denn im Widerspruch zu ihnen stehen könnten. Und die uns bekannte Physik schließt die Nutzung von Wurmlöchern zur Verkürzung kosmischer Distanzen aus mehreren Gründen aus. Erstens, wie wir früher gesehen haben, verbinden diese Wurmlöcher den reellen Teil unseres Universums mit seinem imaginären Teil. Die Passage eines solchen Loches würde also nicht von A nach B in "unserem Universum", sondern in ein durch uns nicht einsehbareres imaginäres Universum führen.

Zweitens, in dem Moment, wo ein Raumschiff selbst zum Bestandteil eines Schwarzen Loches wird, wird es zu einer extrem kompakten Form von Materie ohne innere Struktur. Die uns bekannte Physik hört auf zu existieren und damit auch jegliche lebende Materie. Biochemische Prozesse, die die Grundlage des Lebens bilden, und auf den elektrischen und magnetischen Potentialen der Zellmembranen basieren, kommen zum erliegen. Leben friert ein. In Schwarzen Löchern kann nur noch unbelebte Materie existieren. Und schließlich drittens wird bei Wurmlöchern ins Feld geführt, dass die ART ein solches Konstrukt erlaubt, indem die Zeitrichtung zur Beschreibung eines Schwarzen Loches umgekehrt, mathematisch also mit einem Minus versehen wird.

Was aber außer Betracht bleibt ist, dass eben diese ART den Nachweis erbringt, dass Zeit mit wachsender Raumkrümmung sich dehnt, langsamer fließt.   Man spricht von gravitativer Zeitdilatation. In einem Schwarzen Loch hören nicht nur der Raum sondern auch die Zeit (nach menschlichen Maßstäben) auf zu existieren. Das Raumschiff wäre also faktisch für alle Ewigkeit in der Zeit gefangen. Gleiches gilt übrigens auch für elektromagnetische Signale.

Mit Hilfe von Wurmlöchern können wir also keine Überlichtgeschwindigkeiten erreichen. Aber gibt es nicht doch noch eine andere Möglichkeit, Schwarze Löcher oder die Raumkrümmung zur Abkürzung von Entfernungen zu nutzen? Vergleichbar vielleicht mit dem Trick, mit dem wir Weltraumsonden mit Hilfe des 2. Keplerschen Gesetzes zusätzliche Geschwindigkeit verleihen? Dieses Gesetz besagt, dass ein von einem Planeten zur Raumsonde gezogener Fahrstrahl in gleichen Zeiten gleichgroße Flächen überstreicht. Das hat zur Konsequenz, dass eine Sonde, die auf eine elliptische Umlaufbahn um einen Planeten einschwenkt, sich immer schneller bewegt, je näher sie dem Planeten kommt. Ist die maximal mögliche Geschwindigkeit erreicht, wird die Sonde tangential zur Flugbahn ausgerichtet und das Triebwerk gezündet. Die Sonde verlässt die elliptische Flugbahn um den Planeten mit einer höheren Geschwindigkeit als die, mit der sie in diese eingetreten ist.

Prinzipiell erscheint dies auch für die Beschleunigung von Raumschiffen in der Nähe von Sonnen möglich. Auch so könnten wir zwar höhere Geschwindigkeiten, aber keine Überlichtgeschwindigkeiten erreichen.

Schwarze Löcher scheiden aber bei dieser Methode aus, da, wie wir wissen, der Raum innerhalb des Ereignishorizonts nicht mehr verlassen werden kann.

Versuchen wir es mit einer anderen Überlegung. Wir nehmen ein Seil von der Länge eines Lichtjahres und legen es in gestreckter Form auf eine zweidimensionale Fläche. Vom Anfangspunkt A bis zum Endpunkt B benötigt ein Lichtstrahl ein Jahr. Jetzt legen wir dieses Seil um eine Kugel, deren Umfang exakt der Seillänge, also einem Lichtjahr entspricht. A und B berühren sich also. Wir können von A direkt nach B gelangen, ohne den langen Weg über die ganze Kugel nehmen zu müssen. Nun schaffen wir auf dem Weg von A nach B ein Schwarzes Loch, dessen Ereignishorizont den Umfang von einem Lichtjahr hat. Der Raum wird also so stark gekrümmt, dass sich A und B wie bei der Kugel berühren. Gäbe es nun eine Möglichkeit, direkt von A nach B zu gelangen, hätten wir ein Lichtjahr Entfernung gespart! Aber der Preis wäre enorm. Wir hätten dazu ein Schwarzes Loch mit einem Durchmesser von etwa einem Drittel Lichtjahr schaffen müssen (genauer 1 Lj/π). Das Prinzip ist in der nachfolgenden Abbildung skizziert.

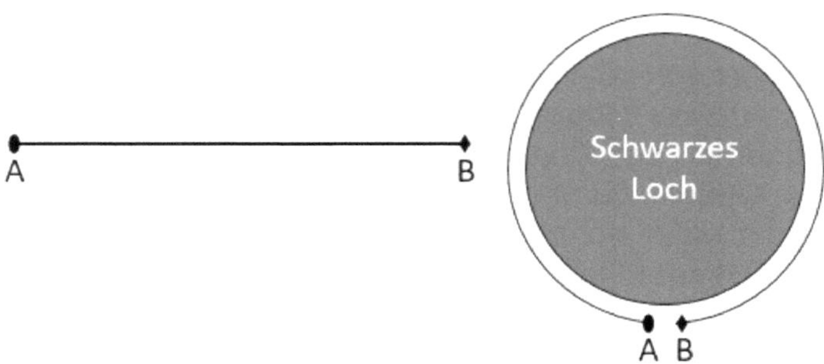

Abb. 56 Wurmloch etwas anders

Ein gewaltiger Aufwand für einen minimalen Effekt. Das Ergebnis entspricht nicht annähernd unseren Vorstellungen. Auch hier dürfte uns ein Schwarzes Loch nicht weiterhelfen. Wohl oder Übel müssen sich unsere Überlegungen weiterhin im Rahmen der uns bekannten Physik bewegen.

Ausblick

Das Weltraumteleskop Hubble hat in ca. 54 Millionen Lichtjahren Entfernung von der Erde eine extrem kompakte Galaxis entdeckt (Katalognummer M60-UCD1), in der die Sternendichte in etwa 15.000mal höher ist als in unserem Bereich der Milchstraße.

Anfang 2014 gab die Europäische Südsternwarte (ESO) die Entdeckung einer Riesensonne bekannt. Sie befindet sich in einer Entfernung von 12.000 Lichtjahren, hat den 1.300-fachen Durchmesser unserer Sonne, strahlt etwa eine Million Mal heller und wird von einer kleineren Sonne umkreist. Planeten würden wie bei anderen Doppelsternsystemen Energie von zwei Sonnen erhalten.

Diese beiden Meldungen verdeutlichen, dass wir bei unserer Suche nach Leben da draußen mit Sicherheit noch einige Überraschungen erleben werden. Wir können zwar bereits heute mit hoher Sicherheit davon ausgehen, dass es sich bei der Herausbildung sowohl unserer Galaxis wie auch unseres Planetensystems nicht um Sonderfälle, sondern um die Regel handelt. Das schließt die Entstehung von Leben ein. Möglicherweise wird sich aber zeigen, dass unser Sonnensystem keinesfalls als Modell für andere Sonnen und ihre Planeten dienen kann.

Möglicherweise erweist sich die "Zweite Erde" als Mond, der einen äußeren Planeten unseres Sonnensystems oder einen Riesenstern in einer vermeintlich lebensfeindlichen Zone umkreist. Die Evolution von Leben auf unserem Planeten mahnt uns, offen zu bleiben für vielfältigste Varianten der Entstehung und Entwicklung von Leben. Wenn auf der Erde Leben auf der Basis von Chemosynthese existiert, gibt es keinen Grund, dies nicht auch für Planeten innerhalb und außerhalb unseres Sonnensystems anzunehmen. Es ist also möglich, dass Leben auf anderen Planeten existiert, das sich aus Energiequellen speist wie Sauerstoff (O_2), Wasserstoff (H_2), Methan (CH_4) oder Schwefelwasserstoff (H_2S).

Möglicherweise erhalten wir auf dem Mars oder auf Monden von Jupiter und Saturn die Gewissheit, dass es da draußen weitere lebende Materie überhaupt gibt. Auch deutet sich am Horizont die Möglichkeit an, einen Schwarm von Minisonden mit Spektrometern und hochauflösenden Kameras zu unserem nächsten Nachbarstern Proxima Centauri und seinem Planetensystem zu schicken und dort nach Leben zu suchen. Der Antrieb dieser Sonden durch erdnah stationierte Hochleistungslaser, also durch ein Laser-Schub-System, erscheint als lösbares technisches Problem und könnte bei so erreichbaren etwa 25% der Lichtgeschwindigkeit die Missionsdauer auf akzeptable 20-25 Jahre begrenzen.

Eines dürfte jedoch sicher sein: Der Augenblick, in dem aus der Vermutung Gewissheit wird, dass wir in diesem unendlich scheinenden Universum nicht allein sind, wird die Menschheit verändern. Vielleicht zeigt sich auch hier eine Gesetzmäßigkeit der menschlichen Entwicklung. Vielleicht hat es die Natur so eingerichtet, dass wir erst Kontakt zu anderen Zivilisationen erhalten, wenn wir als Menschheit dafür reif sind, wenn wir uns zu friedlichen Wesen entwickelt haben, die mit einer "Zweiten Erde" zum beiderseitigen Wohle kooperieren wollen, und Außerirdische nicht in ihrer Existenz bedrohen.

Nicht die Wahrheit, in deren Besitz irgendein Mensch ist oder zu sein vermeinet, sondern die aufrichtige Mühe, die er angewandt hat, hinter die Wahrheit zu kommen, macht den Wert des Menschen. Denn nicht durch den Besitz, sondern durch die Nachforschung der Wahrheit erweitern sich seine Kräfte, worin seine immer wachsende Vollkommenheit bestehet. Der Besitz macht ruhig, träge, stolz.

Wenn Gott in seiner Rechten alle Wahrheit und in seiner Linken den einzigen immer regen Trieb nach Wahrheit, obschon mit dem Zusatze, mich immer und ewig zu irren, verschlossen hielte und spräche zu mir: "Wähle!" - ich fiele ihm mit Demut in seine Linke und sagte: "Vater gib! Die reine Wahrheit ist ja doch nur für dich allein!"

Gotthold Ephraim Lessing